Werner Oswald
Mercedes-Benz Lastwagen und Omnibusse 1896–1986

Werner Oswald

Mercedes Benz

Lastwagen und Omnibusse
1896–1986

Motor
buch
Verlag

Einbandgestaltung: Luis Dos Santos
Umbruch und Redaktion: Werner Oswald

Fotos: Daimler-Benz/Archiv (561), Daimler-Benz/Presse (137), Archiv Werner Oswald (295), Sammlung Peter Schubert (10), Sammlung Manfred Giehl (3), Bildarchiv Axel Johanßen (2), Automobilhistorischer Bilderdienst Klaus Benter (1), Bundeswehr (1), BVG (1), Deutsches Museum (1), Foto Joachim Wölfer (1), Foto Dirk Biemer (1), Foto Würth (1)

Abgeschlossen nach dem Stand vom 31. Oktober 1985

ISBN 978-3-613-02943-9

1. Auflage 2008

Sie finden uns im Internet unter:
www.motorbuch-verlag.de

Lektorat: Joachim Kuch
Druck und Bindung: Rung-Druck, 73033 Göppingen
Printed in Germany

Lieber Leser,

schon die Typologie »Mercedes-Benz Personenwagen 1886 – 1986« hatte sich als eine Heidenarbeit erwiesen. Dennoch war sie geradezu ein Kinderspiel im Vergleich zu dem immensen Aufwand an Zeit und Mühe, der notwendig war, um eine entsprechende Dokumentation auch über alle Nutzfahrzeuge zu erstellen, welche in der hundertjährigen Geschichte der Daimler-Benz AG. und ihrer beiden Ursprungsfirmen jemals auf den Markt gebracht worden sind. Nur mit größter Sorgfalt, Hingabe und Begeisterung für das Thema konnte es gelingen, die Vielfalt und Verschachtelung der im Laufe der Zeit fast unübersehbar gewordenen Lastwagen- und Omnibus-Baureihen einigermaßen durchschaubar aufzugliedern, einzuordnen und darzustellen. Bei den Personenwagen der ältesten Automobilfabrik der Welt war eine solche Typologie vorher schon einige Male, wenn auch nur ansatzweise und mit geringem Erfolg, aber doch immerhin wenigstens versucht worden. Bei den Nutzfahrzeugen hingegen hatte sich vor diesem Buch noch niemand an die entsprechende Aufgabe auch nur herangewagt.

Jedenfalls meint der Verfasser, auf das Gelingen des vorliegenden Werkes stolz sein zu dürfen. Freilich ist er sich aber auch darüber klar, daß eine erst- und bisher einmalige Arbeit solchen Umfangs bei weitem nicht auf Anhieb in jeder Beziehung zufriedenstellen kann. Man möge dieses Buch vielmehr als Ergebnis intensiver Grundlagenforschung betrachten, welche die Möglichkeit offenläßt, ja überhaupt erst eröffnet, bei anderen Institutionen oder Personen gewiß noch vorhandenes, weitergehendes Spezialmaterial sinnvoll auszuwerten. So freut sich der Verfasser über jeden Hinweis, jede Ergänzung, jede Richtigstellung möglicher und leider manchmal wohl auch unvermeidbar gewesener Fehler oder Irrtümer.

Schon die Entstehung der allerersten Nutzfahrzeuge einigermaßen richtig darzustellen, stieß nämlich auf unsägliche Schwierigkeiten. Zwar gibt es über Carl Benz und Gottlieb Daimler eine ganze Menge Bücher, Biografien, Chroniken und Archivmaterial, doch nirgendwo finden sich exakte Angaben über die Entwicklungsfolge der ersten Lastwagen. Meine verehrten schriftgelehrten Vorgänger, meist wohlversehen mit akademischen Graden, reden da um den heißen Brei herum. Indem sie Zahlenangaben terminlicher, statistischer oder technischer Art wie das Fegfeuer meiden, fällt dem Leser normalerweise gar nicht auf, wie erschreckend wenig Substanz in den schönen Worten steckt. Selbst zeitgenössische Berichte wie beispielsweise ein ausführlicher Artikel in der damals hochangesehenen Zeitschrift »Der Motorwagen« beweisen, daß es schon im Jahr 1898 Motorjournalisten und Motorredakteure gab, die hemmungslos von Dingen schrieben, über die sie gar nicht Bescheid wußten!

Und sogar die Auswertung von Primärquellen könnte leicht zu Unstimmigkeiten führen. Daimler etwa illustrierte seine Prospektblätter für Nutzfahrzeuge noch mit dem immer gleichen Bild jenes kleinen Lastwagens mit am Heck angebauten Motor, als dieser schon seit Jahren nach vorn unter den Fahrersitz verlegt war. Um technische Einzelheiten kümmerten sich damals nur die Erfinder und Konstrukteure, die Öffentlichkeit aber überhaupt nicht, ja, selbst kaum jemals ein Käufer. Dem kam es nur darauf an, daß er mit Motor und ohne Pferd fahren konnte. Auf welche Weise dies geschah, wollte er wohl auch gar nicht so genau wissen. Und das war auch recht gut. Mancher Interessent wäre womöglich abgeschreckt worden, wenn er gewußt hätte, welch schwierige Probleme beim Bau und beim Betrieb eines Motor-Lastwagens damals noch ungelöst waren.

Im Streben nach einer möglichst genauen Darstellung der automobilgeschichtlichen Tatsachen, Ereignisse und Zusammenhänge sah sich der Verfasser von den im Archiv der Daimler-Benz AG. tätigen Mitarbeitern in höchst erfreulicher und angenehmer Weise unterstützt. Veranlaßt und gefördert hat das Direktor Max-Gerrit von Pein als zuständiger Abteilungsleiter, dem hierfür aufrichtig gedankt sei. Mit unermüdlicher Hilfsbereitschaft haben dann vor allem die Herren Karnowski, Rau und Koller sowie Fräulein Bubeck zum Gelingen dieses Werkes entscheidend beigetragen. Viel Aufgeschlossenheit und verständnisvolle Unterstützung fand der Verfasser ferner bei seinem Freund und Kollegen Günther Molter, Leiter der Presse-Abteilung, und deren für den Nutzfahrzeugbereich zuständigen Mitarbeitern Karl A. Kunz, Raimund Grammer sowie Frau Beate Brenner. Sie alle haben sich um das mit diesem Buch behandelte Kapitel der Automobilgeschichte verdient gemacht.

Die Arbeit an der hier vorliegenden Typologie hat dem Verfasser zwar außergewöhnlich viel Mühe, aber auch unendlich große Freude bereitet. Ein klein wenig von dieser Freude oder auch möglichst großen Nutzen dem geneigten Leser zu vermitteln, möchte er wünschen und hoffen.

Ing. Werner Oswald
Postfach 126
Deisenhofen

Inhalt

Benz Motor-Lastwagen und -Omnibusse von 1896 bis 1926

Die ersten Liefer- und Lastwagen aus Mannheim

Seinen Patent-Motorwagen auf drei Rädern, das erste gebrauchsfähige Benzinautomobil der Welt, vollendete Carl Benz in den Jahren 1885/86. Erst 1892, nachdem er eine befriedigende Lenkung hierfür gefunden hatte, ging der Erfinder mit dem »Victoria« zum kutschenartigen Vierradwagen über. 1894 kam das leichte »Velo« als erster serienmäßiger und damit schon preisgünstiger Motorwagen hinzu. Dieser brachte es bis zur Jahrhundertwende auf das ansehnliche Produktionsergebnis von über 1000 Stück.

Schon 1896 baute Carl Benz in Anlehnung an seine größeren Motorkutschen einen Kastenlieferwagen für ein Kaufhaus in Paris. Entsprechende »Lieferungs-Wagen« mit 5 oder 6 PS-Motor standen nun jahrelang für 4500 Mark im Verkaufsprogramm. Selbst das »Velo« gab es ab 1900 als »Combinations-Lieferungs-Wagen«, wobei auf den offenen Zweisitzer ein Kastenaufsatz gesetzt werden konnte. Freilich vermochte dieses Wägelchen sowohl an Nutzlast als auch an Laderaum nur wenig zu bieten.

Es lag nahe, für die Beförderung schwerer oder sperriger Lasten ebenso geeignete Motorwagen anzubieten. 1895 fertigte Carl Benz seinen ersten Motor-Lastwagen, der allerdings schon beim versuchsmäßigen Einsatz auf eine derart massive Ablehnung stieß, daß man ihn noch im gleichen Jahr verschrottete.

Lange freilich ließ sich der Fortschritt nicht aufhalten. Im Vergleich zu Daimler allerdings verhältnismäßig spät, nämlich erst Ende 1900, bot Carl Benz außer seinen bereits gut eingeführten Lieferungswagen auch ein wohl abgestuftes Programm an Motor-Lastwagen an:

- Nutzlast 1250 kg, 6 PS Einzylinder-Motor
- Nutzlast 2500 kg, 10 PS Einzylinder-Motor
- Nutzlast 5000 kg, 14 PS Zweizylinder Contra-Motor

Bie diesen Wagen, nur in wenigen Einzelexemplaren Stück für Stück hergestellt, wurde der Motor nicht mehr hinten am Rahmen, sondern über der Vorderachse angeordnet.

Vom Landauer und Break zum Omnibus

Seit 1894 lieferte Carl Benz seinen Motorwagen wahlweise auch als Landauer. Solche Kutschen, mit denen bis zu 8 Personen fahren konnten, besaßen entweder ein Klappverdeck oder ein verglastes Oberteil mit festem Dach. Geschlossene Landauer liefen bald als Hotel-

Omnibusse, um Logiergäste vom Bahnhof zum Hotel und umgekehrt zu befördern. Bis zum zweiten Weltkrieg unterhielten fast alle Luxusherbergen in den Großstädten Hotel-Omnibusse in der jeweils zeitgemäßen Bauart, und dazu gehörten übrigens auch die Gepäckträger, die sich schon auf den Bahnsteigen um die Gäste bemühten und sie dabei zuweilen recht nachdrücklich erst für ihr Haus zu gewinnen suchten.

Die Hotel-Omnibusse wiederum führten zu dem naheliegenden Gedanken, mit entsprechend hergerichteten Fahrzeugen gewerblichen Linienverkehr zu betreiben. So rüstete Carl Benz schon 1895 vier Achtsitzer-Landauer mit 5 PS-Motoren als Überland-Omnibusse aus. Zwei davon, bestellt am 19. 12. 1894 und geliefert am 12. 3. 1895 sowie bestellt am 29. 3. 1895 und geliefert am 28. 6. 1895 (man beachte die erstaunlich kurzen Lieferfristen!), waren zum Betrieb auf der Strecke Siegen – Netphen – Deuz bestimmt. Zwar wurde dieser Verkehr im Winter 1895/96 wieder eingestellt und Benz nahm die inzwischen auf Eisenbereifung umgestellten Wagen zurück, doch immerhin war hier die erste Omnibus-Linie in Deutschland fahrplanmäßig betrieben worden. In Frankreich und England hatte es derartige Unternehmungen schon lange vorher gegeben, wobei allerdings Dampf-Fahrzeuge eingesetzt worden waren.

Zu den frühen Omnibussen zählten ferner die Jagd- oder Gesellschaftswagen, bei Benz »Break« genannt, welche 6, 8 oder 12 Fahrgäste mitnehmen konnten und hauptsächlich für Sommerausflüge benützt wurden.

Doch erst als der Motor-Lastwagen zu hinreichender Leistung und Betriebszuverlässigkeit gediehen war, entstanden auf dessen Fahrgestellen die ersten richtigen Omnibusse. Diese spielten freilich zu Anfang unseres Jahrhunderts nur eine untergeordnete Rolle, und das auch deshalb, weil das Werk in Mannheim mit der Herstellung normaler Personenautomobile bereits genügend beschäftigt war.

Vorgeschichte des Werkes Gaggenau

Kommerzienrat Theodor Bergmann, der über mehrere Industriebetriebe verfügte und bis dahin auch zehn Jahre lang die seit 1680 (!) bestehenden Eisenwerke Gaggenau maßgeblich beeinflußt hatte, gründete 1893 die »Bergmann's Industriewerke GmbH. Gaggenau«. Das Unternehmen bezweckte zunächst die Herstellung von kleinen Maschinen und Apparaten.

1894 kam der als Automobil-Konstrukteur später prominent gewordene Joseph Vollmer aus Baden-Baden angereist, um Bergmann für die Herstellung von Motorfahrzeugen nach seinen Plänen zu gewinnen. Tatsächlich kam ein Lizenzvertrag zustande, und Vollmer entwickelte einen kleinen Zwei- bis Dreisitzer, der bei Bergmann mit 200 Arbeitern unter dem Namen »Orient-Expreß« gebaut und, vor allem nach Frankreich und England, recht gut verkauft wurde. Auf der gleichen Grundlage mit 8 PS Einzylinder-Motor entstanden um 1900 auch etliche kleine Omnibusse. Nachdem Vollmer inzwischen nach Berlin gegangen war, holte Theodor Bergmann Anfang 1901 den Automobil-Konstrukteur Willy Seck, der soeben erst durch die Anwendung eines Friktionsscheiben-Antriebs Aufsehen erregt hatte. Er entwickelte nun in Gaggenau ein winziges »Volksautomobil« mit Friktionsantrieb, das ab 1904 als »Liliput« für 2500 Mark angeboten wurde.

Nun stellte sich freilich heraus, daß die Produktions-Vielfalt des Bergmann'schen Unternehmens die notwendige Konzentration auf den Automobilbau behinderte. So verkaufte Bergmann diesen Fabrikationszweig an Georg Wiß, den Schwiegersohn eines Mannheimer Industriellen. Georg Wiß gründete im Februar 1905 die »Süddeutsche Automobilfabrik GmbH. Gaggenau«. Zunächst blieb es bei der Produktion des »Liliput«, doch bald verpflichtete man den schweizerischen Automobil-Konstrukteur Franz Knecht. Dieser sorgte für ein neues

Bauprogramm, worin Lastwagen und Omnibusse den Vorrang erhielten. Diese bewährten sich gut.

Noch 1905 richtete man die fahrplanmäßige Omnibuslinie Gernsbach – Baden-Baden mit Gaggenauer Omnibussen ein. Daraufhin fanden diese im Badischen rasche Verbreitung. Die Motorleistung der Gaggenauer Omnibusse reichte von 12 bis 32 PS, ihre Größe für 8 bis 40 Fahrgäste. Ebenfalls noch 1905 ließen die Berliner Stadtwerke den ersten Großraum-Omnibus für 52 Fahrgäste bauen. Der Fahrer saß zwecks Verringerung der Baulänge über dem Motor, wie ja überhaupt die Frontlenker-Bauart in der Frühzeit des Automobils keineswegs ungewöhnlich war. 1906 übernahm die Kaiserliche Reichspost ihre ersten Gaggenauer Omnibusse und blieb in den folgenden Jahren ständiger Abnehmer.

Das erfolgreiche Geschäft erforderte allerdings eine erhebliche Kapitalaufstockung, die Georg Wiß aus eigenen Mitteln nicht aufbringen konnte. So kam es 1907 durch Vermittlung der Rheinischen Kreditbank in Mannheim zunächst zu einem Interessenvertrag und wenige Monate später zum Zusammenschluß mit der Firma Benz & Cie. Letztere baute fortan im Mannheimer Stammwerk keine Nutzfahrzeuge mehr, wogegen sich andererseits die Süddeutsche Automobilfabrik Gaggenau (Markenzeichen: S.A.F., S.A.G. oder »Gaggenauer«) verpflichtete, die Produktion von Personenautomobilen bis zum Ende des Jahres 1908 aufzugeben. (Tatsächlich wurde allerdings erst 1911 der letzte Personenwagen in Gaggenau hergestellt.) Die S.A.G. behielt vorerst ihren Namen, bis zum Jahreswechsel 1910/11 die Umfirmierung in »Benz-Werke Gaggenau« erfolgte. Der endgültige Zusammenschluß fand Ende Februar 1912 statt, als das Vermögen von Gaggenau auf die Benz & Cie. übertragen wurde. Damit war das Werk Gaggenau zu einer Zweigniederlassung der Mannheimer Firma geworden.

Benz-Gaggenau Lastwagen und Omnibusse

In geschäftlicher Hinsicht arbeitete das Werk Gaggenau sehr zufriedenstellend, wobei vor allem umfangreiche Lieferungen an in- und ausländische Militärverwaltungen zu guten Ergebnissen führten. Außerdem sollte die Subventionierung kriegsbrauchbarer Lastwagen die Verwendung von motorisierten Zug- und Transportmitteln in der gewerblichen Wirtschaft fördern. Deren vorläufige Zurückhaltung mag die Tatsache verdeutlichen, daß ab 1908 bis zum Kriegsausbruch 1914 nur etwas über 1000 Lastwagen subventioniert werden konnten. Erst der gewaltige Kriegsbedarf bewirkte einen nachhaltigen Durchbruch mit der Folge, daß ab 1919 der Lastkraftwagen als Transportmittel der gewerblichen Wirtschaft dominierte.

Die Lastwagen und Omnibusse von Benz-Gaggenau zeichneten sich durch solide Qualität aus, trugen aber in konstruktiver Hinsicht wenig zum damals dringend notwendigen Fortschritt der Technik bei. Im wesentlichen beschränkte man sich darauf, ab 1913/14 die R-Motortypen zu modernisieren. (Dabei veränderte man nur beim kleinen 30/35 PS die Bohrung von 105 auf 100 mm, während bei allen anderen die seitherigen Maße von Bohrung und Hub beibehalten blieben.) Erst in den letzten Jahren vor der Fusion mit Daimler machte sich da etwas mehr konstruktionsbezogene Ehrgeiz bemerkbar.

1923/24 entwickelten die Benz-Werke Gaggenau ihren zukunftsweisenden Dreitonner-»Niederwagen«. Dessen Fahrersitz befand sich rechts neben dem Motor, was trotz kurzen Radstands die Verwendung einer 4600 mm langen Pritsche ermöglichte, deren Ladehöhe über dem Boden nur 800 mm betrug. Die große und niedrige Ladefläche erleichterte das Be- und Entladen, und dazu bewirkte der tiefe Schwerpunkt eine deutliche Verbesserung der Fahreigenschaften. Noch mehr Bedeutung besaß dieser Vorteil für den »Niederomnibus« auf dem gleichen Fahrgestell. In dieser – 15 Jahre später selbstverständlich gewordenen – Grundform vermochte sich der »Niederomnibus« allerdings noch nicht durchzusetzen. Er besaß übrigens noch einen völlig geraden Leiterrahmen, doch logischerweise führte der nächste Schritt zum Niederrahmen, der in kürzester Zeit eine völlige Neuorientierung des Omnibusbaus auslöste. Aus heutiger Sicht mag allerdings die Tatsache überraschen, daß der Anstoß zum Benz-Niederwagen keineswegs dem Bestreben nach besserer Personenbeförderung entsprang, sondern der Notwendigkeit, den Arbeits- und Kraftaufwand bei der Müllabfuhr zu verringern! Damals wurden nämlich für diesen Zweck noch flache Kastenaufbauten verwendet, deren Beladung von beiden Seiten erfolgte, wobei die zentnerschweren Tonnen von den Müllmännern hochgewuchtet und hineingekippt werden mußten. Dieses äußerst harte Geschäft sollte wenigstens durch die geringere Einschütthöhe ein wenig leichtergemacht werden. Und die Vorverlegung des Fahrersitzes rechts neben den Motor sollte den Fahrer befähigen, so nah wie möglich an den Bordstein heranzufahren, ohne dabei entweder diesen oder das Fahrzeug zu beschädigen.

Schon zu einer Zeit, als die Motorwagen noch wie Kutschen aussahen, gab es die ersten Luftreifen. Sie brachten einerseits einen erheblichen Zuwachs an Komfort, waren aber andererseits zunächst äußerst empfindlich und anfällig für Defekte. Dies wiederum führte dazu, daß man zunächst die Felgen und bald darauf die kompletten Räder abnehmbar machte, was ursprünglich keineswegs der Fall war. Bis in die zwanziger Jahre eigneten sich die Luftreifen aber nur für leichte Automobile bis höchstens etwa 3 to Gesamtgewicht. Die nun sehr rasch hauptsächlich für Omnibusse aufkommenden Niederrahmen führten zur Entwicklung der sogenannten Riesenluftreifen für schwere Nutzfahrzeuge. Dadurch verfügte man auch bei niedriger Bauart über eine ausreichende Bodenfreiheit und es ließ sich die nunmehrige Möglichkeit höherer Reisegeschwindigkeiten erst wirklich ausnützen.

Der Rohölmotor

Eine weitere wichtige Errungenschaft entstand etwa zur gleichen Zeit mit dem sogenannten »Rohölmotor«. Der Motorenbau in Mannheim unterstand seit 1909 dem genialen Dieselspezialisten Prosper L'Orange. Nachdem dieser zunächst dem Kleindieselmotor für gewerbliche Zwecke zum Durchbruch und Erfolg verholfen hatte, suchte er nach Wegen, den Diesel-

Zahl der Beschäftigten bei Benz & Cie.

	Werk Mannheim	Werk Gaggenau
1887	40	
1893	150	
1895	250	
1899	430	
1900	400	
1905	700	
1910	2 500	840
1911	2 950	920
1912	5 380	1 070
1914	6 500	1 230
1918	10 000	2 060
1923	6 300	2 200
1925	4 000	2 980
1926	2 700	2 320

Benz Automobilproduktion 1908 – 1926

	Personenwagen	Lastwagen und Omnibusse	Gesamtzahl
1908	348	298	646
1909	727	428	1151
1910	1340	381	1721
1911	2265	441	2706
1912	3093	571	3664
1913	2673	654	3327
1914	1947	1217	3164
1915	841	1132	1973
1916	483	1162	1645
1917	293	1354	1668
1918	213	1285	1498
1919	988	797	1785
1920	2026	901	2927
1921	1777	1106	2883
1922	1733	885	2618
1923	1382	983	2365
1924	1584	909	2493
1925	2260	1364	3624
1926	1305	929	2234
	27 278	16 797	44 075

motor auch für die Verwendung in Kraftfahrzeugen brauchbar zu machen. Dies gelang ihm schließlich durch eine sinnreiche Abwandlung des an sich schon bekannten Vorkammer-Verfahrens sowie durch die Entwicklung einer zweckentsprechenden mechanisch-hydraulischen Einspritzvorrichtung. Nachdem die ersten Fahrzeugmotoren dieser Bauart in einigen Benz-Sendling Ackerschleppern zufriedenstellend verwendet worden waren, begann im Oktober 1922 die Erprobung von drei 5 to Benz Lastwagen mit Rohölmotoren des Typs OB 2. Deren Leistung betrug 50 PS bei 1000 U/min, einer den damaligen Vergasermotoren genau entsprechenden Drehzahl, weshalb es keiner sonstigen Änderungen am Fahrzeug bedurfte.

Der neue »5 to Kardan-Kraftwagen mit Ölmotor« wurde im Februar 1924 anläßlich der Amsterdamer Automobil-Ausstellung zum ersten Mal öffentlich vorgeführt und im Dezember 1924 auch auf der Berliner Automobil-Ausstellung gezeigt. Da die M.A.N. zur gleichen Zeit ebenfalls einen neuartigen Fahrzeug-Dieselmotor (mit Direkteinspritzung) herausbrachte und auch die damals noch zur Konkurrenz zählende Firma Daimler ein entsprechendes Triebwerk mit Druckeinspritzung vorbereitete, tat man bei Benz zunächst so, als wenn der Motor eigener Bauart im Gegensatz zum Dieselmotor stünde. So verkündete das Werk: » . . . Im Gegensatz zum Dieselmotor findet kein Einblasen von Druckluft statt. Damit sind auch die darin liegenden Gefahren beseitigt . . . Der Brennstoffverbrauch ist geringer als beim Dieselmotor und beim Benzinmotor . . . «

Und weil Benz konsequent beim eigenen Produkt nur vom Öl- oder Rohölmotor sprach, konnte der Eindruck entstehen, als ob die M.A.N. allein den ersten Diesel-Lastwagen herausgebracht habe. In Wirklichkeit fand eine Duplizität der Ereignisse statt, keine der beiden Firmen kann ein absolutes Primat für sich in Anspruch nehmen.

Der Benz 5 to Lastwagen Typ 5 C mit Rohölmotor ging nicht in Serie. Ob er überhaupt schon marktreif war, sei dahingestellt. Vor allem aber kam es ja nur wenige Monate später zur Vereinbarung jener Interessengemeinschaft, derzufolge nur noch Daimler für die schweren und nur noch Benz für die leichten Nutzfahrzeuge zuständig blieb. Nach der Fusion beider Firmen aber bildete im nunmehrigen Konzernverbund ausschließlich der Rohölmotor von Prosper L'Orange die Grundlage für alle weiteren Aktivitäten beim Bau von Fahrzeug-Dieselmotoren.

Benz Lieferungswagen 1899 ↓

↑ Benz Velo Combinations-Lieferwagen 1896

<table>
<tr><th></th><th>Benz
Combinations-Lieferungswagen
1896–1900</th><th>Benz
Combinations-Lieferungswagen
1900–1901</th><th>Benz
Combinations-Lieferungswagen
1901–1902</th></tr>
<tr><td>Fahrzeug- und Bauart</td><td colspan="3">Kleiner Zweisitzer-Kutschierwagen mit abnehmbarem Kastenaufbau
Motor hinten liegend angeordnet</td></tr>
<tr><td>Motor</td><td colspan="3">Benz</td></tr>
<tr><td>Zylinderzahl</td><td colspan="3">Viertakt-Einzylinder</td></tr>
<tr><td>Bohrung × Hub</td><td>110 × 110 mm</td><td>110 × 110 mm</td><td>115 × 110 mm</td></tr>
<tr><td>Hubraum</td><td>1045 ccm</td><td>1045 ccm</td><td>1140 ccm</td></tr>
<tr><td>Leistung</td><td>2,75 PS bei 600 U/min</td><td>3,5 PS bei 800 U/min</td><td>4,5 PS bei 960 U/min</td></tr>
<tr><td>Antrieb</td><td colspan="3">Kette</td></tr>
<tr><td>Getriebe</td><td colspan="3">3 Gang</td></tr>
<tr><td>Lenkung</td><td colspan="3">Mitte</td></tr>
<tr><td>Fußbremse</td><td colspan="3">Hinterräder</td></tr>
<tr><td>Handbremse</td><td colspan="3">Hinteräder</td></tr>
<tr><td>Radstand</td><td colspan="3">1340 mm</td></tr>
<tr><td>Spur</td><td colspan="3">hinten 1150 mm</td></tr>
<tr><td>Gesamtmaße</td><td colspan="3">2400 × 1350 × 2150 mm</td></tr>
<tr><td>Ladefläche</td><td colspan="3"></td></tr>
<tr><td>Reifen</td><td colspan="3">Vollgummi</td></tr>
<tr><td>Wagengewicht</td><td colspan="3">450 kg</td></tr>
<tr><td>Nutzlast</td><td colspan="3">300 kg einschl. Fahrer</td></tr>
<tr><td>Höchstgeschwindigkeit</td><td>20 km/h</td><td>25 km/h</td><td>25–30 km/h</td></tr>
<tr><td>Preis</td><td colspan="3">M 3000,–</td></tr>
<tr><td>Bemerkungen</td><td colspan="3">Wagen abgeleitet vom Benz »Velo«</td></tr>
</table>

<table>
<tr><th></th><th>Benz
Lieferungswagen
1896–1897</th><th>Benz
Lieferungswagen
1898–1900</th><th></th></tr>
<tr><td>Fahrzeug- und Bauart</td><td colspan="2">Kutschwagen mit geschlossenem Wagenkasten
Motor hinten liegend eingebaut
Fahrersitz über Vorderachse</td><td></td></tr>
<tr><td>Motor</td><td colspan="2">Benz</td><td></td></tr>
<tr><td>Zylinderzahl</td><td colspan="2">Viertakt-Einzylinder</td><td></td></tr>
<tr><td>Bohrung × Hub</td><td>150 × 150 mm</td><td>150 × 165 mm</td><td></td></tr>
<tr><td>Hubraum</td><td>2650 ccm</td><td>2915 ccm</td><td></td></tr>
<tr><td>Leistung</td><td>5 PS bei 600 U/min</td><td>6 PS bei 700 U/min</td><td></td></tr>
<tr><td>Antrieb</td><td>Kette</td><td>Kette</td><td></td></tr>
<tr><td>Getriebe</td><td>Zweistufen-Riemen</td><td>3 Gang</td><td></td></tr>
<tr><td>Lenkung</td><td colspan="2">Mitte</td><td></td></tr>
<tr><td>Fußbremse</td><td colspan="2">Hinterräder</td><td></td></tr>
<tr><td>Handbremse</td><td colspan="2">Hinterräder</td><td></td></tr>
<tr><td>Radstand</td><td colspan="2">1650 mm</td><td></td></tr>
<tr><td>Gesamtmaße</td><td colspan="2">3200 × 1700 × 2400 mm</td><td></td></tr>
<tr><td>Ladefläche</td><td colspan="2"></td><td></td></tr>
<tr><td>Reifen</td><td colspan="2">Vollgummi</td><td></td></tr>
<tr><td>Wagengewicht</td><td>1100 kg</td><td>1100 kg</td><td></td></tr>
<tr><td>Nutzlast</td><td>300 kg + 2 Personen</td><td>400 kg + 2 Personen</td><td></td></tr>
<tr><td>Höchstgeschwindigkeit</td><td>15 km/h</td><td>15 km/h</td><td></td></tr>
<tr><td>Preis</td><td colspan="2">M 4500,–</td><td></td></tr>
<tr><td>Bemerkungen</td><td colspan="2">Wagen abgeleitet vom Benz »Phaeton«</td><td></td></tr>
</table>

Benz Omnibus 8 Sitze 1895

Benz Break 12 Sitze 1899

	Benz »Omnibus« 8 Sitze 1895–1898	**Benz »Break« 8 Sitze 1899–1901**	**Benz »Break« 12 Sitze 1898–1900**
Fahrzeug- und Bauart	Geschlossener Kutschwagen Fahrersitz über Vorderachse Motor hinten liegend eingebaut	Offener Kutschwagen mit abnehmbarem Sonnendach Fahrersitz über Vorderachse 2 Rücksitzbänke quer zur Fahrtrichtung Motor hinten liegend eingebaut	
Motor	Benz	Benz Contra-Motor	
Zylinderzahl	Viertakt-Einzylinder	Viertakt-Zweizylinder (Boxer)	
Bohrung × Hub	150 × 150 mm	120 × 120 mm	130 × 160 mm
Hubraum	2650 ccm	2000 ccm	4245 ccm
Leistung	5 PS bei 600 U/min	8–10 PS bei 920 U/min	13–15 PS bei 820 U/min
Antrieb	Ketten auf Hinterräder	Ketten auf Hinterräder	
Getriebe	Zweistufen-Riemen	3 Gang	
Lenkung	Mitte	Mitte	
Fußbremse	Hinterräder	Hinterräder	
Handbremse	Hinterräder	Hinterräder	
Radstand	2020 mm		
Gesamtmaße	3400 × 1800 × 2500 mm	3600 × 1800 × 2500 mm	3800 × 1950 × 2600 mm
Reifen	Vollgummi	Vollgummi	Vollgummi
Wagengewicht	1200 kg	1150 kg	1400 kg
Sitzplätze	8 (einschl. Fahrer)	8 (einschl. Fahrer)	12 (einschl. Fahrer)
Höchstgeschwindigkeit	20 km/h	25–30 km/h	30 km/h
Preis	M 6000,–	M 7300,–	M 8800,–

	Benz Motor-Lastwagen für 1250 kg Nutzlast 1900–1902	**Benz Motor-Lastwagen für 2500 kg Nutzlast 1900–1902**	**Benz Motor-Lastwagen für 5000 kg Nutzlast 1901–1902**
Fahrzeug- und Bauart	Pritschenwagen, Motor vorn liegend eingebaut Fahrersitz über Vorderachse		
Motor	Benz	Benz	Benz Contra-Motor
Zylinderzahl	Viertakt-Einzylinder	Viertakt-Einzylinder	Viertakt-Zweizylinder (Boxer)
Bohrung × Hub			
Hubraum			
Leistung	5–7 PS	10 PS	14 PS
Antrieb	Kette	Kette	Kette
Getriebe	4 Gang	4 Gang	4 Gang
Lenkung	Mitte	Mitte	Mitte
Fußbremse			
Handbremse			
Radstand			
Gesamtmaße	3600 × 1600 × 1950 mm	4200 × 1600 × 1950 mm	4500 × 1600 × 1950 mm
Ladefläche	2500 × 1500 mm	3100 × 1500 mm	3400 × 1500 mm
Reifen	Vollgummi	Eisen	Eisen
Wagengewicht	1100 kg	1400 kg	2000 kg
Nutzlast	1250 kg	2500 kg	5000 kg
Höchstgeschwindigkeit	15 km/h	15 km/h	10 km/h
Preis	M 6000,–	M 7000,–	M 12 000,–

Benz 7 PS Lastwagen (1250 kg Nutzlast) 1900/1901

Benz 7 PS Militär-Mannschaftswagen 1902

Benz 7 PS Lastwagen (1250 kg Nutzlast) 1901/1902

Benz 7 PS Möbelwagen 1901

Benz 7 PS-Kasten-Lieferungswagen 1901
Dieser Wagen der heute noch bestehenden Färberei Würth
war das siebente in München zugelassene Nutzfahrzeug

ugust Würth
FABRIK:
Wagenbauerstr. 8
Telefon 1848
KGL. BAYR. HOF
CHEM. WASCHANSTALT
FÄRBEREI
August Würth
Wagenbaur str. 8

Bild oben:
S.A.G. »Gaggenau«
Leicht-Omnibus »Reichspost«
1907

Bild Mitte:
S.A.G. »Gaggenau«
Verbindungs-Omnibus für
Überland-Linienverkehr
Aufbau:
Waggonfabrik Rastatt
1907

Bild unten:
S.A.G. »Gaggenau«
Verbindungs-Omnibus für
Stadt-Linienverkehr »Köln«
Aufbau:
Waggonfabrik Rastatt
1907

S.A.G. »Gaggenau« Lastwagen und Omnibusse 1907

Motoren	**C/12:** 2 Zylinder, 100 × 128 mm, 2090 ccm, 12–14 PS **C/18:** 4 Zylinder, 94 × 115 mm, 3190 ccm, 18–22 PS **C/24:** 4 Zylinder, 120 × 140 mm, 6330 ccm, 24–32 PS **C/32:** 4 Zylinder, 35–40 PS **C/40:** 4 Zylinder, 40–50 PS

Typ	**1,5 to Lieferwagen**	**2 to Lieferwagen**	
Antrieb	Kette	Kette	
Lenkung	Rechts	Rechts	
Handbremse	Mechanisch, Hinterräder	Mechanisch, Hinterräder	
Fußbremse	Mechanisch, Getriebe	Mechanisch, Getriebe	
Gesamtlänge	4100–4300 mm	4100–4300 mm	
Pritsche	2100 mm	2100 mm	
Reifen	vorn Luft, hinten Vollgummi (einfach)	vorn Luft, hinten Vollgummi (einfach)	
Wagengewicht	1500 kg	1700 kg	
Nutzlast	1500 kg	2000 kg	
Preis (Pritschenwagen)	C/12: M 10 000,–	C/18: M 13 000,– C/24: M 13 500,–	

Typ	**Leichter 3 to Lastwagen**	**Schwerer 5 to Lastwagen**	**Schwerer 6 to Lastwagen**
Antrieb	Kette	Kette	Kette
Lenkung	Rechts	Rechts	Rechts
Handbremse	Mechanisch, Hinterräder	Mechanisch, Hinterräder	Mechanisch, Hinterräder
Fußbremse	Mechanisch, Getriebe	Mechanisch, Getriebe	Mechanisch, Getriebe
Gesamtlänge	5300–5800 mm	5500–6500 mm	5500–6500 mm
Pritsche	3500–4000 mm	4000–5000 mm	4000–5000 mm
Reifen	Vollgummi Zwillings-Hinterräder	Vollgummi Zwillings-Hinterräder	Vollgummi Zwillings-Hinterräder
Wagengewicht	2200 kg	2950 kg	3050 kg
Nutzlast	3000 kg	5000 kg	6000 kg
Preis (Pritschenwagen)	C/18: M 14 000,– C/24: M 14 500,– C/32: M 15 000,–	C/24: M 15 500,– C/32: M 16 000,– C/40: M 17 000,–	C/24: M 16 500,– C/32: M 17 000,– C/40: M 18 000,–

Typ	**Leichter Omnibus »Reichspost«**	**Stadt-Omnibus »Wien«**	**Stadt-Omnibus »München«**
Sitzplätze	10	14	18
Antrieb	Kette	Kette	Kette
Getriebe	3 Gang	3 Gang	3 Gang
Gesamtlänge	4120 mm	6300–6400 mm	6800 mm
Reifen	vorn Luft, hinten Luft oder Vollgummi	Vollgummi Zwillings-Hinterräder	Vollgummi Zwillings-Hinterräder
Wagengewicht	1800 kg	2900 kg	3200 kg
Preise	C/18: M 15 000,– C/24: M 15 500,– C/32: M 16 000,–	C/18: M 18 000,– C/24: M 18 500,– C/32: M 19 000,–	C/24: M 20 500,– C/32: M 21 000,–

Typ	**Verbindungs-Omnibus »Schwarzwald«**	**Verbindungs-Omnibus »Norddeutschland«**	**Doppelstock-Stadt-Omnibus »Berlin«**
Sitzplätze	16	22 (Fahrersitz über Motor)	38–44
Antrieb	Kette	Kette	Kette
Getriebe	3 Gang	3 Gang	3 Gang
Gesamtlänge	5350 mm	5315 mm	5315 mm
Reifen	vorn Luft, hinten Vollgummi Zwillings-Hinterräder	Vollgummi Zwillings-Hinterräder	Vollgummi Zwillings-Hinterräder
Wagengewicht	2400 kg	3500 kg	4000 kg
Preise	C/24: M 16 500,– C/32: M 17 000,– C/40: M 18 000,–	C/24: M 20 000,– C/32: M 21 000,– C/40: M 22 000,–	C/24: M 22 000,– C/32: M 23 000,– C/40: M 24 000,–

S.A.G. »Gaggenau« Verbindungs-Omnibus
mit 20 Sitz- und 6 Stehplätzen sowie Fahrersitz über dem Motor
1907

S.A.G. »Gaggenau« Stadt-Omnibus »Berlin« für 44 bis 52 Personen
mit Oberdeck und Fahrersitz über dem Motor
1907

S.A.G. »Gaggenau«
Schwerer Lastwagen (Nutzlast 5000 kg)
mit Fahrersitz über dem Motor
1906–1910

S.A.G. »Gaggenau« C/36
Kombinierter Lasten-
und Personenwagen auf
3 to Lastwagen-Fahrgestell
1908

S.A.G. »Gaggenau« C/36
Aussichtswagen auf
3 to Lastwagen-Fahrgestell
1908

	S.A.G. »Gaggenau« Lieferungswagen 1908			
Motor	Zweizylinder	Zweizylinder	Vierzylinder	Vierzylinder
Bohrung × Hub	94 × 115 mm	100 × 128 mm	94 × 115 mm	100 × 128 mm
Hubraum	1595 ccm	2009 ccm	3190 ccm	4019 ccm
Leistung	8–12 PS	12–14 PS	18–24 PS	28–36 PS
	Typ D/8	**Typ D/12**	**Typ D/18**	
Nutzlast	500 kg	750 kg	750 kg	
Gesamtlänge	3470 mm	3470 mm	3470 mm	
Pritsche	1200 mm	1400 mm	1400 mm	
Getriebe	3 Gang	3 Gang	3 Gang	
Antrieb	Kardan	Kardan	Kardan	
Reifen	Luft	Luft	Luft	
Wagengewicht	600–700 kg	800–900 kg	1000–1100 kg	
Preis (Pritschenwagen)	M 6300,–	M 7400,–	M 9400,–	
		Typ C/12	**Typ C/18**	**Typ C/28**
Nutzlast		1500 kg	1500 kg	1500 kg
Gesamtlänge		3670 mm	4100 mm	4610 mm
Pritsche		1600 mm	2200 mm	2200 mm
Getriebe		3 Gang	3 Gang	4 Gang
Antrieb		Kette	Kette	Kette
Reifen		vorn Luft hinten Vollgummi	vorn Luft hinten Vollgummi	vorn Luft hinten Vollgummi
Wagengewicht		1300–1500 kg	1500–1700 kg	1500–1700 kg
Preis (Pritschenwagen)	M 9800,–	M 10 500,–	M 11 500,–	

	S.A.G. »Gaggenau« 2 to Lastwagen 1908	S.A.G. »Gaggenau« 3 to Lastwagen 1908	S.A.G. »Gaggenau« 4–5 to Lastwagen 1908	S.A.G. »Gaggenau« 5–6 to Lastwagen 1908
Motoren	C/28: 4 Zylinder, 100 × 128 mm, 4019 ccm, 28–36 PS C/36: 4 Zylinder, 110 × 140 mm, 5319 ccm, 36–45 PS			
Antrieb	Kette			
Getriebe	4 Gang			
Lenkung	Rechts			
Handbremse	Mechanisch, Hinterräder			
Fußbremse	Mechanisch, Getriebe			
Radstand	3360 mm	3635 mm	4000 mm	4250 mm
Gesamtlänge	4610 mm	5870 mm	5370 mm	5370 mm
Pritsche	2400 mm	3600 mm	4000 mm	4000 mm
Reifen	Vollgummi (hinten doppelt)	Vollgummi (hinten doppelt)	Vollgummi (hinten doppelt)	Vollgummi (hinten doppelt)
Wagengewicht	1700–2000 kg	2210–2410 kg	2900–3000 kg	3100–3200 kg
Nutzlast	2000 kg	3000 kg	4000–5000 kg	5000–6000 kg
Höchstgeschwindigkeit	25 km/h	22 km/h	20 km/h	18 km/h
Preis (Pritschenwagen)	C/28: M 13 500,– C/36: M 14 500,–	C/28: M 15 000,– C/36: M 16 000,–	C/28: M 15 500,– C/36: M 16 500,–	C/28: M 16 500,– C/36: M 17 500,–
Bemerkungen			Kriegsbrauchbarer Subventions-Typ	Kriegsbrauchbarer Subventions-Typ

S.A.G. »Gaggenau«
Spezial-Lieferungswagen
für 300 kg Nutzlast
1910

S.A.G. »Gaggenau«
Lieferungswagen
für 300 kg Nutzlast
1910

S.A.G. »Gaggenau«
Lieferungswagen
für 750 kg Nutzlast
1910

	S.A.G. »Gaggenau« Hotel-Omnibusse 1908			
Motor	**Typ D/12** 2 Zylinder	**Typ D/28** 4 Zylinder	**Typ C/28** 4 Zylinder	
Bohrung × Hub	100 × 128 mm	100 × 128 mm	100 × 128 mm	
Hubraum	2009 ccm	4019 ccm	4019 ccm	
Leistung	12–14 PS	28–36 PS	28–36 PS	
Sitzplätze	8	8	8	
Wagengewicht	1500 kg	1600 kg	1650 kg	
Gesamtlänge	4080–4280 mm	4260–4460 mm	4260–4460 mm	
Getriebe	3 Gang	4 Gang	4 Gang	
Antrieb	Kardan	Kardan	Kette	
Reifen	Luft	Luft	Luft	
Preis	M 8250,–	M 11 750,–	M 12 750,–	

	S.A.G. »Gaggenau« Omnibusse 1908			
Motoren	C/28: 4 Zylinder, 100 × 128 mm, 4019 ccm, 28–36 PS C/36: 4 Zylinder, 110 × 140 mm, 5319 ccm, 36–45 PS			
Typ	**Leichter Omnibus »Reichspost«**	**Leichter Omnibus »Baden-Baden«**	**Verbindungs-Omnibus »Schwarzwald«**	**Aussichtswagen**
Sitzplätze	10–12	11	14–16	24
Wagengewicht	1800–2000 kg	1800–2000 kg	2400–2600 kg	2200–2400 kg
Gesamtlänge	4420–4620 mm	4790–4990 mm	5610–5810 mm	5630–5830 mm
Radstand	3400 mm			
Antrieb	Kette	Kette	Kette	Kette
Getriebe	4 Gang	4 Gang	3 Gang	3 Gang
Reifen	Luft	Luft	vorn Luft, hinten Vollgummi (doppelt)	vorn Luft, hinten Vollgummi (doppelt)
Höchstgeschwindigkeit	35 km/h	35 km/h		
Preis	C/28: M 14 500,– C/36: M 15 500,–	C/28: M 16 500,– C/36: M 17 500,–	C/28: M 16 750,– C/36: M 17 750,–	C/28: M 17 500,– C/36: M 18 500,–
Typ	**Stadt-Omnibus »Wien«**	**Stadt-Omnibus »Köln«**	**Verbindungs-Omnibus »Norddeutschland«**	**Doppelstock-Stadt-Omnibus »Berlin«**
Sitzplätze	14	18	22 (Fahrer über dem Motor)	38–44
Wagengewicht	2800–3000 kg	2900–3100 kg	3500–3700 kg	3900–4100 kg
Gesamtlänge	6240–6440 mm	7355–7555 mm	5575–5775 mm	5575–5775 mm
Radstand				
Antrieb	Kette	Kette	Kette	Kette
Getriebe	3 Gang	3 Gang	3 Gang	3 Gang
Reifen	Vollgummi (hinten doppelt)	Vollgummi (hinten doppelt)	Vollgummi (hinten doppelt)	Vollgummi (hinten doppelt)
Höchstgeschwindigkeit				
Preis	C/28: M 17 500,– C/36: M 18 500,–	C/28: M 19 000,– C/36: M 20 000,–	C/28: M 20 000,– C/36: M 21 000,–	C/28: M 22 000,– C/36: M 23 000,–

Bild oben:
S.A.G. »Gaggenau«
Lastwagen für
1,5 to Nutzlast
1909/1910

Bild Mitte:
S.A.G. »Gaggenau«
Lastwagen für
3,5 to Nutzlast
1910

Bild unten:
S.A.G. »Gaggenau«
Lastwagen für
5 to Nutzlast
(Subventionierter Kriegstyp)
1910

S.A.G. »Gaggenau« Lieferungs- und Lastwagen 1910

Motoren	4 Zylinder, Bohrung × Hub 70 × 102 mm, Hubraum 1570 ccm, Leistung 14 PS 4 Zylinder, Bohrung × Hub 85 × 115 mm, Hubraum 2610 ccm, Leistung 18 PS 4 Zylinder, Bohrung × Hub 90 × 140 mm, Hubraum 3560 ccm, Leistung 20–25 PS 4 Zylinder, Bohrung × Hub 105 × 150 mm, Hubraum 5190 ccm, Leistung 30–35 PS 4 Zylinder, Bohrung × Hub 125 × 150 mm, Hubraum 7360 ccm, Leistung 40–45 PS 4 Zylinder, Bohrung × Hub 135 × 150 mm, Hubraum 8590 ccm, Leistung 45–50 PS

Typ	**Lieferungswagen 300 kg Nutzlast**	**Lieferungswagen 500–750 kg Nutzlast**	**Lieferungswagen 750–1000 kg Nutzlast**	**Lieferungswagen 1200–1500 kg Nutzlast**
Antrieb	Kardan	Kardan	Kette	Kette
Getriebe	3 Gang	3 Gang	3 Gang	4 Gang
Radstand	2550 mm	2675 oder 2740 mm	2900 mm	3450 mm
Pritsche	1300 × 1200 mm	1500 × 1300 mm	1800 × 1800 mm	2800 × 1800 mm
Reifen	Luft	Luft	vorn Luft, hinten Luft oder Vollgummi	vorn Luft oder Vollgummi, hinten Vollgummi
Wagengewicht	550 kg	700 kg	800 kg	1500 kg
Höchstgeschwindigkeit	40–45 km/h	40–45 km/h	35–40 km/h	25–30 km/h
Preis	14 PS: M 6000,–	14 PS: M 7000,– 18 PS: M 8000,–	18 PS: M 9000,–	18 PS: M 10 000,–

Typ	**Lastwagen 1,5 to Nutzlast**	**Lastwagen 2 to Nutzlast**		
Antrieb	Kette	Kette		
Getriebe	4 Gang	4 Gang		
Radstand	3540 mm	3600 mm		
Pritsche	2800 × 1800 mm	3000 × 1800 mm		
Reifen	Vollgummi (hinten doppelt)	Vollgummi (hinten doppelt)		
Wagengewicht	1600 kg	1900 kg		
Höchstgeschwindigkeit	25–30 km/h	25–28 km/h		
Preis	20–25 PS: M 10 500,–	20–25 PS: M 12 500,– 30–35 PS: M 13 500,–		

Typ	**Lastwagen 3 to Nutzlast**	**Lastwagen 3,5 to Nutzlast**	**Lastwagen 4–5 to Nutzlast**	**Lastwagen »Kriegstyp« 4–5 to Nutzlast**
Antrieb	Kette	Kette	Kette	Kette
Getriebe	4 Gang	4 Gang	4 Gang	4 Gang
Radstand	3800 oder 3980 mm	3800 oder 3980 mm	4450 mm	4450 mm
Pritsche	3800 × 1800 mm	3800 × 1800 mm	4200 × 1800 mm	4200 × 1800 mm
Reifen	Vollgummi (hinten doppelt)	Vollgummi (hinten doppelt)	Vollgummi (hinten doppelt) oder Eisenreifen	Vollgummi (hinten doppelt) oder Eisenreifen
Wagengewicht	2300 kg	2450 kg	3400 kg	3900 kg
Höchstgeschwindigkeit	22–25 km/h	20–22 km/h	16–18 km/h Eisenreifen 12 km/h	16–18 km/h Eisenreifen 12 km/h
Preis	30–35 PS: M 14 500,– 40–45 PS: M 15 500,–	30–35 PS: M 15 000,– 40–45 PS: M 16 000,–	30–35 PS: M 16 500,– 40–45 PS: M 17 500,–	40–45 PS: M 19 000,– 44–50 PS: M 20 000,–

S.A.G. »Gaggenau«
5 to Möbelwagen
1909/1910

S.A.G. »Gaggenau«
4–5 to Hinterkipper
(frühe Ausführung
eines Muldenkippers)
1910

S.A.G. »Gaggenau«
40/45 PS Omnibus Typ SO 20
20 + 2 Sitze
1910

	S.A.G. »Gaggenau« Omnibusse 1910		
Motoren	4 Zylinder, Bohrung × Hub 80 × 130 mm, Hubraum 2610 ccm, Leistung 15–20 PS 4 Zylinder, Bohrung × Hub 90 × 140 mm, Hubraum 3560 ccm, Leistung 20–25 PS 4 Zylinder, Bohrung × Hub 105 × 150 mm, Hubraum 5195 ccm, Leistung 30–35 PS 4 Zylinder, Bohrung × Hub 125 × 150 mm, Hubraum 7360 ccm, Leistung 40–45 PS 4 Zylinder, Bohrung × Hub 135 × 150 mm, Hubraum 8885 ccm, Leistung 50–60 PS		
Typ	**Hotel-Omnibus**	**»Reichspost«**	**»Baden-Baden«**
Sitzplätze	7 + Fahrer	10 + Fahrer	11 + Fahrer
Wagengewicht	1350 kg	1880–1910 kg	2300–2330 kg
Radstand	2990 mm	3290 oder 3380 mm	3620 oder 3710 mm
Spurweite	1340 mm	1510 mm	1510 mm
Gesamtlänge	4620 mm	4700 oder 4790 mm	5100 oder 5190 mm
Getriebe	3 oder 4 Gang	4 Gang	4 Gang
Antrieb	Kardan oder Kette	Kette	Kette
Reifen	vorn Luft, hinten Luft oder Vollgummi	vorn Luft oder Vollgummi hinten Vollgummi (doppelt)	vorn Luft oder Vollgummi hinten Vollgummi (doppelt)
Höchstgeschwindigkeit	25–30 km/h	30 km/h	30 km/h
Preise	15/20 PS: M 10 000,– 20/25 PS: M 13 000,–	20/25 PS: M 14 000,– 30/35 PS: M 14 500,–	20/25 PS: M 15 750,– 30/35 PS: M 16 250,–
Typ	**»Württemberg«**	**»Schwarzwald«**	**Aussichtswagen**
Sitzplätze	14 + Fahrer	16 + Fahrer	23 + Fahrer
Wagengewicht	3000–3030 kg	3150–3180 kg	2850–2880 kg
Radstand	3650 oder 3740 mm	3800 oder 3890 mm	3800 oder 3890 mm
Spurweite	1520 mm	1610 mm	1630 mm
Gesamtlänge	5445 oder 5535 mm	5750 oder 5840 mm	5900 oder 5990 mm
Getriebe	4 Gang	4 Gang	4 Gang
Antrieb	Kette	Kette	Kette
Reifen	Vollgummi (hinten doppelt)	Vollgummi (hinten doppelt)	Vollgummi (hinten doppelt)
Höchstgeschwindigkeit	25 km/h	25 km/h	20–25 km/h
Preise	25/25 PS: M 16 500,– 30/35 PS: M 17 000,–	30/35 PS: M 17 250,– 40/45 PS: M 17 750,–	30/35 PS: M 17 250,– 40/45 PS: M 17 750,–
Typ	**»Wien«**	**»München«**	**»St. Petersburg« (mit Dachsitzen)**
Sitzplätze	16 + Fahrer + 5 Stehplätze	20 + Fahrer + 5 Stehplätze	23 + 21 + Fahrer + 3 Stehplätze
Wagengewicht	4450–4480 kg	4400–4430 kg	6000–6030 kg
Radstand	4163 oder 4253 mm	4798 oder 4888 mm	4450 oder 4540 mm
Spurweite	1670 mm	1670 mm	1700 mm
Gesamtlänge	6300 oder 6390 mm	7000 oder 7090 mm	7900 oder 7990 mm
Getriebe	4 Gang	4 Gang	4 Gang
Antrieb	Kette	Kette	Kette
Reifen	Vollgummi (hinten doppelt)	Vollgummi (hinten doppelt)	Vollgummi (hinten doppelt)
Höchstgeschwindigkeit	20–25 km/h	20–25 km/h	17–20 km/h
Preise	30/35 PS: M 18 500,– 40/45 PS: M 19 000,– 50/60 PS: M 19 000,–	30/35 PS: M 19 250,– 40/45 PS: M 19 750,– 50/60 PS: M 19 750,–	30/35 PS: M 23 500,– 40/45 PS: M 24 000,– 50/60 PS: M 24 000,–

Benz-Gaggenau
Lieferungswagen für
750 kg Nutzlast
mit Wechselaufbau
1911

Benz-Gaggenau Typ DG 14
Lieferungswagen für
600 kg Nutzlast
8/20 oder 10/22 PS
1912

Benz-Gaggenau Typ BL 10
Pritschenwagen für
2 to Nutzlast
1912

Benz-Gaggenau Typ BL 10
Pritschenwagen für
1,5–2 to Nutzlast
mit Anhänger
1911

Benz-Gaggenau
Lieferungswagen für
750 kg Nutzlast
mit Wechselaufbau
1911

Benz-Gaggenau
Pritschenwagen für
1250 kg Nutzlast
1911/1912

Benz-Gaggenau
Pritschenwagen für
1,5 to Nutzlast
1913

Benz-Gaggenau
Pritschenwagen für
1,5 to Nutzlast
Militärausführung
1913

←

Benz-Gaggenau
Pritschenwagen für
2–3 to Nutzlast
1911

Benz-Gaggenau
Pritschenwagen für
5 to Nutzlast
1911

←

→

Benz-Gaggenau Typ GL 12
Lastwagen für
5 to Nutzlast
1912

Benz-Gaggenau Typ GL 12
Handbetätigter
Seitenkipper für
5 to Nutzlast
1913/14

→

Benz-Gaggenau
Pritschenwagen für
2–2,5 to Nutzlast
Militärausführung
1912

←

Aug. Stange Horst in Holstein
1565

Benz-Gaggenau
2 to Lastwagen für
Personen-Beförderung
1913

	Benz-Gaggenau Lieferungswagen Typ D 11 500–750 kg Nutzlast 1911–1913	Benz-Gaggenau Lieferungswagen Typ KL 11 750–1500 kg Nutzlast 1911–1913	Benz-Gaggenau Lastwagen Typ BL 10 1,5–2 to Nutzlast 1911–1913
Motor	Benz	Benz R 10 oder R 8	Benz R 10, R 8 oder R 6
Zylinderzahl	4 (Reihe, paarweise)	4 (Reihe, paarweise)	4 (Reihe, paarweise)
Bohrung × Hub	85 × 115 mm	R 10: 90 × 140 mm R 8: 105 × 150 mm	R 10: 90 × 140 mm R 8: 105 × 150 mm R 6: 117 × 150 mm
Hubraum	2610 ccm	R 10: 3560 ccm R 8: 5195 ccm	R 10: 3560 ccm R 8: 5195 ccm R 6: 6450 ccm
Leistung	18/20 PS	R 10: 20/25 PS R 8: 30/35 PS	R 10: 20/25 PS R 8: 30/35 PS R 6: 40/45 PS
Antrieb	Kardan	Kardan	Kette
Getriebe	4 Gang	4 Gang	4 Gang
Schaltung	Rechts außen	Rechts außen	Rechts außen
Lenkung	Rechts	Rechts	Rechts
Handbremse	Mechanisch, Hinterräder	Mechanisch, Hinterräder	Mechanisch, Hinterräder
Fußbremse	Mechanisch, Getriebe	Mechanisch, Getriebe	Mechanisch, Getriebe
Radstand	2700–3200 mm	3400 mm	3600–4000 mm
Pritsche	1500 × 1400 mm	2500–2700 × 1800 mm	2800–3000 × 1800 mm
Reifen	Luft	vorn Vollgummi oder Luft hinten Vollgummi (hinten einfach oder doppelt)	Vollgummi (hinten doppelt)
Wagengewicht	850–1100 kg	1500 kg	2400 kg
Höchstgeschwindigkeit	35–40 km/h	30–35 km/h	25-28 km/h

	Benz-Gaggenau Lastwagen Typ SL 10 3 to Nutzlast 1911–1913	Benz-Gaggenau Lastwagen Typ SL 12 4 to Nutzlast 1911–1913	Benz-Gaggenau Lastwagen Typ GL 12 5 to Nutzlast 1911–1913
Motor	Benz R 8, R 6 oder R 4	Benz R 4 oder R 2	Benz R 4 oder R 2
Zylinderzahl	4 (Reihe, paarweise)	4 (Reihe, paarweise)	4 (Reihe, paarweise)
Bohrung × Hub	R 8: 105 × 150 mm R 6: 117 × 150 mm R 4: 125 × 150 mm	R 4: 125 × 150 mm R 2: 135 × 150 mm	R 4: 125 × 150 mm R 2: 135 × 150 mm
Hubraum	R 8: 5195 ccm R 6: 6450 ccm R 4: 7360 ccm	R 4: 7360 ccm R 2: 8590 ccm	R 4: 7360 ccm R 2: 8590 ccm
Leistung	R 8: 30/35 PS R 6: 40/45 PS R 4: 40/45 PS	R 4: 40/45 PS R 2: 45/50 PS	R 4: 40/45 PS R 2: 45/50 PS
Antrieb	Kette	Kette	Kette
Getriebe	4 Gang	4 Gang	4 Gang
Schaltung	Rechts außen	Rechts außen	Rechts außen
Lenkung	Rechts	Rechts	Rechts
Handbremse	Mechanisch, Hinterräder	Mechanisch, Hinterräder	Mechanisch, Hinterräder
Fußbremse	Mechanisch, Getriebe	Mechanisch, Getriebe	Mechanisch, Getriebe
Radstand	4250 mm	4250–4450 mm	4450–4500 mm
Pritsche	3800 × 1800–1930 mm	4200 × 1800–1930 mm	4200 × 1800–2000 mm
Reifen	Vollgummi (hinten doppelt)	Vollgummi (hinten doppelt)	Vollgummi (hinten doppelt)
Wagengewicht	3200–3700 kg	4200–4600 kg	4200–4600 kg
Höchstgeschwindigkeit	20–22 km/h	16–20 km/h	16–20 km/h

Benz-Gaggenau
Hotelomnibus für
10 Sitzplätze
Aufbau:
Waggonfabrik Rastatt
1913

Benz-Gaggenau
Verbindungs-Omnibus für
18 Sitzplätze
Aufbau:
Waggonfabrik Rastatt
1912

	Benz-Gaggenau Omnibus Typ »Reichspost« 1911–1912	Benz-Gaggenau Omnibus Typ B.0.10 1911–1912	
Motor	Benz R 8	Benz R 6	
Zylinderzahl	4 (Reihe, paarweise)	4 (Reihe, paarweise)	
Bohrung × Hub	105 × 150 mm	117 × 150 mm	
Hubraum	5195 ccm	6450 ccm	
Leistung	30/35 PS	35/40 PS	
Antrieb	Kette	Kette	
Getriebe	4 Gang	4 Gang	
Handbremse	Mechanisch, Hinterräder	Mechanisch, Hinterräder	
Fußbremse	Mechanisch, Getriebe	Mechanisch, Getriebe	
Lenkung	Rechts	Rechts	
Radstand	3290 mm	3650 oder 4250 mm	
Reifen	Vollgummi (hinten doppelt)	Vollgummi (hinten doppelt)	
Wagengewicht	2480 kg	3000 kg	
Sitzplätze	10	18–22	
Höchstgeschwindigkeit	32 km/h	28 km/h	

<table>
<tr><th></th><th></th><th>Benz-Gaggenau
Omnibus Typ S.0.10
1911–1912</th><th>Benz-Gaggenau
Doppelstock-Omnibus
Typ S.0.10 »Imperial«
1911–1914</th></tr>
<tr><td>Motor</td><td></td><td colspan="2">Benz R 4 oder R 2</td></tr>
<tr><td>Zylinderzahl</td><td></td><td colspan="2">4 (Reihe, paarweise)</td></tr>
<tr><td>Bohrung × Hub</td><td></td><td colspan="2">R 4: 125 × 150 mm
R 2: 135 × 150 mm</td></tr>
<tr><td>Hubraum</td><td></td><td colspan="2">R 4: 7360 ccm
R 2: 8590 ccm</td></tr>
<tr><td>Leistung</td><td></td><td colspan="2">R 4: 40/45 PS
R 2: 45/50 PS</td></tr>
<tr><td>Antrieb</td><td></td><td colspan="2">Kette</td></tr>
<tr><td>Getriebe</td><td></td><td colspan="2">4 Gang</td></tr>
<tr><td>Handbremse</td><td></td><td colspan="2">Mechanisch, Hinterräder</td></tr>
<tr><td>Fußbremse</td><td></td><td colspan="2">Mechanisch, Getriebe</td></tr>
<tr><td>Lenkung</td><td></td><td colspan="2">Rechts</td></tr>
<tr><td>Radstand</td><td></td><td>4280 mm</td><td>4150 mm</td></tr>
<tr><td>Reifen</td><td></td><td>Vollgummi (hinten doppelt)</td><td>Vollgummi (hinten doppelt)</td></tr>
<tr><td>Wagengewicht</td><td></td><td>4400 kg</td><td>6030 kg</td></tr>
<tr><td>Sitzplätze</td><td></td><td>24</td><td>42</td></tr>
<tr><td>Höchstgeschwindigkeit</td><td></td><td>25 km/h</td><td>21 km/h</td></tr>
</table>

Benz-Gaggenau
Kasten-Lieferwagen
für 750 kg Nutzlast
1912/13

Benz-Gaggenau Typ EK
Luxus-Lieferwagen
für 1–1,5 to Nutzlast
1913/14

Benz-Gaggenau
Pritschenwagen für
1,5 to Nutzlast
1913

Benz-Gaggenau Typ EK 1
Pritschenwagen für
1,5 to Nutzlast
1914

	Benz Lieferungswagen 500 kg Nutzlast 1913–1914	Benz Lieferungswagen 750 kg Nutzlast 1913–1916	Benz Lieferungswagen 1000 kg Nutzlast 1913–1914	Benz Lieferungswagen 1500 kg Nutzlast 1914–1916
Motor	Benz	Benz	Benz	Benz
Zylinderzahl	4	4	4	4
Bohrung × Hub	72 × 120 mm	85 × 115 mm 80 × 130 mm 90 × 140 mm	85 × 115 mm 90 × 140 mm	90 × 140 mm 100 × 150 mm
Hubraum	1450 ccm	2610 ccm 2620 ccm 3560 ccm	2610 ccm 3560 ccm	3560 ccm 4710 ccm
Leistung	20 PS	20 PS 25 PS 28 PS	20 PS 25 PS	22/28 PS 30/35 PS
Antrieb	Kardan	Kardan	Kardan	Kardan
Getriebe	3 Gang	3 Gang	3 Gang	4 Gang
Lenkung	Rechts	Rechts	Rechts	Rechts
Radstand	2850 mm	3020 oder 3300 mm	3125 oder 3400 mm	3175–3790 mm
Pritsche		2000 × 1600 mm	2500 × 1600 mm	2500/2600 × 1600/1700
Reifen	Luft	Luft	Luft oder Vollgummi (hinten z. T. doppelt)	Luft oder Vollgummi (hinten doppelt)
Wagengewicht	1100 kg	1500 kg		2050 kg
Höchstgeschwindigkeit	40–45 km/h	40–45 km/h	Luft 35–40 km/h Vollg. 30–35 km/h	Luft 35–40 km/h Vollg. 30–35 km/h

	Benz Lastwagen Typ KL 14 2–3 to Nutzlast 1914–1918	Benz Lastwagen Typ BK 13 3–4 to Nutzlast 1913–1916	Benz Lastwagen Typ ML 13 4–5 to Nutzlast 1913–1916
Motor	Benz	Benz	Benz
Zylinderzahl	4	4	4
Bohrung × Hub	100 × 150 mm 117 × 150 mm 125 × 150 mm	117 × 150 mm 125 × 150 mm	125 × 150 mm
Hubraum	4710 ccm 6450 ccm 7360 ccm	6450 ccm 7360 ccm	7360 ccm
Leistung	30/35 PS 40/45 PS 45/50 PS	40/45 PS 45/50 PS	45/50 PS
Antrieb	Kette	Kette	Kette
Getriebe	4 Gang	4 Gang	4 Gang
Lenkung	Rechts	Rechts	Rechts
Radstand	3165–4000 mm	3800 und 4500 mm	4250 mm
Pritsche	2600 × 1800 mm		3800 × 1930 mm
Reifen	Vollgummi oder Luft (hinten doppelt)	Vollgummi oder Luft (hinten doppelt)	Vollgummi (hinten doppelt)
Wagengewicht	2650 kg	3200 kg	3350 kg
Höchstgeschwindigkeit	25–30 km/h	28 km/h	18 km/h

Benz-Gaggenau
Omnibus Typ KL
10–13 Sitze
1913

Benz-Gaggenau
Omnibus Typ BL
16–20 Sitze
1913

Benz-Gaggenau
Omnibus Typ BO
16–20 Sitze
1913

	Benz-Gaggenau Omnibus Typ KL 1913–1914	Benz-Gaggenau Omnibus Typ KO 1913–1914	
Motor	Benz R 10	Benz R 8	
Zylinderzahl	4 (Reihe, paarweise)	4 (Reihe, paarweise)	
Bohrung × Hub	90 × 140 mm	105 × 150 mm	
Hubraum	3560 ccm	5195 ccm	
Leistung	20/25 PS bei 1000 U/min	30/35 PS bei 1000 U/min	
Antrieb	Kardan	Kardan	
Getriebe	4 Gang	4 Gang	
Lenkung	Rechts	Rechts	
Handbremse	Mechanisch, Hinterräder	Mechanisch, Hinterräder	
Fußbremse	Mechanisch, Getriebe	Mechanisch, Getriebe	
Radstand	3125–3895 mm	3400–4060 mm	
Reifen	Luft oder Vollgummi (hinten einfach, z. T. doppelt)	Luft oder Vollgummi (hinten doppelt)	
Fahrgestellgewicht	1600 kg	1700 kg	
Wagengewicht	2500 kg	2900 kg	
Sitzplätze	8 bis 13 Sitze	12 bis 14 Sitze	
Höchstgeschwindigkeit	35 bis 40 km/h	30 bis 35 km/h	
Preis	M 13 000 bis 16 000,–	M 14 000 bis 16 000,–	

	Benz-Gaggenau Omnibus Typ BL 1913–1914	Benz-Gaggenau Omnibus Typ BO 1913–1914	Benz-Gaggenau Omnibus Typ SL oder SO 1913–1914
Motor	Benz R 8 oder R 6	Benz R 4 oder R 2	Benz R 4 oder R 2
Zylinderzahl	4 (Reihe, paarweise)	4 (Reihe, paarweise)	4 (Reihe, paarweise)
Bohrung × Hub	R 8: 105 × 150 mm R 6: 117 × 150 mm	R 4: 125 × 150 mm R 2: 135 × 150 mm	R 4: 125 × 150 mm R 2: 135 × 150 mm
Hubraum	R 8: 5195 ccm R 6: 6450 ccm	R 4: 7360 ccm R 2: 8590 ccm	R 4. 7360 ccm R 2: 8590 ccm
Leistung	R 8: 30/35 PS R 6: 35/40 PS	R 4: 40/45 PS R 2: 45/50 PS	R 4: 40/45 PS R 2: 45/50 PS
Antrieb	Kette	Kette	Kette
Getriebe	4 Gang	4 Gang	4 Gang
Lenkung	Rechts	Rechts	Rechts
Handbremse	Mechanisch, Hinterräder	Mechanisch, Hinterräder	Mechanisch, Hinterräder
Fußbremse	Mechanisch, Getriebe	Mechanisch, Getriebe	Mechanisch, Getriebe
Radstand	3130, 3700 oder 4390 mm	3800, 4185 oder 4485 mm	4250, 4485, 4660 oder 5000
Reifen	vorn Luft oder Vollgummi hinten Vollgummi (doppelt)	vorn Luft oder Vollgummi hinten Vollgummi (doppelt)	Vollgummi (hinten doppelt)
Fahrgestellgewicht	1900 kg	2000 kg	2600 kg
Wagengewicht	2350 kg	3500 kg	4250 kg
Sitzplätze	16 bis 20 Sitze	16 bis 22 Sitze	22 bis 30 Sitze
Höchstgeschwindigkeit	30–35 km/h	30–35 km/h	25 km/h
Preis	M 17 500 bis 20 000,–	M 19 000 bis 21 000,–	M 20 000 bis 23 000,–

Benz-Gaggenau
Aussichtswagen Typ BL 10
23 Sitze (einschl. Fahrer)
1914

Benz-Gaggenau
Omnibus Typ SO 14
Radstand 5000 mm
30 Sitze (einschl. Fahrer)
1914

	Benz-Gaggenau Omnibus Typ EK 1 1914–1919	Benz-Gaggenau Omnibus Typ KL 14 1914–1919	
Motor	Benz S 100	Benz S 100 oder S 117	
Zylinderzahl	4 (Reihe, Block)	S 100: 4 (Reihe, Block) S 117: 4 (Reihe, paarweise)	
Bohrung × Hub	100 × 150 mm	S 100: 100 × 150 mm S 117: 117 × 150 mm	
Hubraum	4710 ccm	S 100: 4710 ccm S 117: 6450 ccm	
Leistung	32/38 PS bei 1200 U/min	S 100: 32/38 PS S 117: 40/45 PS	
Antrieb	Kardan	Kardan	
Getriebe	4 Gang	4 Gang	
Handbremse	Mechanisch, Hinterräder	Mechanisch, Hinterräder	
Fußbremse	Mechanisch, Getriebe	Mechanisch, Getriebe	
Lenkung	Rechts	Rechts	
Radstand	3790 mm	4060 mm	
Reifen	Luft oder Vollgummi (hinten doppelt)	Vollgummi (hinten doppelt)	
Wagengewicht			
Sitzplätze	12 + 2	19 + 2	
Höchstgeschwindigkeit	35–40 km/h	31 km/h	

	Benz-Gaggenau Omnibus Typ BL 10 1914–1919	Benz-Gaggenau Omnibus Typ BO 14 und SO 14 1914–1919	
Motor	Benz S 100 oder S 117	Benz S 125 oder S 135	
Zylinderzahl	4 (Reihe, paarweise)	4 (Reihe, paarweise)	
Bohrung × Hub	S 100: 100 × 150 mm S 117: 117 × 150 mm	S 125: 125 × 150 mm S 135: 135 × 150 mm	
Hubraum	S 100: 4710 ccm S 117: 6450 ccm	S 125: 7360 ccm S 135: 8590 ccm	
Leistung	S 100: 30/35 PS S 117: 40/45 PS	S 125: 45/50 PS S 135: 48/58 PS	
Antrieb	Kette	Kette	
Getriebe	4 Gang	4 Gang	
Handbremse	Mechanisch, Hinterräder	Mechanisch, Hinterräder	
Fußbremse	Mechanisch, Getriebe	Mechanisch, Getriebe	
Lenkung	Rechts	Rechts	
Radstand	3700 oder 4390 mm	4280, 4485 oder 5000 mm	
Reifen	Vollgummi (hinten doppelt)	Vollgummi (hinten doppelt)	
Wagengewicht		4400 kg	
Sitzplätze	12 bis 20 + 2	20 bis 28 + 2	
Höchstgeschwindigkeit	28–30 km/h	25 km/h	

Benz-Gaggenau
Militär-Lastwagen Typ KL 14
für 3 to Nutzlast
bei Geländeerprobung
1914

Benz-Gaggenau
Militär-Lastwagen Typ KL 14
für 3 to Nutzlast
1914–1918

Benz-Gaggenau
Fernsprechwagen Typ KL 14
1914

Benz-Gaggenau
Pritschenwagen Typ BK 1
für 5 to Nutzlast
1913/14

Benz-Gaggenau
Kastenwagen Typ BK 1
für 5 to Nutzlast
1914

Benz-Gaggenau
Militär-Lastwagen Typ BK 1
für 5 to Nutzlast
mit 5 to Anhänger
1915–1918

Benz-Gaggenau
Typ 3 K 2 (Ketten-Antrieb)
Lastwagen mit Eisenreifen
für 3 to Nutzlast
1916/17

Benz-Gaggenau
Typ 3 K 2 (Ketten-Antrieb)
Militär-Lastwagen
für 3 to Nutzlast
1916–1920

Benz-Gaggenau
Typ ET 3 (Kardan-Antrieb)
Militär-Lastwagen
für 3 to Nutzlast
1918–1920

<table>
<tr><th></th><th>Benz
Lastwagen Typ 3 K 2
3 to Nutzlast
1916–1920</th><th>Benz
Lastwagen Typ ET 3
3 to Nutzlast
1918–1920</th></tr>
<tr><td>Motor</td><td colspan="2">Benz S 117 (für Normalbetrieb)
Benz S 125 (für Anhängerbetrieb)</td></tr>
<tr><td>Zylinderzahl</td><td colspan="2">4</td></tr>
<tr><td>Bohrung × Hub</td><td colspan="2">S 117: 117 × 150 mm
S 125: 125 × 150 mm</td></tr>
<tr><td>Hubraum</td><td colspan="2">S 117: 6450 ccm
S 125: 7360 ccm</td></tr>
<tr><td>Leistung</td><td colspan="2">S 117: 38–45 PS
S 125: 44–50 PS</td></tr>
<tr><td>Antrieb</td><td>Kette</td><td>Kardan</td></tr>
<tr><td>Getriebe</td><td>4 Gang</td><td>4 Gang</td></tr>
<tr><td>Lenkung</td><td colspan="2">Rechts</td></tr>
<tr><td>Handbremse</td><td colspan="2">Mechanisch, Hinterräder</td></tr>
<tr><td>Fußbremse</td><td colspan="2">Mechanisch, Getriebe</td></tr>
<tr><td>Radstand</td><td colspan="2">4000 mm</td></tr>
<tr><td>Pritsche</td><td colspan="2">3450 × 1840 mm</td></tr>
<tr><td>Reifen</td><td>Vollgummi oder Eisen
(hinten doppelt)</td><td>Vollgummi
(hinten doppelt)</td></tr>
<tr><td>Fahrgestellgewicht</td><td colspan="2">2400 kg</td></tr>
<tr><td>Wagengewicht</td><td colspan="2">3150 kg</td></tr>
<tr><td>Höchstgeschwindigkeit</td><td colspan="2">24 km/h</td></tr>
</table>

	Benz Lastwagen Typ 5 K und 5 K 2 4–5 to Nutzlast 1916–1920	Benz Lastwagen Typ 5 K 3 4–5 to Nutzlast 1920–1925	Benz Lastwagen Typ 5 CN 5 to Nutzlast Prototyp 1923/24
Motor	Benz S 117, S 125 oder S 135	Benz S 120	Benz Rohölmotor Typ OB 2
Zylinderzahl	4	4	4
Bohrung × Hub	S 117: 117 × 150 mm S 125: 125 × 150 mm S 135: 135 × 150 mm	120 × 180 mm	
Hubraum	S 117: 6450 ccm S 125: 7360 ccm S 135: 8590 ccm	8140 ccm	
Leistung	S 117: 38–45 PS S 125: 44–50 PS S 135: 48–58 PS	50–55 PS	50–55 PS
Antrieb	Kette	Kette	Kardan
Getriebe	4 Gang	4 Gang	4 Gang
Lenkung	Rechts	Rechts	
Fußbremse	Mechanisch, Getriebe	Mechanisch, Getriebe	4 Räder, Saugluft-Servohilfe
Handbremse	Mechanisch, Hinterräder	Mechanisch, Hinterräder	Mechanisch, Hinterräder
Radstand	4250 mm	4250, 4600, 5000 oder 6000 mm	4500 oder 5645 mm
Pritsche	3800–4000 × 1930 mm	4000–5000 × 1930 mm	
Reifen	Vollgummi (hinten doppelt) oder Eisenreifen	Vollgummi (hinten doppelt)	Vollgummi oder Luft (hinten doppelt)
Fahrgestellgewicht	3000 kg	3500 kg	
Wagengewicht	3750 kg	4300 kg	5050 kg
Höchstgeschwindigkeit	18–20 km/h mit Anhänger 16–18 km/h mit Eisenreifen 14 km/h	20–22 km/h mit Anhänger 18–20 km/h	30 km/h

Benz-Gaggenau
Typ 5 K (Ketten-Antrieb)
Hydraulischer
Zweiseiten-Kipper
für 5 to Nutzlast
1920

Benz-Gaggenau
Typ 5 K 2 (Ketten-Antrieb)
Pritschenwagen
für 5 to Nutzlast
mit Eisenreifen
1919

Benz-Gaggenau
Typ 5 K 3 (Ketten-Antrieb)
Pritschenwagen
für 5 to Nutzlast
1920

Benz-Gaggenau
Typ 5 K 3 (Ketten-Antrieb)
Möbelwagen
Radstand 5000 mm
1924

Benz-Gaggenau
Typ 5 C (Kardanantrieb)
mit Rohölmotor
5 to Nutzlast
Prototyp 1924
keine Serie

→

Eine Zugmaschine mit Allrad-Antrieb wurde während des ersten Weltkriegs entwickelt, erreichte aber nicht mehr die Produktionsreife. Da man das Vorhaben dennoch nicht aufgab, wurde dieses Versuchsfahrzeug von 1920 zur Vorstufe jener 25 Polizei-Panzerwagen Typ VP 25, die 1924 nach Stuttgart zur Lieferung gelangten.

Ebenfalls um eine ehemalige Artillerie-Zugmaschine handelte es sich beim Benz Traktor, der bis Mitte der zwanziger Jahre angeboten wurde. Es gab von diesem Ungetüm je eine Ausführung für die Landwirtschaft und für den Straßenbetrieb. Die Zugkraft war enorm, das Fahrzeug aber auch unhandlich und ohne den geringsten Komfort.

→

↑ ↑

Während des ersten Weltkriegs gründete das Stammwerk in Mannheim die »Benz-Sendling-Motorpflug-Verkaufsgesellschaft« in Berlin. Für diese Firma baute Benz in der Zeit von 1922 bis 1925 einen Straßenschlepper. Dessen wichtigstes Merkmal war ein 32 PS Zweizylinder-Rohölmotor, der nach dem Vorkammersystem arbeitete. Er war die Vorstufe zum späteren Benz Lastwagen-Dieselmotor und insofern der allererste Fahrzeug-Dieselmotor überhaupt.

Der Benz-Sendling Motorpflug Typ S 7 (1922–1925) war ebenfalls mit diesem 32 PS Zweizylinder-Rohölmotor ausgestattet. Nur ein großes Hinterrad, hinter welchem der Fahrer saß.

→
→

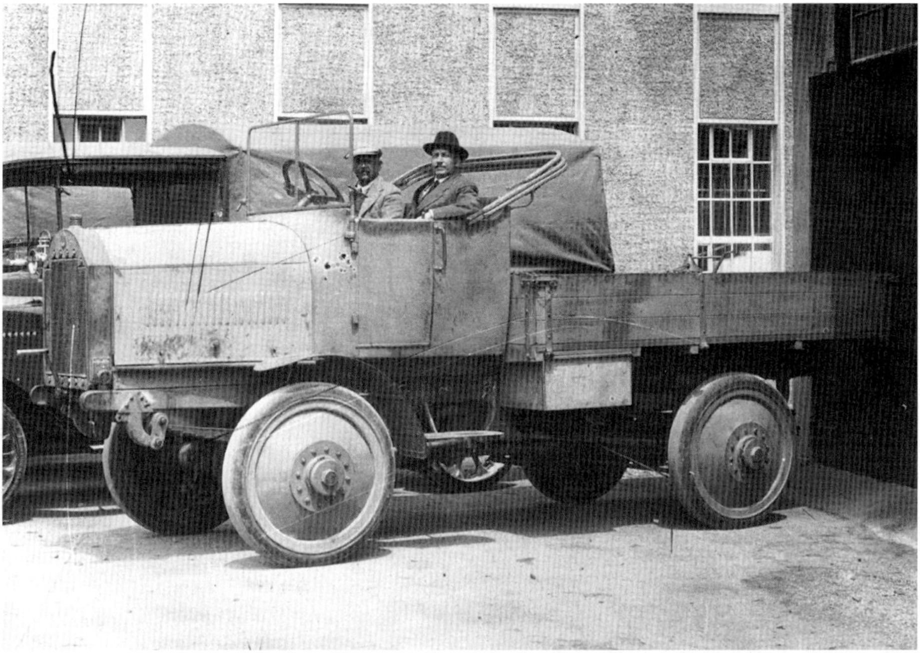

BENZ

Als vermutlich einmalige Sonderausführung wurde dieser Schwertransport-Zugwagen mit Vierrad-Antrieb gebaut. Es handelte sich um die verlängerte Ausführung der auf der vorigen Seite abgebildeten Zugmaschine. Zum Antrieb diente ein Vierzylinder Vergasermotor, der 75 PS bei 900 U/min leistete. Das Bild entstand 1924/25.

Benz Typ 1 C
Pritschenwagen
für 1–1,5 to Nutzlast
1920

Benz Typ 1 C
Montagewagen
für 1 to Nutzlast
1920

Benz Typ 1 C
Spezial-Lastwagen
für 1–1,5 to Nutzlast
1920

Benz Typ 1 CN
Kastenwagen
für 1 to Nutzlast
1921

Benz Typ 1 CN
Kastenwagen
für 1–1,5 to Nutzlast
1924

Benz Typ 1 CN
Kastenwagen
für 1–1,5 to Nutzlast
1926

Benz Typ 1 CN
Pritschenwagen
für 1,5 to Nutzlast
1926

Benz Typ 1 CN
Transportwagen
für Gefangene
1926

Benz Typ 2 C
Kastenwagen
Militärausführung
1920/21

Benz Typ 2 C
Pritschenwagen
für 2–2,5 to Nutzlast
1920

Benz Typ 2 CN
Pritschenwagen
für 2–2,5 to Nutzlast
1923

Benz Typ 2 CN
Pritschenwagen
für 2–2,5 to Nutzlast
1924

Benz Typ 2 CN
Kastenwagen
für 2 to Nutzlast
1926

Benz Typ 2 CN
Mannschaftswagen
für 20 + 2 Mann
1926

Benz Typ 2 CNb
Niederrahmen-Kastenwagen
für 2 to Nutzlast
1926

Benz Typ 2 CNb
Niederrahmen-Pritschenwagen
für 2 to Nutzlast
1926

Benz Typ 3 C Pritschenwagen für 3–3,5 to Nutzlast (1920)

Benz Typ 3 CN Möbelwagen (Radstand 4600 mm) 1923/24

Benz Typ 3 CN Kastenwagen für 3 to Nutzlast (1925/26)

Motor
Zylinderzahl
Bohrung × Hub
Hubraum
Leistung
Antrieb
Getriebe
Lenkung
Handbremse
Fußbremse
Radstand
Gesamtmaße
Pritsche
Reifen

Fahrgestellgewicht
Wagengewicht
Höchstgeschwindigkeit

Bemerkungen

Motor
Zylinderzahl
Bohrung × Hub
Hubraum
Leistung
Antrieb
Getriebe
Lenkung
Handbremse
Fußbremse
Radstand
Gesamtmaße
Pritsche
Reifen

Fahrgestellgewicht
Wagengewicht
Höchstgeschwindigkeit

Bemerkungen

<table>
<tr><th>Benz
1–1,5 to Lastwagen
Typ 1 C
1919–1921</th><th>Benz
1–1,5 to Lastwagen
Typ 1 CN
1921–1926</th><th>Benz
2–2,5 to Lastwagen
Typ 2 C
1920–1921</th><th>Benz
2–2,5 to Lastwagen
Typ 2 CN
1921–1926</th></tr>
<tr><td colspan="2">Benz S 100</td><td colspan="2">Benz S 110</td></tr>
<tr><td colspan="2">4</td><td colspan="2">4</td></tr>
<tr><td colspan="2">100 × 150 mm</td><td colspan="2">110 × 165 mm</td></tr>
<tr><td colspan="2">4760 ccm</td><td colspan="2">6270 ccm</td></tr>
<tr><td colspan="2">30–35 PS bei 1200 U/min</td><td colspan="2">40–45 PS bei 1200 U/min</td></tr>
<tr><td colspan="2">Kardan</td><td colspan="2">Kardan</td></tr>
<tr><td colspan="2">4 Gang</td><td colspan="2">4 Gang</td></tr>
<tr><td colspan="2">Rechts</td><td colspan="2">Rechts</td></tr>
<tr><td colspan="2">Mechanisch, Hinterräder</td><td colspan="2">Mechanisch, Hinterräder</td></tr>
<tr><td colspan="2">Mechanisch, Getriebe</td><td colspan="2">Mechanisch, Getriebe</td></tr>
<tr><td>3600 mm</td><td>normal 3750, bis 4300 mm</td><td>3850 mm</td><td>normal 4070, bis 4400 mm</td></tr>
<tr><td>5150 × 1850 × 2600 mm</td><td>5150–6000 × 2000 × 2600</td><td>5600 × 1960 × 2950 mm</td><td>5150–6000 × 2000 × 2600</td></tr>
<tr><td>2600 × 1700 mm</td><td>2600 × 1700 bis 2700 × 1900</td><td>3000 × 1830 mm</td><td>3000 × 1830 bis 3200 × 1900</td></tr>
<tr><td>Vollgummi oder Luft</td><td>Vollgummi oder Luft</td><td>Vollgummi oder Luft</td><td>Vollgummi oder Luft</td></tr>
<tr><td>(hinten doppelt)</td><td>(hinten einfach oder doppelt je nach Reifengröße)</td><td>(hinten doppelt)</td><td>(hinten einfach oder doppelt je nach Reifengröße)</td></tr>
<tr><td></td><td>2160 kg</td><td></td><td>2730 kg</td></tr>
<tr><td>2600 kg</td><td>2500–2900 kg</td><td>3300 kg</td><td>3200–3600 kg</td></tr>
<tr><td>je nach Reifen 35–42 km/h</td><td>je nach Reifen 35–42 km/h</td><td>je nach Reifen 35–37 km/h</td><td>je nach Reifen 30–37 km/h</td></tr>
<tr><td></td><td>Überland-Feuerspritze:
Radstand 3300 mm
Pumpenleistung 500 l/min</td><td></td><td>Feuerspritze:
Radstand 3720 mm
Pumpenleistung 1000 l/min</td></tr>
</table>

Benz 3–3,5 to Lastwagen Typ 3 C 1920–1921	**Benz 3–3,5 to Lastwagen Typ 3 CN 1921–1926**	**Benz 3–3,5 to Lastwagen Typ 3 CN (verlängert) 1921–1926**	**Benz 3 to Nieder-Lastwagen Typ MS 1923**
Benz S 110	Benz S 110	Benz S 120	Benz S 110
4	4	4	4
110 × 165 mm	110 × 165 mm	120 × 180 mm	110 × 165 mm
6270 ccm	6270 ccm	8140 ccm	6270 ccm
40–45 PS bei 1200 U/min	40–45 PS bei 1200 U/min	50–55 PS bei 1000 U/min	40–45 PS bei 1200 U/min
Kardan	Kardan	Kardan	Kardan
4 Gang	4 Gang	4 Gang	4 Gang
Rechts	Rechts	Rechts	Rechts
Mechanisch, Hinterräder	Mechanisch, Hinterräder	Mechanisch, Hinterräder	Mechanisch, Hinterräder
Mechanisch, Getriebe	Mechanisch, Getriebe	Mechanisch, Getriebe	Mechanisch, Getriebe
4200 oder 4600 mm	4288 mm	4688 mm	3250 mm
6000–7000 × 2000 × 2950	6670 × 2000 × 2810 mm	7070 × 2260 × 2950 mm	6245 × 2200 × 2490
3800–4200 × 1830–2100	3850 × 1830 mm	4250 × 2100 mm	4500 × 1800 mm
Vollgummi oder Luft	Vollgummi oder Luft	Vollgummi oder Luft	Vollgummi oder Luft
(hinten doppelt)	(hinten doppelt)	(hinten doppelt)	(hinten einfach)
	3100 kg	3400 kg	2400 kg
3800 kg	3700 kg	4150 kg	3000 kg
je nach Reifen 25–30 km/h	je nach Reifen 28–35 km/h	je nach Reifen 28–35 km/h	je nach Reifen 28–35 km/h
		Feuerspritze: Radstand 3865 mm Pumpe 1500–2000 l/min 25 Meter-Drehleiter: Radstand 4400 mm	Nieder-Pritsche mit Sitzen beiderseits des Motors. Nur wenige Wagen!

Bild links:
Benz Typ 2 C
Reichspost-Omnibus
16 Sitze
1921

Bild rechts:
Benz Typ 2 CN
Reichspost-Omnibus
16 Sitze
1924

Benz Typ 1 C
Aussichtswagen
für 12 + 2 Fahrgäste
1921/22

Benz Typ 1 CN
Aussichtswagen mit
aufgesetztem Dach
12 + 2 Fahrgäste
1924

Benz Typ 1 CN
Omnibus für
Linienverkehr
16 Sitze
1924/25

Bild Mitte:
Benz Typ 2 C
Omnibuszug für
2×18 Fahrgäste
1921

Bild unten:
Benz Typ 1 CN
Aussichtswagen
für 22 Fahrgäste
1925

Benz Typ 1 CN
Omnibus für
Linienverkehr
16 Sitze
1926/27

BENZ

BAVARIA
6102.

Benz Typ 3 C Mannschaftswagen für 26 + 1 Mann (Radstand 4200 mm) 1921

Benz Typ 3 C Linien-Omnibus mit 8 Türen (Radstand 4688 mm) 1921

Benz Typ 3 C Luxus-Omnibus mit 20 Sitzen (Radstand 4688 mm) 1921

Benz Typ 3 CN Überland-Linien-Omnibus (Radstand 4688 mm) 1924/25

3enz Typ 3 CN Aussichtswagen mit 27 Sitzen (1925)

enz Typ 3 CN Reichspost Überland-Omnibus 1926

Benz Typ 3 C »Imperial«
Doppelstock-Omnibus
für Stadtlinienverkehr
36 Sitze
1920/21

Benz Typ 3 C »Imperial«
Doppelstock-Omnibus
für Stadtlinienverkehr
45 Sitze (einschl. Fahrer)
1923

Benz Typ 3 CN »Imperial«
Doppelstock-Omnibus
für Stadtlinienverkehr
47 Fahrgäste
1924

	Benz-Gaggenau Omnibus 1–1,5 to Typ 1 C (1920–1923) Typ 1 CN (1923–1927)	**Benz-Gaggenau Omnibus 2–2,5 to Typ 2 C (1920–1923) Typ 2 CN (1923–1927)**	
Bauart	Hochrahmen	Hochrahmen	
Motor	Benz S 100	Benz S 110	
Zylinderzahl	4 (Reihe, Block)	4 (Reihe, paarweise)	
Bohrung × Hub	100 × 150 mm	110 × 165 mm	
Hubraum	4710 ccm	6270 ccm	
Leistung	30–35 PS bei 1200 U/min	40–45 PS bei 1000 U/min	
Getriebe	4 Gang	4 Gang	
Antrieb	Kardanwelle, Hinterräder	Kardanwelle, Hinterräder	
Fußbremse	Mechanisch, Kardanwelle	Mechanisch, Kardanwelle	
Lenkung	Rechts	Rechts	
Radstand	3600, 3715, 3750 oder 4300 mm	3850, 4072, 4350, 4422, 4820	
Gesamtmaße	5000–6700 × 2000 × 2800	5650–7600 × 2200 × 2900	
Reifen	Vollgummi (bis 1923) oder Luft 34 × 5″ Zwillings-Hinterräder oder vorn Luft 32 × 6″, hinten Luft (einfach) 36 × 8″	Vollgummi (bis 1923) oder 34 × 5″, 36 × 6″, 38 × 7″ Zwillings-Hinterräder oder hinten Luft (einfach) 36 × 8″ oder 42 × 9″	
Fahrgestellgewicht	2160 kg	2610–2800 kg	
Wagengewicht	3250–3560 kg	4120–4560 kg	
Sitzplätze	10–16	18–25	
Höchstgeschwindigkeit	35–40 km/h	35–40 km/h	

	Benz-Gaggenau Omnibus 3–3,5 to Typ 3 C (1920–1923) Typ 3 CN (1923–1927)		
Bauart	Hochrahmen	Hochrahmen	Hochrahmen Doppelstock-Omnibus
Motor	Benz S 110	Benz S 120	
Zylinderzahl	4 (Reihe, paarweise)	4 (Reihe, paarweise)	
Bohrung × Hub	110 × 165 mm	120 × 180 mm	
Hubraum	6270 ccm	8140 ccm	
Leistung	40–45 PS bei 1000 U/min	50–55 PS bei 1000 U/min	
Getriebe	4 Gang	4 Gang	
Antrieb	Kardanwelle, Hinterräder	Kardanwelle, Hinterräder	
Fußbremse	Mechanisch, Kardanwelle	Mechanisch, Kardanwelle	
Lenkung	Rechts	Rechts	
Radstand	4200 mm	4688 oder 5900 mm	4600 mm
Gesamtmaße	6000 × 2200 × 2900 mm	7500–9250 × 2200 × 2900 mm	8000 × 2000 × 3700 mm
Reifen	Vollgummi oder Luft 38 × 7″ Zwillings-Hinterräder oder vorn Luft 36 × 6″, hinten Luft (einfach) 42 × 9″	Vollgummi oder Luft 38 × 7″ oder 40 × 8″ Zwillings-Hinterräder	Vollgummi Zwillings-Hinterräder
Fahrgestellgewicht	2900 kg	3250–3350 kg	3350 kg
Wagengewicht	4000 kg	4750–5880 kg	5000 kg
Sitzplätze	22	16–32	36–48
Höchstgeschwindigkeit	25 km/h	30–35 km/h	25–30 km/h

Benz Typ 2 CNb
Niederrahmen-Omnibus
Reichspost-Aussichtswagen
16 Sitze
1927

Benz Typ 2 CNa
Niederrahmen-Omnibus
Radstand 5000 mm
22 Sitzplätze
1925

Benz Typ 2 CNb
Niederrahmen-Omnibus
Radstand 6000 mm
30 Fahrgäste
1926/27

	Benz Nieder-Omnibus 3 to Typ MS 1923		
Bauart	Hochrahmen, Frontlenker		
Motor	Benz S 110		
Zylinderzahl	4 (Reihe, paarweise)		
Bohrung × Hub	110 × 165 mm		
Hubraum	6270 ccm		
Leistung	40–45 PS bei 1200 U/min		
Antrieb	Kardan		
Getriebe	4 Gang		
Handbremse	Mechanisch, Hinterräder		
Fußbremse	Mechanisch, Getriebe		
Lenkung	Rechts		
Radstand	3250 mm		
Gesamtmaße			
Reifen	Vollgummi oder Luft (hinten einfach)		
Fahrgestellgewicht	2400 kg		
Wagengewicht			
Sitzplätze	30		
Höchstgeschwindigkeit	je nach Reifen 28–35 km/h		
Bemerkungen	Nur wenige Wagen!		

	Benz Omnibus 2–2,5 to Typ 2 CN a 1925–1927	**Benz Omnibus 2–2,5 to Typ 2 CN b 1925–1927**
Bauart	Niederrahmen	Niederrahmen
Motor	Benz S 110	Benz S 120
Zylinderzahl	4 (Reihe, paarweise)	4 (Reihe, paarweise)
Bohrung × Hub	110 × 165 mm	120 × 180 mm
Hubraum	6270 ccm	8140 ccm
Leistung	40–45 PS bei 1200 U/min	50–55 PS bei 1000 U/min
Getriebe	4 Gang	
Handbremse	Mechanisch, Hinterräder	
Fußbremse	Mechanisch, Getriebe + (ab 1926) Vorderräder	
Lenkung	Links	
Radstand	5000 mm	6000 mm
Gesamtmaße	7345 × 2350 × 2740 mm	8380 × 2350 × 2750 mm
Reifen	38 × 7″ bzw. (offener Aussichtswagen) 36 × 6″ oder 125 × 200 Zwillings-Hinterräder	38 × 7″ oder 125 × 200 oder Vollgummi Zwillings-Hinterräder
Fahrgestellgewicht	2810 kg	3100 kg
Wagengewicht	4800 kg	5300 kg
Sitzplätze	22–24	28–32
Höchstgeschwindigkeit	35–40 km/h	35–40 km/h

Oberes Bild:
Benz Typ MS Niederwagen mit Pritschenaufbau (Nutzlast 3 to) 1923/24

Unteres Bild:
Benz Typ MS Niederwagen für Müllabfuhr mit motorisch betätigter Hinterkippvorrichtung (Nutzlast 3 to) 1923/24

enz Typ MS
lieder-Omnibus
0 Fahrgäste
923/24

Daimler Motor-Lastwagen und -Omnibusse von 1896 bis 1926

Gottlieb Daimlers erste Lastwagen, Lieferwagen und Feuerwehrfahrzeuge

1886 fuhren sowohl Carl Benz als auch Gottlieb Daimler, ohne sich zu kennen oder voneinander zu wissen, zum ersten Mal mit ihren soeben fertiggestellten Motorwagen auf öffentlichen Straßen. Zehn Jahre später leiteten die beiden Erfinder, wiederum jeder für sich, mit dem Bau ihrer ersten Lastwagen und Omnibusse den zweiten wichtigen Abschnitt der Verkehrsmotorisierung ein.

Schon seit 1891 stellten Gottlieb Daimler und Wilhelm Maybach Überlegungen und Versuche zum Bau von Motor-Lastwagen an. Ende 1894, noch im Hotel Hermann, begannen sie mit dem Bau des ersten Exemplars, eines 4 PS-Wagens, der 1896 fertiggestellt und nach England geliefert wurde. Ein Prospekt der Daimler-Motoren-Gesellschaft vom September 1896 bot nun keineswegs bloß den durchaus brauchbaren Erstling an, sondern gleich eine komplette Baureihe von 4 Typen, alle ausgerüstet mit Viergang-Riemengetriebe und Zweizylinder Phoenix-Motor, der damals noch die Glührohrzündung, aber bereits den Spritzvergaser besaß:

4 PS, Nutzlast 1500 kg, Maße 4500 × 1500 × 1400 mm, Preis 5200 Mark
6 PS, Nutzlast 2500 kg, Maße 5600 × 1700 × 1600 mm, Preis 6400 Mark
8 PS, Nutzlast 3750 kg, Maße 5700 × 1800 × 1700 mm, Preis 7500 Mark
10 PS, Nutzlast 5000 kg, Maße 5700 × 2000 × 1800 mm, Preis 8500 Mark

Im darauffolgenden Jahr 1897 kam Daimler mit einem entsprechend kompletten Lieferwagen-Programm heraus, wobei diese Fahrzeuge als »Geschäftswagen« bezeichnet wurden.

Sowohl bei den Güter- als auch bei den Geschäftswagen gewannen zunächst die 4 PS-Typen die meiste Bedeutung. Technisch entsprachen diese Wagen mit hinten angeordnetem Zweizylinder Phoenix-Motor noch weitgehend dem damaligen, für den Personenverkehr bestimmten Daimler Riemenwagen. Weil sich aber diese Bauart für höhere Gewichte nicht eignete, verlegte man noch 1896 bei einem 6 PS-Typ den Motor unter den Fahrersitz und damit den Riemenantrieb nach vorn, was aber ebenfalls noch nicht zufriedenstellend funktionierte. Nunmehr ordnete man 1897 bei einem Fünftonner den 10 PS Zweizylinder-Motor ganz vorn vor dem Fahrer an, wobei der Antrieb über ein Viergang-Zahnradgetriebe, Kardanwelle und Ritzel auf die Innenzahnkränze der Hinterräder erfolgte. Monatelang lief dieser Lastwagen versuchsweise bei einer Heidenheimer Ziegelei, beteiligte sich nach Beseitigung der bis dahin aufgetretenen Mängel an einem 1898 in Paris ausgetragenen Lastwagen-Wettbewerb und wurde anschließend als »Bierverschleißwagen« an das Böhmische Brauhaus nach Berlin verkauft. Nachdem Maybach schließlich noch die Erfindung des Röhrenkühlers gelungen war, der wesentlich höhere Motorleistungen erlaubte, verfügte man schließlich ab 1900 über eine marktfähige Bauart.

Nach einem Prospektblatt von Januar 1899 wurden bis dahin an deutsche und englische Kunden folgende Original-Daimler Bier-, Last- und Geschäftswagen geliefert oder befanden sich im Bau:

6 Geschäftswagen 4 PS
3 Last- und 2 Bierwagen 4 PS
5 Last- und 4 Bierwagen 6 PS
2 Last- und 7 Bierwagen 10 PS.

Bezeichnenderweise fand Daimler mit seinen Motor-Lastwagen zunächst in England mehr Anklang als in Deutschland. Automobilgeschichtlich ist es von Bedeutung, daß Dunlop im Jahr 1902 einen Daimler-Lastwagen erwarb und mit Gummi-Luftreifen ausrüstete, womit ein weiterer entscheidender Fortschritt in der Nutzfahrzeug-Technik begann.

Bald entstanden Spezialfahrzeuge für die verschiedensten Verwendungszwecke. Zu den wichtigsten gehören dabei bis auf den heutigen Tag die Feuerwehrfahrzeuge. Die erste Motor-Feuerspritze, die allerdings noch von Pferden gezogen wurde, führte Gottlieb Daimler im Sommer 1888 auf dem Deutschen Feuerwehrtag in Hannover vor. Sie bewährte sich hervorragend, und zwar vor allem bei einem Großbrand 1892. Die Feuerspritze nach System Daimler erwies sich den damals noch üblichen Handkraftspritzen als weit überlegen, kostete allerdings mehr als doppelt so viel wie die ebenfalls bereits vorhandenen Dampfspritzen. Dennoch dauerte es nicht mehr lange, bis sich automobile Löschfahrzeuge durchsetzten. Die ersten Drehleitern auf Daimler-Fahrgestellen datieren aus dem Jahr 1910.

Zum entscheidenden Durchbruch verhalf dem Lastwagen in Deutschland aber vor allem das Militär. Die Heeresverwaltungen wußten, daß in einem künftigen Krieg der Nachschub und das gesamte Transportwesen von Pferdegespannen nicht mehr bewältigt werden können, denn solche standen längst nicht mehr in genügender Zahl zur Verfügung. Im Oktober 1899 fuhr die Versuchsabteilung der Preußischen Verkehrstruppen zum ersten Mal Probeeinsätze auf der Strecke Quedlinburg – Thale mit 6 PS Daimler-Lastwagen für 2 to Nutzlast. 1901 baute die Daimler-Motoren-Gesellschaft in Cannstatt ihren ersten speziellen Militär-Lkw, der sich in der Folgezeit bei zahlreichen Erprobungen zufriedenstellend bewährte. Der Wagen ließ sich übrigens sowohl mit Benzin- als auch mit Spiritus-Motor betreiben. Ebenso bewiesen Lastwagen der Österreichischen Daimler-Gesellschaft ihre Militärtauglichkeit bei Manövern und sonstigen Veranstaltungen der k. u. k. Armee. Nachdem sich die gewerbliche Wirtschaft dennoch nur zögernd auf den Betrieb mit Lastwagen umstellte, begannen 1906 die Preußische und die Bayerische Heeresverwaltung mit der Subventionierung kriegsbrauchbarer Lastwagen. Das verursachte erhebliche Kosten. So verhalf man zwar dem motorisierten Transportwesen zu einem deutlichen Auftrieb, aber dennoch vermochten nach dem Kriegsausbruch 1914 die vorhandenen Lastwagen den Heeresbedarf bei weitem nicht zu decken.

Mühsame Einführung des Omnibusverkehrs

Ebenso wie der Gütertransport mußte auch die Personenbeförderung mittels öffentlich betriebener und jedermann zugänglicher Motorwagen sehr mühsam erschlossen werden. Mit seinem ersten Omnibus-Programm – auch hier sofort eine komplette Baureihe – trat Daimler im Mai 1898 auf den Plan. Es waren wiederum 4 Typen:

4 PS für 6 Personen
6 PS für 8 bis 10 Personen
8 oder 10 PS für 14 bis 16 Personen.

Der erste Linienverkehr mit einem Daimler Motor-Omnibus (10 PS-Motor und 10 Sitzplätze) fand im Oktober 1898 auf der Strecke Künzelsau – Mergentheim statt. Doch der Betrieb ließ sich, zumal über den Winter hinweg, nur mit großen Schwierigkeiten (und pünktlich sowieso nicht) aufrechterhalten. Zahlreiche Steigungen sowie der miserable Straßenzustand, außerdem die Versorgung mit Benzin und Ersatzteilen, bereiteten so viel Ärger, daß man im Juli 1899 wieder aufgab.

Indes wußte Gottlieb Daimler solcherart schlechte Erfahrungen sinnvoll zu nutzen. Er erkannte, daß hier mit den normalen Riemenwagen nicht mehr auszukommen war. Vielmehr baute er nun Omnibusse mit Viergang-Zahnradgetriebe. Der erste dieser neuen Wagen, ausgerüstet mit 8 PS Zweizylinder-Motor, ging nach England und bewährte sich dort ausgezeichnet. Nun folgte die Einrichtung zahlreicher Omnibus-Linien im In- und Ausland, die zur allseitigen Zufriedenheit betrieben wurden. Der endgültige Durchbruch aber war geschafft, nachdem die Württembergische und dann vor allem die Bayerische Post zunächst für die Paket- und bald auch für die Personenbeförderung mehr und mehr Motorwagen in Dienst stellten.

Die erste Kraftpost-Omnibuslinie wurde am 1. Juni 1905 für den Verkehr zwischen Bad Tölz und Lenggries eröffnet. Die über 10 km lange Strecke führte durch anspruchsvolles Gelände, was jedoch den Wagen mit 28 PS Vierzylinder-Motor und 22 Fahrgastsitzen keine besonderen Schwierigkeiten bereitete. Und ab November 1905 bedienten zwei Daimler-Wagen die erste Motor-Omnibuslinie im Berliner Stadtverkehr. Bis zum Ausbruch des ersten Weltkriegs lieferte die Daimler-Motoren-Gesellschaft insgesamt etwa 350 Omnibusse, von denen als größte Kunden die Kgl. Bayerische Postverwaltung 250 und die Berliner Hochbahngesellschaft 40 Stück erhielten. Über 43 % aller damals in Deutschland eingesetzten Omnibusse stammten von Daimler, über 18 % von Benz und knapp 12 % von Büssing.

Aber schon sind wir den Ereignissen zu weit vorausgeeilt und müssen im Buch der Daimler-Geschichte noch einmal zurückblättern.

Das Werk Berlin-Marienfelde

Die Firma Ad. Altmann & Co. Berlin beschäftigte sich seit 1879 erfolgreich mit der Herstellung von Petroleum- und Spiritus-Motoren, die vor allem in der Landwirtschaft guten Absatz fanden. Als nun Max von Duttenhofer, der ebenso zielstrebige wie zwielichtige Aufsichtsratsvorsitzende der Daimler-Motoren-Gesellschaft in Cannstatt, auf Veranlassung des württembergischen Hofbankiers Kilian Steiner und hinter dem Rücken Gottlieb Daimlers nach einer Möglichkeit suchte, in Berlin eine zusätzliche große Produktionsstätte für Motorwagen einzurichten, kam es 1897 zu einem Übereinkommen mit der 120 Mann-Firma Altmann. Diese wurde in die »Allgemeine Motorwagen-Gesellschaft mbH.« umgewandelt und auf ein großes Werksgelände in Berlin-Marienfelde verlegt. Die endgültige Bezeichnung der Firma lautete ab November 1898 »Motor-Fahrzeug- und Motorenfabrik Berlin-Marienfelde«, wobei das Grundkapital zunächst 2 Millionen Mark betrug. Bereits im Februar 1899 wurde dort im großen Stil mit dem Bau von Motorwagen begonnen. Herr von Duttenhofer hatte hierzu ohne Wissen oder Billigung Gottlieb Daimlers dessen neueste Konstruktionspläne und Patente kostenlos zur Verfügung gestellt.

Als wichtigstes Erzeugnis freilich fertigte man zunächst Elektro-Motorwagen nach regulär erworbenen Lizenzen der amerikanischen Marke Columbia. Da gab es ebenso kutschenähnliche Personenwagen wie Nutzfahrzeuge in zahlreichen Versionen. Schon ab März 1900 betrieb man in Berlin sogar zwei Linien mit Elektro-Omnibussen, die sich aber nicht bewährten und deshalb auch bald wieder aus dem Verkehr gezogen wurden. Bereits Ende 1901 hat man den gesamten Elektrofahrzeugbau in Marienfelde, wenigstens vorläufig, wieder aufgegeben.

Die Berliner Fabrikation von benzinbetriebenen Motorwagen empfand Gottlieb Daimler als einen üblen Vertrauensbruch. Er sah darin verständlicherweise eine unrechtmäßige Ausbeutung seines geistigen Eigentums, zumal er daran finanziell völlig unbeteiligt blieb. Auch plagte ihn die Überzeugung, daß die Berliner Motorwagen seinen hohen Qualitätsansprüchen nicht genügten, weshalb es ihn um so mehr verdroß, daß diese zunächst mit dem Bei-

Daimler-Motorwagen-Produktion 1885 – 1907

	Motorwagen		davon für Export
1885/86	1		–
1887	–		–
1888	–		–
1889	2		–
1890	–		–
1891	–		–
1892	4		–
1893	2	*) (1890–1895)	2
1894	1		–
1895	8		4
1896	24		20
1897	26		12
1898	57		13
1899	108		56
1900	96		54
1901	144		82
1902	197		155
1903	232		188
1904	698		568
1905	863		639
1906	546		437
1907	149		122

*) Nach einer anderen Quelle sollen in der Zeit von 1890 bis 1895 im Werk Cannstatt der Daimler-Motoren-Gesellschaft 19 und im Hotel Hermann 12 Motorwagen fertiggestellt worden sein.

Daimler-Automobilproduktion 1908 – 1926

	Personenwagen	Lastwagen und Omnibusse	Gesamtzahl
1908	109	122	231
1909	671	158	829
1910	1106	199	1305
1911	1490	291	1781
1912	1866	317	2183
1913	1567	358	1925
1914	1404	568	1972
1915	1302	605	1907
1916	428	718	1146
1917	401	792	1193
1918	108	996	1104
1919	621	550	1171
1920	1616	536	2152
1921	1581	294	1875
1922	962	380	1342
1923	1020	449	1649
1924	1333	543	1876
1925	1406	881	2287
1926	627	616	1243

Belegschaft der Daimler-Motoren-Gesellschaft

	Werk Cannstatt	Werk Untertürkheim	Werk Sindelfingen	Werk Berlin-Marienfelde
1887	23			
1889	34			
1890	123			
1891	150			
1892	92			
1893	121			
1894	125			
1895	139			
1896	206			
1897	184			
1898	261			
1899	327			
1900	344			
1901	424			
1902	503			
1903		821		
1904		2 200		1 310
1905		3 260		
1906		3 030		
1907		2 460		
1908		1 650		1 210
1909		1 800		1 010
1910		2 230		1 000
1911		2 600		
1913		3 800		1 250
1914		4 717		1 268
1915		5 527		1 670
1916		7 965		1 986
1917		12 100	1 530	3 064
1918		16 000	5 450	3 240
1919		9 116	1 454	2 118
1920		4 345	1 391	1 098
1921		4 345	1 330	1 021
1922		3 922	1 294	1 504
1923		3 787		1 785
1924		4 913	1 193	1 663
1925		2 120	525	1 833

wort »System Daimler« und bald sogar ohne Umschweife als »Daimler-Wagen« auf den Markt gebracht wurden. Eine wenn auch wirkungslose Reaktion darauf war, daß die Cannstatter Motorwagen eine Zeitlang als »Original-Daimler« bezeichnet wurden. Jedenfalls hat dieser massive Ärger dem Firmengründer derart zugesetzt, daß er seelisch und gesundheitlich daran zerbrach.

Mit dem Tod Gottlieb Daimlers am 6. März 1900 hatte das Berliner Konkurrenzunternehmen die ihm von Duttenhofer zugedachte Aufgabe verloren. Deshalb beschloß die Generalversammlung der Daimler-Motoren-Gesellschaft Cannstatt dessen Übernahme als Zweigniederlassung Berlin-Marienfelde. Da das Grundkapital der M. B. B. knapp 3 Millionen, das der D. M. G. aber, von Duttenhofer stets so niedrig wie möglich gehalten, nur 900 000 Mark betragen hatte, gehörten der Daimler-Familie nunmehr bloß noch $^{1}/_{30}$ der Firma, die ihren Namen trug. Sie hatte damit jeden unternehmerischen Einfluß verloren. Isidor Loewe, ebenfalls ein Mann Kilian Steiners, und bis dahin Geschäftsführer der M. B. B., erhielt auf jener Generalversammlung Sitz und Stimme im Aufsichtsrat der Daimler-Motoren-Gesellschaft.

Firmengeschichtlich brachte die Zweigniederlassung Berlin-Marienfelde der Daimler-Motoren-Gesellschaft eine beträchtliche Stärkung. Das Stammwerk nämlich wäre weder kapital- noch kapazitätsmäßig in der Lage gewesen, neben der sich rasch ausweitenden Personenwagenproduktion die neu hinzukommende und ebenfalls expansive Fertigung von Nutzfahrzeugen mit zu bewältigen. Im nunmehrigen Großunternehmen fand eine logische Aufgabenteilung statt: Cannstatt bzw. wenig später Untertürkheim stellten nur noch Personenwagen, Marienfelde hingegen nur noch Lastwagen und Omnibusse her. So waren für beide Sparten die notwendigen Entwicklungs-, Produktions- und Ausdehnungsmöglichkeiten gegeben.

Meilensteine des technischen Fortschritts

Der Nutzfahrzeugbau gewann in Marienfelde bis zum ersten Weltkrieg ganz rasch an Bedeutung. Zu den herausragenden Ereignissen in der technischen Entwicklung zählten ab Spätjahr 1905 die Anordnung des Kühlers auf dem vorderen Rahmenende, etwa um die gleiche Zeit die Einführung der Stahlgußräder, 1908 die Errungenschaft des geschlossenen Stahlprofil-Rahmens sowie 1912 der Übergang auf neue OHV-Motoren, deren Gehäuseober- und -unterteil aus Aluminium bestand. Als typisches Merkmal aller schweren Nutzfahrzeuge von Daimler galt der Ritzel-Antrieb, der auf einem Innenzahnkranz der Hinterräder arbeitete. Diese Bauart stammte noch vom ersten nicht mehr riemengetriebenen Daimler-Lastwagen von 1897! Marienfelde hielt daran bis zur Fusion (9126) eisern fest. Viel länger hätte man es freilich sowieso nicht mehr durchhalten können, weil sich der Ritzel-Antrieb mit den Riesenluftreifen nicht hätte vereinbaren lassen. Erstens boten deren viel kleinere Felgen kaum Platz für einen genügend großen Zahnkranz, und zweitens hielt das Ritzel den weit höheren Geschwindigkeiten nicht mehr stand, welche die Luftreifen ermöglichten. Um aber dennoch etwas anderes zu bieten als die zahlreich gewordenen Konkurrenzmarken, versuchte es Daimler mit dem Schnecken- oder Schraubenantrieb, der sich in der Tat durch einen bemerkenswert ruhigen Lauf auszeichnete. Aber nur 1914/15 kam der Schneckenantrieb in einer kleinen Serie von Dreitonner-Omnibussen zur Anwendung.

Vor 80 Jahren: Elektrofahrzeuge

Selbst den Bau von Elektrofahrzeugen nahm das Marienfelder Werk trotz der früheren diesbezüglichen Mißerfolge wieder auf. Und das kam so. Ferdinand Porsche hatte für die Firma Lohner in Wien zunächst den batterie- und dann den benzin-elektrischen Antrieb mittels Radnabenmotoren entwickelt. 1906 aber verkaufte Lohner seine Patente an die Österreichische Daimler-Motoren-Gesellschaft (Wiener Neustadt), und von dieser wiederum übernahm die Niederlassung Berlin-Marienfelde den Vertrieb für das Deutsche Reich sowie die teilweise Produktion der Elektrofahrzeuge »Mercedes-Electrique (System Lohner-Porsche)« sowie dazu ferner der Oberleitungs-Omnibusse »Mercedes-Electrique (System Lohner-Porsche-Stoll)«. Mit den letzteren wurden bis Ende des Jahres 1911 in Österreich und Deutschland insgesamt 10 Linien mit 38 Motorwagen und 50 km Oberleitung eingerichtet.

Ziemliche Verbreitung fanden die ab 1908 verkauften benzinelektrischen Fahrzeuge mit Radnabenmotoren, obschon auch sie naturgemäß nur für den innerstädtischen Verkehr in Betracht kamen. Es gab Last- und Biertransportwagen, Müllabfuhr- und andere Kommunalfahrzeuge, Omnibusse für Stadtrundfahrten und vor allem Feuerwehrfahrzeuge. Schließlich waren 12 Berufsfeuerwehren, darunter Berlin, Hamburg und Wien, mit insgesamt 116 elektromobilen Daimler-Wagen ausgerüstet. (In jeweils nur geringen Stückzahlen lieferten aber auch noch eine ganze Reihe anderer Firmen Fahrzeuge entsprechender Bauart.) Andererseits fuhren 1913 in Deutschland bereits etwa gleich viele Feuerwehrwagen mit unmittelbarem Antrieb durch Benzinmotor wie solche mit Radnaben-Elektromotoren, deren Produktion mit dem Ausbruch des ersten Weltkriegs ihr Ende fand.

Die Zeit nach dem ersten Weltkrieg

Im Stammwerk Untertürkheim brachte man es nicht fertig, dem Bau von Nutzfahrzeugen ganz und gar zu entsagen, zumal sich mit solchen leichter Bauart Marienfelde bis dahin überhaupt nicht abgab. So erschienen die Typen UT als Lieferwagen für 0,5 bis 2 to Nutzlast, außerdem entsprechende Kleinomnibusse als Typ UO. Diese Autos liefen zufriedenstellend in großer Zahl als Feldsanitätswagen, wogegen sie auf dem zivilen Markt weniger Zuspruch fanden. Schon 1920 wurde die Produktion der leichten Nutzfahrzeuge in Untertürkheim aufgegeben, dann aber noch ein paar Jahre lang quasi nebenher in Marienfelde weitergeführt.

Im Interessengemeinschafts-Vertrag von 1924 kamen die Firmen Benz und Daimler überein, daß Benz-Gaggenau hinfort nur mehr die leichteren Nutzfahrzeuge bis etwa 3,5 to und Daimler-Marienfelde die Schwergewichte von 4 bis 6 to Nutzlast fertigen soll. Diese Aufteilung entsprach genau der Marktlage, weil tatsächlich bisher Benz bei den kleineren und Daimler bei den größeren Nutzfahrzeugen die stärkere Position besaß. Ende des Jahres 1926, also nach der Fusion, wurde freilich die gesamte Lastwagen- und Omnibus-Herstellung in Gaggenau konzentrert. Marienfelde sollte ursprünglich völlig aufgegeben werden, blieb dann aber über einen langen Zeitraum hinweg noch als Reparaturwerk und für die (umsatzmäßig damals völlig unbedeutende) Entwicklung von Panzer-Prototypen beschäftigt.

Der erste Daimler Lastwagen, Nutzlast 1,5 to, war noch von dem der Personenbeförderung dienenden »Riemenwagen« abgeleitet. Der 4 PS Zweizylinder Phoenix-Motor befindet sich am Ende des Rahmens, der Antrieb auf die Hinterräder erfolgt über Riemen. 1896 wurde der Wagen fertiggestellt und nach England geliefert.

1898 ging Daimler bei den Geschäftswagen, wie er die kleinen Nutzfahrzeuge nannte, vom Riemen- zum Kettenantrieb über, wobei der Motor unter dem Fahrersitz eingebaut wurde. Hier ein nach Straßburg gelieferter Kastenlieferwagen mit 6 PS Zweizylinder-Motor.

Ab 1899 fand der Motor unter einer hohen Haube vor dem Fahrersitz seinen Platz. Für 0,5 to Nutzlast ist dieser Daimler Geschäftswagen ausgelegt: 4 PS Zweizylinder Phoenix-Motor, Magnetzündung und Ritzelantrieb sind die wichtigsten Merkmale. Dieser wohl älteste noch erhaltene Lastwagen steht im Museum der Daimler-Benz AG.

	Daimler 4 PS Lastwagen für 1500 kg Nutzlast 1896	Daimler 6 PS Lastwagen für 2500 kg Nutzlast 1896	Daimler 10 PS Lastwagen für 5000 kg Nutzlast 1897
Bauart	Umgeb. Gespann-Güterwagen Fahrersitz über Vorderachse Motor hinter Hinterachse stehend eingebaut	Umgeb. Gespann-Güterwagen Fahrersitz hinter Vorderachse Motor unter Fahrersitz stehend eingebaut	Umgeb. Gespann-Güterwagen Fahrersitz hinter Vorderachse Motor über Vorderachse stehend eingebaut
Motor	Daimler »Phoenix«	Daimler »Phoenix«	Daimler »Phoenix«
Zylinderzahl	2 (Reihe, stehend)	2 (Reihe, stehend)	2 (Reihe, stehend)
Bohrung × Hub	75 × 120 mm	90 × 120 mm	100 × 140 mm
Hubraum	1060 ccm	1530 ccm	2190 ccm
Leistung	4 PS bei 700 U/min	6 PS bei 700 U/min	10 PS bei 700 U/min
Antrieb	Ritzel (Innenzahnkränze an den Hinterrädern)	Ritzel (Innenzahnkränze an den Hinterrädern)	Ritzel (Innenzahnkränze an den Hinterrädern)
Getriebe	4 Gang Riemengetriebe	4 Gang Riemengetriebe	4 Gang Zahnradgetriebe
Lenkung	Drehschemel (Zahnbogen)	Drehschemel (Zahnbogen)	Drehschemel (Zahnbogen)
Handbremse	Holzklötze auf Hinterräder	Holzklötze auf Hinterräder	Holzklötze auf Hinterräder
Fußbremse	Holzbacken auf Vorgelege	Holzbacken auf Vorgelege	Holzbacken auf Vorgelege
Radstand			
Spur	1160/1140 mm		
Gesamtmaße	4500 × 1500 mm	5600 × 1700 mm	6000 × 1800 mm
Pritsche			
Reifen	Eisen	Eisen	Eisen
Wagengewicht	1500 kg	2400 kg	3400 kg
Nutzlast	1500 kg	2500 kg	5000 kg
Höchstgeschwindigkeit	12 km/h	12 km/h	12 km/h
Preis	M 5200,–	M 6400,–	M 8500,–

Daimler (Cannstatt) Geschäftswagen 1897–1899
Motor unter Fahrersitz, Riemen-Antrieb auf Hinterräder

Nutzlast	500 kg	800 kg	1200 kg	1500 kg	2000 kg	
Motor	2 Zylinder	2 Zylinder	2 Zylinder	2 Zylinder	2 Zylinder	
Motorleistung	3 PS	4 PS	6 PS	8 PS	10 PS	
Wagenlänge	3400 mm	3400 mm	4000 mm	4600 mm	4600 mm	
Wagenbreite	1700 mm	1700 mm	1800 mm	1800 mm	1800 mm	
Wagengewicht	1000 kg	1350 kg	1600 kg	2000 kg	2500 kg	
Preis	M 5250,–	M 5800,–	M 7000,–	M 8200,–	M 9200,–	
Gummireifen	+ 350,–	+ 400,–	–	–	–	

Daimler (Cannstatt) Motor-Onmibusse 1898
Motor unter Fahrersitz, Riemen-Antrieb auf Hinterräder

Sitzplätze		6 Sitze	8–10 Sitze	14–16 Sitze	14–16 Sitze	
Motor		2 Zylinder	2 Zylinder	2 Zylinder	2 Zylinder	
Motorleistung		4 PS	6 PS	8 PS	10 PS	
Wagengewicht		1100 kg	1500 kg	2000 kg	2500 kg	
Höchstgeschwindigkeit		16 km/h	16 km/h	16 km/h	16 km/h	
Preis		M 7000,–	M 8200,–	M 9500,–	M 10 800,–	
Vollgummireifen		+ 400,–	+ 500,–	–	–	

Zu Daimlers frühesten Lastwagen-Kunden zählte der Stuttgarter Hof-Spediteur Paul von Maur. Bereits 1899 besaß er zwei Plattformwagen für 2 to Nutzlast mit 6 PS Zweizylinder-Motor, Eisenreifen und Ritzelantrieb.

→

←

Bei ihrem ersten schweren Lastwagen von 1896 verlegten Daimler und Maybach den 6 PS-Motor unter den Fahrersitz und damit den Riemenantrieb nach vorn, was aber ebenfalls noch nicht zufriedenstellend funktionierte. Soweit bekannt, wurde nur ein einziger Versuchswagen mit solchem Antrieb gebaut.

←

→

Sehr gut bewährten sich drei Daimler Motorwagen beim Kaisermanöver 1899. Der kleinere der beiden Lastwagen für 400 kg Nutzlast besaß einen vorn eingebauten 4 PS Zweizylinder-Motor, während sich beim größeren der beiden Lastwagen für 2000 kg Nutzlast der 6 PS-Motor unter dem Fahrersitz befand. Der kleinere hatte Ketten-, der größere Ritzelantrieb, und beide besaßen ein Viergang-Zahnradgetriebe

→

←

Nächster Schritt war die Kraftübertragung mittels Viergang-Zahnradgetriebe und Ritzelantrieb. Hier ei Wagen aus dem Österreichische Daimler-Werk in Wiener-Neustadt Schon bei den ersten Motorlastwagen gab es Sonderaufbauten! De abgebildete 8 PS Kühlwagen mit einem Aufbau der Firma Jacob Lohner ging an eine Wiener Eisfabrik Diese stellte stangenförmige Kunsteis her, wie es bis in die dreißiger Jahre für den Betrieb vo Wirtschafts- und Haushalts-Kühlschränken benötigt wurde.

Daimler

Daimler

Daimler Motoren - Gesellschaft Cannstatt.

G. DAIMLER
CANNSTATT
Württemberg.

C.KIPKE BRAUEREI
Breslau.

Daimler Motorlastwagen für 5 to Nutzlast mit 12 PS-Motor, Glührohrzündung, Ritzelantrieb und Eisenreifen. Der Wagen, 1898 gebaut, blieb bis 1903 auf den Prospektblättern der Daimler-Motoren-Gesellschaft abgebildet.

←

→

Dieser 4 PS Daimler Motor-Lastwagen von 1898, ausgelegt für 2 to Nutzlast, gehörte früher zum Bestand des Museums der Daimler-Benz AG. Seit der kriegsbedingten Auslagerung steht er im Verkehrsmuseum Dresden.

1898 in Paris. Vor dem Wagen stehen (von rechts nach links) Gottlieb Daimler, Wilhelm Maybach und Meister Bauer.

←

→

4 PS Daimler Motor-Lastwagen für 1,5 to Nutzlast, erbaut 1900, offensichtlich für werkseigene Transporte eingesetzt und viele Jahre im Betrieb, weil die Daimler-Motoren-Gesellschaft ja erst 1903 nach Untertürkheim umzog. Beachtenswert die Ausführung der ersten Fahrerhäuser.

Ebenfalls aus dem Jahr 1898 stammt der Daimler Motor-Lastwagen für 5 to Nutzlast und mit 10 PS-Motor. Die Brauereien zeigten sich von Anfang an sehr für die Motorisierung ihres Transportwesens aufgeschlossen.

←

→

10 PS Bier-Lastwagen für 3 to Nutzlast, erbaut 1901 von der Motorfahrzeug- und Motorenfabrik Berlin AG., Marienfelde bei Berlin.

Bereits 1898 erließ die Preußische Heeresverwaltung Bedingungen für den Bau militärischer Kraftwagen. 1899 erfolgte bei der Berliner Versuchs-Abteilung der Verkehrstruppen die Einrichtung eines Selbstfahrer-Kommandos. Im gleichen Jahr lieferte die Daimler-Motoren-Gesellschaft diesen Motor-Lastwagen mit 16 PS Vierzylinder Phoenix-Motor. 1901 erhielt dieses Versuchsfahrzeug einen 14 PS Spiritus-Motor, um die Explosionsgefahr bei Beschußschäden herabzumindern. Noch im Katalog von 1904 wurde dieser Daimler Militär-Lastwagen mit 10 PS-Motor und 2500 kg Tragkraft angeboten.

Im Oktober 1898 erfolgte die Eröffnung der Omnibuslinie Bad Mergentheim – Künzelsau. Eingesetzt wurde ein 10 PS Daimler Post-Omnibus mit 10 Sitzplätzen, einem Eigengewicht von 2,8 to, Ritzelantrieb und mit gerippten Eisenreifen. Erlaubt war eine Geschwindigkeit von 16 km/h und nur ausnahmsweise auf freier übersichtlicher Strecke 20 km/h.

Einer der ersten, 1898 gelieferten Münchener Stadt-Omnibusse mit 6 bis 8 Sitzplätzen und Stehperron. 6 PS-Motor.

Aus dem Jahr 1899 stammt dieser Daimler Omnibus mit Imperiale, also mit Oberdeck-Sitzen. Es ist wohl der erste oder einer der ersten Doppelstock-Omnibusse. Der Fahrersitz wurde über den Motor verlegt.

Daimler Gesellschaftswagen (Berliner Kremser) der Motorfahrzeug- und Motorenfabrik Berlin-Marienfelde. Der von 1899 bis 1901 angebotene Wagen war hauptsächlich für Ausflugsfahrten im Sommer bestimmt. Der abgebildete Wagen mit 15 Sitzplätzen besaß einen 8 PS-Motor sowie wahlweise Eisen- oder Gummireifen. Preis 10 000 Mark.

Ein Motor-Omnibus, System Daimler, gebaut 1898 von der Motorfahrzeug- und Motorenfabrik Berlin-Marienfelde (MMB). 8 PS-Motor mit Glührohrzündung. Stehperron, sowie Gepäckgalerie und zusätzliche Sitzbank auf dem Wagendach. Wer da oben sitzen wollte, mußte aber schon einigermaßen schwindelfrei sein.

Daimler Motor-Omnibus mit 8 PS Zweizylinder-Motor in England 1899

Daimler Gesellschaftswagen 1903 mit 15 Sitzplätzen

	Daimler Geschäftswagen 1899–1903					
	Motor über der Vorderachse vor dem Fahrersitz, hohe Motorhaube 4 Gang Zahnradgetriebe, Ketten-Antrieb auf Hinterräder					
Nutzlast Motor Motorleistung Antrieb Länge des Wagens Breite des Wagens Wagengewicht Preis Gummireifen	800 kg 2 Zylinder 4 PS Kette 4000 mm 1800 mm 1400 kg M 8100,– + M 700,–	1000–1200 kg 2 Zylinder 6 PS Kette 4000 mm 1800 mm 2000 kg M 9100,– + M 800,–	1500 kg 2 Zylinder 8 PS Kette 4500 mm 1900 mm 2600 kg M 10 100,– –			
Nutzlast Motor Motorleistung Antrieb Länge des Wagens Breite des Wagens Wagengewicht Preis Gummireifen		1000–1200 kg 4 Zylinder 6 PS Kette 4000 mm 1800 mm 1800 kg M 10 600,– + M 800,–	1000–1500 kg 4 Zylinder 8 PS Kette 4200 mm 1900 mm 2400 kg M 12 100,– –	2000 kg 4 Zylinder 10 PS Kette 4600 mm 2000 mm 2800 kg M 13 600,– –	2500 kg 4 Zylinder 12 PS Kette 4600 mm 2000 mm 3200 kg M 15 100,– –	

	Daimler (zunächst Cannstatt, dann Marienfelde) Leichte Transport-Fahrzeuge 1904–1905					
Nutzlast	750 kg	750 kg	750–1000 kg			
Motor	2 Zylinder	2 Zylinder	2 Zylinder			
Motorleistung	4–8 PS	6–9,5 PS	6–9,5 PS			
Antrieb	Kette	Kette	Kette			
Länge des Wagens	4000 mm	4000 mm	4800–4900 mm			
Breite des Wagens	1800 mm	1900 mm	1900 mm			
Ladefläche	1400 × 1100 mm	1400 × 1100 mm	2200–2300 × 1600 mm			
Wagengewicht	1250 kg	1550 kg				
Höchstgeschwindigkeit mit						
Eisenreifen	16 km/h	14 km/h	14 km/h			
Vollgummireifen	20 km/h	18 km/h	16 km/h			

Daimler Break 1899

MMB / System Daimler 6 PS Omnibus für 12 Personen (1900)

Marienfelder Daimler Omnibus aus dem Jahr 1903

Nutzlast
Motor
Motorleistung
Antrieb
Länge des Wagens
Breite des Wagens
Wagengewicht
Preis
Vollgummireifen

Nutzlast
Motor
Motorleistung
Antrieb
Länge des Wagens
Breite des Wagens
Wagengewicht
Preis
Vollgummireifen

Nutzlast
Motor
Motorleistung
Antrieb
Ladefläche

Höchstgeschwindigkeit mit
Eisenreifen
mit Vollgummireifen
Steigfähigkeit
Pritschenwagen Preis
Vollgummireifen

Nutzlast
Motor
Motorleistung
Antrieb
Ladefläche

Höchstgeschwindigkeit mit
Eisenreifen
mit Vollgummireifen
Pritschenwagen Preis
Vollgummireifen

Daimler Lastwagen 1899–1903

1250–1500 kg 2 Zylinder 4 PS Ritzel 4800 mm 1550 mm 1500 kg M 7320,– + M 700,–	2000–2500 kg 2 Zylinder 6 PS Ritzel 5200 mm 1750 mm 2400 kg M 8380,– + M 800,–	3500–3750 kg 2 Zylinder 8 PS Ritzel 5750 mm 1800 mm 2800 kg M 9420,– –	5000 kg 2 Zylinder 10 PS Ritzel 6000 mm 1800 mm 3400 kg M 10 460,– –	5000 kg 2 Zylinder 12 PS Ritzel 6000 mm 1800 mm 3700 kg M 11 500,– –	
	2000–2500 kg 4 Zylinder 6 PS Ritzel 5200 mm 1750 mm 2100 kg M 9880,– + M 800,–	3500–3750 kg 4 Zylinder 8 PS Ritzel 5700 mm 1800 mm 2500 kg M 11 420,– –	5000 kg 4 Zylinder 10 PS Ritzel 6000 mm 1800 mm 2800 kg M 12 960,– –	5000 kg 4 Zylinder 12 PS Ritzel 6000 mm 1800 mm 3500 kg M 14 660,– –	

Daimler (Marienfelde) Lastwagen 1903–1905

1000–1500 kg 2 Zylinder 6–9,5 PS Ritzel 2800 × 1600 mm 14 km/h 16 km/h bis 10 % M 9400,– + M 1750,–	1500–2500 kg 2 Zylinder 6–9,5 PS Ritzel 3200 × 1800 mm 14 km/h 16 km/h bis 8 % M 9900,– + M 1750,–	2500–3000 kg 2 Zylinder 8–12 PS Ritzel 3200–3600 × 1900 mm 12 km/h 16 km/h bis 8 % M 10 600,– + M 2050,–			
1000–1500 kg 4 Zylinder 12–18 PS Ritzel 2800–3200 × 1800 mm 14 km/h 18 km/h M 11 400,– + M 1750,–	1500–3000 kg 4 Zylinder 12–18 PS Ritzel 3200–3600 × 1800 mm 12 km/h 18 km/h M 12 600,– + M 2050,–	3000–5000 kg 4 Zylinder 12–18 PS Ritzel 4000 × 2000 mm 12 km/h 15 km/h M 13 800,– + M 3100,–	4000–5000 kg 4 Zylinder 16–21 PS Ritzel 4000 × 2000 mm 12 km/h 15 km/h M 15 300,– + M 3100,–	5000 kg 4 Zylinder 20–25 PS Ritzel 4000 × 2000 mm 12 km/h 15 km/h M 16 800,– + M 3100,––	6000 kg 4 Zylinder 20–25 PS Ritzel 4200 × 2000 mm 10 km/h – M 17 800,–

Daimler Hotel-Omnibus 1903
4 Zylinder 18 PS Kettenwagen

Fahrgastzahl
Motor
Motorleistung
Wagengewicht
Preise:
Omnibus
Gesellschaftswagen
Vollgummireifen

Daimler 9 PS Geschäftswagen 1905/06

Fahrgastzahl
Motor
Motorleistung
Wagengewicht
Preis
Vollgummireifen

Fahrgastzahl
Motor
Motorleistung
Wagengewicht
Preis
Vollgummireifen

Daimler (Marienfelde) 2 to Lastwagen 1905
4 Zylinder, 16 PS, Kettenantrieb, Vollgummireifen

Fahrgastzahl
Motor
Motorleistung
Länge des Wagens
Breite des Wagens
Wagengewicht
Höchstgeschwindigkeit
mit Eisenreifen
mit Vollgummireifen

Daimler Motor-Omnibusse 1898

Motor über der Vorderachse vor dem Fahrersitz, hohe Motorhaube
4 Gang Zahnradgetriebe, Ketten-Antrieb auf Hinterräder

6 Personen 2 Zylinder 4 PS 1350 kg M 7000,– – + M 500,–	8–10 Personen 2 Zylinder 6 PS 2000 kg M 8200,– M 8200,– + M 500,–	12–14 Personen 2 Zylinder 8 PS 2700 kg M 9500,– M 9500,– + M 600,–	14–16 Personen 2 Zylinder 10 PS 3500 kg M 10 800,– – + M 600,–		

Daimler Motor-Omnibusse 1899–1901

Motor über der Vorderachse vor dem Fahrersitz, etwas weniger hohe Motorhaube
4 Gang Zahnradgetriebe, Ketten-Antrieb auf Hinterräder

6 Personen 2 Zylinder 4–6 PS 1350 kg M 8200,– + M 800,–	8–10 Personen 2 Zylinder 6–8 PS 2000 kg M 9700,– + M 1100,–	12–14 Personen 2 Zylinder 8–10 PS 2700 kg M 11 200,– + M 1500,–	14–16 Personen 2 Zylinder 10–12 PS 3500 kg M 12 500,– –		
	8–10 Personen 4 Zylinder 6 PS 1800 kg M 11 000,– + M 1000,–	12–14 Personen 4 Zylinder 8 PS 2500 kg M 12 750,– + M 1500,–	14–16 Personen 4 Zylinder 10 PS 3000 kg M 14 600,– –	18–20 Personen 4 Zylinder 12 PS 3200 kg M 16 500,– –	

Daimler-Omnibusse 1903–1905

6–8 Personen 2 Zylinder 4–8 PS 3200 mm 1650 mm 1200 kg – 20 km/h	10–14 Personen 2 Zylinder 6–9,5 PS 4200–5400 mm 1900 mm 2000–2200 kg 14 km/h 18 km/h	10–16 Personen 2 Zylinder 8–12 PS 4200–5400 mm 1900 mm 2400–2600 kg 14 km/h 18 km/h	10–16 Personen 4 Zylinder 12–18 PS 4200–6200 mm 1900 mm 2200 kg 14 km/h 18 km/h	12–30 Personen 4 Zylinder 16–21 PS 4200–7000 mm 2000 mm 2400–3200 kg 14 km/h 18 km/h	12–30 Personen 4 Zylinder 20–25 PS 4200–7000 mm 2000 mm 3400 kg 14 km/h 18 km/h

Elektromobiler Krankenwagen »Mercedes-Electrique (System Lohner-Porsche)« der Feuerwehr Hannover

Elektro-Daimler (System Lohner-Porsche) als Fünftonner mit batterieelektrischem Antrieb durch Radnabenmotoren

Die »Gleislosen Bahnen (System Elektro-Daimler-Stoll)« waren die ersten planmäßig betriebenen Oberleitungs-Omnibusse. Bis Ende 1911 befanden sich in Deutschland und Österreich insgesamt 10 Linien mit 38 Motorwagen und 50 Kilometer Oberleitung im Betrieb.

Daimler (Marienfelde)
Flaschenbier-Transportwagen
28 PS, Nutzlast 3 to
1905

Daimler (Marienfelde)
Pritschenwagen
28 PS, Nutzlast 3,5 to
1907

Motor
Zylinderzahl
Bohrung × Hub
Motorleistung eff.
Antrieb

Nutzlast
Gesamtlänge des Wagens
Ladefläche
Höchstgeschwindigkeit
mit Vollgummireifen
mit Eisenreifen
Steigfähigkeit
Pritschenwagen Preis
mit Vollgummireifen
mit Eisenreifen

Nutzlast
Gesamtlänge des Wagens
Ladefläche
Höchstgeschwindigkeit
mit Vollgummireifen
mit Eisenreifen
Steigfähigkeit
Pritschenwagen Preis
mit Vollgummireifen
mit Eisenreifen

Nutzlast
Gesamtlänge des Wagens
Ladefläche
Höchstgeschwindigkeit
mit Vollgummireifen
mit Eisenreifen
Steigfähigkeit
Pritschenwagen Preis
mit Vollgummireifen
mit Eisenreifen

Nutzlast
Gesamtlänge des Wagens
Ladefläche
Höchstgeschwindigkeit
mit Vollgummireifen
mit Eisenreifen
Steigfähigkeit
Pritschenwagen Preis
mit Vollgummireifen
mit Eisenreifen

Daimler (Marienfelde) Lastwagen 1905–1907

Ab Spätjahr 1905 Kühler vorn auf den Preßstahl-U-Profil-Rahmen aufgesetzt, Stahlgußräder

Typ C 2 2 Zylinder 100 × 140 mm 11 PS Ritzel	Typ D 2 2 Zylinder 110 × 140 mm 14 PS Ritzel	Typ B 4 4 Zylinder 105 × 130 mm 16 PS Ritzel	Typ C 4 4 Zylinder 100 × 140 mm 22 PS Ritzel	Typ D 4 4 Zylinder 110 × 140 mm 28 PS Ritzel	Typ E 4 4 Zylinder 120 × 150 mm 35 PS Ritzel
1500 kg 5200 mm 3200 × 1800 mm 15 km/h 12 km/h bis 12 % M 12 550,– M 10 500,–	1500 kg 5200 mm 3200 × 1800 mm 15 km/h 12 km/h bis 12 % M 13 500,– M 11 000,–	1500 kg 5200 mm 3200 × 1800 mm 15 km/h 12 km/h bis 12 % M 13 800,– M 11 750,–	1500 kg 5450 mm 3200 × 1800 mm 18 km/h 12 km/h bis 12 % M 14 800,– M 12 750,–		
	3000 kg 5800 mm 3600 × 2000 mm – 12 km/h bis 9 % – M 11 850,–	3000 kg 6000 mm 3600 × 2000 mm 15 km/h 12 km/h bis 12 % M 15 150,– M 12 600,–	3000 kg 6000 mm 3600 × 2000 mm 15 km/h 12 km/h bis 12 % M 16 150,– M 13 600,–	3000 kg 6000 mm 3600 × 2000 mm 18 km/h 12 km/h bis 12 % M 17 150,– M 14 600,–	
			5000 kg 6200 mm 4000 × 2000 mm – 12 km/h bis 10 % – M 14 700,–	5000 kg 6200 mm 4000 × 2000 mm 15 km/h 12 km/h bis 10 % M 18 800,– M 15 700,–	5000 kg 6200 mm 4000 × 2000 mm 15 km/h 12 km/h bis 12 % M 20 300,– M 17 200,–
			6000 kg 6400 mm 4200 × 2000 mm – 12 km/h bis 9 % – M 15 500,–	6000 kg 6400 mm 4200 × 2000 mm 15 km/h 12 km/h bis 11 % M 20 600,– M 16 500,–	6000 kg 6400 mm 4200 × 2000 mm 15 km/h 12 km/h bis 12 % M 22 100,– M 18 000,–

Daimler 28 PS Omnibus 1906 der Kgl. Post Bayern

Daimler 35 PS Aussichts-Omnibus 1908 der Kgl. Post Bayern

Daimler 16 PS Omnibus 1909 der Kgl. Post Bayern

Motor
Zylinderzahl
Bohrung × Hub
Motorleistung eff.
Antrieb

Geschäftswagen
Nutzlast
Gesamtlänge
Pritsche
Höchstgeschwindigkeit
Steigfähigkeit
Preis Pritschenwagen
Preis Kastenwagen

Nutzlast
Gesamtlänge
Pritsche
Höchstgeschwindigkeit
Steigfähigkeit

Breaks und Hotel-Omnibusse
Sitzplätze
Wagenlänge
Wagenbreite
Höchstgeschwindigkeit
Preis Break
Preis Hotel-Omnibus

Motor
Zylinderzahl
Bohrung × Hub
Motorleistung eff.
Antrieb

Omnibusse
Sitzplätze
Wagenlänge
Wagenbreite
Preis

Omnibus mit Imperial
Sitzplätze
Wagenlänge
Wagenbreite
Preis

Daimler (Marienfelde) Geschäftswagen 1905–1909
Daimler (Marienfelde) Breaks und Hotel-Omnibusse 1905–1909

Typ B 2	**Typ C 2**	**Typ D 2**	**Typ A 4**	**Typ B 4**
2 Zylinder	2 Zylinder	2 Zylinder	4 Zylinder	4 Zylinder
105 × 130 mm	100 × 140 mm	110 × 140 mm	88 × 120 mm	105 × 130 mm
8 PS	11 PS	14 PS	11 PS	16 PS
Kette	Kette	Kette	Kette	Kette
750 kg	**750 kg**	**750 kg**	**750 kg**	**750 kg**
3500 mm	3500 mm	3500 mm	3650 mm	3650 mm
1400 × 1200 mm	1400 × 1200 mm	1400 × 1200 mm	1600 × 1400 mm	1600 × 1400 mm
18 km/h	24 km/h	24 km/h	24 km/h	28 km/h
bis 8 %	bis 8 %	bis 11 %	bis 9 %	bis 12 %
M 9000,–	M 9500,–	M 10 000,–	M 10 250,–	M 10 750,–
M 10 200,–	M 10 700,–	M 12 000,–	M 11 450,–	M 11 950,–
1000 kg	**1000 kg**	**1000 kg**	**1000 kg**	**1000 kg**
4250 mm	4250 mm	4250 mm	4420 mm	4420 mm
2200 × 1200 mm	2200 × 1200 mm	2200 × 1200 mm	2400 × 1500 mm	2400 × 1500 mm
16 km/h	20 km/h	20 km/h	20 km/h	24 km/h
bis 7 %	bis 9 %	bis 11 %	bis 9 %	bis 12 %
7 Sitze	**7–11 Sitze**	**7–11 Sitze**	**7–11 Sitze**	**7–11 Sitze**
3500 mm	3500 mm	3500 mm	3650 mm	3650 mm
1500 mm	1500 mm	1500 mm	1500 mm	1500 mm
18 km/h	24 km/h	24 km/h	24 km/h	28 km/h
M 9900,–	M 10 400,–	M 10 900,–	M 10 250,–	M 10 750,–
M 10 400,–	M 10 900,–	M 11 400,–	M 11 650,–	M 11 250,–

Daimler (Marienfelde) Omnibusse 1905–1909

Typ B 4	**Typ C 4**	**Typ D 4**	**Typ E 4**	
4 Zylinder	4 Zylinder	4 Zylinder	4 Zylinder	
105 × 130 mm	100 × 140 mm	110 × 140 mm	120 × 150 mm	
Ritzel	Ritzel	Ritzel	Ritzel	
16 PS	22 PS	28 PS	35 PS	
13–17 Sitze	**13–17 Sitze**	**13–17 Sitze**		
5200–7400 mm	5200–7400 mm	6600–7400 mm		
2000–2200 mm	2000–2200 mm	2000–2200 mm		
M 16 330,–	M 17 330,–	M 20 050,–		
	36 Sitze	**36 Sitze**	**36 Sitze**	
	7400 mm	7400 mm	7400 mm	
	2000 mm	2000 mm	2000 mm	
	M 20 050,–	M 21 500,–	M 22 550,–	

Nutzlast
Antrieb
Motor
Zylinderzahl
Bohrung × Hub
Motorleistung eff.

Radstand
Pritsche
Höchstgeschwindigkeit
Steigfähigkeit

35 PS Daimler 5 to-Lastwagen 1908–1911

Typ
Nutzlast
Antrieb
Motor-Typ
Zylinderzahl
Bohrung × Hub
Leistung eff.

Getriebe
Radstand

Pritsche

Fahrgestellgewicht
Reifen

Höchstgeschwindigkeit
Steigfähigkeit

28 PS Daimler 3 to-Lastwagen 1911

Typ
Nutzlast
Antrieb
Motor-Typ
Zylinderzahl
Bohrung × Hub
Leistung eff.

Getriebe
Radstand
Pritsche
Fahrgestellgewicht
Reifen

Höchstgeschwindigkeit
Steigfähigkeit

Daimler (Marienfelde) Lastwagen 1908–1911

Typ DM 2a	Typ DM 2b	Typ DM 4a	Typ DM 4c	Typ DM 5	Typ DM 6
1500–2000 kg Kardan Typ C 4 4 Zylinder 100 × 140 mm 22 PS bei 800 U/min 3500 mm 2500 × 1900 mm 27 km/h 10 %	1500–2000 kg Kardan Typ D 4 4 Zylinder 110 × 140 mm 28 PS bei 800 U/min 3500 mm 2500 × 1900 mm 27 km/h 13 %	3000–3500 kg Ritzel Typ D 4 4 Zylinder 110 × 140 mm 28 PS bei 800 U/min 4360 mm 3600 × 2000 mm 16–18 km/h 13–14 %	4000 kg Ritzel Typ D 4 4 Zylinder 110 × 140 mm 28 PS bei 800 U/min 4360 mm 3600 × 2000 mm 16 km/h 16 % Kriegsbrauchb.	5000 kg Ritzel Typ E 4 4 Zylinder 120 × 150 mm 35 PS bei 800 U/min 4500 mm 4000 × 2000 mm 16 km/h 16 % Subventionstyp	6000 kg Ritzel Typ E 4 4 Zylinder 120 × 150 mm 35 PS bei 800 U/min 4500 mm 4200 × 2000 mm 16 km/h 12 %

Daimler (Marienfelde) Lastwagen 1912–1913

DM 2a 1500–2000 kg Kardan La 944 4 Zylinder 90 × 140 mm 22 PS bei 800 U/min 4 Gang 3500 oder 4000 mm 2600–2800 bzw. 3300 × 2000 mm 2400/2600 kg Vollgummi hinten doppelt 21 km/h 12 %	**DM 2b** 1500–2000 kg Kardan La 10 854 4 Zylinder 108 × 150 mm 35 PS bei 850 U/min 4 Gang 3500 oder 4000 mm 2600–2800 bzw. 3300 × 2000 mm 2400/2600 kg Vollgummi hinten doppelt 25 km/h 16 %	**DM 2 1/2a** 2000–2500 kg Kardan La 944 4 Zylinder 90 × 140 mm 22 PS bei 800 U/min 4 Gang 3500 oder 4000 mm 2800 bzw. 3300 × 2000 mm 2450/2650 kg Vollgummi hinten doppelt 21 km/h 10 %	**DM 2 1/2b** 2000–2500 kg Kardan La 10 854 4 Zylinder 108 × 150 mm 35 PS bei 850 U/min 4 Gang 3500 oder 4000 mm 2800 bzw. 3300 × 2000 mm 2450/2650 kg Vollgummi hinten doppelt 25 km/h 15 %	**DM 3a** 3000–3500 kg Ritzel La 10 254 4 Zylinder 102 × 150 mm 30 PS bei 800 U/min 4 Gang 4280 mm 3800 × 2000 mm 2700 kg Vollgummi hinten doppelt 16 km/h 17 %	**DM 3 b** 3000–3500 kg Ritzel La 10 254 4 Zylinder 108 × 150 mm 35 PS bei 850 U/min 4 Gang 4280 mm 3800 × 2000 mm 2700 kg Vollgummi hinten doppelt 16 km/h 20 %
DM 4a 4000 kg Ritzel La 10 254 4 Zylinder 102 × 150 mm 30 PS bei 800 U/min 4 Gang 4280 mm 3800 × 2000 mm 2750 kg Vollgummi hinten doppelt 16 km/h 16 %	**DM 4b** 4000 kg Ritzel La 10 854 4 Zylinder 108 × 150 mm 35 PS bei 850 U/min 4 Gang 4280 mm 3800 × 2000 mm 2750 kg Vollgummi hinten doppelt 16 km/h 18 %	**DM 5a** 5000 kg Ritzel La 10 854 4 Zylinder 108 × 150 mm 35 PS bei 850 U/min 4 Gang 4300 mm 4000 × 2000 mm 2900 kg Vollgummi hinten doppelt 16 km/h 15 %	**DM 5b** 5000 kg Ritzel La 1264 4 Zylinder 120 × 160 mm 45 PS bei 800 U/min 4 Gang 4300 mm 4000 × 2000 mm 2950 kg Vollgummi hinten doppelt 16 km/h 18 %	**DM 6b** 6000 kg Ritzel La 1264 4 Zylinder 120 × 160 mm 45 PS bei 800 U/min 4 Gang 4300 mm 4000 × 2000 mm Vollgummi hinten doppelt 16 km/h	

Daimler Omnibus Typ DM 2 b mit Anhänger

Daimler Omnibus Typ DM 4 b mit Doppelstock-Aufbau

Daimler (Marienfelde) Lastwagen 1914–1915

	Typ DM 2a	Typ DM 2b			Typ DM 4a	Typ DM 4b
Tragfähigkeit	15 Personen	15 Personen			16–39 Personen	16–39 Personen
Antrieb	Kardan	Kardan			Ritzel	Ritzel
Motor	Typ C 4	Typ D 4			Typ D 4	Typ E 4
Zylinderzahl	4 Zylinder	4 Zylinder			4 Zylinder	4 Zylinder
Bohrung × Hub	100 × 140 mm	110 × 140 mm			110 × 140 mm	120 × 150 mm
Motorleistung eff.	22 PS	28 PS			28 PS	35 PS
Radstand	3500 mm	3500 mm			4360 mm	4360 mm
Reifen	Vollgummi hinten doppelt	Vollgummi hinten doppelt			Vollgummi hinten doppelt	Vollgummi hinten doppelt
Fahrgestellgewicht	2000 kg	2030 kg			2800 kg	3000 kg
Höchstgeschwindigkeit	27 km/h	27 km/h			18–22 km/h	18–22 km/h
Steigfähigkeit	bis 10 %	bis 13 %			10–12 %	12–14 %

Daimler (Marienfelde) Omnibusse 1912–1913

	Typ DM 2a	Typ DM 2b	Typ DM 3a	Typ DM 3b	Typ DM 4a	Typ DM 4b
Tragfähigkeit	14–18 Personen	14–18 Personen	16–20 Personen	16–20 Personen	22–39 Personen	22–26 Personen
Antrieb	Kardan	Kardan	Ritzel	Ritzel	Ritzel	Ritzel
Motor-Typ	La 944	La 10 854	La 10 254	La 10 854	La 10 254	La 10 854
Zylinderzahl	4 Zylinder	4 Zylinder	4 Zylinder	4 Zylinder	4 Zylinder	4 Zylinder
Bohrung × Hub	90 × 140 mm	108 × 150 mm	102 × 150 mm	108 × 150 mm	102 × 150 mm	108 × 150 mm
Motorleistung eff.	22 PS	35 PS	30 PS	35 PS	30 PS	35 PS
Radstand	3500 mm	3500 mm	4280 mm	4280 mm	4280 mm	4280 mm
Reifen	Vollgummi hinten doppelt	Vollgummi hinten doppelt	Vollgummi hinten doppelt	Vollgummi hinten doppelt	Vollgummi hinten doppelt	Vollgummi hinten doppelt
Fahrgestellgewicht	2400 kg	2400 kg	2700 kg	2700 kg	2750 kg	2750 kg
Höchstgeschwindigkeit	21 km/h	26 km/h	18–22 km/h	22 km/h	18 km/h	18 km/h
Steigfähigkeit	bis 12 %	bis 16 %	bis 16 %	bis 19 %	bis 15 %	bis 16 %

Daimler Lastwagen Typ DM $2\frac{1}{2}$b 1914

Typ
Nutzlast
Antrieb

Motortyp
Zylinderzahl
Bohrung × Hub
Hubraum
Leistung

Getriebe
Radstand

Pritsche

Fahrgestellgewicht
Reifen

Höchstgeschwindigkeit
Steigfähigkeit

Daimler Militär-Lastwagen Typ DM $4\frac{1}{2}$a 1915

Typ
Nutzlast
Antrieb

Motortyp
Zylinderzahl
Bohrung × Hub
Hubraum
Leistung

Getriebe
Radstand
Pritsche
Fahrgestellgewicht
Reifen

Höchstgeschwindigkeit
Steigfähigkeit

Daimler Schwer-Lastwagen Typ DM $4\frac{1}{2}$b 1914

Typ
Nutzlast
Antrieb

Motortyp
Zylinderzahl
Bohrung × Hub
Hubraum
Leistung

Getriebe
Radstand
Pritsche
Fahrgestellgewicht
Reifen

Höchstgeschwindigkeit
Steigfähigkeit

Daimler (Marienfelde) Lastwagen 1914–1915

DM 2a 2000 kg Kardan La 944 4 90 × 140 mm 22 PS bei 800 U/min 4 Gang 3500 mm 2800 × 2000 mm 2200 kg Vollgummi hinten doppelt 22 km/h 12 %	**DM 2b** 2000 kg Kardan La 10 254 4 102 × 150 mm 30 PS bei 800 U/min 4 Gang 3500 mm 2800 × 2000 mm 2300 kg Vollgummi hinten doppelt 28 km/h 14 %	**DM 2c** 2000 kg Kardan La 10 854 4 108 × 150 mm 35 PS bei 850 U/min 4 Gang 3500 mm 2800 × 2000 mm 2300 kg Vollgummi hinten doppelt 28 km/h 16 %	**DM 2 1/2a** 2500 kg Kardan La 944 4 90 × 140 mm 22 PS bei 800 U/min 4 Gang 3500 oder 4000 mm 2800 bzw. 3300 × 2000 mm 2250/2300 kg Vollgummi hinten doppelt 22 km/h 11 %	**DM 2 1/2b** 2500 kg Kardan La 10 254 4 102 × 150 mm 30 PS bei 800 U/min 4 Gang 3500 oder 4000 mm 2800 bzw. 3300 × 2000 mm 2300/2350 kg Vollgummi hinten doppelt 28 km/h 12 %	**DM 2 1/2c** 2500 kg Kardan La 10 854 4 108 × 150 mm 35 PS bei 850 U/min 4 Gang 3500 oder 4000 mm 2800 bzw. 3300 × 2000 mm 2300/2350 kg Vollgummi hinten doppelt 28 km/h 14 %
DM 3a 3500 kg Ritzel Le 10 254 4 102 × 150 mm 30 PS bei 800 U/min 4 Gang 4300 mm 3800 × 2000 mm 2700 kg Vollgummi hinten doppelt 18 km/h 21 %	**DM 3b** 3500 kg Ritzel La 10 854 4 108 × 150 mm 35 PS bei 850 U/min 4 Gang 4300 mm 3800 × 2000 mm 2725 kg Vollgummi hinten doppelt 18 km/h 25 %		**DM 4a** 4000 kg Ritzel La 10 254 4 102 × 150 mm 30 PS bei 800 U/min 4 Gang 4560 mm 3800 × 2000 mm 2720 kg Vollgummi hinten doppelt 18 km/h 18 %	**DM 4b** 4000 kg Ritzel La 10 854 4 108 × 150 mm 35 PS bei 850 U/min 4 Gang 4560 mm 3800 × 2000 mm 2750 kg Vollgummi hinten doppelt 18 km/h 22 %	**DM 4c** 4000 kg Ritzel La 1264 4 120 × 160 mm 45 PS bei 800 U/min 4 Gang 4560 mm 3800 × 2000 mm 2850 kg Vollgummi hinten doppelt 18 km/h 25 %
DM 4 1/2a 4500 kg Ritzel La 10 854 4 108 × 150 mm 35 PS bei 850 U/min 4 Gang 4130 mm 3600 × 2000 mm 2975 kg Vollgummi hinten doppelt 16 km/h 22 %	**DM 4 1/2b** 4500 kg Ritzel La 1264 4 120 × 160 mm 45 PS bei 800 U/min 4 Gang 4130 mm 3600 × 2000 mm 3100 kg Vollgummi hinten doppelt 16 km/h 25 %	**DM 5a** 5000 kg Ritzel La 10 854 4 108 × 150 mm 35 PS bei 850 U/min 4 Gang 4300 mm 4000 × 2000 mm 2850 kg Vollgummi hinten doppelt 16 km/h 20 %	**DM 5b** 5000 kg Ritzel La 1264 4 120 × 160 mm 45 PS bei 800 U/min 4 Gang 4300 mm 4000 × 2000 mm 2950 kg Vollgummi hinten doppelt 16 km/h 25 %	**DM 6a** 6000 kg Ritzel La 10 854 4 108 × 150 mm 35 PS bei 850 U/min 4 Gang 4300 mm 4000 × 2000 mm 3100 kg Vollgummi hinten doppelt 16 km/h 18 %	**DM 6b** 6000 kg Ritzel La 1264 4 120 × 160 mm 45 PS bei 800 U/min 4 Gang 4300 mm 4000 × 2000 mm 3200 kg Vollgummi hinten doppelt 16 km/h 24 %

Daimler (Marienfelde)
Typ DC 3 cl
3 t Kardan-Lastwagen
1915

Daimler (Marienfelde)
Typ DR $4^{1}/_{2}$d
$4^{1}/_{2}$ t Ritzel-Lastwagen
1916

Daimler (Marienfelde)
Typ DR 5 d
5 t Ritzel-Lastwagen
1919

Daimler (Marienfelde) Lastwagen 1915–1917

Typ	DC 2b	DC 2c	DC 3b	DC 3c
Nutzlast	2000 kg	2000 kg	3000 kg	3000 kg
Antrieb	Kardan	Kardan	Kardan	Kardan
Motortyp	La 10 254	La 10 854	La 10 254	La 10 854
Zylinderzahl	4	4	4	4
Bohrung × Hub	102 × 150 mm	108 × 150 mm	102 × 150 mm	108 × 150 mm
Hubraum				
Leistung	30 PS bei 800 U/min	35 PS bei 850 U/min	30 PS bei 800 U/min	35 PS bei 850 U/min
Getriebe	4 Gang	4 Gang	4 Gang	4 Gang
Radstand	3500 mm	3500 oder 4000 mm	3500 oder 4000 mm	3500 oder 4000 mm
Pritsche	2800 × 2000 mm	2800 bzw. 3600 × 2000 mm	2800 bzw. 3600 × 2000 mm	2800 bzw. 3600 × 2000 mm
Fahrgestellgewicht	2300 kg	2300/2325 kg	2325/2350 kg	2325/2350 kg
Reifen	Vollgummi hinten doppelt	Vollgummi hinten doppelt	Vollgummi hinten doppelt	Vollgummi hinten doppelt
Höchstgeschwindigkeit	28 km/h	28 km/h	28 km/h	28 km/h
Steigfähigkeit	14 %	16 %	12 %	14 %

Typ	DR 4b	DR 4c	DR 4d	DR 4 1/2c	DR 4 1/2d
Nutzlast	4000 kg	4000 kg	4000 kg	4500 kg	4500 kg
Antrieb	Ritzel	Ritzel	Ritzel	Ritzel	Ritzel
Motortyp	La 10 254	La 10 854	La 1264	La 10 854	La 1264
Zylinderzahl	4	4	4	4	4
Bohrung × Hub	102 × 150 mm	108 × 150 mm	120 × 160 mm	108 × 150 mm	120 × 160 mm
Hubraum					
Leistung	30 PS bei 800 U/min	35 PS bei 850 U/min	45 PS bei 800 U/min	35 PS bei 850 U/min	45 PS bei 800 U/min
Getriebe	4 Gang	4 Gang	4 Gang	4 Gang	4 Gang
Radstand	4130 oder 4560 mm	4130 oder 4560 mm	4130 oder 4560 mm	4130 mm	4130 mm
Pritsche	3800 bzw. 4000 × 2000 mm	3800 bzw. 4000 × 2000 mm	3800 bzw. 4000 × 2000 mm	3800 × 2000 mm	3800 × 2000 mm
Fahrgestellgewicht	2900 kg	2900 kg	2970 kg	3100 kg	3170 kg
Reifen	Vollgummi hinten doppelt	Vollgummi hinten doppelt	Vollgummi hinten doppelt	Vollgummi hinten doppelt	Vollgummi hinten doppelt
Höchstgeschwindigkeit	18 km/h	18 km/h	18 km/h	16 km/h	16 km/h
Steigfähigkeit	18 %	22 %	25 %	22 %	25 %

Typ	DR 5c	DR 5d
Nutzlast	5000 kg	5000 kg
Antrieb	Ritzel	Ritzel
Motortyp	La 10 854	La 1264
Zylinderzahl	4	4
Bohrung × Hub	108 × 150 mm	120 × 160 mm
Hubraum		
Leistung	35 PS bei 850 U/min	45 PS bei 800 U/min
Getriebe	4 Gang	4 Gang
Radstand	4400–4500 mm	4400–4500 mm
Fahrgestellgewicht	3250 kg	3320 kg
Reifen	Vollgummi hinten doppelt	Vollgummi hinten doppelt
Höchstgeschwindigkeit	16 km/h	16 km/h
Steigfähigkeit	20 %	25 %

Daimler (Marienfelde)
Omnibus Typ DC 3 c
Modell »Dresden«, 16 Fahrgäste
1914

Daimler Omnibus-Zug Typ DC 3 c
für die Kgl. Sächsische Staatsbahn
Motorwagen 18, Anhänger 16 Fahrgäste ↑
1914/15

↓ Daimler (Marienfelde)
Aussichtswagen Typ DC 3 c
30 Sitzplätze
1914

Daimler (Marienfelde) Omnibusse 1914–1915

	Typ DC 2b	Typ DC 2c	Typ DC 3b	Typ DC 3c	Typ DS 3c
Sitzplätze	bis 14	bis 14	bis 18 bzw. 22	bis 18 bzw. 22	bis 40
Antrieb	Kardan	Kardan	Kardan	Kardan	Schnecke
Motor-Typ	La 10 254	La 10 854	La 10 254	La 10 854	La 10 854
Zylinderzahl	4 Zylinder	4 Zylinder	4 Zylinder	4 Zylinder	4 Zylinder
Bohrung × Hub	102 × 150 mm	108 × 150 mm	102 × 150 mm	108 × 150 mm	108 × 150 mm
Motorleistung	30 PS	35 PS	30 PS	35 PS	35 PS
Radstand	3500 mm	3500 mm	3500 bzw. 4000 mm	3500 bzw. 4999 mm	4300 mm
Reifen	Vollgummi hinten doppelt	Vollgummi hinten doppelt	Vollgummi hinten doppelt	Vollgummi hinten doppelt	Vollgummi hingen doppelt
Fahrgestellgewicht	2300 kg	2300 kg	2350 kg	2350 kg	3200 kg
Höchstgeschwindigkeit	28 km/h	28 km/h	28 km/h	28 km/h	25 km/h
Steigfähigkeit	bis 14 %	bis 16 %	bis 12 %	bis 14 %	bis 9 %

Daimler (Marienfelde) Omnibusse 1915–1916

	Typ DC 2 1/2c	Typ DC 3c	Typ DC 3c0
Sitzplätze	bis 18	bis 18 bzw. 22	bis 26 bzw. mit Decksitzen 40
Antrieb	Kardan	Kardan	Kardan
Motor-Typ	La 10 954	La 10 854	La 10 854
Zylinderzahl	4 Zylinder	4 Zylinder	4 Zylinder
Bohrung × Hub	108 × 150 mm	108 × 150 mm	108 × 150 mm
Motorleistung	35 PS	35 PS	35 PS
Radstand	3500 mm	4000 mm	4300 mm
Reifen	Vollgummi hinten doppelt	Vollgummi hinten doppelt	Vollgummi hinten doppelt
Fahrgestellgewicht	2500 kg	2950 kg	3200 kg
Höchstgeschwindigkeit	28 km/h	28 km/h	25 km/h
Steigfähigkeit	bis 14 %	bis 14 %	12–14 %

Die Artillerie-Kraftzugmaschine Daimler K.D.I. mit 100 PS-Motor, Vierrad-Antrieb und Seilwinde stand ab 1917 dem kämpfenden Heer zur Verfügung. Die K.D.I. war während des ersten Weltkriegs auf deutscher Seite die beste und häufigste Artillerie-Zugmaschine. 1129 Stück wurden geliefert, weit mehr als von den etwa ein Dutzend Typen anderer Fabrikate zusammen. Nach dem Krieg führte man noch etliche Exemplare der K.D.I. einer zivilen Verwendung zu, vor allem aber diente später deren Fahrgestell für den Polizei-Panzerwagen sowie für die Selbstfahrlafette KW 19 und den Panzerwagen Sd.Kfz.3 der Reichswehr.

Der Pferdemangel nach dem ersten Weltkrieg beschleunigte die Motorisierung und Mechanisierung der Landwirtschaft. Die Daimler-Motoren-Gesellschaft bot 1921 diesen schweren Motorpflug sowie einen großen und einen kleinen »Pflug-Schlepper« an. Freilich kamen solche Maschinen damals für kleinere Bauernhöfe noch kaum in Betracht, sondern zunächst nur für Hofgüter mit großem Grundbesitz.

Hier wird ein 45 PS Daimler Pflug-Schlepper zum Antrieb einer Dreschmaschine eingesetzt.

Daimler (Untertürkheim)
1 to Geschäftswagen Typ U 1 T
1912–1913

Daimler (Untertürkheim)
Lieferungswagen Typ $U^{1}/_{2}T$
für 600 kg Nutzlast
1912

Daimler (Untertürkheim)
1,5 to Geschäftswagen Typ U 1 T
1913/14

Daimler (Untertürkheim)
1 to Lieferungswagen Typ U 1 T
1913

Daimler-Mercedes
2 to Pritschenwagen Typ U 2 T
1918

Daimler-Mercedes
Lieferungswagen Typ U$^{1}/_{2}$T
für 500 kg Nutzlast
1918

Daimler-Mercedes
Bestattungswagen Typ U 2 T
1918

Daimler-Mercedes
2 to Pritschenwagen Typ U 2 T
1920

	Daimler-Lieferungswagen Typ U 1/2 T 1912–1913	Daimler-Lieferungswagen Typ U 1/2 T 1914–1919	
Motor	Daimler 8/22 PS	Daimler 8/22 PS	
Zylinderzahl	4 (Reihe, Block)	4 (Reihe, Block)	
Bohrung × Hub	74 × 120 mm	74 × 120 mm	
Hubraum	2064 ccm	2064 ccm	
Leistung	22 PS bei 1800 U/min	22 PS bei 1800 U/min	
Getriebe	3 Gang	3 Gang	
Antrieb	Kardan	Kardan	
Radstand	2775 mm	2900 mm	
Ladefläche	Pritsche 1800 × 1500 mm	Kasten 1800 × 1080 mm	
Reifen	Luft 760 × 120	Luft 760 × 120	
Fahrgestellgewicht	900 kg	1000 kg	
Zuläss. Gesamtgewicht	2100 kg	2200 kg	
Nutzlast	500 bis 750 kg	500 bis 750 kg	
Höchstgeschwindigkeit	40 km/h	40 km/h	

	Daimler-Lieferungswagen Typ U 1 T 1912–1913	Daimler-Lieferungswagen Typ U 1 T 1914–1919	Daimler-Lieferungswagen Typ U 1 T 1920
Motor	Daimler 10/25 PS	Daimler 12/32 PS	Daimler 10/25 PS
Zylinderzahl	4 (Reihe, paarweise)	4 (Reihe, Block)	4 (Reihe, paarweise)
Bohrung × Hub	80 × 130 mm	84 × 140 mm	80 × 130 mm
Hubraum	2610 ccm	3013 ccm	2610 ccm
Leistung	25 PS bei 1600 U/min	32 PS bei 1800 U/min	25 PS bei 1600 U/min
Getriebe	4 Gang	4 Gang	4 Gang
Antrieb	Kardan	Kardan	Kardan
Radstand	3380 mm	3380 mm	3380 mm
Ladefläche	Pritsche 2800 × 1600 mm	Pritsche 2800 × 1600 mm	Pritsche 2700 × 1700 mm Kasten 2500 × 1200 mm
Reifen	vorn Luft 815 × 105 hinten Vollgummi	vorn Luft 815 × 105 hinten Vollgummi	Vollgummi Zwillings-Hinterräder
Fahrgestellgewicht	1480 kg	1480 kg	1500 kg
Zuläss. Gesamtgewicht	3000 kg	3100 kg	3250 kg
Nutzlast	1250 bis 1500 kg	1250 bis 1500 kg	1150 bis 1250 kg
Höchstgeschwindigkeit	35 km/h	35 km/h	40 km/h

			Daimler-Lieferungswagen Typ U 2 T 1920–1921
Motor			Daimler 22/50 PS
Zylinderzahl			4 (Reihe, paarweise)
Bohrung × Hub			110 × 150 mm
Hubraum			5699 ccm
Leistung			50 PS bei 1300 U/min
Getriebe			4 Gang
Antrieb			Kardan
Radstand			3850 mm
Ladefläche			Pritsche 3000 × 1800 mm Kasten 3000 × 1500 mm
Reifen			Vollgummi Zwillings-Hinterräder
Fahrgestellgewicht			2300 kg
Zuläss. Gesamtgewicht			5300 kg
Nutzlast			2500 kg
Höchstgeschwindigkeit			30 km/h

Daimler-Mercedes
Schnell-Omnibus Typ UO 1 T
10 + 2 Sitze
1912

Daimler-Mercedes
Post-Omnibus Typ UO 1 T
der Württ. Post
1919

Daimler-Mercedes
Aussichts-Omnibus Typ UV 2 T
18 Sitze
1920

Daimler-Mercedes
Post-Omnibus Typ UO 2 T
1920/21

	Daimler-Omnibus Typ U 0 1 T 1912–1918	**Daimler-Omnibus Typ U 0 1 T 1918–1920**
Motor	Daimler 10/25 PS	Daimler 10/25 PS
Zylinderzahl	4 (Reihe, paarweise)	4 (Reihe, paarweise)
Bohrung × Hub	80 × 130 mm	80 × 130 mm
Hubraum	2610 ccm	2610 ccm
Leistung	25 PS bei 1600 U/min	25 PS bei 1600 U/min
Getriebe	4 Gang	4 Gang
Antrieb	Kardan	Kardan
Fußbremse	Mechanisch, Antriebswelle	Mechanisch, Antriebswelle
Handbremse	Mechanisch, Hinterräder	Mechanisch, Hinterräder
Radstand	3380 mm	3380 mm
Gesamtmaße		
Reifen	vorn Luft 815 × 105 hinten Vollgummi	Vollgummi Zwillings-Hinterräder
Fahrgestellgewicht	1480 kg	1500 kg
Wagengewicht		
Zuläss. Gesamtgewicht	3000 kg	3600 kg
Sitzplätze	max. 12 Personen	max. 12 Personen
Höchstgeschwindigkeit	35 km/h	40 km/h

	Daimler Omnibus Typ U 0 2 T 1912–1918	**Daimler Omnibus Typ U 0 2 T 1918–1920**
Motor	Daimler 14/35 PS	Daimler 22/50 PS
Zylinderzahl	4 (Reihe, paarweise)	4 (Reihe, paarweise)
Bohrung × Hub	90 × 140 mm	110 × 150 mm
Hubraum	3560 ccm	5699 ccm
Leistung	35 PS bei 1700 U/min	50 PS bei 1300 U/min
Getriebe	4 Gang	4 Gang
Antrieb	Kardan	Kardan
Fußbremse	Mechanisch, Antriebswelle	Mechanisch, Antriebswelle
Handbremse	Mechanisch, Hinterräder	Mechanisch, Hinterräder
Radstand	3380 mm	3850 mm
Gesamtmaße		
Reifen	vorn Luft 815 × 105 hinten Vollgummi, Zwillings-Hinterräder	Vollgummi Zwillings-Hinterräder
Fahrgestellgewicht	1580 kg	2300 kg
Wagengewicht		
Zuläss. Gesamtgewicht	3100 kg	5100 kg
Sitzplätze	max. 12 Personen	max. 18 Personen
Höchstgeschwindigkeit	35 km/h	30 km/h
	Auch lieferbar mit Daimler Knight-Schiebermotor 10/30 PS	

Daimler (Marienfelde)
Typ DC 1 a
Kasten-Lieferwagen
Oberteil Stabholzausführung
1923–1924

←

→

Daimler (Marienfelde)
Typ DC 3 d F
Magirus-Drehleiter K 20
1921

Daimler (Marienfelde)
Typ DC 2 c F
Überland-Motorspritze
Tankinhalt 1500 Liter
Aufbau Schebera
1921–1924

←

→

Daimler (Marienfelde)
Typ DC 3 c
Kasten-Lieferwagen
mit Holzaufbau
1919

→ →

Daimler (Marienfelde)
Typ DC 3 cl
Kraftstoff-Tankwagen
1921

←

Daimler (Marienfelde)
Typ DC 2 c
Wasser-Sprengwagen
1921–1924

Daimler (Marienfelde)
Typ DC 2 c
2 to Pritschenwagen
1921–1924

←

→

Daimler (Marienfelde)
Typ DC 3 cl
3 to Pritschenwagen
1922

3

SHELL

35
BERLINER
Morgenpost

Daimler (Marienfelde)
Typ DR 4–5 d
Pritschenwagen mit Nachläufer
für Langholztransport
1920/21

Daimler (Marienfelde)
Typ DR 4–5 d
Pritschenwagen
1921/22

Daimler (Marienfelde)
Typ DR 4–5 d
Hand-Kipper
1921/22

	Daimler (Marienfelde) Lastwagen Typ DC 1a 1923–1924	Daimler (Marienfelde) Lastwagen Typ DC 2c 1921–1924	Daimler (Marienfelde) Lastwagen Typ DC 2c 1924–1925
Bauart	Pritschenwagen	Pritschenwagen	Pritschenwagen
Motor	Daimler La 834	Daimler La 1154	Daimler La 1154 G
Zylinderzahl	4 (Reihe, paarweise)	4 (Reihe, paarweise)	4 (Reihe, paarweise)
Bohrung × Hub	80 × 130 mm	108 × 150 mm	110 × 150 mm
Hubraum	2610 ccm	5490 ccm	5610 ccm
Leistung	30 PS bei 1400 U/min	40 PS bei 1000 U/min	45 PS bei 1400 U/min
Antrieb	Kardan	Kardan	Kardan
Getriebe	4 Gang	4 Gang	4 Gang
Schaltung	Rechts innen	Rechts innen	Rechts innen
Lenkung	Rechts	Rechts	Rechts
Handbremse	Mechanisch, Hinterräder	Mechanisch, Hinterräder	Mechanisch, Hinterräder
Fußbremse	Mechanisch, Getriebe	Mechanisch, Getriebe	Mechanisch, Getriebe
Radstand	3400 mm	3850 oder 3925 mm	3850 oder 4000 mm
Gesamtlänge			5120–5420 mm
Pritsche	2600–2700 × 1950 mm	3200 × 1950 mm	3200–3500 × 1950 mm
Reifen	Vollgummi oder Luft Zwillings-Hinterräder	Vollgummi oder Luft Zwillings-Hinterräder	Vollgummi oder Luft Zwillings-Hinterräder
Fahrgestellgewicht	1650 kg	2300 kg	2300 kg
Wagengewicht			
Nutzlast	1000 kg	2000 kg	2000 kg
Höchstgeschwindigkeit	35 km/h	30, mit Luftreifen 35 km/h	30, mit Luftreifen 35 km/h
Steigfähigkeit	18 %	15 %	20 %
Bemerkungen	Typ DC 1 aF und DC 1 cF: Fahrgestell für Feuerwehr-Motorspritzen (ab 1921)	Ab 1923 auch Typ DC 1,5c genannt Typ DC 2 cF: Fahrgestell f. Feuerwehr-Motorspritzen (Radstand 3650 mm)	

	Daimler (Marienfelde) Lastwagen Typ DC 3c 1917–1922	Daimler (Marienfelde) Lastwagen Typ DC 3c 1922–1924	Daimler (Marienfelde) Lastwagen Typ DC 3 d0 1922–1925
Bauart	Pritschenwagen	Pritschenwagen	Pritschenwagen
Motor	Daimler La 10 854	Daimler La 10 854 G	Daimler La 1264 G bzw. (ab 1924) La 1264 K
Zylinderzahl	4 (Reihe, paarweise)	4 (Reihe, paarweise)	4 (Reihe, paarweise)
Bohrung × Hub	108 × 150 mm	108 × 150 mm	120 × 160 mm
Hubraum	5490 ccm	5490 ccm	7230 ccm
Leistung	35 PS bei 850 U/min	40 PS bei 1000 U/min	50 PS bei 1000 U/min bzw. 55 PS bei 1200 U/min.
Antrieb	Kardan	Kardan	Kardan
Getriebe	4 Gang	4 Gang	4 Gang
Schaltung	Rechts außen oder innen	Rechts innen	Rechts innen
Lenkung	Rechts	Rechts	Rechts
Handbremse	Mechanisch, Hinterräder	Mechanisch, Hinterräder	Mechanisch, Hinterräder
Fußbremse	Mechanisch, Getriebe	Mechanisch, Getriebe	Mechanisch, Getriebe
Radstand	4000 mm	4000 mm	4310 mm
Gesamtmaße	6060 × 2000 mm	6060–6160 × 2000 mm	6380 × 2000 mm
Pritsche	3500–3600 × 2000 mm	3500–3600 × 2000 mm	4000 × 2000 mm
Reifen	Vollgummi Zwillings-Hinterräder	Vollgummi Zwillings-Hinterräder	Vollgummi oder (ab 1924) Luft Zwillings-Hinterräder
Fahrgestellgewicht	2700 kg	2950 kg	3150 kg
Wagengewicht			
Nutzlast	3000 kg	3000 kg	3000–4000 kg
Höchstgeschwindigkeit	27 km/h	27 km/h	27–30 km/h
Steigfähigkeit	14 %	14 %	15 %
Bemerkungen			Typ DC 3 dF (ab 1921): Feuerwehr-Fahrgestell für Motorspritze (Radstand 4100 mm) und Drehleiter (Radstand 4420 mm)

Daimler (Marienfelde) Typ DR 4–5 d Hand-Seitenkipper 1923

Daimler (Marienfelde) Typ DR 4–5 d Pritschenwagen 1923
Ausführung für Reichswehr

Daimler (Marienfelde) Typ DR 4–5 d Sprengwagen mit Spülvorrichtung (System Schörling) 1926,
Sonderausführung für Berlin-Lichtenberg

	Daimler (Marienfelde) Lastwagen Typ DR 4–5d 1917–1922	Daimler (Marienfelde) Lastwagen Typ DR 4–5d 1922–1924	Daimler (Marienfelde) Lastwagen Typ DR 4–5d 1924–1926
Bauart	Pritschenwagen	Pritschenwagen	Pritschenwagen
Motor	Daimler La 1264	Daimler La 1264 G	Daimler La 1264 K
Zylinderzahl	4 (Reihe, paarweise)	4 (Reihe, paarweise)	4 (Reihe, paarweise)
Bohrung × Hub	120 × 160 mm	120 × 160 mm	120 × 160 mm
Hubraum	7230 ccm	7230 ccm	7230 ccm
Leistung	45 PS bei 800 U/min	50 PS bei 1000 U/min	55 PS bei 1200 U/min
Antrieb	Ritzel	Ritzel	Ritzel
Getriebe	4 Gang	4 Gang	4 Gang
Schaltung	Rechts außen oder innen	Rechts innen	Rechts innen
Lenkung	Rechts	Rechts	Rechts
Handbremse	Mechanisch, Hinterräder	Mechanisch, Hinterräder	Mechanisch, Hinterräder
Fußbremse	Mechanisch, Getriebe	Mechanisch, Getriebe	Mechanisch, Getriebe bzw. auf Wunsch 4 Räder, Knorr-Luftdruck
Radstand	4715 mm	4400, 4800 oder 5400 mm	4400, 4800 oder 5400 mm
Gesamtlänge		6500–8700 mm	6500–8700 mm
Pritsche	3800 × 2000 mm	4000, 5000 oder 6000 mm	4000, 5000 oder 6000 mm
Reifen	Vollgummi Zwillings-Hinterräder	Vollgummi Zwillings-Hinterräder	Vollgummi Zwillings-Hinterräder
Fahrgestellgewicht	3400 kg	3750 kg	3750 kg
Wagengewicht			
Nutzlast	4000–5000 kg	4000–5000 kg	4000–5000 kg
Höchstgeschwindigkeit	16 km/h	18 km/h	21 km/h
Steigfähigkeit	25 %	23 %	23 %
Bemerkungen	Typ DR 4–5 dz: Mit Kupplung für Anhänger (4,5 to Nutzlast)	Kipper Radstand 4400 mm Pritsche 3600 × 1940 mm	Kipper Radstand 4000 mm, Pritsche 3750, 3840 oder 4000 mm

<table>
<tr><th></th><th></th><th>Daimler (Marienfelde) Lastwagen Typ DC 4d 1925–1926</th><th>Daimler (Marienfelde) Lastwagen Typ DC 4d N 1925–1926</th></tr>
<tr><td>Bauart</td><td></td><td>Pritschenwagen</td><td>Niederrahmen-Pritschenwagen</td></tr>
<tr><td>Motor</td><td></td><td colspan="2">Daimler La 1264 K</td></tr>
<tr><td>Zylinderzahl</td><td></td><td colspan="2">4 (Reihe, paarweise)</td></tr>
<tr><td>Bohrung × Hub</td><td></td><td colspan="2">120 × 160 mm</td></tr>
<tr><td>Hubraum</td><td></td><td colspan="2">7230 ccm</td></tr>
<tr><td>Leistung</td><td></td><td colspan="2">55 PS bei 1200 U/min</td></tr>
<tr><td>Antrieb</td><td></td><td colspan="2">Kardan</td></tr>
<tr><td>Getriebe</td><td></td><td colspan="2">4 Gang</td></tr>
<tr><td>Schaltung</td><td></td><td colspan="2">Rechts innen</td></tr>
<tr><td>Lenkung</td><td></td><td colspan="2">Rechts</td></tr>
<tr><td>Handbremse</td><td></td><td colspan="2">Mechanisch, Hinterräder</td></tr>
<tr><td>Fußbremse</td><td></td><td colspan="2">Mechanisch, Getriebe. Auf Wunsch: 4 Räder, Knorr-Luftdruck</td></tr>
<tr><td>Radstand</td><td></td><td>4200, 4800 oder 5450 mm</td><td>5200 mm</td></tr>
<tr><td>Pritsche</td><td></td><td>4000, 5000 oder 5500 mm</td><td>5200 mm</td></tr>
<tr><td>Reifen</td><td></td><td>Vollgummi oder Luft Zwillings-Hinterräder</td><td>Vollgummi oder Luft Zwillings-Hinterräder</td></tr>
<tr><td>Fahrgestellgewicht</td><td></td><td>3600 kg</td><td>3800 kg</td></tr>
<tr><td>Wagengewicht</td><td></td><td></td><td></td></tr>
<tr><td>Nutzlast</td><td></td><td>4000 kg</td><td>4000 kg</td></tr>
<tr><td>Höchstgeschwindigkeit</td><td></td><td>35, mit Luftreifen 38 km/h</td><td>35, mit Luftreifen 38 km/h</td></tr>
<tr><td>Steigfähigkeit</td><td></td><td>15 %</td><td>15 %</td></tr>
<tr><td>Bemerkungen</td><td></td><td>DC 4d F: Feuerwehr-Fahrgestell. Radstand 3820 mm für Motorspritze bzw. 4200 mm für Metz- oder Magirus-Drehleitern</td><td>Niederrahmen-Fahrgestell</td></tr>
</table>

Nienburger Mühlenwerke
Carl Eschebach
Nienburger Mühlenwerke
Carl Eschebach

Julius Schumacher
Telephon Lützow 94
Steglitzerztr. 91
Berlin W.
Telephon Lützow 6796
Grunewaldstr. 18

Deutsche Ton- & Steinzeugwerke
Aktiengesellschaft

Daimler (Marienfelde) Typ DR 4–5 dz
Pritschenwagen mit Anhänger
1924–1926

←

→

Daimler (Marienfelde)
Typ DC 4 d
Pritschenwagen
letzte Ausführung vor der Fusion
1926

Daimler (Marienfelde)
Typ DC 4 d
Pritschenwagen mit
Hochrahmen und Luftreifen
1925–1926

→

←

Daimler (Marienfelde)
Typ DR 4–5 d
Möbelwagen
1924–1926

→

Daimler (Marienfelde)
Typ DC 4 d N
Pritschenwagen mit
Niederrahmen und Elastic-Reifen
1925–1926

Daimler (Marienfelde)
Typ DC 4 d N
Pritschenwagen mit
Niederrahmen und Luftreifen

→

←

Daimler (Marienfelde)
Typ DR 4–5 dz
Pritschenwagen mit Anhänger
Vorderachse luftbereift
1924–1926

Daimler (Marienfelde) Typ DC 2 c Post-Omnibus 1923–1924

Daimler (Marienfelde) Typ DC 3 c O
Rundfahrt-Omnibus mit abnehmbarem Oberteil 1923

Daimler (Marienfelde) Typ DC 3 d Post-Omnibus 1925
Aufbau: Lange & Gutzeit

Motor
Zylinderzahl
Bohrung × Hub
Hubraum
Leistung
Antrieb
Getriebe
Schaltung
Lenkung
Handbremse
Fußbremse

Radstand
Gesamtlänge
Reifen

Fahrgestellgewicht
Wagengewicht
Sitze

Höchstgeschwindigkeit
Steigfähigkeit

Motor
Zylinderzahl
Bohrung × Hub
Hubraum
Leistung
Antrieb
Getriebe
Schaltung
Lenkung
Handbremse
Fußbremse

Radstand
Gesamtlänge
Reifen

Fahrgestellgewicht
Wagengewicht
Sitze
Höchstgeschwindigkeit
Steigfähigkeit

Bemerkungen

Preise

Daimler (Marienfelde) Omnibus Typ DC 3c 1919–1922	Daimler (Marienfelde) Omnibus Typ DC 3 cO 1919–1922	Daimler (Marienfelde) Omnibus Typ DC 1a 1923–1924	Daimler (Marienfelde) Omnibus Typ DC 2c 1923–1924
Daimler La 10 854		Daimler La 834	Daimler La 1154
4 (Reihe, paarweise)		4 (Reihe, paarweise)	4 (Reihe, paarweise)
108 × 150 mm		80 × 130 mm	110 × 150 mm
5494 ccm		2612 ccm	5699 ccm
35 PS bei 850 U/min		30 PS bei 1400 U/min	45 PS bei 1400 U/min
Kardan		Kardan	Kardan
4 Gang		4 Gang	4 Gang
Rechts innen		Rechts innen	Rechts innen
Rechts		Rechts	Rechts
Mechanisch, Hinterräder		Mechanisch, Hinterräder	Mechanisch, Hinterräder
Mechanisch, Getriebe		Mechanisch, Getriebe	Mechanisch, Getriebe
4000 mm	4300 mm	3400 mm	3850 mm
Vollgummi Zwillings-Hinterräder	Vollgummi Zwillings-Hinterräder	Vollgummi (hinten doppelt) oder Luft (hinten einfach)	Vollgummi oder Luft Zwillings-Hinterräder
2950 kg	3200 kg	1650 kg	2300 kg
4000–4800 kg	5200 kg		
bis 22	bis 26 bzw. mit Oberdeck bis 40	14	18
28 km/h	25 km/h	35 km/h	30, mit Luftreifen 35 km/h
14 %	12–14 %	18 %	15 %

Daimler (Marienfelde) Omnibus Typ DC 3c 1922–1924	Daimler (Marienfelde) Omnibus Typ DC 3d 1922–1924	Daimler (Marienfelde) Omnibus Typ DC 4d 1924–1926	Daimler (Marienfelde) Omnibus Typ DC 4dN 1925–1926
Daimler La 10 854 G	Daimler La 1264 G	Daimler La 1264 K	
4 (Reihe, paarweise)	4 (Reihe, paarweise)	4 (Reihe, paarweise)	
108 × 150 mm	120 × 160 mm	120 × 160 mm	
5494 ccm	7234 ccm	7234 ccm	
40 PS bei 1000 U/min	45 PS bei 800 U/min	50–55 PS bei 1000 U/min	
Kardan	Kardan	Kardan	
4 Gang	4 Gang	4 Gang	
Rechts innen	Rechts innen	Rechts innen	
Rechts	Rechts	Rechts	
Mechanisch, Hinterräder	Mechanisch, Hinterräder	Mechanisch, Hinterräder	
Mechanisch, Getriebe	Mechanisch, Getriebe	Mechanisch, Getriebe bzw. auf Wunsch: 4 Räder, Knorr-Luftdruck	
4000 mm	4310 mm	5450 mm	5200 mm
6100 mm		8500 mm	
Vollgummi oder (ab 1924) Luft Zwillings-Hinterräder	Vollgummi Zwillings-Hinterräder	Vollgummi oder Luft Zwillings-Hinterräder	Vollgummi oder Luft Zwillings-Hinterräder
2950 kg	3150 kg	3600 kg	3800 kg
5000 kg			
22	26	26 bis 33	26 bis 33
27-30 km/h	27 km/h	35, mit Luftreifen 38 km/h	35, mit Luftreifen 38 km/h
14 %	16 %	15 %	15 %
			Niederrahmen-Fahrgestell
		Omnibus 22 bis 25 000 RM Aussichtswagen 22 500 RM, Dachaufsatz + 3000 RM	Omnibus 23 bis 26 000 RM

Daimler (Marienfelde) Typ DC 4 d Niederrahmen-Omnibus 1926

Daimler (Marienfelde) Typ DC 4 d Rundfahrt-Omnibus 1925/26

 Daimler 4,5 to mit Anhänger als Theaterwagen der Sächsischen Landesbühne

Daimler (Marienfelde) Typ DC 4 d F 1500 Liter-Motorspritze für Moskau 1926

Daimler (Marienfelde) Typ DC 4 d F Magirus-Drehleiter für Berliner Feuerwehr 1926

Lastwagen und Omnibusse der Daimler-Benz AG. von der Fusion 1926 bis zum Kriegsende 1945

Direktor Wilhelm Kissel hat – wenn auch nicht allein, so doch maßgebend – den Zusammenschluß der Daimler-Motoren-Gesellschaft mit der Firma Benz & Cie. eingeleitet, zustandegebracht und konsolidiert. Für die notwendigen Umschichtungen innerhalb des neuen Konzerns, dessen Gliederung und möglichst rationelle Produktion besaß Kissel sehr klare Vorstellungen von überzeugender Logik.

Vorgesehen war, die Produktion aller Personenwagen-Fahrgestelle und die Endmontage der Personenwagen im Hauptwerk Stuttgart-Untertürkheim zu konzentrieren. Im Werk Sindelfingen sollten alle Personenwagen- und Omnibus-Karosserien gefertigt werden. Die Produktion sämtlicher Lastwagen sowie der Omnibus-Fahrgestelle gedachte man im Werk Gaggenau zusammenzufassen. Das Werk Mannheim war nur noch für die Fertigung von Teilen und Baugruppen bestimmt, und dem Werk Berlin-Marienfelde, bis dahin die Lastwagenfabrik der Daimler-Motoren-Gesellschaft, drohte die Stillegung der Produktion und dann die Nutzung als Reparaturbetrieb der Berliner Niederlassung.

Daß dieses Konzept nur zum Teil verwirklicht werden konnte, lag an den politischen und wirtschaftlichen Verhältnissen jener Zeit.

Zahl der Beschäftigten bei Daimler-Benz 1927 bis 1948

	Werk Untertürkheim	Werk Sindelfingen	Werk Mannheim	Werk Gaggenau	Werk Berlin-Marienfelde	Niederlassungen	Gesamtzahl
1927	5 562	2 149	4 453	3 933	397	1 630	18 124
1928	4 811	1 867	3 190	4 234	476	2 155	16 733
1929	4 087	1 806	2 980	2 629	423	2 347	14 281
1930	3 121	1 133	982	1 942	245	2 363	9 786
1931	3 203	1 585	410	1 866	239	2 031	9 334
1932	3 084	1 487	459	1 615	217	1 988	8 850
1933	4 896	3 144	729	2 446	460	2 328	14 003
1934	7 503	5 093	1 455	3 941	1 626	3 007	22 625
1935	7 048	5 140	1 839	5 390	1 694	3 720	24 831
1936	7 653	5 057	2 169	5 744	2 355	4 701	27 679
1937	8 678	5 176	2 561	5 919	2 715	5 474	30 523
1938	9 661	6 462	3 205	6 336	3 067	6 392	35 123
1939	8 361	5 539	3 231	5 083	3 026	5 855	31 095
1940	7 963	6 460	3 653	4 562	3 503	5 452	31 593
1941	8 682	6 510	3 474	4 780	4 578	5 384	33 408
1942	9 434	5 982	3 734	5 187	5 057	5 676	35 070
1943	8 695	6 877	3 732	4 610	5 448	5 286	34 648
1944	8 950	5 332	4 153	3 935	5 825	5 717	33 912
1945	3 713	2 254	2 139	2 555		2 188	12 849
1946	4 835	2 556	3 055	3 419	549	3 434	17 848
1947	5 260	2 964	3 239	3 874	530	4 374	20 241
1948	5 815	4 197	3 647	4 473	493	4 010	22 635

Im wesentlichen abgeschlossen war die Konzentration des Nutzfahrzeugbaus in Gaggenau, als die Weltwirtschaftskrise hereinbrach. Diese führte zum raschen Rückgang der meisten geschäftlichen Aktivitäten, verbunden mit einer rapid anwachsenden Massenarbeitslosigkeit. Somit verboten sich vorerst weitere Umstrukturierungen des Konzerns, und zwar einerseits aus Kostengründen, andererseits mit Rücksicht auf die Arbeiterschaft, die von Versetzungen und Entlassungen möglichst verschont werden sollte.

Die Hektik der Jahre ab 1933 sorgte freilich nicht nur wieder für die Auslastung aller Werke, sondern verlangte darüber hinaus auch spontane Improvisationen, die Kissels einstige Vorstellungen völlig über den Haufen warfen. So mußte zunächst ein Teil der Personenwagen-Produktion in Mannheim verbleiben, und ab 1937/38 wurden an deren Stelle dort die leichteren Lastwagen bis 3 to Nutzlast hergestellt. 1934 nahm man in Berlin-Marienfelde den Produktionsbetrieb wieder auf. Das dortige Bauprogramm umfaßte hauptsächlich Wehrmacht-Kraftfahrzeuge und Flugmotoren. Schließlich kam der Zweite Weltkrieg. Er brachte Daimler-Benz wie der gesamten Industrie Arbeit und Aufträge in Fülle, doch die unternehmerische Entscheidungs- und Handlungsfreiheit waren nahezu völlig lahmgelegt. Erst der Wiederaufbau nach 1945 ermöglichte, ja erzwang geradezu eine vernünftige Neugliederung des Konzerns.

In den zwanzig Jahren von der Fusion bis Kriegsende beanspruchte Daimler-Benz keineswegs nur im Personenwagenbau, sondern auch bei den Lastwagen und Omnibussen eine führende Stellung, obschon rein zahlenmäßig damals bei weitem noch nicht eine Dominanz wie heute gegeben war.

Das erste Programm

Schon zur Deutschen Automobil-Ausstellung, die, nur wenige Monate nach der Fusion, Ende Oktober 1926 am Berliner Kaiserdamm eröffnet wurde, stellte Daimler-Benz der staunenden Fachwelt ein neues Nutzfahrzeug-Programm vor, nämlich Leichtlastwagen für 1 bis 1,5 to, mittlere Lastwagen für 3 bis 4 to und Schwerlastwagen für 5 to Nutzlast. Die letzteren gab es auch, hauptsächlich für Omnibusaufbauten bestimmt, mit Niederrahmen. Bereits Anfang 1927 begann die Serienproduktion der neuen Modelle. Ein Jahr später kamen noch die imposant aussehenden Dreiachser für 8,5 to Nutzlast hinzu.

Im Grunde waren die neuen Baureihen von den früheren Nutzfahrzeugen der Benz-Werke abgeleitet, während von der konstruktiven Substanz der alten Daimler-Lastwagen nichts übernommen wurde. Möglicherweise ergab sich dieser Sachverhalt aus ganz nüchternen Überlegungen und Notwendigkeiten, vielleicht aber auch wollte Kissel ganz bewußt einen Ausgleich dafür herstellen, daß er bei den Personenwagen genau umgekehrt lediglich die seitherigen Typen und Vorhaben von Daimler fortführte, ohne den an sich gut verkäuflichen Benz Personenwagen auch nur die kleinste Chance des Weiterlebens zu belassen.

Alle Nutzfahrzeuge wurden nun in Gaggenau hergestellt. Dabei blieb man beweglich genug, bald auch zahlreiche Zwischengrößen und Ableitungen anzubieten, sobald der Markt danach verlangte.

Das Geschäft ließ sich in den ersten drei Jahren recht zufriedenstellend an, erlitt aber mit der Ende 1929 einsetzenden Weltwirtschaftskrise einen katastrophalen Einbruch. Dennoch widerstand Kissel, der seinen Konzern gerade erst vom Einfluß des Börsenspekulanten Schapiro befreit hatte, der Versuchung, erneut eine ähnliche Abhängigkeit auf sich zu nehmen. Jakob Goldschmidt, damals maßgebender Mann der Darmstädter und Nationalbank (Danatbank), vereinigte im Oktober 1930 die Braunschweiger Büssing AG. mit dem Lastwagenbau der Berliner NAG. Gern hätte er in diese Kombination auch die Werke Marienfelde und Gaggenau der Daimler-Benz AG. einbezogen, was Kissel jedoch zu verhindern wußte. Ein weiterer Versuch Goldschmidts, mittels einer von ihm gegründeten Automobil-Bank wenigstens das Verkaufsgeschäft von Daimler-Benz in die Hand zu bekommen, wurde ebenfalls erfolgreich abgeschlagen, indem Kissel begann, mit Hilfe der Deutschen Bank den Kauf von Autos, und zwar vor allem von Nutzfahrzeugen, mittels Ratenzahlungen selbst zu finanzieren. In den folgenden Jahren erwies sich das als wichtiger Beitrag zum Überleben des Konzerns.

Und trotz der schwierigen, fast hoffnungslos erscheinenden Zeit wagte Direktor Kissel das zunächst kaum übersehbare Risiko, Anfang 1932 den ersten leichten Diesel-Lastwagen der Welt herauszubringen.

Sieg des Dieselmotors

Bereits 1923/24 lief bei den Gaggenauern Benz-Werken der erste Lastwagen mit Rohölmotor. (Bis etwa 1930 sprach man bei Benz und dann bei Daimler-Benz grundsätzlich nicht vom Diesel- sondern stets vom Rohölmotor. Daher noch heute die Motortyp-Bezeichnung »OM . . .« = Oelmotor.)

Die Berliner Automobil-Ausstellung 1924 überraschte die Fachleute – das Publikum interessierte sich dafür noch wenig – mit drei Diesel-Lastwagen, deren Motoren nach unterschiedlichen Arbeitsweisen funktionierten: mit dem Vorkammer-Verfahren bei Benz, mit der Direkteinspritzung bei der MAN, mit der Druckluft-Einblasung bei Daimler (Marienfelde). Die letztgenannte Bauart hatte im Vergleich zu den beiden anderen kaum Aussicht auf Erfolg, weshalb schließlich bei der Daimler-Benz AG. jahrzehntelang nur das Vorkammer-Verfahren zur Anwendung kam.

Erster Lastwagen-Rohölmotor von Benz war der Typ OB 2, der aber nur in wenigen Einzelexemplaren entstand. Erst die mechanisch-hydraulische Einspritzung des Rohöls mit Hilfe der seit 1927 bei Bosch serienmäßig hergestellten Einspritzpumpe machte es möglich, raschlaufende kompressorlose Dieselmotoren in größerer Zahl und zu marktfähigen Preisen zu bauen. Bei der nunmehrigen Daimler-Benz AG. wurde die Weiterentwicklung des Fahrzeug-Rohölmotors vom Frühjahr 1927 an im Werk Untertürkheim betrieben.

Schon damals gab es die Fünftonner und die Dreiachser der Firma mit dem Rohölmotor Typ OM 5. Etwa vom Sommer 1930 an entschieden sich die meisten Käufer dieser Schwerlastwagen für den sparsameren und wirtschaftlicheren Antrieb. 1931 stammten rund 90 Prozent aller in Deutschland laufenden Diesel-Fahrzeuge, deren Anteil am Gesamtbestand allerdings noch relativ gering war, von Daimler-Benz.

Für eine nun auch zahlenmäßig bedeutende Verbreitung des Fahrzeug-Dieselmotors sorgte Daimler-Benz im Jahre 1932 durch die Einführung des ersten leichten Lastwagens mit Dieselmotor, des Zweitonners vom Typ L 2000, der eine neue Nutzfahrzeug-Generation einleitete. Von nun an war und blieb bei den Lastwagen und Omnibussen aus Gaggenau der Dieselmotor absolut vorherrschend. Dies galt bald auch für alle Schwerfahrzeuge der Konkurrenzmarken, bei den Mittelgewichten, den Dreitonnern, allerdings insofern nur bedingt, weil hier die damaligen Marktführer Opel und Ford beim Vergasermotor beharrten. Erst nach dem zweiten Weltkrieg gewann der Dieselmotor auch bei den leichteren Nutzfahrzeugen die Oberhand.

Der L 2000 und vor allem auch der Zeitpunkt seiner Einführung erwiesen sich als wahrer Glücksfall. Die unvermeidlichen Anfangsschwierigkeiten hielten sich in Grenzen, weil 1932 ohnehin nur geringe Stückzahlen auf dem Markt unterzubringen waren. Als dann 1933 der Wirtschaftsaufschwung ebenso überraschend wie schlagartig einsetzte, war man bei Daim-

Mercedes-Benz Lastwagen, Omnibusse und Zugmaschinen Produktion 1927–1945

		Montagewerk *	1927	1928	1929	1930	1931	1932	1933
L 1, N 1, L 32		30	1739	1074	549	235	340	55	
L 45, N 46		30	558	731	526	253	341	78	
L 57, N 57		30	1	1518	1402	657	474	109	
L 2, N 2		30	292	642	442	268	102	15	6
L 5, N 5		30	259	492	345	277	314	7	
N 56		30		54	50	4	17	10	3
L/O 2000	L 60	30						901	1699
L/O 2500/2600	L 60	30						27	115
L/O 2750	L 59	30						45	606
L/O 3000/3200	L 59	30						74	105
L/O 3500/3750	L 64	30						10	493
O 4000	N 2	30							
L 5000	L 35	30						50	99
L 6500	L 54	30							
L/O 8500	N 56	30							
L/O 10 000	N 56	30							
L 1100	L 70	20/30							
L 1500	L 70	20/30							
L 2000 I	L 81	20							
L 1500 S/A	L 301	10							
LGF 3000, L 3000 S/A	L 66	10/20/30							
Opel-Blitz (Nachbau)	L 701	20							
L 4500 S/A	I 303	30							
O 4500	L 302	30							
G 3, G 3 a		10/40			6	12	49	25	15
»Einheits-Diesel«		40							
LG 3000	LG 63	10/30/40							
LG 4000	LG 68	40							
LG 2500	LG 65	40							
LR 75	LR 75	30							
L 4500 R »Maultier«	LR 303	30							
Zugmaschinen		40	324	11	11	9			
Zgkw. DBL 5		40							
Zgkw. DBL 7 – 8		40							
Zgkw. DBS 7 – 10		40							
Sonstige und Versuche									
			3173	**4522**	**3331**	**1715**	**1637**	**1406**	**327**

* 10 = Werk Untertürkheim
20 = Werk Mannheim
30 = Werk Gaggenau
40 = Werk Berlin-Marienfelde

1935	1936	1937	1938	1939	1940	1941	1942	1943	1944/45	
										3992
										2487
										4161
										1767
										1694
										138
1598	1622	2481	2100	1331	35					**13 360**
1148	1596	1263	2259	1995	235	8				**9257**
921	856	192								**3519**
781	918	1272	2648	2513	3441	944				**13 008**
1658	2217	1885	2000	1894	1827	105				**12 893**
70	23	9	16							**132**
636	75	3								**1244**
89	428	435	365	521	299					**2137**
49	15									**85**
6	12	36	88	213	125	10				**490**
1	540	269	266	696	337	119				**2228**
		1020	1599	1413	740	484				**5256**
		185	475	531	9					**1200**
						1669	4370	2826	139	**9004**
			718	2989	6764	8689	7372	5159	1914	**32 605**
									3500	**3500**
				7		1959	2653	2696	1914	**9229**
								100	200	**300**
1131	130	371	200							**2779**
		370	174							**544**
7	504	2487	2045	1271	1123					**7440**
		6	19	51						**76**
			59	96						**155**
	4	1	13	17						**35**
								594	886	**1480**
										355
1	312									**313**
		248	244	8						**500**
63	17	34	8	149	262	329	343	204	22	**1440**
5	2	4	5	26	8					**50**
8164	**9271**	**12 571**	**15 301**	**15 721**	**15 205**	**14 316**	**14 738**	**11 579**	**8575**	**149 853**

ler-Benz bestens vorbereitet. Sowohl bei den Personenwagen (Typ 170 und die folgenden Schwingachser) als auch bei den Nutzfahrzeugen (L 2000 und die folgenden Diesel-Typen) stand ein technisch modernes, markt- und zeitgerechtes Angebot zur Verfügung.

Vorzeitig beendet: Drittes Programm

Bald freilich zeigte sich das Werk Gaggenau kapazitätsmäßig überlastet. Die erst vor zehn Jahren zusammengefaßte Nutzfahrzeugproduktion mußte wieder auf mehrere Werke aufgeteilt werden. So entschloß man sich 1936/37, die Herstellung der kleineren Lastwagen bis 3 to Nutzlast nach Mannheim zu verlegen. Dieses Werk brachte kurz nacheinander die Typen L 2000 I und LGF 3000 heraus, übernahm außerdem die Produktion der in Untertürkheim entwickelten kleinen Typen L 1000 und L 1500. (Die bisherigen Zwei- und Dreitonner liefen in Gaggenau dennoch weiter, blieben allerdings nunmehr hauptsächlich dem Export vorbehalten.) Der Typ L 2000 I (I = leicht) sollte wohl eine neue Modellgeneration begründen, die jedoch wegen der Typisierung und des Krieges nicht mehr zustande kam.

Ferner wurde Gaggenau damals von der Herstellung der Omnibusaufbauten entlastet, die von nun an zum Teil in Sindelfingen, zum andern Teil in Mannheim stattfand. Und als wichtigste Maßnahme in diesem Zusammenhang bleibt die Wiederaufnahme der Lastwagenproduktion im Werk Berlin-Marienfelde zu vermerken.

Führend im Omnibusbau

Mit der Anfang der zwanziger Jahre erfolgten Einführung von Niederrahmen und Riesenluftreifen gewann der Omnibus ein bis dahin nicht gekanntes Maß an Bequemlichkeit, Komfort und Geschwindigkeit. Andererseits brachte es eine Verteuerung mit sich, daß nunmehr Lastwagen und Omnibusse unterschiedliche Fahrgestelle brauchten. Um diese Kosten auszugleichen, baute Daimler-Benz ab 1932 eine Zeitlang wieder einheitliche Fahrgestelle für die »Lo . . .«-Typen mit Halb-Niederrahmen, geeignet sowohl für Lastwagen- und Sonderaufbauten als auch für Omnibusse. (Weil viele Fahrgestelle erst bei Fremdfirmen ihren Aufbau erhielten, besteht in der Produktionsstatistik jener Jahre keine Möglichkeit, die einzelnen Typen nach Lastwagen und Omnibussen genau aufzuschlüsseln. Überdies gab es damals Wechselaufbauten, bei welchen ein und dasselbe Fahrgestell wahlweise mal mit Lastwagen-, mal mit Omnibusaufbau lief.)

Im übrigen setzte sich bei den Omnibussen der Dieselmotor eher noch rascher durch als bei den Lastwagen. Ansonsten jedoch waren hier wie dort, von der hydraulischen Fußbremse abgesehen, keine epochemachenden Fortschritte in bezug auf die Fahrgestelle zu verzeichnen.

Als wichtiger Meilenstein darf es jedoch gelten, daß bei Daimler-Benz ab 1930 die Omnibus-Aufbauten in Ganzstahlausführung hergestellt wurden, wodurch man einerseits die Fertigungskosten senkte, andererseits die Sicherheit der Mitfahrer beträchtlich verbesserte. Wenig später wurde die Fertigung der Omnibusaufbauten vorübergehend (1930 bis 1932) nach Sindelfingen verlegt. Als dann Mitte der dreißiger Jahre die Stückzahlen immer noch mehr anwuchsen, wurden ab 1936 auch in Mannheim Omnibusaufbauten gefertigt, wobei es sich aus verschiedenen Gründen nicht vermeiden ließ, wieder zur Holz-Stahl-Gemischtbauweise zurückzukehren. Die Kundschaft bemerkte dies kaum, zumal man rechtzeitig genug darauf verzichtet hatte, in der Werbung die Vorzüge der Ganzstahl-Bauart zu preisen.

Mercedes-Benz Lastwagen, Omnibusse und Zugmaschinen 1927 bis 1945
Aufgliederung der Typen nach Antriebsarten

	Benzin	Diesel	Flüssiggas	Holzgas-Generator	Elektro
L 1, N 1, L 32	3731				
L 45, N 46, L 57, N 58	6636	62			
L 2, N 3	1930	35			
L 5, N 5	1132	348			
N 56	72	66			
L/O 2000	1099	12 253			
L/O 2500	1093	6074			
Lex 2500	25	520			
O 2600	46	1455	30		
L/O 2750	308	3356			
L/O 3000	546	11 559	337	164	
L/O 3200	1	519			
L 3500/3750	252	7957	98	49	
SF 3500/3750	67	915			
O 3500/3750	5	2530			
OP 3750		450			
O 4000	6	124			
L 5000 (L 35)	191	1249			
L 6500 (120 PS)	4	596			
L 6500 (150 PS)		1545			
L/O 8500		85			
L 10 000		95			
O 10 000		386			
Obus 6000 (1936)					12
Obus 10 000 (1941)					10
L 1100	1086	1082			
L 1500	2585	2670			
L 1500 S	4101				
L 1500 A	4903				
L 1750	10				
L 2000 I	1200				
LGF 3000		12 840			
L 3000 S	1000	13 128	133	2270	
L 3000 F (Löschwagen)		1775			
L 3000 D (Drehleiter)		50			
L 3000 M (Müllwagen)			200		
L 3000 A		2069			
O 3000			153		
L 4500 S		3058	109	1214	
L 4500 F (Löschwagen)		2021			
L 4500 M (Müllwagen)			163		
L 4500 A		2403			
L 4500 F/A (Löschwagen)		308			
O 4500		160	140		
Opel-Blitz (Nachbau)	3500				
G 3, G 3 a	2779				
»Einheits-Diesel«		544			
LG 3000	5	7428			
LG 4000		81			
LG 2500	153	8			
LR 75	35				
L 4500 R (»Maultier«)		1486			

Bemerkung: Die Zahlen stimmen nicht genau mit denen der vorhergehenden Produktions-Statistik überein, weil sie an Hand unterschiedlicher Archivunterlagen zusammengestellt wurden.

Die Kriegsproduktion

Ende 1934 wurde das Werk Berlin-Marienfelde reaktiviert, um die Herstellung der militärischen Sonderfahrzeuge, vor allem der Sechsrad-Gelände-Lastwagen und der Kettenfahrzeuge, zu übernehmen. Dazu kam, was hier der Vollständigkeit halber vermerkt sei, die Produktion von großen Flugmotoren. Damit hatte man sich schon seit 1926 in Untertürkheim wieder beschäftigt. Deren Fabrikation im großen Stil begann dann 1936 im Werk Berlin-Marienfelde, und sie wuchs so rapid, daß einzig für diesen Zweig schon 1937 mit dem Werk Genshagen (Kreis Teltow, heute DDR) ein neuer Großbetrieb an das Werk Marienfelde angeschlossen werden mußte. Einen Eindruck von den beträchtlichen und umsatzbringenden Stückzahlen, um die es hier ging, möge die folgende Übersicht vermitteln:

Flugmotoren-Produktion der Daimler-Benz AG. 1933 bis 1944

	1933/34	1935	1936	1937	1938	1939	1940	1941	1942	1943	1944
Werk Untertürkheim	4	34	20	52	6	19	57	59	10		
Werk Marienfelde			399	785	593	928	835	721	717	441	563
Werk Genshagen				428	1427	2249	3176	3659	4920	7702	10 535
Lizenzwerke											
Niemo, Braunschweig								1037	2501	4140	6037
Henschel, Kassel								720	1899	3375	5313
Ostmark										515	2375
Pomo, Stettin									1	1724	1877
Donau-Flugzeugwerke									21	433	756
Steyr									20	1177	688
Avia, Prag											311
Fiat										120	214
Gesamtzahl	**4**	**34**	**419**	**1265**	**2026**	**3196**	**4068**	**6196**	**10 179**	**19 627**	**28 609**

Im Lastwagenbau beherrschten ab 1940 die militärspezifischen und militärtauglichen Typen das Geschehen. Der G 3 bzw. G 3a war schon vor 1933 von der Reichswehr eingeführt worden. Seine Nachfolge übernahm später der als heereseigene Konstruktion von fast allen einschlägigen Firmen, zeitweise auch von Daimler-Benz, hergestellte »Einheits-Diesel«. Die Wehrmacht verfolgte nämlich in den Vorkriegsjahren die Absicht, für möglichst alle Fahrzeugklassen Einheitsfahrzeuge und darüber hinaus Einheitsfahrzeug-Familien einzuführen, was im Ansatz auch weitgehend verwirklicht wurde, sich aber insgesamt nur wenig bewährte.

Trotz der staatlichen Lenkungsmaßnahmen und trotz der mit dem Schell-Plan verbundenen Typisierung blieb Daimler-Benz dabei, in den relevanten Kategorien auf eigene Kosten eigene Fahrzeugtypen zu entwickeln. Vom G 3a abgesehen brachte es bei den Sechsrad-Gelände-Lastwagen allerdings nur der LG 3000 zu einer nennenswerten Produktion, und dies wohl auch bloß deshalb, weil der »Einheits-Diesel« nicht frühzeitig und zahlreich genug zur Verfügung stand.

Lediglich bei der schweren Halbketten-Zugmaschine für 12 to Anhängelast ließ sich Marienfelde die heereseigene Konstruktion zuweisen, entwickelte sie zur Serienreife und Frontbrauchbarkeit und lieferte sie bis zum Kriegsende in beträchtlicher Zahl. Allerdings vermochte man es trotz ständigen Drängens beim Heereswaffenamt nicht durchzusetzen, daß in diese Zugmaschine statt des Maybach Zwölfzylinders ein 185 PS Dieselmotor eigener Machart eingebaut werden durfte.

Der im März 1939 verkündete Plan des Generalbevollmächtigten für das Kraftfahrwesen, des damaligen Obersten von Schell, begrenzte die Typenzahl der einzelnen Lastwagenmarken wie folgt:

Lkw. 1,5 to	**Lkw. 3 to**	**Lkw. 4,5 to**	**Lkw. 6 to.**
Opel-Blitz (S)	Opel-Blitz (S/A)	Mercedes (S/A)	Mercedes (S)
Phänomen (S)	Ford V8 (S)	MAN (S/A)	MAN (S)
Steyr (A)	Borgward (S/A)	Büssing-NAG (S/A)	Krupp (S)
	Mercedes (S/A)		Vomag (S)
	Magirus (S/A)	**Einheitstyp der Frankfurter Arbeitsgemeinschaft:**	
	MAN (S)		
		Saurer (S)	
		Henschel (S)	
		Magirus (S)	

S = Standardausführung
A = Entsprechende Ausführung mit Allrad-Antrieb

Wiederum setzten sich die Stuttgarter, wie schon so manches Mal in ähnlichen Fällen, über die staatlichen Direktiven hinweg. Sie entwickelten ihren eigenen 1,5 Tonner, und am Ende waren Führung und Wehrmacht sicherlich recht froh, daß es dieses Fahrzeug gab. Seine Produktion fand übrigens in Untertürkheim statt. Damit wurde eine Beeinträchtigung des übrigen Lastwagenprogramms vermieden, und man erreichte, daß auch im Stammwerk nach kriegsbedingter Beendigung der Personenwagen-Herstellung keine branchenfremden Rüstungsgüter erzeugt werden mußten. Der Mercedes-Benz L 1500 A als Mannschaftswagen wie auch der L 1500 S als Löschfahrzeug bewährten sich im gnadenlosen Kriegseinsatz ganz ausgezeichnet. Die Wehrmacht wäre um einen guten Wagentyp ärmer gewesen, wenn sich Direktor Kissel mit den Einschränkungen des Schell-Plans resignierend abgefunden hätte.

Die wichtigsten Lastwagen im Kriegseinsatz der Wehrmacht waren jedoch die Dreitonner. So hervorragend aber, wie sich die 1,5 und die 4,5 Tonner von Mercedes-Benz unter den härtesten Bedingungen bewährten, so wenig vermochten die in großer Zahl vorhandenen Dreitonner diese Marke zu befriedigen. Sie waren zu schwer, zu störanfällig, ihr Rahmen zu weich und überdies ihr Preis viel zu hoch.

Direktor Kissel wußte das und versuchte zu wiederholten Malen, ein neues, leichtes Modell dieser Fahrzeugklasse herauszubringen. Doch der Erfolg blieb versagt. Um so härter traf es ihn, als am 4. Juni 1942 die, noch dazu auf einen Vorschlag des Mercedes-Direktors Werlin hin erfolgte Anordnung Hitlers eintraf, die Produktion des Werkes Mannheim sofort vom ei-

Generatoren der Daimler-Benz AG.

Stückzahl	**1941**	**1942**	**1943**	**1944**	
Generatoren für Lastwagen	556	4666	7965	679	**13 596**
Generatoren für Personenwagen	–	–	582	5863	**6645**

Bemerkung: Die Generatoren wurden überwiegend zum Umbau für bereits früher hergestellte Fahrzeuge verwendet. Bei vielen Wagen (in obiger Tabelle nicht enthalten) fanden aber auch Imbert-Generatoren oder Generatoren anderer Fabrikate und Bauarten Verwendung.

genen Dreitonner-Lastwagen auf den Dreitonner Opel-Blitz umzustellen. Kissel empfand das als herbe Zumutung, vor allem aber als katastrophale Schande für das Ansehen »seines« Unternehmens, wiewohl er einsah, daß es dessen Lastwagenbauer eben nicht fertiggebracht hatten, dem Opel-Blitz ein gleich gutes und vor allem ebenso kriegsbrauchbares Modell gegenüberzustellen. Jedenfalls hat dieser Schicksalsschlag nicht nur den Stolz und die Willenskraft, sondern auch das Herz Wilhelm Kissels gebrochen. Sechs Wochen später, am 18. Juli 1942, war er tot.

Mercedes-Benz Lastwagen und Omnibusse Exportzahlen 1932 bis 1941

	1932	1933	1934	1935	1936	1937	1938	1939	1940	1941	Gesamtzahl
L/O 2000	187	358	190	443	574	1958	1249	661	4		5624
L 2500	5	5	29	305	347	386	295	63	8		1443
Lex 2500							101	86	4		191
O 2600					123	106	49	105	48		431
L/O 2750	16	70	57	161	110	48					462
L/O 3000	9	1	19	182	149	231	481	651	1365	669	3757
L 3000 S										719	719
O 3200					43	45	8				96
L/O 3750		28	39	200	292	586	555	358	178	64	2300
O 4000	5	4	1		6						16
L 4500 S										34	34
L 5000 (L 35)	19	8	4	27	22						80
L 6500						38	12	14			64
L/O 8500	7	1									8
L 10 000							1				1
G 3 a						1					1
LG 3000 (LG 63)						16		10			26
LG 4000 (LG 68)							2	25			27
LG 2500 (LG 65)								155			155
Gesamtzahl	**248**	**475**	**339**	**1318**	**1666**	**3415**	**2753**	**2128**	**1607**	**1486**	**15 435**

Bemerkung: Der Exportanteil an der Gesamtproduktion war vor dem zweiten Weltkrieg im Vergleich zu den heutigen Verhältnissen sehr gering. Bei den relativ hohen Exportzahlen der Typen L 3000 und L 3750 handelte es sich überwiegend um Lieferungen an Streitkräfte befreundeter Länder.

Trotz Hitlers Gebot lief die Fertigung des Mercedes Dreitonners noch bis April 1944, und die Produktion des Opel-Blitz in Mannheim begann nach lang hinhaltendem Widerstand erst am 20. Juli 1944, nur wenige Tage vor dem 6. August 1944, an welchem 40 Liberator-Bomber aus 800 Meter Höhe die Montagehallen des Opel Lastwagenwerks in Brandenburg bei hellichtem Tag in einem nur wenige Minuten dauernden, aber unheimlich präzisen Luftangriff zerstörten. Nachdem die Produktion des Opel-Blitz im Bremer Borgward-Werk, wo eine entsprechende Umstellung ebenfalls befohlen war, nicht mehr in Gang kam, war das Mannheimer Werk der Daimler-Benz AG. schließlich in der letzten Phase des Krieges (und in den ersten Nachkriegsjahren) die einzige Produktionsstätte für den Dreitonner des einstigen Hauptkonkurrenten Opel.

Die durch Luftangriffe verursachten Zerstörungen in den einzelnen Werken der Daimler-Benz AG. waren zwar ebenfalls sehr beträchtlich, erzwangen aber in keinem Fall deren völlige Stillegung. So konnte insbesondere die Lastwagenproduktion sowohl in Mannheim als auch in Gaggenau schon bald nach der Kapitulation wieder aufgenommen werden.

Kleinster Typ im Nutzfahrzeugprogramm der neuen Daimler-Benz AG.:
Mercedes-Benz L 1 (Motor M 14) 1,5 to Pritschenwagen 1926–1928

Mercedes-Benz L 1 (Motor M 14) 1,5 to Kastenwagen 1926–1928

Mercedes-Benz
L 1 (Motor M 14)
Kleinomnibus 8 Sitze
Aufbau Trutz (Coburg)
1928/29

Von diesem Fahrzeug wurden mehrere Exemplare hergestellt, teils mit, teils ohne Außenkoffer

Mercedes-Benz N 1 (Motor M 14) Allwetter-Aussichtswagen 1927
für 13 bis 14 Fahrgäste

Mercedes-Benz N 46 (Motor M 16) Reichspost-Omnibus 1929.
Die zweierlei Ausführungen mit weit- und enggeschlitzter Motorhaube kennzeichnen keinen bestimmten Typ oder Jahrgang. Sie wurden offenbar willkürlich und wechselnd für alle zweiachsigen Lastwagen und Omnibusse der bis 1932 hergestellten Typen verwendet.

Mercedes-Benz L 1
(Motor M 16)
1,5 to Kastenwagen
1928/29

Mercedes-Benz N 1
(Motor M 16)
1,75 to Pritschenwagen
1929–1930

Mercedes-Benz N 1
(Motor M 16)
1,5 to Kastenwagen
1930

Mercedes-Benz N 1
(Motor M 16)
Reichspost-Omnibus
1927
Sonderausführung
mit Gepäckraum

Mercedes-Benz N 1
(Motor M 16)
Zubringer-Omnibus
für 16 Personen
1929

Mercedes-Benz N 1
(Motor M 16)
Linien-Omnibus
für Stuttgart
1927

Mercedes-Benz N 1
(Motor M 16)
Luxus-Omnibus
1928

Mercedes-Benz N 1
(Motor M 16)
Aussichtswagen
der Reichspost
1927

Mercedes-Benz L 2000 (Motor M 32) Reichspost-Bautruppwagen 1932

Mercedes-Benz L 2000 (Motor M 32) 2 to Kastenwagen 1931

Mercedes-Benz LS 2000 (Motor M 32) Feuerwehr-Motorspritze 1932

	Mercedes-Benz Typ L 1 1926–1928 Typ N 1 1926–1928	Mercedes-Benz Typ L 1 1927–1930 Typ N 1 1927–1930	Mercedes-Benz Typ L 2000 (L 32) 1930–1932
Motor	Daimler-Benz M 14 Vergasermotor	Daimler-Benz M 16 Vergasermotor	Daimler-Benz M 32 Vergasermotor
Zylinderzahl	4 (Reihe, 1 Block)	6 (Reihe, 1 Block)	6 (Reihe, 1 Block)
Bohrung × Hub	95 × 130 mm	80 × 130 mm	80 × 130 mm
Hubraum	3680 ccm	3920 ccm	3920 ccm
Leistung	45 PS bei 1800 U/min	50 PS bei 1800 U/min	55 PS bei 2000 U/min
Getriebe	3 Gang	3 Gang	4 Gang
Antrieb	Kardanwelle, Hinterräder	Kardanwelle, Hinterräder	Kardanwelle, Hinterräder
Lenkung	Links	Links	Links
Fußbremse	Mechanisch, 4 Räder	Mechanisch, 4 Räder	Mechanisch, 4 Räder
	L 1 Pritschenwagen	**L 1 Pritschenwagen**	**L 2000 Pritschenwagen**
Radstand	3500 mm	3500 oder 3750 mm	3500 mm
Gesamtmaße	5100 × 1930 × 2420 mm	5300 (5800) × 2100 × 2400 mm	5700 (6000) × 2100 × 2400 mm
Pritsche	2800 × 1750 mm	2800 (3300) × 1900 mm	3000 oder 3300 × 1900 mm
Reifen	30 × 5″ hinten einfach oder doppelt	7,00–20 (hinten einfach) oder 30 × 5″ (hinten doppelt)	6,00/6,50–20 Tr hinten doppelt
Fahrgestellgewicht	1500 kg	1700 (1800) kg	2000 kg
Wagengewicht	2000 kg	2200 (2300) kg	2400 kg
Nutzlast	1500 kg	Reifen 7,00–20: 1500 kg Reifen 30 × 5″: 1750 kg	2000 kg
Höchstgeschwindigkeit	50 km/h	50 km/h	50 km/h
Preis		8000 RM	
	L 1 Kastenwagen	**L 1 Kastenwagen**	**L 2000 Kastenwagen**
Gesamtlänge	5200 mm	5400 (5800) mm	5700 (6000) mm
Wagengewicht	2300 kg	2500 (2600) kg	2700 kg
Preis		9500 RM	
			L 2000 Pritschenwagen für 1500 kg Nutzlast
Reifen			30 × 5″ (hinten doppelt)
	N 1 Omnibus	**N 1 Omnibus**	
Rahmen	Halb-Niederrahmen	Halb-Niederrahmen	
Getriebe	3 Gang	3 Gang, später 4 Gang	
Radstand	4000 mm	4000 mm	
Gesamtmaße	6125 × 2050 × 2600 mm	6125 × 2050 × 2600 mm	
Reifen	30 × 5″ hinten einfach oder doppelt	30 × 5″, später 6,50–20 hinten doppelt	
Fahrgestellgewicht	1500 kg	1800 kg	
Wagengewicht	2600 kg	2900 kg	
Zuläss. Gesamtgewicht	4200 kg	4300 kg	
Sitzplätze	13–16	13–16	
Höchstgeschwindigkeit	50 km/h	50 km/h	
Preis		Omnibus 13–15 000 RM Aussichtswagen 16 000 RM	
		N 1 Pritschenwagen	
Radstand		4000 mm	
Nutzlast		1750 kg	
Preis		8400 RM	
		N 1 Kastenwagen	
Radstand		4000 mm	
Nutzlast		1500 kg	
Preis		10 300 RM	

Mercedes-Benz L 45 (Motor M 16) 2,5 to Pritschenwagen 1928–1930

Mercedes-Benz L 45 (Motor M 16) 2,5 to Pritschenwagen 1928–1930

Mercedes-Benz L 45 (Motor M 16) 2,5 to Kastenwagen 1928–1930

Mercedes-Benz L 45 (Motor M 16) Reklame-Kastenwagen 1930

Mercedes-Benz L 45 (Motor M 16) Reichspost-Bautruppwagen 1930

Mercedes-Benz L 45 (Motor M 16) Zahnklinikwagen (Aufbau Miesen) 1930

Mercedes-Benz L 45
(Motor M 16)
Brauerei-Lastwagen
1928/29

Mercedes-Benz L 45
(Motor M 16)
Mineralöl-Tankwagen
2000 Liter Inhalt
1930

Mercedes-Benz N 46
(Motor M 16)
2,5 to Nieder-Pritsche
1929

Mercedes-Benz N 46
2,5 to Pritschenwagen
1929

Mercedes-Benz L 3000 (Motor M 56) Reichswehr-Mannschaftswagen 1929

Mercedes-Benz L 3000 (Motor M 56) Reichspost-Bautruppwagen 1931

Mercedes-Benz L 3000 (Motor M 56) 2000 Liter-Kraftstoff-Tankwagen 1932

Mercedes-Benz O 3000
(Motor M 56)
Allwetter-Aussichtswagen
für 20 Fahrgäste
1931

Mercedes-Benz O 3000
(Motor M 56)
Allwetter-Aussichtswagen
für 20 Fahrgäste
1931

Mercedes-Benz O 3000
(Motor M 56)
Omnibus in Einfach-Bauart
für NSKK
26 Fahrgäste
1932

Mercedes-Benz O 3000
(Motor M 56)
Polizei-Mannschaftswagen
25 Sitze
1932

	Mercedes-Benz Typ L 45 1928–1930	Mercedes-Benz L 2500 (L 45) 1930–1931 Lo 2500 (L 45) 1931–1932	Mercedes-Benz L 3000 (L 57) 1930–1931 L 2750 (L 57) 1931–1932
Motor	Daimler-Benz M 16	Daimler-Benz M 16	Daimler-Benz M 56
	Vergasermotor	Vergasermotor	Vergasermotor
Zylinderzahl	6 (Reihe)	6 (Reihe)	6 (Reihe)
Bohrung × Hub	80 × 130 mm	80 × 130 mm	82,5 × 130 mm
Hubraum	3920 ccm	3920 ccm	4160 ccm
Leistung	55 PS bei 2000 U/min	60 PS bei 2000 U/min	70 PS bei 2000 U/min
Getriebe	4 Gang	4 Gang	4 Gang
Antrieb	Kardanwelle, Hinterräder	Kardanwelle, Hinterräder	Kardanwelle, Hinterräder
Lenkung	Links	Links	Links
Fußbremse	Mechanisch, 4 Räder	Mechanisch, 4 Räder	Mechanisch, 4 Räder L 3000: Bosch-Dewandre- Saugluft-Servohilfe
	Pritschenwagen	**Pritschenwagen**	**Pritschenwagen**
Radstand	4000 mm	3750 oder 4000 mm	4000 mm
Gesamtmaße	6000 × 2100 × 2400 mm	5800 (6300) × 2100 × 2400 mm	6300–6700 × 2100 × 2400 mm
Pritsche	3300 oder 3600 × 1900 mm	3300–3800 × 1900 mm	3600–4000 × 1900 mm
Reifen	32 × 6″	6,50/7,00-20 Tr	7,00/7,50-20 Tr
	Zwillings-Hinterräder	Zwillings-Hinterräder	Zwillings-Hinterräder
Fahrgestellgewicht	2000 kg	2050 kg	2200–2400 kg
Wagengewicht	2650 kg	2700 kg	2950 kg
Nutzlast	2500 kg	2500 kg	2750–3000 kg
Höchstgeschwindigkeit	50 km/h	50 km/h	50 km/h
Preis	10 000 RM		
	Kastenwagen	**Kastenwagen**	**Kastenwagen**
Wagengewicht	2950 kg	3000 kg	3250 kg
Nutzlast	2200 kg	2200 kg	2200–2700 kg
Preis	12 000 RM		
			Typ LZ 7000 Sattelschlepper
Radstand			2780 mm

	Mercedes-Benz Typ N 46 1928–1930	Mercedes-Benz Typ O 2500 (N 46) 1930–1932	Mercedes-Benz Typ O 3000 (N 57) 1930–1932
	Typ N 46 Omnibus	**Typ O 2500 Omnibus**	**Typ O 3000 Omnibus**
Rahmen und Aufbau	Halb-Niederrahmen	Halb-Niederrahmen	Halb-Niederrahmen
	Holzgerippe-Aufbau	Holzgerippe-Aufbau	Holzgerippe-Aufbau
Radstand	3750, 4000 oder 4500 mm	4000 mm	4500 mm
Gesamtmaße	6125–6900 × 2050 × 2600 mm	6500 × 2050 × 2600 mm	6900 × 2050 × 2600 mm
Reifen	32 × 6″	6,50/7,00–20 Tr	7,25/7,50–20 Tr
	Zwillings-Hinterräder	Zwillings-Hinterräder	Zwillings-Hinterräder
Fahrgestellgewicht	2200 kg	2200 kg	2600 kg
Wagengewicht	3000–3500 kg	3200 kg	
Sitzplätze	bis 22	bis 22	bis 27
Preis	18 000 RM		
	Typ N 46 Pritschenwagen	**Typ LO 2500 Pritschenwagen**	**Typ LO 3000 Pritschenwagen**
Pritsche	3600 × 1900 mm	3600 × 1900 mm	4300 × 1900 mm
Nutzlast	2500 kg	2500 kg	3000 kg
Preis	10 500 RM		
	Typ N 46 Kastenwagen		
Nutzlast	2000 kg		
Preis	12 500 RM		

Mercedes-Benz L 2 (Motor M 26) Polizei-Mannschaftswagen für 26 Beamte 1927

Mercedes-Benz L 2 (Motor M 26) 3,5 to Kastenwagen 1927

Mercedes-Benz L 2 (Motor M 26) 3,5 to Brauerei-Lastwagen 1927

Mercedes-Benz L 2
(Motor M 26)
3,5–4 to Pritschenwagen
1929/30

Mercedes-Benz L 2
(Motor M 26)
3,5–4 to Lastwagen
mit Nieder-Pritsche
1930

Mercedes-Benz L 2
(Motor M 26)
3,5–4 to Lastwagen für
Güter- und Personentransport
(mit Vollgummireifen!)
1928

Mercedes-Benz L 2
(Motor M 26)
4 to Brauerei-Lastwagen
1930

Mercedes-Benz LS 2 (Motor M 26) Feuerwehr-Motorspritze für 1500–2000 Liter/min., Besatzung 9 Mann, Aufbau Metz, 1928

Mercedes-Benz LD 2 (Motor M 26) Feuerwehr-Drehleiter für 26 Meter Steighöhe, Aufbau Magirus, 1929

Mercedes-Benz N 2
(Motor M 26)
3,5–4 to Lastwagen
mit Nieder-Pritsche
und Vollgummireifen
1927

Mercedes-Benz N 2
(Motor M 26)
Möbelwagen
Radstand 5750 mm
1927

Mercedes-Benz N 2
(Motor M 26)
3,5–4 to Pritschenwagen
Radstand 5750 mm
1928

Mercedes-Benz O 4000
(Motor 110 PS M 36 F)
Polizei-Mannschaftswagen
für 30 Beamte
1931

Der erste Niederrahmen-Omnibus der neuen Baureihe ging an die Reichspost nach Bayern:
Mercedes-Benz N 2
(Motor 70 PS M 26)
für 26 Personen
1927

Mercedes-Benz N 2
(Motor 70 PS M 26)
Stadt-Omnibus für die Linie Stuttgart – Leonberg
1927

Mercedes-Benz N 2
(Motor 70 PS M 26)
Sommerwagen für 26 Fahrgäste
1928

Mercedes-Benz N 2
(Motor 100 PS M 36)
Allwetter-Aussichtswagen
36 Sitze
1929

Mercedes-Benz N 2 (Motor 70 PS M 26) $1^{1}/_{2}$-Decker 1928
Luxus-Fernreise-Omnibus der RVG Köln, Radstand 5750 mm

Mercedes-Benz N 2 (Motor 100 PS M 36) Überland-Linien-Omnibus 1929
Schiebetür und Stehperron in der Mitte des Wagens

Mercedes-Benz N 2 (Motor 110 PS M 36 F) Überland-Linien-Omnibus 1930
für die Deutsche Reichspost, Stahlaufbau, 33 Sitzplätze, Radstand 5750 mm

Mercedes-Benz O 4000
(95 PS Dieselmotor OM 5 S)
Reichspost-Omnibus
Ganzstahl-Aufbau Sindelfingen
1931

Mercedes-Benz O 4000
(95 PS Dieselmotor OM 5 S)
Allwetter-Aussichtswagen
1931/32

Mercedes-Benz Oberleitungs-Omnibus (damals auch »Fahrdraht-Omnibus« genannt) mit 70 PS Elektromotor, in Zusammenarbeit mit der Firma BBC (Mannheim) entwickelt und auf der Berliner Automobil-Ausstellung 1930 vorgeführt. Sindelfinger Ganzstahl-Aufbau mit 33 Sitz- und 12 Stehplätzen. Radstand 4600 mm, Reifen 9,75-20, Wagengewicht 7600 kg.

	Mercedes-Benz Typ L 2 1926–1927	Mercedes-Benz Typ L 2 1927–1929	Mercedes-Benz L 2 1930, L 4000 (L 2) 1930–1932
Motor	Daimler-Benz M 2 Vergasermotor	Daimler-Benz M 26 Vergasermotor	Daimler-Benz M 36 Vergasermotor
Zylinderzahl	4 (Reihe)	6 (Reihe)	6 (Reihe)
Bohrung × Hub	105 × 165 mm	100 × 150 mm	105 × 150 mm
Hubraum	5750 ccm	7070 ccm	7790 ccm
Leistung	55 PS bei 1600 U/min	70 PS bei 1600 U/min	100 PS bei 2000 U/min
Antrieb	Kardanwelle + Stirnrad-Nabenantrieb	Kardanwelle + Stirnrad-Nabenantrieb	Kardanwelle + Stirnrad-Nabenantrieb
Getriebe	4 Gang	4 Gang	4 Gang
Lenkung	Links	Links	Links
	Mechanisch, 4 Räder, Bosch-Dewandre-Saugluft-Servohilfe	Mechanisch, 4 Räder, Bosch-Dewandre-Saugluft-Servohilfe	Mechanisch, 4 Räder, Bosch-Dewandre-Saugluft-Servohilfe
	Pritschenwagen	**Pritschenwagen**	**Pritschenwagen**
Radstand	4000–4200 mm	4200 mm	4200 mm
Gesamtmaße	6000–6540 × 2000 × 2660 mm	6800 × 2250 × 2800 mm	6800 × 2250 × 2800 mm
Pritsche	3400–3800 × 2100 mm	3800 × 2100 mm	3800 × 2100 mm
Reifen	38 × 6″ Zwillings-Hinterräder	38 × 7″ Zwillings-Hinterräder	38 × 7″ Zwillings-Hinterräder
Fahrgestellgewicht	2700 kg	3300 kg	3400 kg
Wagengewicht	3600–3850 kg	4000 kg	4100 kg
Nutzlast	2500 kg	3000–4000 kg	3500–4000 kg
Höchstgeschwindigkeit	42–45 km/h	50 km/h	50 km/h
Preis		15 500 RM	17 000 RM
		LS 2: Sattelschlepper	**LS 2 bzw. LS 4000:** Sattelschlepper

		Mercedes-Benz Typ N 2 1926–1928	Mercedes-Benz N 2 1928–1930, O 4000 (N 2) 1930–1932
		Omnibus	**Omnibus**
Rahmen und Aufbau		Niederrahmen Holzgeripppe-Aufbau	Niederrahmen Holzgeripppe- oder Stahlaufbau
Radstand		5000 oder 5750 mm	5750 mm
Gesamtlänge		7640 bzw. 8400–9000 mm	8400–9000 mm
Reifen		38 × 7″ Zwillings-Hinterräder	38 × 7, 40 × 8, 9,00/9,75–20 Zwillings-Hinterräder
Fahrgestellgewicht		3200 (3400) kg	4000 kg
Wagengewicht		5200 (5400) kg	6000 kg
Sitzplätze		bis 30 bzw. bis 42	bis 42
Höchstgeschwindigkeit		50 km/h	50 km/h
Preis			Omnibus 29 000 RM bzw. mit Stahlaufbau 32 000 RM
Bemerkungen		Bei Vorserienwagen Motor M 26 mit Bohrung × Hub 95 × 150 mm, 6380 ccm, 65 PS bei 1600 U/min	Lieferbar auch mit 85 PS Dieselmotor OM 5
		Typ N 2 Pritschenwagen Pritsche 5700 × 2100 mm Preis 17 200 RM	**LD 2: Feuerwehr-Drehleiter** Radstand 4000 mm Vollgummi-Reifen
			MS 2: Feuerwehr-Spritze Radstand 5000 mm Reifen 38 × 7″

Mercedes-Benz LK 5
(70 PS Motor M 5)
Hydraul. Dreiseiten-Kipper
System Meiller
1927

Mercedes-Benz L 5
(70 PS Motor M 5)
5 to Pritschenwagen
1927

Mercedes-Benz L 5
(70 PS Motor M 5)
5000 Liter-Kraftstoff-Tankwagen
1927

Mercedes-Benz L 5
(70 PS Dieselmotor OM 5)
5 to Pritschenwagen
mit »Rohölmotor«
1927

Mercedes-Benz LK 5
(70 PS Motor M 5)
Hydraul. Dreiseiten-Kipper
System Meiller
1928

Mercedes-Benz L 5
(100 PS Motor M 36)
5 to Pritschenwagen
1929

Mercedes-Benz L 5
(70 PS Motor M 5)
5 to Pritschenwagen
langer Radstand
vorn Luft-, hinten
Vollgummi-Reifen
1928

Mercedes-Benz L 5
(100 PS Motor M 36)
5 to Pritschenwagen
1931

←

Mercedes-Benz NJ 5
(70 PS Motor M 5)
Kuka Großmüllwagen
Radstand 4750 mm mit
vorverlegtem Fahrersitz
1927

←

Mercedes-Benz L 5000
(85 PS Dieselmotor OM 5 S)
5 to Pritschenwagen
1930

Mercedes-Benz L 5
(100 PS Motor M 36)
5000 Liter Benzin-Tankwage
der Reichspost
1930/31

←

Mercedes-Benz L 5000
(100 PS Motor M 36 F)
Polizei-Wasserwerfer
5000 Liter-Tank und Drehtu
mit schwenkbarem Strahlro
Radstand 4500 mm
1931

←

Mercedes-Benz L 5
(70 PS Dieselmotor OM 5)
5 to Fernverkehr-Pritschenw
mit Schlafkabine
Radstand 5100 mm
vorn Luft, hinten
Vollgummireifen
1929/30

8921

GEBR. MATTHIES
MAGDEBURG
8910

Mercedes-Benz N 5 (Motor M 36) 5 to Lastwagen mit Nieder-Pritsche 1929

Mercedes-Benz LK 5000 (Dieselmotor OM 5 S) Meiller-Kipper 1931/32

Mercedes-Benz NJ 5 (Motor M 5) Omnibus mit vorverlegtem Fahrerhaus 1927. Aufbau: Gastell.

Mercedes-Benz N 5 (Dieselmotor OM 5) Überland-Linien-Omnibus 1931

Mercedes-Benz NJ 5 (70 PS Motor M 5) Oberdeck-Omnibus mit vorverlegtem Fahrersitz 1927. Unteres Bild: Oberdeck-Omnibus »Stadt Wiesbaden« mit Luftreifen vorn und Vollgummireifen hinten. Auf die letzteren wollte man nicht verzichten, solange noch die Vermutung bestand, daß sie dem hohen Fahrzeug mehr Standsicherheit geben.

Der Mercedes-Benz Dieselschlepper Typ OE wurde von 1928 bis 1935 als Straßen- oder als Ackerschlepper angeboten. Er besaß einen wassergekühlten, liegenden Einzylinder-Dieselmotor beachtlichen Volumens, nämlich 4241 ccm bei 150 mm Bohrung und 240 mm Hub. Leistung 26 PS bei 800 U/min. Kaufpreis je nach Ausrüstung zwischen 6000 und 8500 RM. Höchstens etwa 380 Stück verkauft.

Motor

Zylinderzahl
Bohrung × Hub
Hubraum
Leistung
Antrieb

Getriebe
Lenkung
Fußbremse

Radstand
Gesamtmaße
Pritsche
Reifen

Fahrgestellgewicht
Wagengewicht
Zuläss. Gesamtgewicht
Nenn-Nutzlast
Höchstgeschwindigkeit
Preis

Radstand
Pritsche
Reifen

Radstand
Gesamtmaße

Reifen

Fahrgestellgewicht
Wagengewicht
Sitzplätze
Höchstgeschwindigkeit

Radstand
Pritsche
Preis

Radstand
Reifen

Mercedes-Benz Typen L 5 und NJ 5 1927–1929	Mercedes-Benz Typen L 5 und N 5 1928–1931	Mercedes-Benz Typ L 5000 (L 5) 1930–1932	Mercedes-Benz Typ L 5000 (L 5) Diesel 1930–1932
Daimler-Benz M 5 Vergasermotor 4 (Reihe) 120 × 180 mm 8140 ccm 70 PS bei 1300 U/min Kardanwelle + Stirnrad-Nabenantrieb 4 Gang Links Mechanisch, 4 Räder, Bosch-Dewandre- Saugluft-Servohilfe	Daimler-Benz M 36 Vergasermotor 6 (Reihe) 105 × 150 mm 7790 ccm 100 PS bei 2000 U/min Kardanwelle + Stirnrad-Nabenantrieb 4 Gang Links Mechanisch, 4 Räder, Bosch-Dewandre- Saugluft-Servohilfe	Daimler-Benz M 36 Vergasermotor 6 (Reihe) 105 × 150 mm 7790 ccm 110 PS bei 2000 U/min Kardanwelle + Stirnrad-Nabenantrieb 4 Gang Links Mechanisch, 4 Räder, Bosch-Dewandre- Saugluft-Servohilfe	Daimler-Benz OM 5 S Vorkammer-Dieselmotor 6 (Reihe) 105 × 165 mm 8570 ccm 85 PS bei 1600 U/min Kardanwelle + Stirnrad-Nabenantrieb 4 Gang Links Mechanisch, 4 Räder, Bosch-Dewandre- Saugluft-Servohilfe
L 5 Pritschenwagen 4500 mm 6885 × 2220 × 2780 mm 4200 × 2140 mm Vollgummi oder Luft 40 × 8″ Zwillings-Hinterräder 3600 kg 5350 kg 5000 kg 27, mit Luftreifen 30 km/h	**L 5 Pritschenwagen** 4500 oder 5100 mm 6940 (7740) × 2350 × 2855 4200 (5000) × 2200 mm Vollgummi oder Luft 40 × 8″ Zwillings-Hinterräder 4100 kg 5850 kg 5000 kg 30, mit Luftreifen 35 km/h 19 000 RM	**L 5000 Pritschenwagen** 4500 oder 5100 mm 7120 (8020) × 2350 × 2880 4200 (5100) × 2200 mm Vollgummi oder Luft 40 × 8″ Zwillings-Hinterräder 4150 kg 5900 kg 11 650 kg 5000 kg 30, mit Luftreifen 40 km/h 19 700 RM	**L 5000 Pritschenwagen** 4500 oder 5100 mm 7120 (8020) × 2350 × 2880 4200 (5100) × 2200 mm Vollgummi oder Luft 40 × 8″ Zwillings-Hinterräder 4300 kg 6050 kg 11 800 kg 5000 kg 30, mit Luftreifen 38 km/h 22 100 RM
	LK 5 Dreiseiten-Kipper 4500 mm 4200 mm Vollgummi oder Luft 42 × 9″ Zwillings-Hinterräder		
J 5 Niederrahmen-Omnibus 4750 mm 7015 × 2250 × 2800 mm 40 × 8″ Zwillings-Hinterräder 3600 kg 7000 kg 30 40 km/h	**N 5 Niederrahmen-Omnibus** ein- oder doppelstöckig 4750 mm 7015 × 2250 × 2800 bzw. (mit Oberdeck) 4300 mm 40 × 8″ Zwillings-Hinterräder 4100 kg 7200, mit Oberdeck 8200 kg 30, mit Oberdeck 50–60 40–45 km/h		
	N 5 Pritschenwagen 4750 mm 4200 × 2200 mm 19 500 RM		
	N 5 Kuka-Müllwagen (Fassungsvermögen 10 cbm) 5100 mm Vollgummi oder Luft 42 × 9″ Zwillings-Hinterräder		
Wahlweise lieferbar mit Vergasermotor M 26 (6 Zylinder, 100 × 150 mm, 7070 ccm, 70 PS bei 1600 U/min) Wahlweise lieferbar mit Dieselmotor OM 5 (6 Zylinder, 105 × 165 mm, 8570 ccm, 70 PS bei 1300 U/min, Gewicht + 200 kg, Mehrpreis + 4000 RM)			

Mercedes-Benz N 56 (100 PS Motor M 36) Pritschenwagen 1930
Reifen 42 × 9″, 7 to Nutzlast

Mercedes-Benz N 56 (70 PS Dieselmotor OM 5) Pritschenwagen 1930
Reifen 40 × 10″. 8.5 to Nutzlast

 Mercedes-Benz N 56 mit 8000 Liter-Tankaufbau aus Aluminium 1930

Mercedes-Benz N 56 (110 PS Motor M 36 F) Linien-Omnibus 1928
Reifen 40 × 8″ auf Stahlguß-Speichenrädern, Ganzstahl-Aufbau

Mercedes-Benz N 56 (70 PS Dieselmotor OM 5) Linien-Omnibus 1928
Reifen 42 × 9″, Ganzstahl-Aufbau Sindelfingen, 41 bis 49 Fahrgäste

Mercedes-Benz N 56 (100 PS Motor M 36) Linien-Omnibus 1929. Aufbau: Gastell.

Mercedes-Benz N 56 (Motor M 5) Kölner Rundfahrt-Omnibus 1929

Mercedes-Benz N 56 (Dieselmotor OM 5) Linien-Omnibus 1930

Mercedes-Benz N 56 (Motor M 36 F) Stadt-Omnibus 1929

Motor

Zylinderzahl
Bohrung × Hub
Hubraum
Leistung
Antrieb

Getriebe
Fußbremse

Radstand
Gesamtmaße
Pritsche
Reifen

Fahrgestellgewicht
Wagengewicht
Nenn-Nutzlast
Höchstgeschwindigkeit
Preis

Radstand
Gesamtmaße
Pritsche
Reifen

Nenn-Nutzlast
Höchstgeschwindigkeit
Preis

Radstand
Gesamtmaße
Reifen

Fahrgestellgewicht
Wagengewicht
Zuläss. Gesamtgewicht
Sitzplätze
Höchstgeschwindigkeit
Preis

Mercedes-Benz Typ N 56 1928–1930		**Mercedes-Benz Typ L 8500 bzw. O 8500 (N 56) 1930–1932**	
Daimler-Benz M 36 Vergasermotor 6 (Reihe) 105 × 150 mm 7790 ccm 100 PS bei 2000 U/min Antrieb auf 2 Hinterachsen Kardanwelle + Stirnrad-Nabenantrieb 4 Gang Mechanisch, 6 Räder, Bosch-Dewandre- Saugluft-Servohilfe	Daimler-Benz OM 5 Vorkammer-Dieselmotor 6 (Reihe) 105 × 165 mm 8570 ccm 70 PS bei 1300 U/min Antrieb auf 2 Hinterachsen Kardanwelle + Stirnrad-Nabenantrieb 4 Gang Mechanisch, 6 Räder, Bosch-Dewandre- Saugluft-Servohilfe	Daimler-Benz M 36 Vergasermotor 6 (Reihe) 105 × 150 mm 7790 ccm 110 PS bei 2000 U/min Antrieb auf 2 Hinterachsen Kardanwelle + Stirnrad-Nabenantrieb 4 Gang Mechanisch, 6 Räder, Bosch-Dewandre- Saugluft-Servohilfe	Daimler-Benz OM 5 S Vorkammer-Dieselmotor 6 (Reihe) 105 × 165 mm 8570 ccm 85 PS bei 1600 U/min Antrieb auf 2 Hinterachsen Kardanwelle + Stirnrad-Nabenantrieb 4 Gang Mechanisch, 6 Räder, Bosch-Dewandre- Saugluft-Servohilfe
N 56 Dreiachs-Niederrahmen-Pritschenwagen für 8,5 to Nutzlast 5650 + 1350 mm 10 600 × 2340 × 3000 mm 7400 × 2200 mm 40 × 10″ 4 Hinterräder einfachbereift		**L 8500 Dreiachs-Niederrahmen-Pritschenwagen für 8,5 to Nutzlast** 5650 + 1350 mm 10 600 × 2340 × 3000 7400 × 2200 mm 40 × 10″ 4 Hinterräder einfachbereift	
5100 kg 7000 kg 8500 kg 35 km/h 28 000 RM	5300 kg 7200 kg 8500 kg 30 km/h 32 000 RM	5600 kg 7500 kg 8500 kg 50 km/h 28 000 RM	5800 kg 7700 kg 8500 kg 45 km/h 32 000 RM
N 56 Dreiachs-Niederrahmen-Pritschenwagen für 7 to Nutzlast 5650 + 1350 mm 9900 × 2340 × 3000 mm 6700 × 2200 mm 42 × 9″ 4 Hinterräder einfachbereift		L 8500 und O 8500 zuletzt auch mit 120 PS Vergasermotor M 78 oder mit 120 PS Dieselmotor OM 79	
7000 kg 35 km/h 26 000 RM	7000 kg 30 km/h 30 000 RM		
N 56 Dreiachs-Niederrahmen-Omnibus ein- oder doppelstöckig 5650 + 1350 mm 11 230 × 2300 × 2900 bzw. (mit Oberdeck) 4300 mm 42 × 9″ oder 40 × 10″ 4 Hinterräder einfachbereift		**O 8500 Dreiachs-Niederrahmen-Omnibus ein- oder doppelstöckig** 5650 + 1350 mm 11 230 × 2300 × 2900 bzw. (mit Oberdeck) 4300 mm 40 × 10″ oder 10,50–20 4 Hinterräder einfachbereift	
5150 kg 8600, mit Oberdeck 10 000 kg 15 150 kg 40–50, mit Oberdeck 80 45 km/h Omnibus 40–50 Sitze mit Stahlaufbau 41 000 RM	5350 kg 8800, mit Oberdeck 10 200 kg 15 350 kg 40–50, mit Oberdeck 80 40 km/h Omnibus 40–50 Sitze mit Stahlaufbau 45 000 RM	5650 kg 9100, mit Oberdeck 10 500 kg 15 650 kg 40–50, mit Oberdeck 80 50 km/h Omnibus 40–50 Sitze mit Stahlaufbau 41 000 RM	5850 kg 9300, mit Oberdeck 10 700 kg 15 850 kg 40–50, mit Oberdeck 80 45 km/h Omnibus 40–50 Sitze mit Stahlaufbau 45 000 RM

Zum ersten Mal in großer Serie: Ein leichter Lastwagen mit Dieselmotor!

Mercedes-Benz Lo 2000
55 PS Dieselmotor
2 to Pritschenwagen
Prototyp 1932

Mercedes-Benz Lo 2000
55 PS Dieselmotor
2 to Pritschenwagen
1932–1937

Mercedes-Benz Lo 2000
55 PS Dieselmotor
2 to Kastenwagen
1932–1937

Mercedes-Benz Lo 2000
55 PS Vergasermotor für Betrieb mit Flüssiggas
2 to Pritschenwagen
1937

Mercedes-Benz LoS 2000
55 PS Vergasermotor
Feuerwehr-Motorspritze
mit Vorbaupumpe
1935

Mercedes-Benz Lo 2000
55 PS Dieselmotor
Reichspost-Omnibus für
16 bis 20 Fahrgäste
1934

Mercedes-Benz Lo 2000
55 PS Dieselmotor
Ausflugs-Omnibus für
16 bis 20 Fahrgäste
1932

Mercedes-Benz L 2000
60 PS Dieselmotor
2 to Pritschenwagen
1937–1940

Mercedes-Benz O 2000
60 PS Dieselmotor
Ausflugs-Omnibus
1937–1939

Mercedes-Benz L 2000
mit Kohlengas-Generator
2 to Pritschenwagen
1940

	Mercedes-Benz **Typ Lo 2000 (L 60)** **1932–1937**		**Mercedes-Benz** **Typ L/O 2000 (L 60)** **1937–1940**
Motor	Daimler-Benz M 60 Vergasermotor	Daimler-Benz OM 59 Vorkammer-Dieselmotor	Daimler-Benz OM 59/1 Vorkammer-Dieselmotor
Zylinderzahl	4 (Reihe)	4 (Reihe)	4 (Reihe)
Bohrung × Hub	100 × 120 mm	100 × 120 mm	110 × 120 mm
Hubraum	3770 ccm	3770 ccm	4560 ccm
Leistung	55 PS bei 2000 U/min	55 PS bei 2000 U/min	60 PS bei 2000 U/min
Getriebe	4 Gang	4 Gang	4 Gang
Antrieb	Kardanwelle, Kegelräder	Kardanwelle, Kegelräder	Kardanwelle, Kegelräder
Fußbremse	Hydraulisch, 4 Räder	Hydraulisch, 4 Räder	Hydraulisch, 4 Räder
	Lo 2000: Pritschenwagen		**L 2000: Pritschenwagen**
Radstand	3800 mm		3800 mm
Gesamtmaße	6225 × 2140 × 2100 mm (Höhe über Fahrerhaus)		6225 × 2300 × 2100 mm (Höhe über Fahrerhaus)
Pritsche	3500 × 2000 mm		3500 × 2000 mm
Reifen	6,00–20 Transport Zwillings-Hinterräder		6,00–20 Transport Zwillings-Hinterräder
Fahrgestellgewicht	1900 kg	2100 kg	2000 kg
Wagengewicht	2400 kg	2600 kg	2500 kg
Zuläss. Gesamtgewicht	4600 kg	4800 kg	4700 kg
Nenn-Nutzlast	2000 kg	2000 kg	2000 kg
Höchstgeschwindigkeit	65 km/h	60 km/h	60 km/h
	Lo 2000: Kastenwagen		**L 2000: Kastenwagen**
Radstand	3800 mm		3800 mm
Gesamtmaße	5960 × 2100 × 2470 mm		5960 × 2100 × 2470 mm
Laderaum	3200 × 1820 × 1550 mm		3200 × 1820 × 1550 mm
Wagengewicht	2650 kg	2850 kg	2750 kg
Nenn-Nutzlast	1750 kg	1750 kg	1750 kg
	LZ 4000: Sattelschlepper (1934–1937)		
Getriebe	4 Gang + Vorgelege		
Radstand	Sattelzug 3150 + 3040 mm		
Gesamtlänge	Sattelzug 8000 mm		
Pritsche	Sattelanhänger 5000 × 2000 mm		
Reifen	6,50–20 Transport (2 × Zwillings-Hinterräder)		
Fahrzeuggewicht	Sattelzug 2250 + 1500 = 3750 kg		
Zuläss. Gesamtgewicht	Sattelzug 8000 kg		
Nenn-Nutzlast	4000 kg		
	Lo 2000: Omnibus (1932–1934)		
Radstand	3800 mm		
Reifen	6,00/6,50–20 Transport (Zwillings-Hinterräder)		
Sitzplätze	22 (einschl. Fahrer)		
	Lo 2000: Omnibus (1935–1937)		**O 2000: Omnibus**
Radstand	4100 mm		4100 mm
Gesamtmaße	6100 × 2140 × 2100 mm		6100 × 2140 × 2100 mm
Reifen	7,00–20 Transport Zwillings-Hinterräder		7,00–20 Transport Zwillings-Hinterräder
Wagengewicht	3400 kg	3600 kg	3600 kg
Zuläss. Gesamtgewicht	4850 kg	5050 kg	5050 kg
Sitzplätze	22 (einschl. Fahrer)	22 (einschl. Fahrer)	22 (einschl. Fahrer)
Höchstgeschwindigkeit	75 km/h	65 km/h	70 km/h
Bemerkungen		Ab 1936 auch lieferbar mit 50–55 PS Gasmotor GM 59 für Betrieb mit Leuchtgas, Methan oder Flüssiggas	Einzelne Wagen auch mit 60 PS Vergasermotor M 60/1 (110 × 120 mm) oder mit 65 PS Dieselmotor OM 65

Mercedes-Benz Lo 2600
65 PS Vergasermotor
Ausflugs-Omnibus 19 Sitze
Aufbau Kässbohrer (Ulm)
1934

Mercedes-Benz Lo 2600
65 PS Vergasermotor
Schnellreise-Omnibus
Aufbau Kässbohrer (Ulm)
1934

Mercedes-Benz Lo 2600
65 PS Vergasermotor
Rundfahrt-Omnibus
Aufbau Emmelmann (Hannover)
1935

Mercedes-Benz O 2600
70 PS Dieselmotor
Aussichtswagen 30 Sitze
Aufbau Kässbohrer (Ulm)
1936/37

Mercedes-Benz Lo 2600
65 PS Dieselmotor
Reise-Omnibus 26 Sitze
Karosserie Vetter (Bad Cannstatt)
1935/36

Mercedes-Benz O 2600
70 PS Dieselmotor
Allwetter-Reise-Omnibus 32 Sitze
Karosserie Werk Mannheim
1939

Daimler-Benz O 2600
70 PS Dieselmotor
Reise-Omnibus
Karosserie Auer (Bad Cannstatt)
1939

Mercedes-Benz Lo 2500
65 PS Dieselmotor
2,5 to Pritschenwagen
1932–1937

Mercedes-Benz O 2600
65 PS Vergasermotor
Polizei-Mannschaftswagen für 22–27 Beamte
1937

Mercedes-Benz O 2600
70 PS Dieselmotor
Omnibus 25 Sitze, Karosserie Drögmöller (Heilbronn)
1939

Motor

Zylinderzahl
Bohrung × Hub
Hubraum
Leistung
Getriebe
Antrieb
Fußbremse

Radstand
Gesamtmaße
Pritsche
Reifen

Fahrgestellgewicht
Wagengewicht
Zuläss. Gesamtgewicht
Nenn-Nutzlast
Höchstgeschwindigkeit
Verbrauch/100 km
Preis

Radstand
Gesamtmaße
Laderaum

Wagengewicht
Nenn-Nutzlast

Bemerkungen

Motor

Zylinderzahl
Bohrung × Hub
Hubraum
Leistung

Radstand
Gesamtmaße
Reifen

Fahrgestellgewicht
Wagengewicht
Zuläss. Gesamtgewicht
Sitzplätze
Höchstgeschwindigkeit

Mercedes-Benz
Typ Lo 2500 (L 60)
1932–1937

Daimler-Benz M 60	Daimler-Benz OM 59
Vergasermotor	Vorkammer-Dieselmotor
4 (Reihe)	4 (Reihe)
100 × 120 mm	100 × 120 mm
3770 ccm	3770 ccm
55 PS bei 2000 U/min	55 PS bei 2000 U/min
4 Gang	4 Gang
Kardanwelle, Kegelräder	Kardanwelle, Kegelräder
Hydraulisch, 4 Räder,	Hydraulisch, 4 Räder,

Lo 2500 Pritschenwagen
3800 bzw. (ab 1934) 4100 mm
6225 (6525) × 2140 × 2100 mm (Höhe über Fahrerhaus)
3500 (3800) × 2000 mm
6,50–20 Transport
Zwillings-Hinterräder

2150 kg	2170 kg
2650 kg	2720 kg
5350 kg	5370 kg
2500 kg	2500 kg
60 km/h	55 km/h
25 Liter Benzin/100 km	16 Liter Diesel/100 km
6800 RM	8000 RM

Lo 2500 Kastenwagen
3800 bzw. (ab 1934) 4100 mm
5960 (6080) × 2100 × 2470 mm
3200 (3500) × 1820 × 1550

2800 kg	3000 kg
2250 kg	2250 kg
Ab 1936 auch lieferbar mit 50–55 PS Gasmotor GM 59 für Betrieb mit Leuchtgas, Methan oder Flüssiggas	Einzelne Wagen auch mit 65 PS Dieselmotor OM 65

Mercedes-Benz
Typ L 2500 (L 60)
1937–1940

Daimler-Benz M 60/1	Daimler-Benz OM 59/1
Vergasermotor	Vorkammer-Dieselmotor
4 (Reihe)	4 (Reihe)
110 × 120 mm	110 × 120 mm
4560 ccm	4560 ccm
60 PS bei 2000 U/min	60 PS bei 2000 U/min
4 Gang	4 Gang
Kardanwelle, Kegelräder	Kardanwelle, Kegelräder
Hydraulisch, 4 Räder,	Hydraulisch, 4 Räder,

L 2500 Pritschenwagen
4100 oder 4500 mm
6555 (6955) × 2320 × 2150 mm (Höhe über Fahrerhaus)
3800 (4200) × 2000 mm
6,50–20 Transport
Zwillings-Hinterräder

2150 (2180) kg	2170 (2200) kg
2650 (2710) kg	2670 (2730) kg
5350 (5380) kg	5370 (5400) kg
2500 kg	2500 kg
65 km/h	60 km/h
26 Liter Benzin/100 km	17 Liter Diesel/100 km

L 2500 Kastenwagen
4100 oder 4500 mm
6080 (6480) × 2100 × 2500 mm
3500 (3900) × 1820 × 1550

2800 (2850) kg	3000 (3050) kg
2250 kg	2250 kg
Ab 1939 mit 70 PS Vergasermotor M 66/3	

Mercedes-Benz
Typ Lo 2600 (L 60)
1935–1937

Daimler-Benz M 66	Daimler-Benz OM 65
Vergasermotor	Vorkammer-Dieselmotor
4 (Reihe)	4 (Reihe)
110 × 130 mm	110 × 130 mm
4940 ccm	4940 ccm
65 PS bei 2000 U/min	65 PS bei 2000 U/min

4500 mm
7000 × 2250 × 2250 mm
7,25–20 Transport
Zwillings-Hinterräder

2280 kg	2450 kg
4000 kg	4150 kg
5480 kg	5650 kg
26 (einschl. Fahrer)	26 (einschl. Fahrer)
75 km/h	68 km/h

Mercedes-Benz
Typ O 2600 (L 60)
1937–1940

Daimler-Benz M 66/3	Daimler-Benz OM 65/3
Vergasermotor	Vorkammer-Dieselmotor
4 (Reihe)	4 (Reihe)
110 × 130 mm	105 × 140 mm
4940 ccm	4850 ccm
70 PS bei 2000 U/min	70 PS bei 2000 U/min

4500 mm
7520 × 2250 × 2250 mm
7,25/7,50–20 Transport
Zwillings-Hinterräder

2500 kg	2700 kg
4500 kg	4700 kg
6400 kg	6600 kg
32 (einschl. Fahrer)	32 (einschl. Fahrer)
80 km/h	72 km/h

Lex 2500 bzw. LO 2600 Pritschenwagen
70 PS-Motor M 66 oder OM 65/3, Export-Ausführung, 1937–1940

GALLE
X 6158

Mercedes-Benz O 2600
70 PS Dieselmotor
in einem tropischen Land
mit dort hergestelltem Aufbau
1937/38

Motor

Zylinderzahl
Bohrung × Hub
Hubraum
Leistung
Getriebe
Antrieb
Fußbremse

Radstand
Gesamtmaße
Ladefläche
Reifen

Radstand
Gesamtmaße
Pritsche
Reifen

Fahrgestellgewicht
Wagengewicht
Zuläss. Gesamtgewicht
Nenn-Nutzlast
Höchstgeschwindigkeit
Verbrauch/100 km
Preis

Getriebe
Radstand
Gesamtlänge
Pritsche
Reifen
Fahrzeuggewicht
Zuläss. Gesamtgewicht
Nenn-Nutzlast

Radstand
Gesamtmaße
Reifen

Fahrgestellgewicht
Wagengewicht
Zuläss. Gesamtgewicht
Sitzplätze
Höchstgeschwindigkeit

Bemerkungen

Mercedes-Benz Lo 3000
3 to Pritschenwagen 1935–1936

Mercedes-Benz **Typ Lo 2750 (L 59)** **Typ Lo 3000 (L 59)** **1933–1935**		**Mercedes-Benz** **Typ Lo 2750 (L 59) 1935–1936** **Typ Lo 3000 (L 59) 1935–1936** **Typ L 3000 (L 59) 1937–1938**	
Daimler-Benz M 66 Vergasermotor 4 (Reihe) 110 × 130 mm 4940 ccm 65 PS bei 2000 U/min 4 Gang Kardanwelle, Kegelräder Mechanisch bzw. (ab 1934) Hydraulisch, 4 Räder	Daimler-Benz OM 65 Vorkammer-Dieselmotor 4 (Reihe) 110 × 130 mm 4940 ccm 65 PS bei 2000 U/min 4 Gang Kardanwelle, Kegelräder Mechanisch bzw. (ab 1934) Hydraulisch, 4 Räder	Daimler-Benz M 66/3 Vergasermotor 4 (Reihe) 110 × 130 mm 4940 ccm 70 PS bei 2000 U/min 4 Gang Kardanwelle, Kegelräder Hydraulisch, 4 Räder	Daimler-Benz OM 65/3 Vorkammer-Dieselmotor 4 (Reihe) 105 × 140 mm 4850 ccm 70 PS bei 2000 U/min 4 Gang Kardanwelle, Kegelräder Hydraulisch, 4 Räder
Lo 2750 Pritschenwagen (1932–1936) 4250 mm 6735 × 2150 × 2150 mm (Höhe über Fahrerhaus) 4000 × 2000 mm 7,00–20 Transport (Zwillings-Hinterräder)			
Lo 3000 Pritschenwagen (1932–1936) 4500 mm 6950 × 2150 × 2150 mm (Höhe über Fahrerhaus) 4200 × 2000 mm 7,25–20 Transport (Zwillings-Hinterräder)		**L 3000 Pritschenwagen (1937–1938)** 4250 oder 4700 mm 6770 (7370) × 2150 × 2150 mm (Höhe über Fahrerhaus) 4000 (4600) × 2000 mm 7,25–20 Transport (Zwillings-Hinterräder)	
2400 kg 3000 kg 6400 kg 3000 kg 50 km/h 28 Liter Benzin 9000 RM	2600 kg 3200 kg 6600 kg 3000 kg 50 km/h 20 Liter Diesel 10 000 RM	2250 (2400) kg 2825 (3000) kg 6250 (6400) kg 3000 kg 60, mit Anhänger 50 km/h 28 Liter Benzin	2450 (2600) kg 3025 (3200) kg 6450 (6600) kg 3000 kg 60, mit Anhänger 50 km/h 20 Liter Diesel
LZ 6000 Sattelschlepper (1932–1938) 4 Gang + Vorgelege Sattelzug 3450 + 3400 mm Sattelzug 8780 mm Sattelanhänger 5500 × 2100 mm 32 × 6″ (Hochdruck) (2 × Zwillings-Hinterräder) Sattelzug 2800 + ?=? kg Sattelzug 11 000 kg 6000 kg			
Lo 2750 Omnibus (1933–1935) 4250 mm 7000 × 2350 × 2500 mm 7,25–20 Transport (Zwillings-Hinterräder)			
2250 kg 3970 kg 5850 kg 26 (einschl. Fahrer) 60 km/h	2450 kg 4710 kg 6050 kg 26 (einschl. Fahrer) 60 km/h		
Ab 1936 auch lieferbar mit 60–65 PS Gasmotor GM 65 für Betrieb mit Leuchtgas, Methan oder Füssiggas			LS 3000: Kraftfahrspritze Radstand 4250 mm Reifen 7,50–20 Transport Pumpe 1500 Liter/min.

BADEN—BADEN
MERCEDES BENZ

DIESEL

Mercedes-Benz LS 3000
70 PS Dieselmotor
Schweres Löschgruppenfahrzeug
(SLG, später LF 15)
1937

←

→

Mercedes-Benz Lo 2750
Reichspost-Omnibus
für 22 Fahrgäste
Ganzstahlaufbau Sindelfingen
1934

Mercedes-Benz Lo 2750
65 PS Dieselmotor
Spreng- und Spülwagen
(2500 Liter)
1934

←

→

Mercedes-Benz Lo 3000
Motor M 66 G mit
Holzgas-Generator
Reichspost-Bautruppwagen
1936/37

↑

Mercedes-Benz
Müllwagen 4,5 cbm
auf Fahrgestell LZ 6000
Aufbau Kuka (Augsburg)
1934

←

Mercedes-Benz LZ 6000
70 PS Dieselmotor
6 to Sattelzug
1935–1938

DEUTSCHE REICHSBAHN

DEUTSCHE REICHSBAHN

Mercedes-Benz Lo 3100
55 PS Dieselmotor
Stromlinien-Omnibus
der Deutschen Reichsbahn
für Autobahn-Schnellreisen
115 km/h, 22 Fahrgäste
1935

Mercedes-Benz Lo 3100
75 PS Dieselmotor
Linien-Omnibus 32 Sitze
Leichtstahlaufbau Sindelfingen
1935

Mercedes-Benz O 3200
80 PS Dieselmotor
Aussichtswagen
Leichtstahlaufbau Gaggenau
1938

Mercedes-Benz O 3200
80 PS Dieselmotor
Omnibus 35 Sitze
für den Reichsarbeitsdienst
1939

Mercedes-Benz Lo 3500
3,5 to Pritschenwagen 1933

Mercedes-Benz Lo 3500
3,5 to Pritschenwagen mit 4 to Lindner-Anhänger 1933

Mercedes-Benz Lo 3500
3,5 to Meiller Dreiseiten-Kipper 1934

Motor

Zylinderzahl
Bohrung × Hub
Hubraum
Leistung
Getriebe
Antrieb
Fußbremse

Radstand
Gesamtmaße
Reifen

Fahrgestellgewicht
Wagengewicht
Zuläss. Gesamtgewicht
Sitzplätze
Höchstgeschwindigkeit

Motor

Zylinderzahl
Bohrung × Hub
Hubraum
Leistung
Getriebe
Antrieb
Fußbremse

Radstand
Gesamtmaße
Pritsche
Reifen

Fahrgestellgewicht
Wagengewicht
Zuläss. Gesamtgewicht
Nutzlast
Höchstgeschwindigkeit
Verbrauch/100 km
Preis

Getriebe
Radstand
Gesamtlänge
Pritsche
Reifen

Wagengewicht
Zuläss. Gesamtgewicht
Nenn-Nutzlast

Mercedes-Benz Typ Lo 3100 (L 59) 1. Halbjahr 1935	**Mercedes-Benz Typ Lo 3100 (L 59) 2. Halbjahr 1935**	**Mercedes-Benz Typ Lo 3200 (L 59) 1936–1938**	
Daimler-Benz OM 83	Daimler-Benz OM 67/3	Daimler-Benz OM 67 b	
Vorkammer-Dieselmotor	Vorkammer-Dieselmotor	Vorkammer-Dieselmotor	
6 (Reihe)	6 (Reihe)	6 (Reihe)	
95 × 130 mm	110 × 130 mm	105 × 140 mm	
5530 ccm	7410 ccm	7270 ccm	
75 PS bei 2000 U/min	80 PS bei 2000 U/min	80 PS bei 2000 U/min	
4 Gang + Schnellgang	4 Gang + Schnellgang	4 Gang + Schnellgang	
Kardanwelle, Kegelräder	Kardanwelle, Kegelräder	Kardanwelle, Kegelräder	
Hydraulisch, 4 Räder	Hydraulisch, 4 Räder	Hydraulisch, 4 Räder	
Knorr-Druckluft-Servohilfe	Knorr-Druckluft-Servohilfe	Knorr-Druckluft-Servohilfe	
Omnibus Lo 3100	**Omnibus Lo 3100**	**Omnibus Lo 3200**	Lo 3200 und Lo 3750 auch mit 75–95 PS Gasmotor GM 67 für Betrieb mit Leuchtgas, Methan oder Flüssiggas
5100 mm	5100 mm	5100 mm	
8500 × 2350 × 2500 mm	8500 × 2350 × 2500 mm	8650 × 2500 × 2500 mm	
8,00–20 extra	8,25–20 extra	9,25–20 extra	
Zwillings-Hinterräder	Zwillings-Hinterräder	Zwillings-Hinterräder	
3000 kg	3400 kg	3350 kg	
5250 kg	5650 kg	5750 kg	
6500 kg		8150 kg	
31 (einschl. Fahrer)	31 (einschl. Fahrer)	31–37 (einschl. Fahrer)	
70 km/h	75 km/h	75 km/h	

Mercedes-Benz Typ Lo 3500 (L 64) 1932–1935		**Mercedes Benz Typ Lo 3750 (L 64) 1935–1937 Typ L 3750 (L 64) 1937–1941**	
Daimler-Benz M 68	Daimler-Benz OM 67	Daimler-Benz M 68	Daimler-Benz OM 67/3
Vergasermotor	Vorkammer-Dieselmotor	Vergasermotor	Vorkammer-Dieselmotor
6 (Reihe)	6 (Reihe)	6 (Reihe)	6 (Reihe)
110 × 130 mm	110 × 130 mm	110 × 130 mm	105 × 140 mm
7440 ccm	7440 ccm	7440 ccm	7270 ccm
95 PS bei 2000 U/min	95 PS bei 2000 U/min	95 PS bei 2000 U/min	100 PS bei 2000 U/min
4 Gang + Schnellgang	4 Gang + Schnellgang	4 Gang + Schnellgang	4 Gang + Schnellgang
Kardanwelle, Kegelräder	Kardanwelle, Kegelräder	Kardanwelle, Kegelräder	Kardanwelle, Kegelräder
Hydraulisch, 4 Räder	Hydraulisch, 4 Räder	Hydraulisch, 4 Räder	Hydraulisch, 4 Räder
Bosch-Dewandre-Saugluft-Servohilfe	Bosch-Dewandre-Saugluft-Servohilfe	Knorr-Druckluft-Servohilfe	Knorr-Druckluft-Servohilfe
Pritschenwagen Lo 3500		**Pritschenwagen Lo 3750 bzw. L 3750**	
4600 oder 5000 mm		4600 oder 5000 mm	
7400 (7800) × 2350 × 2160 mm		7400 (7800) × 2350 × 2160 mm	
4400 (4800) × 2100 mm		4400 (4800) × 2100 mm	
7,50/8,00–20 extra (Zwillings-Hinterräder)		8,25 bzw. (ab 1938) 9,00–20 extra (Zwillings-Hinterräder)	
3100 (3250) kg	3300 (3450) kg	3400 (3550) kg	3600 (3750) kg
3700 (4100) kg	3900 (4300) kg	4000 (4400) kg	4200 (4600) kg
7550 (7700) kg	7750 (7900) kg	8400 (8550) kg	8600 (8750) kg
3500 kg	3500 kg	3500–4000 kg	3500–4000 kg
60 km/h	60 km/h	62,5 km/h	62,5 km/h
34 Liter Benzin	22 Liter Diesel	35 Liter Benzin	25 Liter Diesel
11 350 RM	12 850 RM	12 800 RM	14 300 RM
Sattelschlepper LZ 8000		**Sattelschlepper LZ 10 000**	
4 Gang + Vorgelege		4 Gang + Vorgelege	
Sattelzug 3650 + 3880 mm		Sattelzug 3650 + 3880 mm	
Sattelzug 9600 mm		Sattelzug 10 600 mm	
Sattelanhänger 6000 × 2100 mm		Sattelanhänger 7000 × 2200 mm	
34 × 7,50" extra (Hochdruck)		9,00–20 extra (Zwillings-Hinterräder)	
2 × Zwillings-Hinterräder		Sattelanhänger 38 × 9" (Zwillings-Hinterräder)	
Sattelschlepper 3400 kg		Sattelschlepper 3720 kg	
Sattelzug 14 000 kg		Sattelzug 17 000 kg	
8000 kg		10 000 kg	

0611

DIESEL

Mercedes-Benz LZ 10 000
100 PS Dieselmotor
Zugmaschine für 17 to Sattelzug
mit Schenk Sattelauflieger
1937

Mercedes-Benz LoD 3500
95 PS Dieselmotor
Feuerwehr-Drehleiter
26 Meter Steighöhe
Aufbau Metz (Karlsruhe)
1936

Mercedes-Benz LoS 3500
95 PS Dieselmotor
Feuerwehr-Kraftfahrspritze
Aufbau Metz (Karlsruhe)
1936

Mercedes-Benz L 3750 (100 PS Diesel) 3,75 to Pritschenwagen 1937–1941

Mercedes-Benz L 3750 (100 PS Diesel) 4000 Liter-Tankwagen 1939

Mercedes-Benz L 3750 (100 PS Diesel) Mannschaftswagen 1938

Mercedes-Benz Lo 3500 (95 PS Diesel) Omnibus 34 Sitze 1934

Mercedes-Benz Lo 3750 (100 PS Diesel) Omnibus für Reichsmarine 1936

Mercedes-Benz O 3750 (100 PS Diesel) Wehrmacht-Omnibus 1939

Mercedes-Benz Lo 3500
150/200 PS Kompressor-Motor
Hochleistungs-Omnibus
29 Sitze
Leichtstahlaufbau Sindelfingen
Einzelexemplar 1933

Mercedes-Benz Lo 3750
100 PS Dieselmotor
Allwetter-Aussichtswagen
31 Sitze
Aufbau Kässbohrer (Ulm)
1936

Mercedes-Benz Lo 3750
100 PS Dieselmotor
Reichsbahn-Omnibus
Ganzstahlaufbau Gaggenau
1936

Mercedes-Benz O 3750
100 PS Dieselmotor
Linien-Omnibus
42 Fahrgäste
(entsprechende Ausführung
wie Reichspost-Omnibus)
1939

Mercedes-Benz 03750 (100 PS Diesel) Stromlinien-Luxus-Omnibus,
33 Fahrgäste, Karosserie Vetter (Bad Cannstatt) 1938/39

Mercedes-Benz O 3750 (100 PS Diesel) Reise-Omnibus 1939
Karosserie Kässbohrer (Ulm)

Mercedes-Benz LoP 3500 Konferenz- und Salonwagen 1935

Mercedes-Benz OP 3750 Stadt-Omnibus 1939

Mercedes-Benz OP 3750 A Reichspost-Alpenreisewagen, Einzelexemplar 1939

Mercedes-Benz OP 3750 Pullman- Stadtomnibus 1939

Motor

Zylinderzahl
Bohrung × Hub
Hubraum
Leistung
Getriebe
Antrieb
Fußbremse

Radstand
Gesamtmaße
Reifen

Fahrgestellgewicht
Wagengewicht
Zuläss. Gesamtgewicht
Sitzplätze
Höchstgeschwindigkeit
Bemerkungen

Motor

Zylinderzahl
Bohrung × Hub
Hubraum
Leistung
Getriebe
Antrieb
Fußbremse

Radstand
Gesamtmaße
Reifen

Fahrgestellgewicht
Wagengewicht
Zuläss. Gesamtgewicht
Sitzplätze
Höchstgeschwindigkeit
Bemerkungen

<table>
<tr><th>Mercedes-Benz
Omnibus Typ Lo 3500 (L 64)
1933–1934</th><th>Mercedes-Benz
Omnibus Typ Lo 3500 (L 64)
1935–1936</th><th>Mercedes-Benz
Omnibus
Typ Lo 3750 (1935–1936)
Typ O 3750 (1937–1941)</th><th>Mercedes-Benz
Frontlenker-Omnibus
Typ Lo P 3750 (1935–1936)
Typ OP 3750 (1937–1941)</th></tr>
<tr><td colspan="2">Daimler-Benz OM 67
Vorkammer-Dieselmotor
6 (Reihe)
110 × 130 mm
7440 ccm
95 PS bei 2000 U/min
4 Gang + Schnellgang
Kardanwelle, Kegelräder
Hydraulisch, 4 Räder
Bosch-Dewandre-Saugluft-Servohilfe</td><td colspan="2">Daimler-Benz OM 67/3
Vorkammer-Dieselmotor
6 (Reihe)
105 × 140 mm
7270 ccm
100 PS bei 2000 U/min
4 Gang + Schnellgang
Kardanwelle, Kegelräder
Hydraulisch, 4 Räder
Knorr-Druckluft-Servohilfe</td></tr>
<tr><td>5000 mm
8520 × 2350 × 2520 mm
8,00–20 extra
Zwillings-Hinterräder</td><td>5500 mm
8520 × 2350 × 2520 mm
9,00–20 extra
Zwillings-Hinterräder</td><td>5500 mm
8700–9500 × 2500 × 2600 mm
9,00–20 extra
Zwillings-Hinterräder</td><td>5000 mm
9050 × 2500 × 2780 mm
vorn 9,75–20 extra
h. 8,25, später 9,00–20 extra
Zwillings-Hinterräder</td></tr>
<tr><td>3300 kg
5500 kg
7800 kg
36 (einschl. Fahrer)
75 km/h</td><td>3600 kg
6000 kg
7900 kg
32–37 (einschl. Fahrer)
75 km/h</td><td>4000 kg
6500 kg
9300 kg
43 (einschl. Fahrer)
75 km/h</td><td>4500 kg
7000 kg
10 200 kg
45 (einschl. Fahrer)
70 km/h</td></tr>
<tr><td colspan="2">Auch mit 95 PS Vergasermotor M 68</td><td colspan="2">Auch mit 95 PS Vergasermotor M 68</td></tr>
<tr><td>1933 auch als Hochleistungs- oder Schnell-Omnibus Lo 3500 angeboten mit 150/200 PS Kompressor-Motor M 07 aus d. »Großen Mercedes« Typ 770. Geschwindigkeit bis 100 km/h</td><td></td><td>LD 3750 Kraftfahr-Drehleiter:
Steighöhe 26 + 2 m
Radstand 4600 mm
Fahrzeuggewicht 10 000 kg</td><td>LP 3750 Kuka-Müllwagen:
Fassungsvermögen 9 cbm
70 PS Dieselmotor OM 65/3
5 Gang Getriebe
Radstand 3650 mm
Gesamtgewicht 12 000 kg</td></tr>
</table>

<table>
<tr><th></th><th>Mercedes-Benz
Omnibus Typ O 4000 (N 2)
1933–1934</th><th>Mercedes-Benz
Omnibus Typ O 4000 (N 2)
1934–1935</th><th>Mercedes-Benz
Omnibus Typ O 4000 (N 2)
1936–1937</th></tr>
<tr><td></td><td>Daimler-Benz OM 67
Vorkammer-Dieselmotor
6 (Reihe)
110 × 130 mm
7440 ccm
95 PS bei 2000 U/min
5 Gang
Kardanwelle, Kegelräder
Hydraulisch, 4 Räder,
Knorr-Druckluft-Servohilfe
5750 mm
9950 × 2500 × 2600 mm
9,75–20 extra
Zwillings-Hinterräder
4300 kg
6850 kg
9800 kg
43 (einschl. Fahrer)
75 km/h</td><td>Daimler-Benz OM 77
Vorkammer-Dieselmotor
6 (Reihe)
110 × 165 mm
9410 ccm
110 PS bei 1600 U/min
5 Gang
Kardanwelle, Kegelräder
Hydraulisch, 4 Räder,
Knorr-Druckluft-Servohilfe
5750 mm
9500 × 2500 × 2600 mm
9,75–20 extra
Zwillings-Hinterräder
4300 kg
6850 kg
9800 kg
43 (einschl. Fahrer)
75 km/h</td><td>Daimler-Benz OM 79
Vorkammer-Dieselmotor
6 (Reihe)
115 × 165 mm
10 300 ccm
120 PS bei 1600 U/min
5 Gang
Kardanwelle, Kegelräder
Hydraulisch, 4 Räder,
Knorr-Druckluft-Servohilfe
5750 mm
9500 × 2500 × 2600 mm
9,75–20 extra
Zwillings-Hinterräder
4500 kg
7000 kg
10 500 kg
42–48 (einschl. Fahrer)
75 km/h</td></tr>
<tr><td></td><td></td><td colspan="2">Auch mit 110 PS Vergasermotor M 78</td></tr>
</table>

Mercedes-Benz O 4000 (110 PS Diesel) Stadt-Omnibus 1934 für München

Mercedes-Benz O 4000 (110 PS Diesel) Reichspost-Omnibus 1935

Mercedes-Benz O 4000 (110 PS) Kraftpostkurswagen 1936

Die Stadt Dresden beschaffte in den Jahren 1931 bis 1935 die in Fachkreisen berühmt gewordenen »Dresdener Löschzüge«, bestehend aus 9 Löschfahrzeugen, 6 Drehleitern und 3 Schlauchwagen. Hierzu wurden in das modifizierte Mercedes-Benz 0 4000 Niederrahmen-Fahrgestell auf Verlangen der dortigen Branddirektion V12 Zylinder Maybach Vergasermotoren eingebaut, welche die damals sensationelle Leistung von 150 PS brachten. Zu dem bemerkenswerten Zugeständnis der Verwendung eines Fremdmotors fand sich Daimler-Benz nur deshalb bereit, weil andernfalls die Konkurrenzmarke Vomag den Zuschlag erhalten hätte, die in ihren Omnibus-Fahrgestellen ohnehin den Maybach-Motor serienmäßig verwendete. Die Firma Metz (Karlsruhe) besorgte den Aufbau und die feuerwehrtechnische Ausrüstung der Dresdener Löschzüge. Das Bild zeigt die 26 Meter Ganzstahl-Drehleiter, wobei hier allerdings noch das Pumpenaggregat vor dem Kühler fehlt.

Mercedes-Benz L 5000
110 PS Dieselmotor
5 to Pritschenwagen
1932–1933

Mercedes-Benz LK 5000
110 PS Dieselmotor
Hydraulischer Meiller
Dreiseiten-Kipper 5 to
1932

Mercedes-Benz L 5000
110 PS Dieselmotor
Polizei-Wasserwerfer
gepanzert. Aufbau:
Keller & Knappich (Augsburg)
1932/33

Mercedes-Benz L 5000 (110 PS Dieselmotor) 1932
Säure-Transportwagen mit Schwalbennest-Schlafkabine

Mercedes-Benz LK 5000 (110 PS Dieselmotor) 1933
Hydraulischer Meiller Dreiseiten-Kipper

Mercedes-Benz L 5000 (120 PS Diesel) 5 to Pritschenwagen 1934

Mercedes-Benz L 5000 (120 PS Diesel) 5 to Pritschenwagen 1935/36
Aufbau und Anhänger: Kässbohrer (Ulm)

Mercedes-Benz L 5000 (120 PS Diesel) Langholztransportwagen 1935/36

	Mercedes-Benz Typ L 5000 (L 35) 1932–1933	
Motor	Daimler-Benz M 76 Vergasermotor	Daimler-Benz OM 77 Vorkammer-Dieselmotor
Zylinderzahl	6 (Reihe)	6 (Reihe)
Bohrung × Hub	110 × 165 mm	110 × 165 mm
Hubraum	9450 ccm	9450 ccm
Leistung	110 PS bei 1600 U/min	110 PS bei 1600 U/min
Getriebe	4 Gang	
Antrieb	Kardanwelle + Stirnrad-Vorgelege	
Fußbremse	Hydraulisch, 4 Räder, Bosch-Dewandre-Saugluft-Servohilfe	
	L 5000 Pritschenwagen	
Radstand	5100 mm	
Gesamtmaße	8155 × 2340 × 2800 mm	
Pritsche	5000 × 2180 mm	
Reifen	40 × 8,50" extra (Zwillings-Hinterräder)	
Fahrgestellgewicht	4500 kg	
Wagengewicht	5800 kg	
Zuläss. Gesamtgewicht	10 850 kg	
Nenn-Nutzlast	5000 kg	
Höchstgeschwindigkeit	50 km/h	50 km/h
Verbrauch/100 km	42 Liter Benzin	30 Liter Diesel
Preis	20 000 RM	22 000 RM

	Mercedes-Benz Typ L 5000 (L 35) 1934–1936	
Motor	Daimler-Benz M 78 Vergasermotor	Daimler-Benz OM 79 Vorkammer-Dieselmotor
Zylinderzahl	6 (Reihe)	6 (Reihe)
Bohrung × Hub	115 × 165 mm	115 × 165 mm
Hubraum	10 280 ccm	10 280 ccm
Leistung	120 PS bei 1600 U/min	120 PS bei 1600 U/min
Getriebe	4 Gang + (auf Wunsch) Schnellgang	
Antrieb	Kardanwelle + Stirnrad-Vorgelege	
Fußbremse	Hydraulisch, 4 Räder, Bosch-Dewandre-Saugluft- oder Knorr-Druckluft-Servohilfe	
	L 5000 Pritschenwagen für 5 to Nutzlast	
Radstand	5100 mm	
Gesamtmaße	8515 × 2340 × 2800 mm	
Pritsche	5000 × 2180 mm	
Reifen	9.75–20 extra (Zwillings-Hinterräder)	
Fahrgestellgewicht	4600 kg	
Wagengewicht	5900 kg	
Zuläss. Gesamtgewicht	10 850 kg	
Höchstgeschwindigkeit	52 km/h	52 km/h
Verbrauch/100 km	42 Liter Benzin	30 Liter Diesel
Preis		20 000 RM
	L 5000 Pritschenwagen für 5–6 to Nutzlast	
Reifen	10.50–20 extra (Zwillings-Hinterräder)	
Zuläss. Gesamtgewicht	12 100 kg	
	LK 5000 Kipper	
Radstand	5100 mm	
Fahrgestellgewicht	4800 kg	
Wagengewicht	6850 kg	
Nenn-Nutzlast	5000 kg	

Mercedes-Benz L 6500 (120 oder 150 PS Diesel) 6,5 to Pritschenwagen 1935–1937

Mercedes-Benz L 6500
150 PS Dieselmotor
Milchtransport-Tankwagen
einschl. Anhänger 14 000 l Milch
1935

Mercedes-Benz LK 6500
120 oder 150 PS Dieselmotor
Hydraulicher Meiller
Dreiseiten-Kipper 6,5 to
1935–1937

Mercedes-Benz LK 6500
150 PS Dieselmotor
Hydraulischer Meiller
Dreiseiten-Kipper
1938–1940

Mercedes-Benz L 6500
150 PS Dieselmotor
Ferntransport-Lastzug
Aufbau und Anhänger
Karl Kässbohrer (Ulm)

Mercedes-Benz LD 6500
150 PS Dieselmotor
46 Meter Metz-Drehleiter
1936

	Mercedes-Benz Typ L 6500 (L 54) 1935–1940		
Motor	1935–1938 Daimler-Benz OM 79 Vorkammer-Dieselmotor	1935–1939 Daimler-Benz OM 54 Vorkammer-Dieselmotor	1938–1940 Daimler-Benz OM 57 Vorkammer-Dieselmotor
Zylinderzahl	6 (Reihe)	6 (Reihe)	6 (Reihe)
Bohrung × Hub	115 × 165 mm	125 × 170 mm	120 × 165 mm
Hubraum	10 280 ccm	12 520 ccm	11 200 ccm
Leistung	120 PS bei 1600 U/min	150 PS bei 1700 U/min	150 PS bei 1700 U/min
Getriebe	4 Gang ZF K 50 + Schnellgang oder Berggang	4 Gang ZF K 60 + Schnellgang oder Berggang	4 Gang ZF K 60 + Berggang
Antrieb	Kardanwelle + Stirnräder-Vorgelege	Kardanwelle + Stirnräder-Vorgelege	Kardanwelle + Stirnräder-Vorgelege
Fußbremse	Hydraulisch, 4 Räder Knorr-Druckluft-Servohilfe	Hydraulisch, 4 Räder Knorr-Druckluft-Servohilfe	Hydraulisch, 4 Räder Knorr-Druckluft-Servohilfe
		Pritschenwagen	
Radstand		5100 mm	
Pritsche		5000 oder 6000 × 2350 mm	
Gesamtmaße		8430 (9430) × 2350 × 2420 mm	
Reifen		11,25–20 extra bzw. (ab 1938) 12,00–20 extra bzw. (ab 1939) 12,00–22 extra Zwillings-Hinterräder	
ahrgestellgewicht	5500 kg	5900 kg	5900 kg
Vagengewicht	6500 kg	6900 kg	7000 kg
uläss. Gesamtgewicht	13 500 kg	13 900 kg	13 900 kg
enn-Nutzlast	6500 kg	6500 kg	6500 kg
öchstgeschwindigkeit	40, mit Schnellgang 57 km/h	42, mit Schnellgang 60 km/h	55 km/h
erbrauch/100 km	32 Liter Diesel	36 Liter Diesel	36 Liter Diesel
reis	22 000 RM	24 000 RM	
		LK 6500 Kipper	
adstand		4350 mm	
ritsche		4000 × 2350 mm	
esamtmaße		7600 × 2350 × 2420 mm	
ahrgestellgewicht	5500 kg	5900 kg	5900 kg
agengewicht	7200 kg	7600 kg	7600 kg
enn-Nutzlast	5200 kg	5200 kg	5200 kg
		LD 6500 Feuerwehr-Drehleiter	
adstand		5100 mm	
esamtmaße		9300–10 900 × 2440 × 3300 mm	
eighöhe		36 bis 46 Meter	
emerkungen	Einige wenige Wagen wurden mit 120 PS Vergasermotor M 78 (6 Zylinder, 115 × 165 mm, 10 280 ccm) ausgerüstet. Auch lieferbar mit 95–120 PS Gasmotor GM 79 für Betrieb mit Leuchtgas, Methan oder Flüssiggas Pritschenwagen auch mit 4650 mm Radstand und mit 5 Meter-Pritsche		

In der Hochkonjunktur der dreißiger Jahre gewann die Bevölkerung in Deutschland eine Mobilität, wie man es bis dahin nicht kannte. Weil damit auch die sprunghaft ansteigende Motorisierung nicht Schritt halten konnte, wuchs entsprechend der Bedarf an Massenverkehrsmitteln. Vor allem im Einzugsgebiet mancher Großstädte reichten die üblichen Linien-Omnibusse nicht mehr aus. Deshalb entwickelte die Firma Kässbohrer (Ulm) riesige Großraum-Omnibusse, konzipiert als Sattelzüge. Sie waren bis zu 20 Meter lang, wo-

gen leer etwa 15 und vollbesetzt etwa 23 t. Die »Tatzelwürmer« liefen keineswegs zahlreich, waren aber allgemein bekannt und populär. Der abgebildete Sattel-Omnibus aus dem Jahre 1939 bot 120 Sitzplätze, nämlich 6 in der Zugmaschine und 114 im Anhänger. Die Sattelzugmaschine basierte auf dem 150 PS Mercedes-Benz Typ L 6500 mit wesentlich verstärktem, verwindungsfreiem Rahmen. Die vordere Hinterachse des Anhängers konnte zum Rangieren und zum Befahren sehr enger Kurven hochgezogen werden.

Mercedes-Benz L 10 000 (150 PS Diesel) 10 to Pritschenwagen 1936

Mercedes-Benz L 10 000 (150 PS Diesel) 10 to Pritschenwagen 1937

Mercedes-Benz L 10 000 (150 PS Diesel) Milch-Tankwagen 1937

Mercedes-Benz L 8500
120 PS Motor mit
Imbert Holzgasgenerator
Kuka-Großmüllwagen
Inhalt 15 cbm. Aufbau:
Keller & Knappich (Augsburg)
1935

Mercedes-Benz L 10 000
120 PS Dieselmotor
Kuka-Großmüllwagen
Inhalt 15 cbm. Aufbau:
Keller & Knappich (Augsburg)
1937

→

Mercedes-Benz L 10 000
85 PS Motor mit
Holzgasgenerator
Kuka-Großraum-Müllwagen
Inhalt 15 cbm. Aufbau:
Keller & Knappich (Augsburg)
1938

→

Mercedes-Benz LK 10000
150 PS Dieselmotor
Reichsautobahn-Straßendienstwagen
Meiller-Kipper mit
geteilter Pritsche und
Split-Streuvorrichtung
Eckiges Fahrerhaus
in Holz-Stahl-Bauweise
1937

Mercedes-Benz LK 10000
150 PS Dieselmotor
Reichsautobahn-Straßendienstwagen
Meiller-Kipper mit
geteilter Pritsche und
Split-Streuvorrichtung
Abgerundetes Fahrerhaus
in Ganzstahl-Bauweise
1938

DIESEL

Mercedes-Benz O 10 000 (150 PS Diesel) Rundfahrt-Omnibus 1938
42 bis 50 Sitze, Aufbau Kässbohrer (Ulm)

Mercedes-Benz O 10000 (150 PS Diesel) Stadt-Omnibus 1938 für Leipzig
Ganzstahlaufbau Werk Gaggenau

Mercedes-Benz O 10 000 (150 PS Diesel) Reichspost-Omnibus 1937–1939
54 Sitz- und 15 Stehplätze, Ganzstahlaufbau Werk Gaggenau

lercedes-Benz L 10 000 (150 PS Diesel) Kraftpostkurswagen 1938
ur Nachtpostbeförderung

Mercedes-Benz O 10 000 (150 PS Diesel) Doppeldeck-Omnibus 1935/36
der Berliner Verkehrs-Betriebe (BVG) für 75 Fahrgäste
(Unterdeck 28 Sitz- und 15 Stehplätze, Oberdeck 32 Sitzplätze)
Aufbau: Trutz (Coburg)

Mercedes-Benz O 10 000 (150 PS Diesel) Doppeldeck-Omnibus 1938/39
der Berliner Verkehrs-Betriebe (BVG) für 75 Fahrgäste
(Unterdeck 28 Sitz- und 15 Stehplätze, Oberdeck 32 Sitzplätze)
Aufbau: Trutz (Coburg)

Mercedes-Benz O 10 000 BVG (200 PS Diesel) Doppeldeck-Omnibus Prototyp 1939. Ab 1940 wollten die Berliner Verkehrs-Betriebe (BVG) auf Doppeldeck-Omnibusse in Frontlenker-Bauart übergehen. 1939 lieferten die Firmen Büssing-NAG, Daimler-Benz und Henschel je einen Wagen zur praktischen Erprobung. Aber nur der Mercedes-Benz »Dobus« überstand den Krieg und lief noch bis zum Jahr 1956 im fahrplanmäßigen Verkehr.

929 hatte sich Büssing von der amerikanischen Firma Fageol einen »Twin Coach« mit Unterflurmotor und elbsttragendem Aufbau besorgt. 1936 brachte Büssing-NAG den ersten eigenen Omnibus mit Unterflurmotor eraus. 1933/34 lief auch bei Daimler-Benz ein gleiches Fahrzeug (Bild), das hier aber offenbar nicht so übereugte wie in Braunschweig.

Mercedes-Benz L 10 000 Fahrgestell

Mercedes-Benz O 10 000 Fahrgestell

Mercedes-Benz O 10 000 BVG Fahrgestell (»Dobus« Prototyp 193

Mercedes-Benz O 10 000 T Fahrgestell (Oberleitungs-Omnibus)

Motor

Zylinderzahl
Bohrung × Hub
Hubraum
Leistung
Getriebe
Antrieb

Fußbremse

Radstand
Gesamtmaße
Pritsche
Reifen

Fahrgestellgewicht
Wagengewicht
Zuläss. Gesamtgewicht
Nutzlast
Höchstgeschwindigkeit
Verbrauch/100 km

Motor

Zylinderzahl
Bohrung × Hub
Hubraum
Leistung
Getriebe
Antrieb

Fußbremse

Radstand
Gesamtmaße

Reifen

Fahrgestellgewicht
Wagengewicht
Zuläss. Gesamtgewicht
Fahrgastzahl
Höchstgeschwindigkeit
Bemerkungen

Mercedes-Benz Typ L 8500 (N 56) 1934–1936	Mercedes-Benz Typ L 10 000 (N 56) 1935–1938	Mercedes-Benz Typ L 10 000 (N 56) 1938–1939	
Daimler-Benz OM 54	Daimler-Benz OM 54	Daimler-Benz OM 57	
'orkammer-Dieselmotor	Vorkammer-Dieselmotor	Vorkammer-Dieselmotor	
6 (Reihe)	6 (Reihe)	6 (Reihe)	
125 × 170 mm	125 × 170 mm	120 × 165 mm	
12 520 ccm	12 520 ccm	11 200 ccm	
150 PS bei 1700 U/min	150 PS bei 1700 U/min	150 PS bei 1700 U/min	
4 Gang	4 Gang + Schnellgang	4 Gang + Schnellgang	
6 × 4	6 × 4	6 × 4	
ntrieb auf 2 Hinterachsen	Antrieb auf 2 Hinterachsen	Antrieb auf 2 Hinterachsen	
Hydraulisch, 6 Räder	Hydraulisch, 6 Räder	Hydraulisch, 6 Räder	
norr-Druckluft-Servohilfe	Knorr-Druckluft-Servohilfe	Knorr-Druckluft-Servohilfe	
L 8500	**L 10 000**	**L 10 000**	
reiachs-Niederrahmen-Pritschenwagen	**Dreiachs-Niederrahmen-Pritschenwagen**	**Dreiachs-Niederrahmen-Pritschenwagen**	
50 oder 4500 + 1250 mm	5750 + 1350 mm	5500 + 1450 mm	
120 × 2500 × 2500 mm	10 430 × 2500 × 2500	10 430 × 2500 × 2500	
	7000 × 2350 mm	7000 × 2350 mm	
10,50–20 extra	12,75–20 extra	13,50–22 extra	
interräder einfachbereift	4 Hinterräder einfachbereift	4 Hinterräder einfachbereift	
7100 kg	7400 kg	7500 kg	
8000 kg	8500 kg	8600 kg	
17 100 kg	18 400 kg	18 500 kg	
8500 kg	9000–10 000 kg	10 000 kg	
63 km/h	75, mit Anhänger 55 km/h	75, mit Anhänger 55 km/h	
42 Liter Diesel	42 Liter Diesel	42 Liter Diesel	

Mercedes-Benz Typ O 8500 (N 56) 1934–1936	Mercedes-Benz Typ O 10 000 (N 56) 1937–1938	Mercedes-Benz Typ O 10 000 (N 56) 1938–1941	Mercedes-Benz Typ O 10 000 BVG (N 56) Prototyp 1939
Daimler-Benz OM 54	Daimler-Benz OM 54	Daimler-Benz OM 57	Daimler-Benz OM 49
rkammer-Dieselmotor	Vorkammer-Dieselmotor	Vorkammer-Dieselmotor	Vorkammer-Dieselmotor
6 (Reihe)	6 (Reihe)	6 (Reihe)	6 (Reihe)
125 × 170 mm	125 × 170 mm	120 × 165 mm	130 × 180 mm
12 520 ccm	12 520 ccm	11 200 ccm	14 335 ccm
50 PS bei 1700 U/min	150 PS bei 1700 U/min	150 PS bei 1700 U/min	200 PS bei 1800 U/min
4 Gang	4 Gang + Schnellgang	4 Gang + Schnellgang	4 Gang + Schnellgang
6 × 4	6 × 4	6 × 4	6 × 4
rieb auf 2 Hinterachsen	Antrieb auf 2 Hinterachsen	Antrieb auf 2 Hinterachsen	Antrieb auf 2 Hinterachsen
Hydraulisch, 6 Räder	Hydraulisch, 6 Räder	Hydraulisch, 6 Räder	Hydraulisch, 6 Räder
orr-Druckluft-Servohilfe	Knorr-Druckluft-Servohilfe	Knorr-Druckluft-Servohilfe	Knorr-Druckluft-Servohilfe
eiachs-Niederrahmen-Hauben-Omnibus - oder doppelstöckig	**Dreiachs-Niederrahmen-Hauben-Omnibus ein- oder doppelstöckig**	**Dreiachs-Niederrahmen-Hauben-Omnibus ein- oder doppelstöckig**	**Dreiachs-Niederrahmen-Frontlenker-Doppelstock-Omnibus („Dobus“)**
4250 + 1250 mm	5500 + 1350 mm	5500 oder 6300 + 1450 mm	5500 + 1450 mm
20 × 2500 × 2900 bzw. t Oberdeck) 4300 mm	11 970 × 2500 × 2900 bzw. (mit Oberdeck) 4300 mm	11 970 (13 450) × 2500 × 2900 bzw. (mit Oberdeck) 4300 mm	
10,50–20 extra	12,00–20 extra	13,50–20 extra	13,50–20 extra
nterräder einfachbereift	4 Hinterräder einfachbereift	4 Hinterräder einfachbereift	4 Hinterräder einfachbereift
7100 kg	7300 kg	8000 kg	8000 kg
, mit Oberdeck 11 600 kg	10 500, mit Oberdeck 11 900 kg	11 800, mit Oberdeck 13 200 kg	mit Oberdeck 13 000 kg
17 100 kg	17 300 kg	18 000 kg	18 000 kg
–50, mit Oberdeck 80	40–50, mit Oberdeck 80	40–50, mit Oberdeck 80	mit Oberdeck 77
45 km/h	65 km/h	65 km/h	65 km/h
	Frontlenker-Fahrgestell für Müllwagen: 120 PS Dieselmotor OM 79 (meistens in Verbindung mit Imbert-Generator) Radstand 5100 + 1450 mm		Motorleistung bei BVG auf 160–175 PS gedrosselt

Der Bau und der Einsatz von Oberleitungs-Omnibussen war in Deutschland zwar schon zu wiederholten Malen eingeleitet worden, doch blieb es bisher stets bei den Versuchen. Die Machthaber des Dritten Reiches drängten nun sehr nachdrücklich darauf, städtische Omnibuslinien, wo immer möglich, auf Elektrobetrieb umzustellen, also die Diesel-Omnibusse durch Elektro-Omnibusse mit doppelter Oberleitung zu ersetzen. In Berlin gab es schon 1934/35 die Linie 32 von Steglitz nach Marienfelde. Auch Daimler-Benz begann 1935 in Zusammenarbeit mit der Firma Brown-Boveri (BBC) in Mannheim mit entsprechenden Projekten. Auf der Berliner Automobil-Ausstellung im Februar 1937 wurde der erste Mercedes-Benz Obus der neuen Baureihe vorgeführt. Es war ein komplettes Programm entwickelt worden, das aus folgenden Typen bestand:

Obus 4000 (Radstand 3300 mm, bis 39 Fahrgäste)
Obus 6000 (Radstand 4100 mm, bis 48 Fahrgäste)
Obus 8000 (Radstand 4750 mm, bis 68 Fahrgäste)
Obus 10 000 (Radstand 4300 + 1250 mm, bis 67 Fahrgäste)

Ausgeführt und in kleiner Stückzahl gebaut wurden jedoch nur die Typen Obus 6000 und Obus 10 000 (Bild oben und Bild unten).

Der rasch voranschreitende Bau der Reichsautobahnen erweckte phantastische Vorstellungen über die künftigen Möglichkeiten des Reise- und Schnellverkehrs. Weil trotz des erwarteten Volkswagens eine Massenmotorisierung noch auf lange Zeit hinaus nicht zu erhoffen war, suchte man nach anderen Möglichkeiten, den noch nicht motorisierten Volksgenossen die Freude an schnellen Autobahnreisen zu erschließen. Dies mußte nach den damaligen Vorstellungen hauptsächlich durch neue Massenverkehrsmittel geschehen, was wohl auch der Grund dafür gewesen sein mag, die Verwaltung und alle öffentlichen Betriebseinrichtungen der neuen Reichsautobahn der Deutschen Reichsbahn zu übertragen. In diesem Rahmen muß man es sehen, daß 1935 die Firmen Daimler-Benz, Büssing-NAG, Henschel, MAN und Vomag mit neuen Projekten von riesigen Großraum-Omnibussen an die Öffentlichkeit traten. Daimler-Benz stellte auf der Berliner Automobil-Ausstellung 1935 das Modell eines solchen Fahrzeugs vor. Zum Einbau sollte der V 12 Zylinder Dieselmotor MB-805, Leistung 350/450 PS, gelangen, der bereits in den Triebwagen der Reichsbahn Verwendung fand. Ein großer Maschinenraum im Heck war für den Motor vorgesehen. Dieser gewaltige Omnibus wurde jedoch niemals realisiert, genausowenig wie die entsprechenden Vorschläge der Konkurrenzmarken.

Aufgrund einer Ausschreibung des Reichsverkehrsministeriums entwickelte Daimler-Benz im Jahr 1928 zum ersten Mal wieder einen für militärische Zwecke bestimmten Gelände-Lastwagen. Der Mercedes-Benz Typ G 3 für 1,5 to Nutzlast wurde aber bald durch den verbesserten Typ G 3 a ersetzt.

Der Mercedes-Benz Typ G 3 a – hier versuchsweise bei der Reichsbahn eingesetzt – fand bei der Reichswehr und später bei der Wehrmacht bis weit in den Zweiten Weltkrieg hinein zahlreiche Verwendung.

Der vom Heereswaffenamt (HWA) konstruierte, von der MAN (Motor) und von Henschel (Fahrwerk) gemeinsam zur Serienreife entwikkelte Einheits-Diesel-Lastwagen wurde mit völlig übereinstimmender Technik von allen wichtigen deutschen Nutzfahrzeugfirmen hergestellt. Auch Daimler-Benz ließ, wohl um den guten Willen zu bekunden, in den Jahren 1937/38 über 500 Stück davon im Werk Berlin-Marienfelde bauen. Der Einheits-Diesel war ein sehr solides, leistungsfähiges und hervorragend geländetaugliches Fahrzeug. Aber das Gewicht und der Materialaufwand waren entschieden zu hoch.

	Mercedes-Benz Typ G 3 1929–1932	Mercedes-Benz Typ G 3 a 1933–1938	Mercedes-Benz »Einheits-Diesel« 1937–1938
Motor	Daimler-Benz M 09 – 14/60 PS Vergasermotor	Daimler-Benz M 09 Vergasermotor	HWa 526 D Luftkammer-Dieselmotor
Zylinderzahl	6 (Reihe)	6 (Reihe)	6 (Reihe)
Bohrung × Hub	80 × 115 mm	82,5 × 115 mm	105 × 120 mm
Hubraum	3460 ccm	3660 ccm	6230 ccm
Leistung	60 PS bei 2680 U/min	68 PS bei 2900 U/min	80 PS bei 2400 U/min
Getriebe	4 Gang + Vorgelege	4 Gang + Vorgelege	4 Gang + Vorgelege
Antrieb	6 × 4 Antrieb auf 2 Hinterachsen	6 × 4 Antrieb auf 2 Hinterachsen	6 × 6 Allrad-Antrieb
Fußbremse	Hydraulisch, 6 Räder	Hydraulisch, 6 Räder	Druckluft, 6 Räder
	Pritschenwagen	**Pritschenwagen**	**Pritschenwagen**
Radstand	3000 + 950 mm	3000 + 950 mm	3100 + 1100 mm
Gesamtmaße	6000 × 2100 × 2450 mm	6000 × 2100 × 2450 mm	5850 × 2200 × 2400 mm
Pritsche	2900 × 1800 mm	2900 × 1800 mm	3000 × 2000 mm
Reifen	6,00–20 Gelände 4 Zwillings-Hinterräder	6,00–20 Gelände 4 Zwillings-Hinterräder	210–18 Gelände 4 Einzel-Hinterräder
Wagengewicht	2500 kg	3300 kg	5000 kg
Zuläss. Gesamtgewicht	4000 kg	4800 kg	7500 kg
Nutzlast	1500 kg	1500 kg	2500 kg
Höchstgeschwindigkeit	60 km/h	65 km/h	70 km/h
Verbrauch/100 km	Straße 35 Liter Benzin Gelände 45 Liter Benzin	Straße 35 Liter Benzin Gelände 45 Liter Benzin	Straße 30 Liter Diesel Gelände 45 Liter Diesel

	Mercedes-Benz Tpy LG 3000 (LG 63) 1935–1938	Mercedes-Benz Typ LG 4000 (LG 68) 1937–1939
Motor	Daimler-Benz OM 67 Vorkammer-Dieselmotor	Daimler-Benz OM 67 Vorkammer-Dieselmotor
Zylinderzahl	6 (Reihe)	6 (Reihe)
Bohrung × Hub	110 × 130 mm	110 × 130 mm
Hubraum	7413 ccm	7413 ccm
Leistung	95 PS bei 2000 U/min	95 PS bei 2000 U/min
Getriebe	4 oder 5 Gang + Vorgelege	4 oder 5 Gang + Vorgelege
Antrieb	Antrieb auf 2 Hinterachsen	Antrieb auf 2 Hinterachsen
Fußbremse	Hydraulisch/Druckluft, 6 Räder	Hydraulisch/Druckluft, 6 Räder
	Pritschenwagen	**Pritschenwagen**
Radstand	3900 + 1050 mm	3800 + 1200 mm
Gesamtmaße	7100 × 2300 × 2800 mm	
Pritsche		
Reifen	7,25–20 Gelände 4 Zwillings-Hinterräder	0,75–20 extra 4 Einzel-Hinterräder
Fahrgestellgewicht	4400 kg	5300 kg
Wagengewicht	5700 kg	6600 kg
Zuläss. Gesamtgewicht	Straße 8700, Gelände 7700 kg	Straße 10 300, Gelände 9300 kg
Nutzlast	Straße 3000, Gelände 2000 kg	Straße 3700, Gelände 2700 kg
Höchstgeschwindigkeit	53 km/h	50 km/h
Verbrauch/100 km	Straße 30, Gelände 45 l Diesel	Straße 30, Gelände 45 l Diesel
Bemerkungen	Auch mit 95 PS Vergasermotor M 68 oder mit 100 PS Dieselmotor OM 67/3 (Bohrung × Hub 105 × 140 mm) lieferbar	Auch mit 95 PS Vergasermotor M 68 oder mit 100 PS Dieselmotor OM 67/3 (Bohrung × Hub 105 × 140 mm) lieferbar

Mercedes-Benz LGS 3000
95 PS Vergasermotor
Feuerwehr-Löschfahrzeug
Antriebsformel 6 × 4
1937/38

Mercedes-Benz LG 3000
95 PS Dieselmotor
Reichspost-Omnibus
für Gebirgsstreckenverkehr
Antriebsformel 6 × 4
1937/38

Mercedes-Benz LGS 3000
95 PS Dieselmotor
Kohlendioxyd-Löschfahrzeug C
Antriebsformel 6 x 4
1938/39

Mercedes-Benz LG 4000 (LG 68
100 PS Dieselmotor
4 t Gelände-Lastwagen
Antriebsformel 6 x 6
Versuchswagen 1938/39

Mercedes-Benz LG 2000 (LG 65/2) ↑ ↑
70 PS Dieselmotor
2 to Gelände-Lastwagen
Antriebsformel 4 × 4
Versuchswagen 1937/38

Mercedes-Benz LG 2000 (LG 65/2)
95 PS Dieselmotor
Reichspost-Omnibus
für Gebirgsstreckenverkehr
Antriebsformel 4 × 4
Versuchswagen 1938

Mercedes-Benz LG 2500 (LG 65/3) →
80 PS Dieselmotor
2,5 t Gelände-Lastwagen
Antriebsformel 6 x 6
1938/39
(150 Wagen für die
griechische Armee)

Mercedes-Benz LG 2500 (LG 65/3) →
80 PS Dieselmotor
Reichspost-Omnibus
für Gebirgsstreckenverkehr
Antriebsformel 6 × 6
Versuchswagen 1938

Mercedes-Benz LG 3000 a (LG 65/4)
100 PS Dieselmotor
3,5 to Gelände-Lastwagen
Antriebsformel 8 × 8 ↓
Versuchswagen 1937/38

Mercedes-Benz L 1100 (45 PS Dieselmotor)
1 to Pritschenwagen 1936–1941

Mercedes-Benz L 1100 (45 PS Dieselmotor)
1 to Kastenwagen 1936–1941

Mercedes-Benz L 1500 E (45 PS Vergasermotor)
Wehrmacht-Krankenwagen 1937–1938

Motor

Zylinderzahl
Bohrung × Hub
Hubraum
Leistung
Getriebe
Antrieb
Fußbremse

Radstand
Gesamtmaße

Pritsche
Reifen

Fahrgestellgewicht
Wagengewicht
Zuläss. Gesamtgewicht
Nenn-Nutzlast
Höchstgeschwindigkeit
Verbrauch/100 km

Radstand
Reifen

Wagengewicht
Zuläss. Gesamtgewicht

Radstand
Wagengewicht
Sitzplätze

Radstand
Gesamtmaße

Pritsche
Reifen

Fahrgestellgewicht
Wagengewicht
Zuläss. Gesamtgewicht
Nenn-Nutzlast
Preis

Radstand
Wagengewicht
Sitzplätze

Mercedes-Benz Typ L 1100 (L 70) 1936–1941		**Mercedes-Benz Typ L 1500 (L 70) 1937–1941**		**Mercedes-Benz Typ L 2000 I (L 81) 1937–1940**
Daimler-Benz M 143	Daimler-Benz OM 138	Daimler-Benz M 143	Daimler-Benz OM 138	Daimler-Benz M 142
Vergasermotor	Vorkammer-Dieselmotor	Vergasermotor	Vorkammer-Dieselmotor	Vergasermotor
6 (Reihe)	4 (Reihe)	6 (Reihe)	4 (Reihe)	4 (Reihe)
72,5 × 90 mm	90 × 100 mm	72,5 × 90 mm	90 × 100 mm	82,5 × 100 mm
2240 ccm	2545 ccm	2240 ccm	2545 ccm	3210 ccm
45 PS bei 2800 U/min	45 PS bei 2800 U/min	45 PS bei 2800 U/min	45 PS bei 2800 U/min	65 PS bei 2800 U/min
4 Gang	4 Gang	4 Gang	4 Gang	4 Gang
Hinterräder	Hinterräder	Hinterräder	Hinterräder	Hinterräder
Hydraulisch, 4 Räder	Hydraulisch, 4 Räder	Hydraulisch, 4 Räder	Hydraulisch, 4 Räder	Hydraulisch, 4 Räder
Pritschenwagen L 1100 (1936–1941)		**Pritschenwagen L 1500 (1937)**		**Pritschenwagen L 2000 I (1937)**
3200 mm		3200 mm		3450 mm
4850 × 1850 × 1960 mm (Höhe über Fahrerhaus)		5035 × 1860 × 1960 mm (Höhe über Fahrerhaus)		5600 × 1900 × 2100 mm (Höhe über Fahrerhaus)
2400 × 1750 mm		2500 × 1750 mm		3000 × 1800 mm
5,25–20		5,50–18 extra		6,00–20 Transport
Zwillings-Hinterräder		Zwillings-Hinterräder		Zwillings-Hinterräder
1100 kg	1250 kg	1100 kg	1250 kg	1480 kg
1470 kg	1620 kg	1470 kg	1620 kg	1960 kg
2850 kg	3000 kg	3100 kg	3250 kg	4200 kg
1100 kg	1100 kg	1500 kg	1500 kg	2000 kg
80 km/h	80 km/h	72 km/h	72 km/h	75 km/h
16 Liter Benzin	10 Liter Diesel	17 Liter Benzin	11 Liter Diesel	22 Liter Benzin
Krankenwagen L 1100 E		**Wehrmacht-Krankenwagen L 1500 E**		
2960 mm		3200 mm		
7,00–20 Transport		7,00–20 Gelände		
Einzel-Hinterräder		Einzel-Hinterräder		
2000 kg	2350 kg	2400 kg		
3100 kg	3350 kg	3500 kg		
		Omnibus O 1500 (1937)		
		3200 mm		
		2000 kg	2150 kg	
		8–14 (einschl. Fahrer)	8–14 (einschl. Fahrer)	
		Pritschenwagen L 1500 (1938–1941)		**Pritschenwagen L 2000 I (1938–1940)**
		3500 mm		3750 mm
		5535 × 1900 × 1980 mm (Höhe über Fahrerhaus)		6100 × 1900 × 2100 mm (Höhe über Fahrerhaus)
		3000 × 1800 mm		3500 × 1800 mm
		5,50–18 oder 6,00–20 extra		6,00–20 Transport
		Zwillings-Hinterräder		Zwillings-Hinterräder
		1160 kg	1310 kg	1520 kg
		1610 kg	1750 kg	2030 kg
		3160 kg	3300 kg	4200 kg
		1500 kg	1500 kg	2000 kg
		4100 RM	5600 RM	
		Omnibus O 1500 (1938–1939)		
		3500 mm		
		2060 kg	2200 kg	
		8–14 (einschl. Fahrer)	8–14 (einschl. Fahrer)	

Mercedes-Benz L 1500 F
60 PS Vergasermotor
Leichtes Löschgruppenfahrzeug
mit Tragkraftspritzenanhänger
1940–1941

→
→

←

Mercedes-Benz L 1500
45 PS Dieselmotor
1,5 to Pritschenwagen
1937–1941

Mercedes-Benz L 1500
45 PS Dieselmotor
1,5 to Kastenwagen
1937–1941

←

←

Mercedes-Benz L 1500
45 PS Dieselmotor
Landpostkraftwagen der
Deutschen Reichspost
1938–1941

Mercedes-Benz O 1500
45 PS Dieselmotor
Allwetter-Aussichtswagen
für 13 Fahrgäste
1937–1939

←

→

Mercedes-Benz L 2000 l (l = leicht)
65 PS Vergasermotor
2 to Pritschenwagen
1937–1940

Mercedes-Benz L 1500 S
60 PS Vergasermotor
1,5 to Pritschenwagen
1941–1944

Mercedes-Benz L 1500 S Ausführung F
60 PS Vergasermotor
Leichtes Löschgruppenfahrzeug (LLG)
bzw. ab 1943: LF 8
1941–1944

Mercedes-Benz L 1500 A
60 PS Vergasermotor
Vierrad-Antrieb
Mannschaftswagen
für die Wehrmacht
1941–1943

	Mercedes-Benz Typ L 1500 (S) (L 70) 1940–1941	Mercedes-Benz Typ L 1500 S (L 301) 1941–1944	Mercedes-Benz Typ L 1500 A (L 301) 1941–1943
Motor		Daimler-Benz M 159 Vergasermotor	
Zylinderzahl		6 (Reihe)	
Bohrung × Hub		80 × 86 mm	
Hubraum		2594 ccm	
Leistung		60 PS bei 3000 U/min	
Getriebe	4 Gang	4 Gang	4 Gang + Vorgelege
Antrieb	Antrieb auf Hinterräder	Antrieb auf Hinterräder	Allrad-Antrieb Antrieb auf Vorderräder zu- und abschaltbar
Fußbremse	Hydraulisch, 4 Räder	Hydraulisch, 4 Räder	Hydraulisch, 4 Räder
		L 1500 S: Pritschenwagen	**L 1500 A: Mannschaftswagen**
Radstand		3000 mm	3000 mm
Gesamtmaße		5290 × 1960 × 2245 mm (Höhe über Fahrerhaus)	4930 × 2050 × 2230 mm (Höhe über Verdeck)
Pritsche		3000 × 1850 mm	–
Reifen		6,00–20 Transport Zwillings-Hinteräder	190–20 Gelände Einzel-Hinterräder
Fahrgestellgewicht		1560 kg	1725 kg
Wagengewicht		2220 kg	2475 kg
Zuläss. Gesamtgewicht		3890 kg	Straße 4080, Gelände 3850 kg
Nutzlast		1670 kg	Straße 1600, Gelände 1375 kg
Höchstgeschwindigkeit		75 km/h	Straße 84, Gelände 60 km/h
Verbrauch/100 km		17 Liter Benzin	Straße 19, Gelände 30 l Benzin
	L 1500 F: Leichtes Löschgruppenfahrzeug	**L 1500 S Ausführung F: Leichtes Löschgruppenfahrzeug bzw. (ab 1943) LF 8**	
Radstand	3500 mm	3000 mm	
Gesamtmaße	5350 × 1900 × 2400 mm	5560 × 1900 × 2460 mm	
Reifen	6,00–20 Transport Zwillings-Hinterräder	6,00–20 Transport Zwillings-Hinterräder	
Wagengewicht	2630 kg	2630 kg	
Zuläss. Gesamtgewicht	3900 kg	3900 kg	
Nutzlast	1270 kg	1270 kg	

Mercedes-Benz L 3000 S
75 PS Dieselmotor
3 to Pritschenwagen
1939–1944

Mercedes-Benz L 3000 S
75 PS Dieselmotor
3 to Pritschenwagen
mit langem Radstand
1939–1944

Mercedes-Benz L 3000 S
75 PS Dieselmotor
Einheits-Kofferaufbau
der Wehrmacht
1939–1944

	Mercedes-Benz **LGF 3000 (L 66) 1938–1939** **L 3000 S (L 66) 1939–1944**	**Mercedes-Benz** **LGF 3000/2 (L 66) 1939** **L 3000 A (L 66) 1939–1942**	**Mercedes-Benz** **L 701 (Nachbau Opel-Blitz)** **1944–1945**
Motor	Daimler-Benz OM 65/3 bzw. (ab 1939) OM 65/4 Vorkammer-Dieselmotor		Nachbau Opel Vergasermotor
Zylinderzahl	4 (Reihe)		6 (Reihe)
Bohrung × Hub	105 × 140 mm		90 × 95 mm
Hubraum	4850 ccm		3630 ccm
Leistung	OM 65/3: 70 PS bei 2000 U/min OM 65/4: 75 PS bei 2250 U/min		68 PS bei 3000 U/min
Getriebe	5 Gang	5 Gang + Vorgelege	5 Gang
Antrieb	Antrieb auf Hinterräder	Allrad-Antrieb Antrieb auf Vorderräder zu- und abschaltbar	Antrieb auf Hinterräder
Fußbremse	Hydraulisch, 4 Räder	Hydraulisch, 4 Räder	Hydraulisch, 4 Räder
	Pritschenwagen	**Pritschenwagen**	**Pritschenwagen**
Radstand	3800 mm	3800 mm	3600 mm
Gesamtmaße	6255 × 2240 × 2585 mm	6255 × 2350 × 2600 mm	6070 × 2265 × 2115 mm (Höhe über Fahrerhaus)
Pritsche	3500 × 2100 mm	3500 × 2100 mm	3500 × 2125 mm
Reifen	7,25–20 oder 190–20 Transp. Zwillings-Hinterräder	190–20 Gelände Zwillings-Hinterräder	7,25/7,50–20 Tr oder 190–20 Zwillings-Hinterräder
Fahrgestellgewicht	2715 kg	3045 kg	1820 kg
Wagengewicht	3610 kg	4020 kg	2500 kg
Zuläss. Gesamtgewicht	6715 kg	Straße 7040, Gelände 6020 kg	5800 kg
Nutzlast	3100 kg	Straße 3020, Gelände 2600 kg	3300 kg
Höchstgeschwindigkeit	70 km/h	70 km/h	75 km/h
Verbrauch/100 km	Straße 18 Liter Diesel Gelände 27 Liter Diesel	Straße 20 Liter Diesel Gelände 30 Liter Diesel	Straße 25 Liter Benzin Gelände 35 Liter Benzin
	Pritschenwagen		
Radstand	4250 mm		
Gesamtmaße	6715 × 2240 × 2585 mm		
Pritsche	4000 × 2100 mm		
Fahrgestellgewicht	2790 kg		
Wagengewicht	3690 kg		
Zuläss. Gesamtgewicht	6790 kg		
Nutzlast	3100 kg		
Höchstgeschwindigkeit	70 km/h		
Preis	8600 RM		
	L 3000 K Kipper		
	L 3000 S (F)		
	Radstand 4250 mm Feuerwehr-Fahrgestell für Tankspritzen, Schlauchwagen, Drehleitern und schwere Löschgruppenwagen		
	Ein kleiner Teil der Wagen wurde mit Vergasermotor M 66/1 geliefert		

Mercedes-Benz L 3000 A (75 PS Diesel) 1939–1942
3 to Pritschenwagen Wehrmacht-Ausführung

Mercedes-Benz L 3000 A (75 PS Diesel) 1941–1942
Bautruppwagen der Deutschen Reichspost

Mercedes-Benz Nachbau Opel-Blitz (68 PS Vergasermotor)
3 to Pritschenwagen mit Holz-Fahrerhaus 1944–1945

Mercedes-Benz L 4500 S
120 PS Dieselmotor
4,5 to Pritschenwagen
1939

Mercedes-Benz O 4500
120 PS Dieselmotor
Reise-Omnibus
für 32 Fahrgäste
1943

Mercedes-Benz L 4500 A
112 PS Dieselmotor
Allrad-Antrieb
4,5 to Pritschenwagen
1941

Mercedes-Benz L 4500 S
mit Holzgas-Generator
4,5 to Pritschenwagen
1941

Mercedes-Benz L 4500 A
112 PS Dieselmotor
Allrad-Antrieb
4,5 to Pritschenwagen
1941–1944

Mercedes-Benz L 4500 A
112 PS Dieselmotor
Allrad-Antrieb
Einheits-Kofferaufbau
der Wehrmacht
1941–1944

Mercedes-Benz L 4500 S
»Straße/Schiene«
112 PS Dieselmotor
4,5 to Pritschenwagen
umgerüstet für Schienenbetrieb
Versuchswagen 1941

	Mercedes-Benz Typ L 4500 S (L 303) 1939	**Mercedes-Benz Typ L 4500 S (L 303) 1941–1944**	**Mercedes-Benz Typ L 4500 A (L 303) 1941–1944**
Motor	Daimler-Benz OM 67/4 Vorkammer-Dieselmotor	Daimler-Benz OM 67/4 Vorkammer-Dieselmotor	
Zylinderzahl	6 (Reihe)	6 (Reihe)	
Bohrung × Hub	105 × 140 mm	105 × 140 mm	
Hubraum	7270 ccm	7270 ccm	
Leistung	120 PS bei 2250 U/min	112 PS bei 2250 U/min	
Getriebe	5 Gang	5 Gang	5 Gang + Vorgelege
Antrieb	Antrieb auf Hinterräder Kardanwelle + Stirnrad-Nabenantrieb	Antrieb auf Hinterräder Kardanwelle + Stirnrad-Nabenantrieb	Allrad-Antrieb Antrieb auf Vorderräder zu- und abschaltbar 2 Kardanwellen + Stirnrad-Nabenantrieb
Fußbremse	Zweikreis-Anlage Hydraulisch Vorderräder Druckluft Hinterräder	Zweikreis-Anlage Hydraulisch Vorderräder Druckluft Hinterräder	Zweikreis-Anlage Hydraulisch Vorderräder Druckluft Hinterräder
	L 4500 S Pritschenwagen	**L 4500 S Pritschenwagen**	**L 4500 A Pritschenwagen**
Radstand	4600 mm	4600 mm	4600 mm
Gesamtmaße	7810 × 2350 × 2500 mm (Höhe über Fahrerhaus)	7860 × 2350 × 2500 mm (Höhe über Fahrerhaus)	7860 × 2350 × 2630 mm (Höhe über Fahrerhaus)
Pritsche	5000 × 2200 mm	5000 × 2200 mm	5000 × 2200 mm
Reifen	9,75–20 oder 270–20 extra Zwillings-Hinterräder	9,75–20 oder 270–20 extra Zwillings-Hinterräder	270–20 Gelände Zwillings-Hinterräder
Fahrgestellgewicht	4200 kg	4250 kg	4600 kg
Wagengewicht	5250 kg	5300 kg	5715 kg
Zuläss. Gesamtgewicht	10 200 kg	10 050 kg	Straße 10 400, Gelände 9800 kg
Nenn-Nutzlast	4500 kg	4500 kg	Straße 4500, Gelände 4000 kg
Höchstgeschwindigkeit	65 km/h	65 km/h	Straße 65, Gelände 43 km/h
Verbrauch/100 km	25 Liter Diesel	25 Liter Diesel	Straße 28, Gelände 42 l Diesel
Preis	16 000 RM		
	L 4500 K Dreiseiten-Kipper	**Großes Löschgruppenfahrzeug bzw. (ab 1943) LF 25**	
Radstand	4600 mm	4600 mm	
Gesamtmaße		8450 × 2350 × 2700 mm	
Pritsche			
		O 4500 Omnibus (L 302) (1943/44)	
Radstand		5700 mm	
Gesamtmaße		10 300 × 2350 × 2700 mm	
Wagengewicht		7200 kg	
Zuläss. Gesamtgewicht		10 500 kg	
Sitzplätze		32–37 (einschl. Fahrer)	
Bemerkungen	Der Typ L 4500 S wurde aus dem Typ L 3750 weiterentwickelt		

Mercedes-Benz LR 75 ↑
65 PS Vergasermotor
Raupen-Lastwagen
für 800 kg Nutzlast
1936/37

→
→

Mercedes-Benz LR 75
65 PS Vergasermotor
Raupen-Omnibus 8 Sitze
der Deutschen Reichspost
1937–1939

Mercedes-Benz 4500 R »Maultier«
112 PS Dieselmotor
4,5 to Pritschenwagen
mit Gleisketten-Antrieb
1943–1944

Mercedes-Benz DB 10
185 PS Maybach Vergasermotor
Schwere Halbketten-Zugmaschine
für die Wehrmacht
1939–1944

	Mercedes-Benz Typ LR 75 1936–1939	Mercedes-Benz Typ 4500 R »Maultier« 1943–1944	Mercedes-Benz Schw. Zugmaschine Typ DB 1(1939–1944
Motor	Daimler-Benz M 142 Vergasermotor	Daimler-Benz OM 67/4 Vorkammer-Dieselmotor	Maybach HL 85 TUKRM Vergasermotor
Zylinderzahl	6 (Reihe)	6 (Reihe)	12 (60°-V-Form
Bohrung × Hub	82,5 × 100 mm	105 × 140 mm	95 × 100 mm
Hubraum	3208 ccm	7270 ccm	8520 ccm
Leistung	65 PS bei 2800 U/min	112 PS bei 2250 U/min	185 PS bei 2500 U/min
Getriebe	4 Gang + Vorgelege	5 Gang	4 Gang + Vorgelege
Antrieb	Antrieb auf Kettenlaufwerk Triebrad vorn	Kardanwelle Kettenlaufwerk hinten	Antrieb auf Kettenlaufwerk Triebrad vorn
Fußbremse	Hydraulisch, Vorderräder + Triebräder der Gleisketten	Hydraulisch/Druckluft Vorderräder + Triebräder der Gleisketten	Druckluft Triebräder der Gleisketten
	Pritschenwagen	**Pritschenwagen**	
Kettenauflage		2400 mm	
Gesamtmaße		7860 × 2360 × 3215 mm (Höhe über Plane)	
Pritsche	2150 × 1450 mm	5000 × 2200 mm	
Reifen/Vorderräder		270–20 Gelände	
Fahrzeuggewicht	Fahrgestell 2100 kg	7740 kg	
Zuläss. Gesamtgewicht	3450 kg	12 700 kg	
Nutzlast	800 kg	4500 kg	
Höchstgeschwindigkeit	45 km/h	36 km/h	
Verbrauch/100 km		Straße 70 Liter Diesel Gelände 140 Liter Diesel	
	Omnibus		
Gesamtmaße			
Fahrzeuggewicht	2650 kg		
Zuläss. Gesamtgewicht	3450 kg		
Sitzplätze	10 + 1		
Höchstgeschwindigkeit	45 km/h		
			Artillerie-Zugmaschine
Kettenauflage			2500 mm
Gesamtmaße			7350 × 2500 × 2770 mm (Höhe über Verdeck)
Besatzung			11 Mann
Reifen Vorderräder			11,25–20 Gelände
Fahrzeuggewicht			12 700 kg
Zuläss. Gesamtgewicht			14 700 kg
Nutzlast			2000 kg
Zugkraft am Haken			8000 kg
Anhängelast			14 000 kg
Höchstgeschwindigkeit			51 km/h
Verbrauch/100 km			Straße 100 Liter Benzin Gelände 220 Liter Benzin
Bemerkungen	In die ersten Wagen war der 2,9 Liter-Motor M 18 eingebaut		

Bilanz-Entwicklung des Gesamtunternehmens (alle Zahlen: Millionen DM)

	Grund-Kapital	Inland-umsatz	Ausland-umsatz	Gesamt-umsatz	Investitionen	Jahres-überschuß	Ausschüttung
1950	72	435	67	502	41	4,6	3,6
1955	72	925	510	1 435	78	8,9	7,2
1960	270	1 444	1 027	2 471	185	131	32
1965	507	2 822	1 653	4 475	467	155	85
1970	761	6 473	5 202	11 675	967	246	141
1975	1 189	8 102	10 149	19 051	1 096	310	202
1980	1 529	13 855	17 199	31 054	2 140	1 102	297
1982	1 529	13 316	25 589	38 905	3 626	921	350
1984	1 699	14 682	28 823	43 505	3 592	1 104	356

Mercedes-Benz Nutzfahrzeuge in den vier Jahrzehnten seit 1945

Die westdeutsche Nutzfahrzeugindustrie, die nach der Währungsreform etwa 15 Transporter- und Lieferwagen-Marken, ebenso etwa 15 Lastwagen- und Omnibus-Marken und dazu etwa 30 Schlepper-Marken umfaßte, sah damals hoffnungsfroh in die Zukunft. Die Kriegszerstörungen waren bei den Fabriken dieser Branche nicht allzu gravierend oder schon weitgehend wieder behoben, und die grandiose Neubeginn- und Wiederaufbau-Stimmung jener Zeit ließ einen gewaltigen Bedarf gerade auch für Nutzfahrzeuge aller Art entstehen. Aber schließlich nahm die Entwicklung doch einen recht unerwarteten Verlauf. Schon Mitte der fünfziger Jahre, als die Wirtschaft den vordringlichsten Nachholbedarf gedeckt hatte, begann im Nutzfahrzeuggeschäft ein unerbittlicher Verdrängungswettbewerb, der bis heute andauert. Es gibt zwar im wesentlichen nur noch je etwa vier wichtige deutsche Transport-, Lastwagen-, Omnibus- und Schlepper-Marken, aber dennoch blieb die Konkurrenz so hart, daß von den massenproduzierten Transportern abgesehen, mit allen größeren Nutzfahrzeugen meistens nur wenig verdient und oft sogar draufgezahlt wird. Allerdings hat sich das Angebot trotz des Verschwindens so vieler, zum Teil ebenso alter wie angesehener Fabriken keineswegs verringert. Einerseits pflegen die heute noch bestehenden Marken ein in diesem Ausmaß früher unvorstellbar umfangreiches Programm an Typen und Varianten, andererseits drängen immer mehr Importmarken aus Italien, Schweden und Frankreich sowie neuerdings auch aus Japan vehement auf den deutschen Markt. Manche davon kommen mit scheinbar attraktiven Alternativen, andere versuchen es mit Billigpreisen, die meisten Lastwagen-Importeure aber haben, genau besehen, kaum etwas Besonderes anzubieten.

Aus der anhaltend schwierigen Marktlage ging die Daimler-Benz AG. als der heute führende, bei weitem stärkste Nutzfahrzeug-Anbieter nicht nur Deutschlands, sondern Europas hervor. Am Umsatz des Konzerns ist diese Sparte jetzt knapp zur Hälfte beteiligt, aber bei weitem nicht so gewinnbringend wie das Personenwagengeschäft. Der Omnibusbau, auch er führend in Europa, steckt sogar nach wie vor im Minusbereich.

Erreicht wurde die Spitzenposition der Daimer-Benz AG. auf dem Nutzfahrzeugsektor durch drei sich gegenseitig ergänzende Impulse. Erstens wurde zielstrebig ein marktgerechtes Typenprogramm immer mehr und mehr ausgebaut und aufgefächert, so daß heute in der Tat fast jeder nur denkbare Kundenwunsch nahezu exakt erfüllt werden kann. Zweitens verstand man es, mittels optimaler Konstruktions- und Produktionstechnik ein fast konkurrenzlos hochwertiges Erzeugnis anzubieten, leistungsfähig und dauerhaft, wirtschaftlich und zuverlässig, frei von riskanten Extravaganzen. Drittens wiederum ermöglichte die relativ einfache Technik die Einrichtung von Fertigungs- und Montagestätten rund um die Welt. Dies übrigens im bemerkenswerten Gegensatz zu den Personenwagen, die Daimler-Benz ausschließlich innerhalb der Bundesrepublik fertigt.

Nach dem Krieg war die Nutzfahrzeugproduktion der Daimler-Benz AG. zunächst höchst einfach und übersichtlich gegliedert. Mit nur je einem Grundtyp kamen die mittleren Lastwagen und Omnibusse aus dem Werk Mannheim, die schweren Lastwagen und Omnibusse aus dem Werk Gaggenau. Letzteres übernahm außerdem 1951 die Fertigung des Unimog, dessen spätere Entwicklung und Bedeutung damals auch noch nicht vorauszusehen war. Als nächste entscheidende Programmerweiterung folgte die Einführung einer Transporter-Typenreihe. Ihre Produktion lief seit August 1956 in Sindelfingen, während der entsprechende Kleinbus fast gleichzeitig im Werk Mannheim auf das Band kam.

Anfang 1959 hatte Daimler-Benz auf Betreiben des damaligen Großaktionärs Friedrich Flick die unrentabel gewordene Auto Union übernehmen müssen. Diese wurde 1965 an die Volkswagen AG. weiterveräußert, doch behielt Daimler das Werk Düsseldorf. Dort nämlich, wo ein Jahrzehnt lang die DKW-Personenwagen entstanden waren, lief seit Juni 1962 die Produktion der Mercedes-Benz Transporter, die sich seit ihrer Einführung so rasch durchgesetzt hatten, daß die Werke Untertürkheim, Sindelfingen und Mannheim dringend davon entlastet werden mußten.

Der Erlös aus dem Verkauf der Auto Union wurde für die 1962 begonnene Errichtung des neuen, gegenüber Karlsruhe gelegenen Lastwagenwerks Wörth am Rhein mitverwendet. In dieser riesigen Anlage fand hinfort die Endmontage aller leichten, mittleren und schweren Lastwagen statt. Was sich im Personenwagenbau schon seit Jahren bewährt hatte, wurde damit auch im Lastwagenbereich eingeführt, nämlich die Trennung der Aggregate-Fertigung von der Montage. Das funktioniert grob gesehen so, daß die Werke Mannheim und Marienfelde die Motoren, Gaggenau die Getriebe und Außenplanetenachsen, Kassel alle anderen Achsen sowie Düsseldorf die Lenkungen liefern. Die so erreichte Großserienfabrikation bringt Kostenvorteile und erlaubt darüber hinaus die rasche Anpassung an wechselnde Bedürfnisse des Marktes. Wörth, heute die größte und modernste Lastwagenfabrik Westeuropas, wurde 1965 mit einer Vorserie des damals neuen LP 608 in Betrieb genommen, die volle Produktion allerdings setzte erst im Jahre 1968 ein. Weil jedoch das Lastwagengeschäft im Inland schon damals kaum noch Zuwachs erhoffen ließ, mußte die Mehrproduktion künftig im nicht minder schwierigen Export untergebracht werden. Daß und wie dies gelang, ist ein Schulbeispiel für die Flexibilität eines freien Privatunternehmens. Jedenfalls handelt es sich beim Lastwagenwerk Wörth um die wichtigste Investition der Daimler-Benz AG. seit 1945 bis heute.

Die Ertragskraft und Gesundheit der Gesellschaft erlaubte es, daß außerdem 1965 die Maschinenfabrik Esslingen erworben und in den Fertigungsbereich des Stammwerks Untertürkheim einbezogen werden konnte. Überdies hatte man zuvor bereits mehrere kleinere Betriebe vereinnahmt, so 1960 die Horex-Motorradfabrik in Bad Homburg, eine Baumwollspinnerei bei Esslingen und einen Hallenkomplex in Hedelfingen. 1968 kaufte Daimler die Mehrheit der Ernst Heinkel AG. und damit deren Betrieb in Stuttgart-Zuffenhausen. Ebenfalls 1968 gab die Firma Krupp die Herstellung ihrer nahezu unverkäuflich gewordenen Lastwagen auf, wodurch Daimler-Benz deren Vertriebsorganisation aufkaufen und damit im Nutzfahrzeugbereich auf einen Schlag zehn neue Niederlassungen gewinnen konnte.

Auch für eine kräftige Ausweitung der Motorenherstellung, soweit sie nicht zum Automobilbau gehörte, wurde bei Daimler gesorgt. 1960 erfolgte die Beteiligung und 1966 die mehrheitliche Übernahme der Firma Maybach in Friedrichshafen. Alle Großmotoren wurden von da an am Bodensee gefertigt, wozu Daimler auch das frühere Dornier-Gelände in Manzell aufgekauft hatte. Die neue Firmengruppe wiederum betrieb mit der Gründung der Motoren- und Turbinen-Union (MTU) die Zusammenarbeit mit der MAN auf dem Gebiet der Flugzeug-Gasturbinen und der Hochleistungs-Dieselmotoren. An der MTU-München waren Daimler-Benz und MAN je zur Hälfte beteiligt, ehe sie im März 1985 von den Stuttgartern zu 100 % übernommen wurde. Bei der MTU-Friedrichshafen verblieben 16 % des Kapitals bei den Familien Maybach und Zeppelin.

Wie schlimm sich die wirtschaftspolitischen Verhältnisse in der Bundesrepublik als Folge einer zehnjährigen sozialistischen Reformpolitik geändert haben, läßt sich am Beispiel zweier Verlautbarungen der Daimler-Benz AG. ablesen. Als 1960 Aggregate-Fertigungen in das notleidend gewordene Horex-Werk Bad Homburg verlegt wurden, war die Erhaltung von Arbeitsplätzen überhaupt kein Thema. Laut damaliger Pressemitteilung war man im Gegenteil ausgesprochen stolz darauf, daß es damit gelang, auf diesem »auch von anderen Firmen bereits eingeschlagenen Weg die Ergänzung des eigenen Fabrikationsvolumens ohne zusätzliche Belastung des Arbeitsmarktes zu ermöglichen.« Man staune: Die Schaffung neuer Arbeitsplätze galt damals als Belastung des Arbeitsmarktes! Und als man 1968 die Heinkel AG übernahm, freute man sich bei Daimler erklärtermaßen nicht so sehr über die an sich moderne Fabrikanlage als vielmehr über den Zugewinn von 800 für die Bereiche Konstruktion Entwicklung und Versuch hochqualifizierten Mitarbeitern, ohne den Arbeitsmarkt durch neue Arbeitsplätze »belasten« zu müssen! Das waren Zeiten, die sich freilich recht bald, rasch und leider auch sehr nachhaltig ändern sollten.

Automobil-Produktion der Daimler-Benz AG. seit 1945 (ohne Ausland)

	Personenwagen (und davon abgeleitete Liefer-, Kranken- und Polizeiwagen)	Geländewagen (G-Reihe)	Transporter	Lastwagen	Klein-Omnibusse	Groß-Omnibusse	Unimog	MB – trac	Lastwagen-Teilesätze	Omnibus-Teilesätze
1945	–			1 037						
1946	214			2 019						
1947	1 045			2 406						
1948	5 116			4 688		82				
1949	17 417			5 517		398				
1950	33 906			6 914		1 532				
1951	42 222			11 140		1 081	1 005			
1952	36 824			13 447		1 592	3 799		980	
1953	34 975			12 279		2 173	1 753		480	
1954	48 816			13 415		2 161	2 544		974	
1955	63 683			17 997		2 296	4 727		4 648	
1956	69 601		1 037	20 200	In Zahl der »Transporter« enthalten	2 035	4 999		10 104	
1957	80 899		6 438	17 256		2 922	5 940		12 092	150
1958	99 209		9 209	17 785		3 263	5 391		20 490	1 344
1959	108 440		8 092	23 945		3 364	6 766		19 324	1 097
1960	122 684		8 209	30 412		4 153	9 450		20 400	336
1961	137 431		8 901	28 929		4 182	9 826		25 344	1 296
1962	146 393		10 140	29 882		4 196	10 514		17 868	1 286
1963	153 182		13 373	33 503		3 778	10 358		18 898	–
1964	165 532		14 609	33 805		3 451	9 596		27 723	536
1965	174 007		13 784	36 758		3 560	8 882		26 222	812
1966	191 625		13 483	41 424		4 548	9 339		40 071	1 542
1967	200 470		14 895	31 533		4 802	6 416		34 251	2 182
1968	216 284		17 297	41 960		6 035	8 368		38 961	3 326
1969	256 713		24 055	52 988	2 791	8 296	12 292		46 643	4 010
1970	280 419		25 672	65 254	4 061	9 531	12 185		28 652	3 676
1971	284 230		29 922	63 459	2 804	8 047	8 290		26 160	2 608
1972	323 878		41 072	63 070	3 698	10 997	7 393		29 204	4 472
1973	331 682		51 498	72 962	5 088	12 100	7 291	520	30 310	2 920
1974	340 006		50 782	81 548	6 605	13 726	9 044	1 100	32 594	1 414
1975	350 098		53 396	105 762	6 572	13 344	5 986	1 468	24 488	2 500
1976	370 348		71 784	98 832	7 425	12 824	7 671	2 093	20 836	5 216
1977	401 255		70 615	95 543	4 421	11 595	7 395	2 150	37 838	6 344
1978	393 203		73 814	81 777	1 657	8 210	7 302	1 998	29 240	9 919
1979	421 159	2 508	80 085	90 008	1 763	8 529	8 149	2 001	32 238	5 927
1980	429 078	6 667	83 977	99 501	1 841	9 643	8 201	1 799	8 300	9 515
1981	440 778	6 455	69 357	107 142	2 335	9 647	7 817	2 113	2 912	7 706
1982	458 345	6 566	64 473	101 446	1 466	7 925	10 497	2 703	2 200	6 882
1983	476 183	5 662	63 050	75 845	908	7 123	7 100	3 700	2 874	9 516
1984	478 349	5 532	60 717	68 008	901	5 186	6 108	3 082	8 696	5 496
1985	541 039	6 303	62 385	65 407	1 005	5 345	6 639	3 611	17 889	4 896
1986	594 080	5 945	69 485	61 978	998	5 084	6 254	2 956	7 491	424

Der größte Zukauf in der seitherigen Geschichte der Daimler-Benz AG. hatte Anfang 1968 stattgefunden, als man von den Rheinischen Stahlwerken (Rheinstahl) die Lastwagenfabriken Hanomag und Henschel übernehmen konnte. Sie wurden ab Frühjahr 1970 in Hanomag-Henschel-Fahrzeugbau GmbH (HHF) umbenannt und als sogenannter »zweiter Vertriebs-

Zahl der Mitarbeiter

Jahresende	1950	1955	1960	1965	1970	1975	1980	1984
Zentrale Untertürkheim	864	1 724	3 213	3 903	5 613	6 533	8 810	9 931
Werk Untertürkheim	7 447	10 805	14 049	15 663	20 633	22 095	25 565	27 215
Werk Sindelfingen	9 444	12 504	19 620	21 446	26 440	30 955	37 194	41 300
Werk Mannheim	4 422	8 635	11 437	11 681	12 322	12 900	14 619	14 494
Werk Wörth	–	–	–	2 600	6 952	8 687	10 192	10 743
Werk Gaggenau	4 211	5 501	7 605	8 201	9 020	8 680	9 354	9 682
Werk Bremen	–	–	–	–	3 924	4 099	6 515	10 254
Werk Düsseldorf	–	–	–	4 116	4 932	4 401	5 118	6 404
Werk Kassel	–	–	–	–	5 663	3 838	4 341	4 177
Werk Berlin-Marienfelde	553	1 214	1 868	2 621	2 522	2 886	3 252	3 302
Werk Hamburg-Harburg	–	–	–	–	2 184	1 736	2 535	2 479
Werk Bad Homburg	–	–	307	506	613	692	855	893
Hannover	–	–	–	–	1 078	568		
Niederlassungen	3 905	5 843	9 422	11 108	15 059	14 705	17 182	16 375
Daimler-Benz AG.	**30 846**	**46 226**	**67 521**	**81 845**	**116 985**	**122 775**	**145 532**	**157 249**
Daimler-Benz Konzern								
Ausland						26 597	37 209	41 829
Inland						123 145	146 323	158 043
Gesamtzahl					**144 372**	**149 742**	**183 532**	**199 872**

weg« weitergeführt. Doch schon 1974 verschwanden leider die alten Marken und ab der Jahreswende 1977 gehörten die Werke Bremen, Hamburg und Kassel auch dem Namen nach zur Daimler-Benz AG. Das einstige Kasseler Henschel-Lastwagenwerk stellt heute Achsen für alle Nutzfahrzeuge des Konzerns her, nachdem man dort außerdem noch jahrelang die schweren Hauben-Lastwagen für den Export montieren ließ. Das frühere Tempo-Werk in Hamburg-Harburg produziert Fahrgestellteile und Gelenkwellen. Das Werk Bremen-Sebaldsbrück, 1938 hochmodern errichtet und nach dem Krieg wiederaufgebaut, war einstmals Stolz und Mittelpunkt der Firma Borgward. Nach deren Pleite übernahm Hanomag 1961 die Anlagen und richtete dort die eigene Lastwagenproduktion ein. 1965 kaufte die nunmehrige Rheinstahl-Hanomag AG. das Tempo-Werk in Hamburg-Harburg dazu und überführte dessen Kleintransporter-Fertigung ebenfalls nach Bremen. Als das Werk schließlich in den Besitz der Daimler-Benz AG. gelangte, stellte diese den Bau der Hanomag-Lastwagen ein, ließ aber zunächst die Kleintransporter unter dem eigenen Markenzeichen weiterlaufen weil solche Fahrzeuge im seitherigen Lieferprogramm sowieso noch fehlten. Im Mai 1977 brachte Daimler dann eine völlig neue Reihe leichter Transporter eigener Konstruktion auf den Markt. Auch deren Herstellung erfolgte zunächst in Bremen, wurde aber bis Mitte 1984 etappenweise in das Werk Düsseldorf verlegt, wo nun sämtliche Transporter beider Baureihen entstehen. Bremen nämlich ist nach Stuttgart als zweiter Schwerpunkt für den Personenwagenbau des Konzerns bestimmt.

1968/69 kam es zu einer Vereinbarung mit der MAN über die arbeitsteilige Entwicklung und Herstellung bestimmter Nutzfahrzeug-Aggregate. Bis heute fortwirkendes Ergebnis dieser Zusammenarbeit waren die Motoren-Baureihe 400 und die vereinheitlichte Außenplanetenachse. Die Vereinbarung war wohl in der Freude über die Gründung der MTU und offenbar auch mit gelindem Druck des Bundesverteidigungsministeriums zustandegekommen, doch scheinen an deren Fortbestand beide Partner nicht mehr interessiert zu sein.

Während die Daimler-Benz AG. seit der Fusion im Jahre 1926 bis zur Mitte des zweiten Weltkriegs von einem einzigen Mann, nämlich Dr. Wilhelm Kissel, souverän beherrscht, geführt und geprägt wurde, bekleidete und wollte vielleicht auch keiner seiner Nachfolger eine ähnlich dominierende Position. Am ehesten hätte es wohl Dr.-Ing. Wilhelm Haspel † (Generaldirektor von 1942 bis 1952) in normalen Zeiten dem Vorgänger gleichgetan, zumal er vom Anfang seiner Laufbahn an zu den engsten Mitarbeitern Kissels gehört hatte und mit dessen

Führungsstil vertraut war. Aber unter den Zwängen der sich immer mehr verschlechternden Kriegslage und des anschließenden Wiederaufbaus hatte Dr. Haspel wenig Gelegenheit, eigenwillige Intentionen durchzusetzen. Seinem Nachfolger Heinrich Wagner † waren nur 10 Monate »Regierungszeit« beschieden. Ihm folgten Dr. Fritz Koennecke † (Generaldirektor von 1953 bis 1960) und der österreichische Baurat h. c. Walter Hitzinger † (Generaldirektor von 1961 bis 1966). Beide strebten danach, vor allem die Personenwagen aus Stuttgart rar und teuer zu halten. Lange Lieferfristen galten ihnen als Ergebnis einer klugen Geschäftspolitik.

Erst der Finanzexperte Professor Dr.-Ing. Joachim Zahn (Vorstandsvorsitzender von 1966 bis 1979) bracht wieder mehr Schwung in das Unternehmen. Zuvörderst sorgte er für einen überproportionalen Anstieg der Automobilproduktion seines Hauses. Sie betrug von 1965 bis 1978 bei den Personenwagen plus 12 % gegenüber 4,3 % und bei den Nutzfahrzeugen sogar plus 175 % gegenüber plus 22 % im Durchschnitt aller deutschen Hersteller. Die Absicherung des Wachstums erfolgte durch verstärkten Ausbau der Auslandsbasis, so insbesondere durch die Übernahme der unternehmerischen Verantwortung bei Mercedes-Benz Argentina (1960), bei Mercedes-Benz do Brasil (1967), durch eigene Vertriebsgesellschaften in den USA (1964), Frankreich (1969), Großbritannien (1974) und für Nutzfahrzeuge in Italien (1973).

Nächster Vorsitzender des Vorstands der Daimler-Benz AG. war von 1980 bis 1983 Dr. jur. Gerhard Prinz †, vormals Chefeinkäufer des Unternehmens und einstens Vorstandsvorsitzender von Audi-NSU. Ein früher Tod ereilte ihn im Alter von nur 55 Jahren.

Am 1. Dezember 1983 wurde Professor Dipl.-Ing. (und seit Mai 1984) Dr.-Ing. E. h. Werner Breitschwerdt zum Vorsitzenden des Vorstands gewählt. Geboren 1927 in Stuttgart, war er 1953 in die Firma eingetreten, stieg bald in leitende Funktionen beim Sindelfinger Karosseriewerk auf, wurde 1977 stellvertretendes und 1979 ordentliches Vorstandsmitglied, zuständig für die Forschung und Entwicklung des gesamten Unternehmens. Mit seiner Ernennung zum Vorsitzenden des Vorstands erlangte erfreulicherweise wieder einmal ein Repräsentant der Technik die Spitzenposition in der ältesten Automobilfabrik der Welt.

Freilich besaß die Technik bei Daimler-Benz immer einen hohen Stellenwert. Auf dem Nutzfahrzeuggebiet, dem dieses Buch gewidmet ist, traten in den letzten Jahren vor allem die folgenden Persönlichkeiten maßgebend in Erscheinung:

- Direktor Eugen Stump (Leiter der Nutzfahrzeug-Konstruktion ab 1942)
- Dr. Alfred Müller-Berner (Nutzfahrzeug-Vorausentwicklung ab 1957, Gesamtbereich Nutzfahrzeug-Entwicklung ab 1962)
- Dr. Ing. habil. Herbert Maruhn (Leiter Lkw-Versuch ab 1950, Gesamtversuch Lkw und Omnibusse ab 1955)
- Dipl.-Ing. Arthur Mischke (Leiter des Versuchs Nutzfahrzeuge ab 1962, Gesamtbereich Nutzfahrzeug-Entwicklung ab 1973, Honorar-Professor an der Universität Stuttgart ab 1983)
- Dipl.-Ing. Ernst Göhring (Leiter des Gesamtversuchs Nutzfahrzeuge ab 1973).

Die Firma Daimler Benz hat im Laufe ihrer hundertjährigen Geschichte entscheidend dazu beigetragen, daß Lastwagen und Omnibusse längst eine Schlüsselrolle in jeder modernen Volkswirtschaft übernommen haben. Allerdings setzt dies heute eine riesige Modellvielfalt voraus, die vom Transporter bis zum Schwerlastwagen, vom Spezialfahrzeug über ausgeklügelte Sonderaufbauten bis zu rationellen Verladetechniken reichen muß. Wirtschaftliche und leistungsfähige Motoren sind ebenso notwendig wie funktionsgerecht eingerichtete Fahrerhäuser, alternative Federungssysteme sowie eine umwelt- und wartungsfreundliche Gesamtkonzeption. Praktikable Lösungen gelingen oft nur bei bestmöglichen Kompromissen. Hier seit jeher Beispielhaftes zu vollbringen, gehört sowohl zu den historischen als auch zu den aktuellen Verdiensten des Hauses Daimler-Benz.

Die mittelgroßen Hauben-Lastwagen aus Mannheim 1945 bis 1961

Das Werk Mannheim der Daimler-Benz AG. führte seit August 1944 kriegsbedingt den Nachbau des Dreitonners Opel-Blitz aus. Nachdem die Produktionsanlagen einigermaßen intakt geblieben waren, konnte die Herstellung dieses Wagens schon im Juni 1945 weitergeführt werden. Die Adam-Opel AG. hatte sich damit ausdrücklich einverstanden erklärt, wünschte allerdings, daß künftig über die fertiggestellten Wagen beide Partner je zur Hälfte disponieren sollten. Diese Produktion freilich beharrte infolge der heute unvorstellbaren Knappheit an Rohstoffen auf einem zahlenmäßig niedrigen Niveau, und bis zur Währungsreform erfolgte die Zuteilung neuer Wagen sowieso über die Wirtschaftsämter unseligen Angedenkens.

Dennoch strebte man bei Daimler-Benz verständlicherweise danach, den Nachbau des Opel-Blitz baldmöglichst wieder durch einen Typ eigener Machart zu ersetzen. Schon 1946/47 entstand der erste Versuchswagen, der bereits weitgehend der späteren Serienausführung entsprach. Zu den früheren Dreitonnern der Marke bestand keinerlei Bezug. Um so deutlicher aber stimmten das Fahrgestell und selbst der Motor (trotz der Umstellung auf Diesel) weitgehend mit dem Opel-Nachbau überein. Nun war dieser ja auch eine ausgezeichnete Konstruktion, und überdies wären damals substantielle Umstellungen der Produktions-

Produktion

	1945	1946	1947	1948	1949	1950	1951	1952	1953	1954	1955
L 701	747	1497	2001	3805	2250						
L 311					2175	5532	8404	9608	4941	2863	2643
LA 311						30	354	1022	389	317	251
LP 311											199
LAP 311											
L 312									3074	5585	7377
LA 312									236	1084	1526
LP 312										66	305
LAP 312										6	31
LG 312											
L 321											
LA 321											
LP 321											
LAP 321											
Ferner Teilesätze für Argentinien											
L 311								980	480	260	1040
L 312											
Ferner Teilesätze für Brasilien											
L 312										218	228
LP 312											
LP 321											
Ferner Teilesätze für Indien											
L 312 / L 910										224	2112
LP 312 / LP 910										272	1408
LA 312 / LA 910											60

anlagen sowohl von den Kosten her als auch in einer angemessenen Zeitspanne kaum zu realisieren gewesen.

Genau zur Jahresmitte 1949 erfolgte fast nahtlos der Übergang zur Herstellung des Typs L 3250, wobei sich die Adam Opel AG. zum Abschluß der jahrelangen verständnisvollen Zusammenarbeit erbot, die letzten 1000 Dreitonner-Blitz zum regulären Preis zu übernehmen. Der Typ L 3250 lief unter dieser Bezeichnung nur wenige Monate, weil bereits zum Jahresbeginn 1950 seine Beförderung zum Typ L 3500 erfolgte. Der Wagen bewährte sich hervorragend. Er wurde auf Anhieb zum Marktführer seiner Klasse, wobei ihm zustatten kam, daß es den Opel Dreitonner, den früheren Hauptkonkurrenten, nicht mehr gab, und daß er konstruktiv weitgehend auf diesem basierte.

Dem Generaldirektor Kissel hatte es einst das Herz gebrochen, daß Daimler-Benz gezwungen wurde, ein Fremdfabrikat nachzubauen, weil sich dieses dem eigenen Produkt als überlegen erwiesen hatte. Aber nicht nur sein Stolz war hierdurch verletzt. Vor allem machte er sich berechtigte und begreifliche Sorgen, daß der Opel-Nachbau für seine Firma in späteren Jahren Folgen haben könnte, die sich zu jener Zeit noch gar nicht absehen ließen. Doch unter dem Strich ist die Sache dann doch bestens gelaufen. Der Opel-Nachbau hat dem Prestige des Hauses Daimler-Benz nicht geschadet, und die Spätfolgen, wenn man so sagen will, brachten ihm in mehrfacher Hinsicht beträchtlichen Nutzen.

Der Typ L 3500, ab 1955 in Typ L 311 umbenannt, blieb ohne wesentliche Änderungen 12 Jahre lang bis 1961 im Programm. Noch erfolgreicher war der ab Juli 1953 gebaute Typ

1957	1958	1959	1960	1961	1962	1963	1964	1965	1966	1967	1968	1969	1970–1974	Gesamtzahl
														10 300
2 299	2458	2729	3717	1118										**51 687**
132	142	101	75	10										**2 984**
251	244	274	458	69										**1 759**
21	60	13	33											**142**
10 418	9837	7019	5363	20										**64 793**
1 117	355	342	444	1										**6 941**
471	240	319	552	3										**2 495**
11	5	5	6											**73**
10				276	178	264	74	76	350					**1 229**
1 034	2347	1448												**4 829**
333	1338	1025												**2 696**
158	2503	475												**3 136**
	7	2												**9**
														2 760
		630	3042	3456	2736		384	624	768	48				**11 688**
4 688	1920													**8 170**
912														**1 680**
336	1074	9830	5544	9470	3300	5200	6000	5000	11 100					**66 254**
3 868	5168	5148	7604	8088	9108	9300	5952	4272	8 616	3528	816	2400	10 656	**92 868**
952	1644	2344	3116	3624	2640	2352	1200	576	432	240	480	1248	1 296	**26 852**
336	48	184	200	60	84	1896	4560	3648	2 568	3648	768	288	4 270	**22 802**

L 4500 bzw. L 312, ein nahezu gleicher Wagen mit größeren Reifen. Als dritter im Bunde kam 1957 der Typ L 321 mit über 5 t Nutzlast hinzu, der allerdings nur zwei Jahre überdauerte.

Zwar vorerst noch ganz vereinzelt, aber dennoch unübersehbar tauchten der L 3500 und der L 4500 als Frontlenker im Straßenbild auf. Die Fahrerhäuser für die Frontlenker stammten hauptsächlich von den Firmen Kässbohrer, Wackenhut und Binz, und diese sorgten anfangs auch für die Vorverlegung des Fahrersitzes. Weil die Nachfrage aber bald die ursprünglichen Vorstellungen des Werks mehr und mehr übertraf, entschloß man sich in Mannheim, ab Mitte

Mercedes-Benz L 701
(Nachbau Opel-Blitz)
Pritschenwagen
1945–1949

Mercedes-Benz L 701
(Nachbau Opel-Blitz)
Kastenwagen
Aufbau: Kässbohrer
1948/49

Mercedes-Benz L 3250
Pritschenwagen
1949

1954 auch komplette Frontlenker-Fahrgestelle (ohne Fahrerhaus und Aufbau) herauszubringen. Daimler hatte dem Frontlenker lange Zeit nur wenig Beachtung geschenkt. Man hielt diese Bauart wohl für eine Modesache, obwohl sie in einigen anderen Ländern, vor allem in Frankreich, schon seit den Vorkriegsjahren weit verbreitet war.

In der Rückschau freilich bleibt es weit wichtiger, daß Mercedes-Benz mit den Typen L 3500 und L 4500 die unbestrittene Führung in der mittleren Nutzlast-Klasse errang und mit deren Nachfolgern bis heute souverän behielt.

Mercedes-Benz L 3500
Pritschenwagen
1950–1954

lercedes-Benz LK 311
reiseiten-Kipper
955–1961

ercedes-Benz L 3500
olizei-Mannschaftswagen
950/51

Mercedes-Benz L 3250
Kofferwagen
1949

←

→

Mercedes-Benz L 3500
Pritschenwagen
Radstand 4200 mm
1950–1954

Mercedes-Benz L 3500 S
Tank-Sattelzug
1952

→

←

Mercedes-Benz LA 3500
Pritschenwagen
1950–1954

←

Mercedes-Benz LKO 311
Kehrmaschine
Aufbau: Streicher
1957

Mercedes-Benz L 3500
Kuka-Müllwagen
Keller & Knappich (Augsburg)
1950–1954

←

→

Mercedes-Benz L 3500 S
Sattelzug für
Pferdetransport
1951

GASOLIN
GASOLIN

PFERDE-EXPRESS
M. KELLERMANN
MÜNCHEN

Mercedes-Benz 3500 F
Tanklöschfahrzeug TLF 15
Aufbau:
Metz (Karlsruhe)
1950–1954

←

Mercedes-Benz L 3500 F
Tanklöschfahrzeug TLF 15
in Stromlinienform
Aufbau:
Metz (Karlsruhe)
1950–1954

←

Mercedes-Benz LA 3500 F
Tanklöschfahrzeug TLFA 15
Aufbau:
Metz (Karlsruhe)
1950–1954

←

Mercedes-Benz LAF 311
Löschfahrzeug LF 16-TS
Modell »Bayern«
1955–1961

←

Mercedes-Benz LPF 311
Löschfahrzeug LF 16 oder
Tanklöschfahrzeug TLF 16
Radstand 3600 mm
Die ersten Feuerwehr-
Frontlenker-Fahrzeuge
Aufbau: Metz (Karlsruhe)
1955-1961

	Mercedes-Benz L 701 (Nachbau Opel-Blitz) 1945–1949	Mercedes-Benz Typ L 3250 (L 311) 1949
Motor	Nachbau Opel Vergasermotor	Daimler-Benz OM 312 Vorkammer-Dieselmotor
Zylinderzahl	6 (Reihe)	6 (Reihe)
Bohrung × Hub	90 × 95 mm	90 × 120 mm
Hubraum	3630 ccm	4580 ccm
Leistung	73,5 PS bei 3200 U/min	90 PS bei 2800 U/min
Getriebe	5 Gang	5 Gang
Antrieb	Antrieb auf Hinterräder	Antrieb auf Hinterräder
Fußbremse	Hydraulisch, 4 Räder	Hydraulisch, 4 Räder
	Pritschenwagen	**Pritschenwagen**
Radstand	3600 mm	3600 mm
Gesamtmaße	6070 × 2265 × 2115 mm (Höhe über Fahrerhaus)	6565 × 2240 × 2325 mm (Höhe über Fahrerhaus)
Pritsche	3500 × 2125 mm	3800 × 2100 mm
Reifen	7,25/7,50 Tr oder 190–20 Zwillings-Hinterräder	7,50–20 Tr Zwillings-Hinterräder
Fahrgestellgewicht	1820 kg	2265 kg
Wagengewicht	2500 kg	2985 kg
Zuläss. Gesamtgewicht	5800 kg	6500 kg
Nutzlast	3300 kg	3515 kg
Höchstgeschwindigkeit	75 km/h	80 km/h
Verbrauch/100 km	25 Liter Benzin	17 Liter Diesel
Preis	DM 10 200,-	
		L 3250 K: Kipper
Radstand		3600 mm
Gesamtmaße		6185 × 2240 × 2325 mm (Höhe über Fahrerhaus)
Pritsche		3200 × 2100 mm
Reifen		7,50–20 Tr Zwillings-Hinterräder
Fahrgestellgewicht		2500 kg
Wagengewicht		3100 kg
Zuläss. Gesamtgewicht		6500 kg
Radstand		
Fußbremse		
Reifen		
Fahrgestellgewicht		
Schleppergewicht		
Nutzlast		
Radstand		
Fußbremse		
Reifen		
Bemerkungen		

Mercedes-Benz Typ L 3500 1950–1954 Typ L 311 1955–1961	Mercedes-Benz Typ L 3500 1950–1954 Typ L 311 1955–1961	Mercedes-Benz Typ LA 3500 1950–1954 Typ LA 311 1955–1961	Mercedes-Benz Typ LP 3500 1953–1954 Typ LP 311 1955–1961
Daimler-Benz OM 312			
Vorkammer-Dieselmotor			
6 (Reihe)			
90 × 120 mm			
4580 ccm			
90 PS bei 2800 U/min bzw. (ab 1956) 100 PS bei 3000 U/min			
5 Gang			
Antrieb auf Hinterräder	Antrieb auf Hinterräder	Allrad-Antrieb (abschaltbar)	Antrieb auf Hinterräder
Hydraulisch, 4 Räder	Hydraulisch, 4 Räder	Hydraulisch, 4 Räder	Hydraulisch, 4 Räder
z. T. Druckluft-Servohilfe	z. T. Druckluft-Servohilfe	z. T. Druckluft-Servohilfe	z. T. Druckluft-Servohilfe
Pritschenwagen	**Pritschenwagen**	**Pritschenwagen**	**Frontlenker-Pritschenwagen**
3600 oder 4200 mm	3600 oder 4200 mm	3600 oder 4200 mm	3600, 4200 oder 4830 mm
6565 (7265) × 2240 × 2325 mm	6565 (7265) × 2240 × 2325 mm	6265 (7265) × 2240 × 2420 mm	6500–8700 × 2230 mm
(Höhe über Fahrerhaus)	(Höhe über Fahrerhaus)	(Höhe über Fahrerhaus)	
3800 (4500) × 2100 mm	3800 (4500) × 2100 mm	3500 (4500) × 2100 mm	
7,50–20 Tr	8,25–20 Tr	8,25–20 Gelände	7,50–20 oder 8,25–20 Tr
Zwillings-Hinterräder	Zwillings-Hinterräder	Zwillings-Hinterräder	Zwillings-Hinterräder
2265 (2305) kg	2355 (2395) kg	2585 (2655) kg	2480–2690 kg
2985 (3125) kg	3050 (3190) kg	3345 (3465) kg	
6700 kg	7100 bzw. (ab 1952) 7800 kg	7100, Gelände 6600 kg	7000 kg
3500 kg	4000 bzw. (ab 1952) 4500 kg	3500, Gelände 3000 kg	
80 km/h	80 km/h	80 km/h	80 km/h
17 Liter Diesel	17,5 Liter Diesel	18 Liter Diesel	17–17,5 Liter Diesel
DM 16 500,–		DM 22 000,–	
L 3500 K: Kipper	**L 3500 K: Kipper**	**LA 3500 K: Kipper**	
3600 mm	3600 mm	3600 mm	
6185 × 2240 × 2260 mm	6185 × 2240 × 2260 mm	6185 × 2300 × 2420 mm	
(Höhe über Fahrerhaus)	(Höhe über Fahrerhaus)	(Höhe über Fahrerhaus)	
3200 × 2100 mm	3200 × 2100 mm	3200 × 2100 mm	
7,50–20 Tr	8,25–20 Tr	8,25–20 Gelände	
Zwillings-Hinterräder	Zwillings-Hinterräder	Zwillings-Hinterräder	
2500 kg	2615 kg	2690 kg	
3400 kg	3515 kg	3900 kg	
6700 kg	7000 kg	7100 kg	
	L 3500 Sa: Sattelschlepper (lieferbar bis 1952)	**LA 3500 Sa: Sattelschlepper** (lieferbar bis 1952)	
	3200 mm	3200 mm	
	Hydraulisch, 4 Räder	Hydraulisch, 4 Räder	
	Druckluft-Servohilfe	Druckluft-Servohilfe	
	8,25–20 Tr	8,25–20 Gelände	
	Zwillings-Hinterräder	Zwillings-Hinterräder	
	2650 kg	2585 kg	
	12 500 kg	12 500 kg	
	7000–7500 kg		
L 3500 F: Fahrgestell für Feuerwehr-Fahrzeuge	**L 3500 F: Fahrgestell für Feuerwehr-Fahrzeuge**	**LA 3500 F: Fahrgestell für Feuerwehr-Fahrzeuge**	
3600 mm	4200 mm	3600 oder 4200 mm	
Hydraulisch, 4 Räder	Hydraulisch, 4 Räder	Hydraulisch, 4 Räder	
z. T. Druckluft-Servohilfe	Druckluft-Servohilfe	Druckluft-Servohilfe	
7,50–20 Tr	8,25–20 Tr	8,25–20 Gelände	
Zwillings-Hinterräder	Zwillings-Hinterräder	Zwillings-Hinterräder	
Ab 1952 alle Ausführungen der Typenreihe L 3500 auf Wunsch mit Motorbremse (Druckluft, Auspuffklappe) lieferbar	Ab 1954 auch Fahrgestelle mit Radstand 4830 mm für Sonderaufbauten		LAP 311 (1956–1960): Frontlenker-Pritschenwagen mit Allrad-Antrieb Radstand 3600 oder 4200 mm nur wenige Exemplare

↑ ↑

Mercedes-Benz L 4500
Pritschenwagen
Radstand 4200 mm
1953–1954

Mercedes-Benz L 312
Pritschenwagen
Radstand 3600 mm
1955–1961

←

←

Mercedes-Benz LK 312
Dreiseiten-Kipper
Radstand 3600 mm
1955–1961

Mercedes-Benz LA 312
Pritschenwagen
Radstand 3600 mm mit
Schnellwechseleinrichtung
1956

Mercedes-Benz LAF 312
Tanklöschfahrzeug TLF 3000
Aufbau: Rosenbauer (Linz)
1957/58

Mercedes-Benz LG 312
Militär-Lastwagen
mit Sandreifen
1957

Mercedes-Benz LP 4500
Pritschenwagen
Fahrerhaus Binz
1954/55

Mercedes-Benz LPF 312
Lösch- und Leiter-
transportfahrzeug
Aufbau: Metz (Karlsruhe)
1955–1961

Mercedes-Benz LP 312
Kofferaufbau
Radstand 4200 mm
Aufbau: Eylert
1957

Mercedes-Benz LPS 312
Sattelzugmaschine mit
Kasten-Auflieger
Aufbau: Ackermann
1957

	Mercedes-Benz Typ L 4500 1953–1954 Typ L 312 1955–1961	Mercedes-Benz Typ LA 4500 1953–1954 Typ LA 312 1955–1961	Mercedes-Benz Typ LP 4500 1954 Typ LP 312 1955–1961
Motor	Daimler-Benz OM 312 Vorkammer-Dieselmotor		
Zylinderzahl	6 (Reihe)		
Bohrung × Hub	90 × 120 mm		
Hubraum	4580 ccm		
Leistung	90 PS bei 2800 U/min bzw. (ab 1956) 100 PS bei 3000 U/min		
Getriebe	5 Gang		
Antrieb	Antrieb auf Hinterräder	Allrad-Antrieb (abschaltbar)	Antrieb auf Hinterräder
Fußbremse	Hydraulisch, 4 Räder Druckluft-Servohilfe	Hydraulisch, 4 Räder Druckluft-Servohilfe	Hydraulisch, 4 Räder Druckluft-Servohilfe
	Pritschenwagen	**Pritschenwagen**	**Frontlenker-Pritschenwagen**
Radstand	3600 oder 4200 mm	3600 oder 4200	3600, 4200 oder 4830 mm
Gesamtmaße	6565 (7265) × 2240 × 2325 mm (Höhe über Fahrerhaus)	6265 (7265) × 2300 × 2420 mm (Höhe über Fahrerhaus)	6500 (7435, 8730) × 2230 mm
Pritsche	3800 (4500) × 2100 mm	3500 (4500) × 2100 mm	
Reifen	8,25–20 Tr Zwillings-Hinterräder	8,25–20 Gelände Zwillings-Hinterräder	8,25–20 Tr Zwillings-Hinterräder
Fahrgestellgewicht	2415 (2470) kg	2800 (2870) kg	2500 (2550, 2640) kg
Wagengewicht	3220 (3300) kg	3380 (3480) kg	
Zuläss. Gesamtgewicht	8100 kg bzw. (mit Reifen 8,25–20 eHD verst.) 8500 kg	Straße 7800, Gelände 7200 kg	8100 kg
Nutzlast	4500 kg	Straße 4000, Gelände 3500 kg	
Höchstgeschwindigkeit	75 km/h	75 km/h	75 km/h
Verbrauch/100 km	18 Liter Diesel	19 Liter Diesel	18 Liter Diesel
Preis	DM 19 500,–	DM 23 500,–	
	L 4500 K, LK 312: Kipper	**LA 4500 K, LAK 312: Kipper**	
Radstand	3600 mm	3600 mm	
Gesamtmaße	6220 × 2100 × 2325 mm (Höhe über Fahrerhaus)	6220 × 2100 × 2420 mm (Höhe über Fahrerhaus)	
Pritsche	3400 × 2100 mm	3400 × 2100 mm	
Reifen	8,25–20 Tr Zwillings-Hinterräder	8,25–20 Gelände Zwillings-Hinterräder	
Fahrgestellgewicht	2800 kg		
Zuläss. Gesamtgewicht	8100 kg		
Nutzlast	4500 kg	4500 kg	
	L 4500 Sa bzw. LS 312: Sattelzugmaschine	**LA 4500 Sa bzw. LAS 312: Sattelzugmaschine**	**LP 4500 Sa bzw. LPS 312: Frontlenker-Sattelzugmaschine**
Radstand	3600 mm	3600 mm	3200 oder 3600 mm
Reifen	8,25–20 Tr Zwillings-Hinterräder	8,25–20 Gelände Zwillings-Hinterräder	8,25–20 eHD Zwillings-Hinterräder
Zuläss. Lastzuggewicht	16 000 kg		
Bemerkungen	Ab 1954 auch Fahrgestell mit Radstand 4830 mm für Sonderaufbauten LM 312: Müllwagen Radstand 3600 mm	LG 312: Geländegängiger Militär-Lkw Vorserie 1957 Serie 1961–1966 Radstand 3600 oder 4200 mm	
	Ab 1957 als Sonderausstattung oder für Export auch mit Dieselmotor OM 321 (95 × 120 mm, 5100 ccm, 110 PS bei 3000 U/min)		

Mercedes-Benz L 321
Pritschenwagen
Radstand 4200 mm
1957–1959 ↑

Mercedes-Benz LAK 321
Dreiseiten-Kipper
Radstand 3600 mm
1957–1959 →

Mercedes-Benz LP 321
Pritschenwagen
Radstand 3600 mm
1957–1959 ↓

	Mercedes-Benz Typ L 321 1957–1959	Mercedes-Benz Typ LP 321 1957–1959	Mercedes-Benz Typ LA 321 1957–1959
Motor		Daimler-Benz OM 321 Vorkammer-Dieselmotor	
Zylinderzahl		6 (Reihe)	
Bohrung × Hub		95 × 120 mm	
Hubraum		5100 ccm	
Leistung		110 PS bei 3000 U/min	
Getriebe		5 Gang	
Antrieb	Antrieb auf Hinterräder	Antrieb auf Hinterräder	Allrad-Antrieb (abschaltbar)
Fußbremse	Hydraulisch, 4 Räder Druckluft-Servohilfe	Hydraulisch, 4 Räder Druckluft-Servohilfe	Hydraulisch, 4 Räder Druckluft-Servohilfe
	L 321: Pritschenwagen	**LP 321: Pritschenwagen (Frontlenker)**	**LA 321: Pritschenwagen**
Radstand	3600, 4200 oder 4830 mm	3200, 3600, 4200 oder 4830	3600 oder 4200 mm
Gesamtmaße	6660–8360 × 2300 × 2325 (Höhe über Fahrerhaus)	6425–8700 × 2500 × 2440 mm (Höhe über Fahrerhaus)	6360 (7360) × 2300 × 2520 mm (Höhe über Fahrerhaus)
Pritsche	3800 (4500, 5500) × 2100 mm	4500–7350 × 2100 mm	3500 (4500) × 2100 mm
Reifen	8,25–20 eHD verst. Zwillings-Hinterräder	8,25–20 eHD verst. Zwillings-Hinterräder	8,25–20 eHD verst. Zwillings-Hinterräder
Fahrgestellgewicht	2640–2790 kg	2700–2900 kg	2935 (2995) kg
Wagengewicht	3475–3755 kg	3665–3830 kg	3740 (3850) kg
Zuläss. Gesamtgewicht	9250 kg	9250 kg	9250 kg
Nutzlast	5230–5430 kg	5400–5600 kg	5500 (5400) kg
Zuläss. Lastzuggewicht	18 300 kg	18 300 kg	18 300 kg
Höchstgeschwindigkeit	77 km/h	77 km/h	77 km/h
Verbrauch/100 km	19 Liter Diesel	19 Liter Diesel	20 Liter Diesel
Preis	DM 21 500,–	DM 22 500,–	DM 25 500,–
	LK 321: Kipper	**LPK 321: Kipper (Frontlenker)**	**LAK 321: Kipper**
Radstand	3200 oder 3600 mm	3200 mm	3200 oder 3600 mm
Gesamtmaße	5875 (6315) × 2300 × 2325 (Höhe über Fahrerhaus)		5875 (6315) × 2300 × 2520 (Höhe über Fahrerhaus)
Pritsche	2900 (3400) × 2100 mm		2900 (3400) × 2100 mm
Wagengewicht	3820 (3900) kg		4100 (4200) kg
Nutzlast	5000 kg		5000 kg
	LS 321: Sattelzugmaschine	**LPS 321: Sattelzugmaschine (Frontlenker)**	**LAS 321: Sattelzugmaschine**
Radstand	3200 oder 3600 mm	3200 oder 3600 mm	3200 oder 3600 mm
Zuläss. Lastzuggewicht	18 300 kg	18 300 kg	18 300 kg
Bemerkungen		LAP 321: Pritschenwagen (Frontlenker) mit Allrad-Antrieb Radstand 3200, 3600 oder 4200 mm Nur wenige Exemplare LAPS 321: Sattelzugmaschine (Frontlenker) mit Allrad-Antrieb Radstand 3200 oder 3600 mm Nur wenige Exemplare	

Die schweren Hauben-Lastwagen und die ersten Frontlenker aus Gaggenau 1945 bis 1961

Auch im Werk Gaggenau der Daimler-Benz AG. konnte die Produktion des standardisierten Kriegstyps L 4500 schon im August 1945 wieder aufgenommen werden. Bis über die Währungsreform hinaus behielt er jedoch jenes armselige Erscheinungsbild, das sich, der Not der Zeit entsprechend, durch die kriegsbedingten Abmagerungen ergeben hatte. Das sah man vor allem am eckigen Einheits-Fahrerhaus aus Holz, an den primitiven Kotflügeln, an winzigen Lämpchen sowie am Fehlen von Stoßstange und Peilstäben. Infolge des Mangels an Rohstoffen und Zulieferungen blieben die Fertigungszahlen trotz der enormen Nachfrage äußerst bescheiden, und selbst davon beanspruchte die französische Armee noch einen beträchtlichen Teil. Und dort tun die 40 Jahre alten Veteranen, oft erstklassig gepflegt, heute noch ihren Dienst. Mit Holzfahrerhaus!

Am Beginn des Jahres 1949 wurde der L 4500 zum L 5000 aufgewertet, wozu eine nun wieder vollständige Ausstattung sowie vor allem ein ordentliches Stahl-Fahrerhaus gehörte. Der Typ L 5000, ab 1954 in Typ L 325 umbenannt, blieb bis 1957 auf dem deutschen Markt und wurde dann noch vier Jahre lang als Typ 330 für den Export gebaut. Es war ein hervorragendes Auto, der Stolz seiner Besitzer in der turbulenten Anfangszeit des Wiederaufbaus.

Ab Herbst 1950 gesellte sich zum L 5000 als erste Neukonstruktion nach dem Krieg in Gaggenau der Typ L 6600, deutlich schwerer, größer, stärker und auch gefälliger im Aussehen.

Produktion

Typ	1945	1946	1947	1948	1949	1950	1951	1952	1953	1954	1955
L 303	290	522	405	893	1092	1202	1090	662	1145	155	
L 325										825	1582
L 330											
L 315 (304)						150	1292	2155	2494	2248	2670
LP 315 (304)										79	686
LA 315 (304)										187	727
LG 315 (304)											
L 331											
LP 331											
LA 331											
Brasilien:											
LP 331											
L 329											
LP 329											
LA 329											
L 326											
LP 326											
L 334											
LP 334											
L 332											
LA 332											
LP 332											
LP 333 (16 t)											
LP 333 (20 und 22,5 t)											

Er wurde zu einem ausgesprochenen Erfolgstyp und erfreute sich vor allem großer Beliebtheit in dem nun rasch wieder anwachsenden Fernverkehr. 1954 wurde der L 6600 in L 315 umbenannt, und im gleichen Jahr erschien auch der Typ LP 315 als Frontlenker.

Im Herbst 1952 wurde der Typ L 5000 mittels einer neuen Motorhaube dem L 6600 äußerlich angeglichen und im März 1953 erfolgte die Weiterentwicklung zum Typ L 5500. Dies allerdings führte zu Schwierigkeiten mit dem damaligen Schweizer Importeur, weil in dessen Land zum Schutz der dortigen Industrie die Einfuhr von Lastwagen von über 5 to Nutzlast nahezu unmöglich war. So baute man für die Schweiz den Wagen weiterhin als L 5000, doch kehrte trotzdem keine Ruhe ein, weil der praktisch gleiche Wagen zu Hause L 5500 hieß. Daraufhin beschloß der Vorstand der Daimler-Benz AG., künftig alle Nutzfahrzeuge des Hauses nicht mehr nach der Tonnage-Klasse, sondern einfach mit der bisher hausinternen Typen-Nummer zu bezeichnen. Das freilich muß wohl ein recht unüberlegter Schnellschuß gewesen sein, miserabel für Presse und Werbung sowie für das Erscheinungsbild des Fabrikats auf dem Lastwagenmarkt. Die Konstruktions-Nummern nämlich, an sich nur für den Hausgebrauch bestimmt und dafür gewiß durchaus sinnvoll, haben mit voller Absicht keinerlei Bezug untereinander, und sie erlauben weder auf die Größe oder Leistung eines Wagens noch auf die zeitliche Folge der Konstruktion irgendwelche Rückschlüsse. Ab Herbst 1954 wurden die neuen Typenbezeichnungen eingeführt, und sie sorgten bald und für lange Zeit, ihrer eigentlichen Bestimmung entsprechend, für die völlige Unübersichtlichkeit des Lastwagenprogramms. Wohl prägten sich die Nummern einiger besonders wichtiger Typen in das Bewußtsein der Fachwelt ein, doch die wenigsten Wagen wurden so zu einem festen Begriff.

Eine eindrucksvolle Neukonstruktion folgte 1956 mit dem 8,5 Tonner Typ L 326, ausgerüstet mit einem 200 PS-Motor. Der Wagen wurde ursprünglich nur für den Export gebaut, weil er

1956	1957	1958	1959	1960	1961	1962	1963	1964	1965	Gesamtzahl
										7 446
2443	1050									**5 900**
	128	760	446	416	104					**1 854**
1451	920	355								**13 735**
1074	641									**2 480**
240	110									**1 264**
508	1136	385	1824	1434	–	1381	946	669		**8 283**
	28	177	104							**309**
	9	73	112							**194**
	11	44	17							**72**
		1236	948							**2 184**
232	178	426	74							**910**
	127	340	162							**629**
	57	86	131	88	420	242				**1 024**
21	269	23								**313**
	200	80								**280**
		183	180	401	423	20				**1 207**
	5	23	55	144	87	62	48			**424**
		444	456	717	981	189				**2 787**
		34	87	145	158	56				**480**
				73	115	39				**227**
		396	416	595	344					**1 751**
		3	32	37	10					**82**

nicht in das Schema der Seebohm'schen Maße und Gewichte paßte, schließlich aber nach einigen Anpassungen doch auch in Deutschland zugelassen. Auch hierzu sei eine Anmerkung gestattet. Bis auf den heutigen Tag (Stichwort: Katalysator!) beruhten oft genug die seltsamsten Ungereimtheiten und Bocksprünge in den Typenlisten der deutschen Automobilindustrie auf regierungsamtlichen Maßnahmen, die sowohl technischen Sachverstand als auch politisches Fingerspitzengefühl souverän außer Acht lassen. Schäden in Millionen- und inzwischen sogar in Milliardenhöhe werden der Automobilindustrie und damit der Volkswirtschaft aufgeladen, ohne daß dies für die »verantwortlichen« Politiker Folgen hat.

Als besonders typisches Produkt der Politik des damals auf seinem Gebiet fast allmächtigen Bundesverkehrsministers Seebohm mag übrigens der Mercedes-Benz Typ LP 333 gelten. Dieser Wagen mit zwei gelenkten Vorderachsen erregte wegen seiner Bauart gewaltiges Aufsehen und beim Publikum gewann er außergewöhnliche Popularität. Der LP 333 (zuwei-

len auch »Tausendfüßler« genannt) entsprach zwar bestmöglich den gerade wieder einmal geänderten Maßen und Gewichten, vermochte aber vor allem deshalb nicht recht zu befriedigen, weil er bei Anhängerbetrieb nur eine ziemlich kurze Pritsche erlaubte. Hervorragend bewährte sich hingegen die vom Lastwagen LP 333 abgeleitete Sattelzugmaschine LPS 333, bei der allerdings die zweite Achse wieder auf ihren angestammten Platz zurückgenommen wurde, aber dennoch lenkbar blieb. Man erreichte auf solche Weise besonders gute Fahr- und Federungseigenschaften, vor allem aber eine sehr sichere Kurvenführung. Diese Konzeption wurde dann ab 1966 bei der schweren Sattelzugmaschine LPS 2020 wieder aufgenommen und mit deren Nachfolgemodellen bis heute erfolgreich beibehalten.

Als wichtigste technische Fortschritte im Lastwagenbau jener ersten 10 bis 15 Jahre nach dem Krieg sind das Synchrongetriebe, die Hydrolenkung, die Motorbremse und die Zweikreis-Bremsanlage zu verzeichnen.

Mercedes-Benz L 4500
Pritschenwagen
1945–1948

←

→

Mercedes-Benz L 4500 K
Dreiseiten-Kipper
1946–1948

→

Mercedes-Benz L 4500
Pritschenwagen
1948

→

Mercedes-Benz L 4500 K
mit Holzgasgenerator
Dreiseiten-Kipper
1948

←

Mercedes-Benz L 4500
Mercedes-Benz L 5000
Kuka Müllwagen 9 m^3
Keller & Knappich (Augsburg)
1949–1952

Mercedes-Benz L 5000
Pritschenwagen
Radstand 4600 mm
1950–1953

→

Mercedes-Benz L 4500 F Löschfahrzeug LF 25
Aufbau: Metz (Karlsruhe), 1949

Mercedes-Benz L 4500 F Drehleiter DL 32
Aufbau: Metz (Karlsruhe), 1949

Mercedes-Benz L 5000 F Tanklöschfahrzeug TLF 25
Aufbau: Metz (Karlsruhe), 1951/52

Mercedes-Benz L 5000 Frontlenker-Pritschenwagen für Fernverkehr
Aufbau: Kässbohrer (Ulm) ca. 1950

Mercedes-Benz L 5000
Sattelzug-Ferntransporter
für 8 Personenwagen
Aufbau: Kässbohrer (Ulm)
1950

MERCEDES - BENZ

Mercedes-Benz L 5500
Mercedes-Benz L 325
Pritschenwagen
1953–1957

Mercedes-Benz LS 330
Sattelzugmaschine mit
Schenk Sattelauflieger
1957–1961

Mercedes-Benz L 5500 K
Mercedes-Benz LK 325
Dreiseiten-Kipper
1953–1957

	Mercedes-Benz Typ L 4500 (L 303) 1945–1948	Mercedes-Benz Typ L 5000 (L 303) 1949–1952	Mercedes-Benz L 5000 (L 303) 1952–1953 L 5500 (L 303) 1953–1954
Motor	Daimler-Benz OM 67/4 Vorkammer-Dieselmotor		Daimler-Benz OM 67/8 Vorkammer-Dieselmotor
Zylinderzahl	6 (Reihe)		6 (Reihe)
Bohrung × Hub	105 × 140 mm		105 × 140 mm
Hubraum	7270 ccm		7270 ccm
Leistung	112 PS bei 2250 U/min		120 PS bei 2100 U/min
Getriebe	5 Gang		5 Gang
Antrieb	Antrieb auf Hinterräder		Antrieb auf Hinterräder
Fußbremse	Zweikreis-Anlage Hydraulisch, Vorderräder Druckluft, Hinterräder		Zweikreis-Anlage Hydraulisch, Vorderräder Druckluft, Hinterräder
Motorbremse			Druckluft, Auspuffklappe
	Pritschenwagen	**Pritschenwagen**	**Pritschenwagen**
Radstand	4600 mm	4600 mm	4600 mm
Gesamtmaße	8000 × 2360 × 2570 mm (Höhe über Fahrerhaus)	8000 × 2460 × 2430 mm (Höhe über Fahrerhaus)	8000 × 2460 × 2450 mm (Höhe über Fahrerhaus)
Pritsche	5000 × 2220 mm	5000 × 2300 mm	5000 × 2300 mm
Reifen	270–20 extra Zwillings-Hinterräder	10,00–20 Zwillings-Hinterräder	10,00–20 eHD (oder auch 11,00–20 eHD) Zwillings-Hinterräder
Fahrgestellgewicht	4250 kg	4250 kg	4250 kg
Wagengewicht	5300 kg	5450 kg	5450 kg
Zuläss. Gesamtgewicht	10 500 kg	10 500 kg	11 000 (12 000) kg
Nutzlast	4500 kg	5000 kg	5000 (6000) kg
Höchstgeschwindigkeit	62 km/h	62 km/h	62 km/h
Verbrauch/100 km	24 Liter Diesel	25 Liter Diesel	23 Liter Diesel
Preis	DM 22 700,–	DM 28 000,–	DM 28 000,–
		L 5000 K: Kipper	**L 5000 K: Kipper**
Radstand		4600 mm	4600 mm
Gesamtmaße		7445 × 2350 × 2430 mm (Höhe über Fahrerhaus)	7445 × 2350 × 2450 mm (Höhe über Fahrerhaus)
Pritsche		4000 × 2200 mm	4000 × 2200 mm
Reifen		10,00–20 Zwillings-Hinterräder	10,00–20 eHD (oder auch 11,00–20 eHD) Zwillings-Hinterräder
Wagengewicht		5750 kg	5750 kg
Zuläss. Gesamtgewicht		10 500 kg	11 000 (12 000) kg
Nutzlast		5000 kg	5000 kg
Radstand			
Zuläss. Lastzuggewicht			
Bemerkungen		L 5000 F: Fahrgestell für Feuerwehr-Fahrzeuge L 5000 M: Müllwagen Radstand 4600 mm Inhalt 10 m³ L 5000 Ko: Fahrgestell für Kommunalfahrzeuge L 5000 Sa: Sattelzugmaschine, Radstand 3600 mm	

Mercedes-Benz Typ L 325 1954–1957	Mercedes-Benz Typ L 330 (Export) 1957–1961		
Daimler-Benz OM 325	Daimler-Benz OM 315/II		
Vorkammer-Dieselmotor	Vorkammer-Dieselmotor		
6 (Reihe)	6 (Reihe)		
105 × 140 mm	112 × 140 mm		
7270 ccm	8280 ccm		
125 PS bei 2200 U/min	125 PS bei 2100 U/min		
5 Gang	5 Gang		
Antrieb auf Hinterräder	Antrieb auf Hinterräder		
Zweikreis-Anlage Hydraulisch Vorderräder Druckluft Hinterräder	Druckluft, 4 Räder		
Druckluft, Auspuffklappe	Druckluft, Auspuffklappe		
Pritschenwagen	**Pritschenwagen**		
4600 mm	4600 mm		
8160 × 2500 × 2450 mm (Höhe über Fahrerhaus)	8200 × 2500 × 2470 mm (Höhe über Fahrerhaus)		
5000 × 2350 mm	4800 × 2350 mm		
10,00–20 eHD (oder auch 10,00–20 eHD verst.) Zwillings-Hinterräder	10,00–20 eHD (oder auch 10,00–20 eHD verst.) Zwillings-Hinterräder		
4250 kg	4250 kg		
5450 kg	5450 kg		
11 300 (12 000) kg	12 000 (13 000) kg		
5850 (6550) kg	6550 (7550) kg		
70 km/h	75 km/h		
23 Liter Diesel	23 Liter Diesel		
DM 28 000,–			
LK 325: Kipper	**LK 330: Kipper**		
4200 mm	4200 mm		
7240 × 2500 × 2450 mm (Höhe über Fahrerhaus)	7290 × 2500 × 2470 mm (Höhe über Fahrerhaus)		
4000 × 2200 mm	4000 × 2200 mm		
10,00–20 eHD verst. Zwillings-Hinterräder	10,00–20 eHD verst. Zwillings-Hinterräder		
5750 kg	5850 kg		
12 000 kg	13 000 kg		
6250 kg	7150 kg		
LS 325: Sattelzugmaschine	**LS 330: Sattelzugmaschine**		
3600 oder 4200 mm	3600 mm		
27 300–28 000 kg	28 000 kg (mit Zweiachs-Anhänger)		
LF 325: Fahrgestell für Feuerwehrfahrzeuge Radstand 4600 mm			
LM 325: Müllwagen Radstand 4600 mm			
L 325 Pritschenwagen mit reduzierter Nutzlast für die Schweiz weiterhin als Typ L 5000 lieferbar	L 330 Pritschenwagen auch mit Radstand 5200 mm		

Mercedes-Benz L 6600
Pritschenwagen
1950–1954

Mercedes-Benz L 6600 K
Meiller-Kipper
1950–1954

Mercedes-Benz L 315
Pritschenwagen
Radstand 4600 mm
1954–1958

Mercedes-Benz L 6600 Sa
Sattelzug mit
Schenk-Anhänger
1951

Mercedes-Benz LK 315
Drehleiter DL 52
50 + 2 Meter Steighöhe
Aufbau: Metz (Karlsruhe)
1954

Mercedes-Benz L 6600
Pritschenwagen
für Fernverkehr
Fahrerhaus und Aufbau:
Wackenhut (Altensteig)
1952

Mercedes-Benz LP 315
Pritschenwagen
für Fernverkehr
Fahrerhaus und Aufbau:
Wackenhut (Altensteig)
1954

Mercedes-Benz L 6600 Bier-Lastzug
Aufbau und Anhänger: Kässbohrer (Ulm), etwa 1952

Mercedes-Benz LS 315 Ferntransport-Sattelzug
Fahrerhaus und Anhänger: Kässbohrer (Ulm), etwa 1956

Mercedes-Benz LPS 315 Tank-Sattelzug mit Kässbohrer Auflieger-Fahrgestell und Stadler 24000 Liter-Tankaufbau, 1956

	Mercedes-Benz Typ L 6600 (L 304) 1950–1954	Mercedes-Benz Typ L 315 (L 304) 1954–1958	Mercedes-Benz Typ LP 315 (LP 304) 1954–1957
Motor		Daimler-Benz OM 315 Vorkammer-Dieselmotor	
Zylinderzahl		6 (Reihe)	
Bohrung × Hub		112 × 140 mm	
Hubraum		8280 ccm	
Leistung		145 PS bei 2100 U/min	
Getriebe		6 Gang	
Antrieb		Antrieb auf Hinterräder	
Fußbremse		Druckluft, 4 Räder	
Motorbremse		Ab 1952: Druckluft, Auspuffklappe	
	L 6600: Pritschenwagen	**L 315: Pritschenwagen**	**LP 315: Pritschenwagen (Frontlenker)**
Radstand	4600 oder 5200 mm	4600 oder 5200 mm	4200 mm
Gesamtmaße	8200 (9200) × 2500 × 2480 mm (Höhe über Fahrerhaus)	8280 (9280) × 2500 × 2480 mm (Höhe über Fahrerhaus)	8450 × 2500 × 2850 mm (Höhe über Fahrerhaus)
Pritsche	5000 (6000) × 2350 mm	5000 (6000) × 2350 mm	6000 × 2350 mm
Reifen	11,00–20 eHD (oder auch 10,00–20 eHD) Zwillings-Hinterräder	11,00–20 eHD (oder auch 11,00–20 eHD verst.) Zwillings-Hinterräder	11,00–20 eHD Zwillings-Hinterräder
Fahrgestellgewicht	4800 kg	4800 kg	4900 kg
Wagengewicht	6500 kg	6500 kg	6700 kg
Zuläss. Gesamtgewicht	12 550 kg	12 550 kg	14 900 kg
Zuläss. Gesamtzuggewicht	32 750 kg	37 250 kg	38 900 kg
Höchstgeschwindigkeit	70 km/h	70 km/h	72 km/h
Verbrauch/100 km	24 Liter Diesel	24 Liter Diesel	24 Liter Diesel
Preis	DM 34 000,–	DM 34 000,–	DM 35 200,–
	L 6600 K: Kipper	**LK 315: Kipper**	**LPK 315: Kipper (Frontlenker)**
Radstand	4600 mm	4200 oder 4600 mm	3600 mm
Gesamtmaße	Mit 4 Meter-Pritsche: 7680 × 2500 × 2480 mm Mit 4,5 Meter-Pritsche: 7900 × 2500 × 2480 mm (Höhe über Fahrerhaus)		7130 × 2500 × 2850 (Höhe über Fahrerhaus)
Pritsche	4000 oder 4500 × 2200 mm	4000 (4500) × 2200 mm	4500 × 2200 mm
Reifen	11,00–20 eHD Zwillings-Hinterräder	11,00–20 eHD (oder auch 11,00–20 eHD verst.) Zwillings-Hinterräder	11,00–20 eHD verst. Zwillings-Hinterräder
ahrgestellgewicht	4500 bzw. (ab 1953) 4750 kg	4750 kg	
Wagengewicht	6600 bzw. (ab 1953) 6850 kg	6850 kg	
uläss. Gesamtgewicht	12 500 bzw. (ab 1953) 13 250 kg	13 250 kg	14 900 kg
	L 6600 Sa: Sattelzugmaschine	**LS 315: Sattelzugmaschine**	**LPS 315: Sattelzugmaschine (Frontlenker)**
adstand	3600 mm	3600 oder 4200 mm	3600 mm
esamtmaße	6175 × 2500 × 2480 mm (Höhe über Fahrerhaus)		
itsche	Auflieger: 9000 mm		
eifen	11,00 oder 12,00–20 eHD Zwillings-Hinterräder	11,00–20 eHD (oder auch 11,00–20 eHD verst.) Zwillings-Hinterräder	11,00–20 eHD verst. Zwillings-Hinterräder
uläss. Gesamtgewicht			
it Einachs-Sattelauflieger	22 750 kg		25 775 kg
it Zweiachs-Sattelauflieger	30 000 kg		30 900 kg
emerkungen	LA 6600, LA 6600 K und LA 6600 Sa: Allrad-Antrieb		Fahrgestell mit Radstand 4600 mm für Sonderaufbauten

Mercedes-Benz LA 6600 K
Dreiseiten-Kipper
1954

Mercedes-Benz LA 6600
mit Langholz-Nachläufer
Aufbau: Doll
1953

Mercedes-Benz LG 6600
Militär-Lastwagen
Versuchswagen 1954

Mercedes-Benz LG 315
Militär-Lastwagen
Bundeswehr-Ausführung
1956–1964

	Mercedes-Benz Typ LA 315 (LA 304) 1954–1957	Mercedes-Benz Typ LG 315 (LG 304) 1956–1964	Mercedes-Benz Typ L 315 S (L 304 S) 1956–1957
Motor		Daimler-Benz OM 315 Vorkammer-Dieselmotor	
Zylinderzahl		6 (Reihe)	
Bohrung × Hub		112 × 140 mm	
Hubraum		8280 ccm	
Leistung		145 PS bei 2100 U/min	
Getriebe	6 Gang + Vorgelege	6 Gang + Vorgelege	6 Gang
Antrieb	Allrad-Antrieb (abschaltbar)	Allrad-Antrieb (abschaltbar)	Antrieb auf 2 Hinterräder (Schleppachse ohne Antrieb)
Fußbremse	Druckluft, 4 Räder	Zweikreis-Druckluft, 4 Räder	Druckluft, 6 Räder
Motorbremse	Druckluft, Auspuffklappe	Druckluft, Auspuffklappe	Druckluft, Auspuffklappe
	LA 315: Pritschenwagen	**LG 315: Pritschenwagen**	**L 315 S: Pritschenwagen mit Schleppachse**
Radstand	4600 mm	4600 mm	4600 + 1400 mm
Gesamtmaße	8280 × 2500 × 2580 mm (Höhe über Fahrerhaus)	8140 × 2500 × 3100 mm (Höhe über Fahrerhaus)	9780 × 2500 × 2480 mm (Höhe über Fahrerhaus)
Pritsche	5000 × 2350 mm	5000 × 2350 mm	6500 × 2350 mm
Reifen	11,00–20 eHD Zwillings-Hinterräder	14,00–20 eHD verst. M Hinterräder einfachbereift	11,00–20 eHD (oder auch 11,00–20 verst.) Zwillings-Hinterräder
Fahrgestellgewicht	5400 kg		
Wagengewicht	6600 kg	7700 kg	8250 kg
Zuläss. Gesamtgewicht	13 800 kg	12 850 kg	
Zuläss. Lastzuggewicht	37 800 kg		20 600 (25 000) kg
Höchstgeschwindigkeit	70, Allrad 46 km/h	70, Allrad 46 km/h	70 km/h
Verbrauch/100 km	Straße 27 Liter Diesel	Straße 27 Liter Diesel	27 Liter Diesel
	LAK 315: Kipper		**Nur für Export!**
Radstand	4200 oder 4600 mm		
	LAS 315: Sattelzugmaschine		
Radstand	3600 oder 4200 mm		

Mercedes-Benz L 315 S
Flugfeldtankwagen
13 000 Liter
Aufbau: Haller
1956

Mercedes-Benz L 315 S
Schleppachs-Fahrgestell
1956

Mercedes-Benz LP 331
Frontlenker-Fahrgestell
Radstand 4600 mm
1958

	Mercedes-Benz Typ L 331 (Export) 1957–1959	Mercedes-Benz Typ LP 331 (Export) 1957–1959	Mercedes-Benz Typ LA 331 (Export) 1957–1959
Motor	Daimler-Benz OM 326/II bzw. (ab 1958) OM 326/IV Vorkammer-Dieselmotor		
Zylinderzahl	6 (Reihe)		
Bohrung × Hub	128 × 140 mm		
Hubraum	10 810 ccm		
Leistung	150 PS bei 2000 U/min bzw. (ab 1958) 172 PS bei 2200 U/min		
Getriebe	6 Gang	6 Gang	6 Gang + Vorgelege
Antrieb	Antrieb auf Hinterräder	Antrieb auf Hinterräder	Allrad-Antrieb (abschaltbar)
Fußbremse	Druckluft, 4 Räder	Druckluft, 4 Räder	Druckluft, 4 Räder
Motorbremse	Druckluft, Auspuffklappe	Druckluft, Auspuffklappe	Druckluft, Auspuffklappe
	Pritschenwagen	**Frontlenker-Pritschenwagen**	**Pritschenwagen**
Radstand	5200 mm	4200 oder 4600 mm	4600 oder 5200 mm
Gesamtmaße	8500 × 2500 × 2550 mm (Höhe über Fahrerhaus)	7850 (8460) × 2400 × 2800 mm (Höhe über Fahrerhaus)	7900 (9065) × 2500 × 2600 mm (Höhe über Fahrerhaus)
Pritsche	5400 × 2350 mm	5900 (6500) × 2350 mm	4800 (6000) × 2350 mm
Reifen	11,00–20 eHD verst. Zwillings-Hinterräder	11,00–20 eHD verst. Zwillings-Hinterräder	11,00–20 eHD verst. Zwillings-Hinterräder
Fahrgestellgewicht	4840 kg	4830 (4870) kg	5400 (5500) kg
Wagengewicht	6150 kg	6400 (6590) kg	6650 (6950) kg
Zuläss. Gesamtgewicht	15 000 kg	15 000 kg	15 000 kg
Höchstgeschwindigkeit	75 km/h	80 km/h	75, Allrad 50 km/h
	LK 331: Kipper		**LAK 331: Kipper**
Radstand	4600 mm		4200 mm
Gesamtmaße	7265 × 2500 × 2550 mm (Höhe über Fahrerhaus)		7115 × 2500 × 2600 mm (Höhe über Fahrerhaus)
Pritsche	4000 × 2200 mm		4000 × 2200 mm
Wagengewicht	6550 kg		7150 kg
Zuläss. Gesamtgewicht	15 000 kg		15 000 kg
	LS 331: Sattelzugmaschine	**LPS 331: Frontlenker-Sattelzugmaschine**	**LAS 331: Sattelzugmaschine**
Radstand	3600 mm	3000 mm	3600 mm
Gesamtmaße	6100 × 2500 × 2590 mm (Höhe über Fahrerhaus)	5320 × 2400 × 2850 mm (Höhe über Fahrerhaus)	6200 × 2500 × 2650 mm (Höhe über Fahrerhaus)
Zuläss. Lastzuggewicht	31 000 kg (mit Zweiachs-Sattelauflieger)	31 000 kg (mit Zweiachs-Sattelauflieger)	31 000 kg (mit Zweiachs-Sattelauflieger)

Mercedes-Benz L 329
Pritschenwagen (Radstand 4600 mm) 1956–1959

Mercedes-Benz L 329
Pritschenwagen (Radstand 4600 mm) 1956–1959

Mercedes-Benz LP 329 Pritschenwagen (Radstand 3500 mm)
mit geteilten Bordwänden und Schwalbennest-Schlafkabine, 1957

Mercedes-Benz LPM 329 Kuka-Müllwagen (13 bis 15 m^3)
Aufbau: Keller & Knappich (Augsburg), 1956/57

	Mercedes-Benz Typ L 329 1956–1957	Mercedes-Benz Typ LA 329 1957	Mercedes-Benz Typ LP 329 1957
Motor		Daimler-Benz OM 315 Vorkammer-Dieselmotor	
Zylinderzahl		6 (Reihe)	
Bohrung × Hub		112 × 140 mm	
Hubraum		8280 ccm	
Leistung		145 PS bei 2100 U/min	
Getriebe		6 Gang	
Antrieb	Antrieb auf Hinterräder	Allrad-Antrieb (abschaltbar)	Antrieb auf Hinterräder
Fußbremse	Druckluft, 4 Räder	Druckluft, 4 Räder	Druckluft, 4 Räder
Motorbremse	Druckluft, Auspuffklappe	Druckluft, Auspuffklappe	Druckluft, Auspuffklappe
	L 329: Pritschenwagen (Haubenwagen)		**LP 329: Pritschenwagen (Frontlenker)**
Radstand	4600 mm		3500 mm
Gesamtmaße	8200 × 2500 × 2470 mm (Höhe über Fahrerhaus)		7100 × 2500 × 2750 mm (Höhe über Fahrerhaus)
Pritsche	4800 × 2350 mm		5000 × 2350 mm
Reifen	10,00–20 eHD Zwillings-Hinterräder		10,00–20 eHD Zwillings-Hinterräder
Fahrgestellgewicht	4000 kg		4420 kg
Wagengewicht	5500 kg		5700 kg
Nutzlast	6500 kg		6300 kg
Zuläss. Gesamtgewicht	12 000 kg		12 000 kg
Zuläss. Lastzuggewicht	28 000 kg		28 000 kg
Höchstgeschwindigkeit	80 km/h		80 km/h
Verbrauch/100 km	23 Liter Diesel		23 Liter Diesel
Preis	DM 31 000,–		DM 35 000,–
	LK 329: Kipper	**LAK 329: Kipper**	
Radstand	4200 mm	4200 mm	
Gesamtmaße	7300 × 2400 × 2470 mm (Höhe über Fahrerhaus)	7400 × 2400 × 2550 mm (Höhe über Fahrerhaus)	
Pritsche	4000 × 2200 mm	4000 × 2200 mm	
Reifen	10,00–20 eHD Zwillings-Hinterräder	10,00–20 eHD verst. Zwillings-Hinterräder	
Fahrgestellgewicht	4370 kg	5160 kg	
Wagengewicht	6000 kg	6790 kg	
Nutzlast	6000 kg	6560 kg	
Zuläss. Gesamtgewicht	12 000 kg	13 750 kg	
Zuläss. Lastzuggewicht	28 000 kg	29 350 kg	
	LS 329: Sattelschlepper	**LAS 329: Sattelschlepper**	**LPS 329: Sattelschlepper**
Radstand	3600 mm	3600 mm	3000 mm
Gesamtmaße	6175 × 2480 × 2470 mm (Höhe über Fahrerhaus)	6175 × 2480 × 2550 mm (Höhe über Fahrerhaus)	5290 × 2400 × 2750 mm (Höhe über Fahrerhaus)
Reifen	10,00–20 eHD Zwillings-Hinterräder	10,00–20 eHD Zwillings-Hinterräder	10,00–20 eHD Zwillings-Hinterräder
Zuläss. Lastzuggewicht	28 000 kg	28 000 kg	28 000 kg

Mercedes-Benz Typ L 329 1958–1959	**Mercedes-Benz Typ LA 329 1958–1962**	**Mercedes-Benz Typ LP 329 1958–1959**
	Daimler-Benz OM 326	
	Vorkammer-Dieselmotor	
	6 (Reihe)	
	128 × 140 mm	
	10 810 ccm	
	172 PS bei 2200 U/min	
	6 Gang	
Antrieb auf Hinterräder	Allrad-Antrieb (abschaltbar)	Antrieb auf Hinterräder
Druckluft, 4 Räder	Druckluft, 4 Räder	Druckluft, 4 Räder
Druckluft, Auspuffklappe	Druckluft, Auspuffklappe	Druckluft, Auspuffklappe
L 329: Pritschenwagen (Haubenwagen)		**LP 329: Pritschenwagen (Frontlenker)**
4600 mm		3500 oder 4000 mm
8200 × 2500 × 2460 mm		7050 (8050) × 2500 × 2740 mm
(Höhe über Fahrerhaus)		(Höhe über Fahrerhaus)
4800 × 2350 mm		5000 (6000) × 2350 mm
9,00–20 eHD verst.		9,00–20 eHD verst.
Zwillings-Hinterräder		Zwillings-Hinterräder
4300 kg		4310 (4390) kg
5400 kg		5600 (5800) kg
6600 kg		6430 (6350) kg
12 000 kg		12 000 kg
24 000 kg		24 000 kg
82 km/h		82 km/h
23 Liter Diesel		23 Liter Diesel
DM 31 000,–		DM 35 000,–
LK 329: Kipper	**LAK 329: Kipper**	
4200 mm	4200 mm	
7300 × 2480 × 2460 mm	7400 × 2480 × 2550 mm	
(Höhe über Fahrerhaus)	(Höhe über Fahrerhaus)	
4000 × 2200 mm	4000 × 2200 mm	
9,00–20 eHD verst.	10,00 oder 11,00–20 eHD v.	
Zwillings-Hinterräder	Zwillings-Hinterräder	
4260 kg	5160 bzw. 5400 kg	
5870 kg	6790 bzw. 7030 kg	
6100 kg	5120 bzw. 7570 kg	
12 000 kg	12 000 bzw. 14 600 kg	
24 000 kg	24 000 bzw. 28 600 kg	
LS 329: Sattelschlepper	**LAS 329: Sattelschlepper**	**LPS 329: Sattelschlepper**
3600 mm	3600 mm	3000 oder 3500 mm
6175 × 2480 × 2460 mm	6175 × 2480 × 2540 mm	5300 (5800) × 2400 × 2800 mm
(Höhe über Fahrerhaus)	(Höhe über Fahrerhaus)	(Höhe über Fahrerhaus)
9,00–20 eHD verst.	9,00–20 eHD verst.	9,00–20 eHD verst.
Zwillings-Hinterräder	Zwillings-Hinterräder	Zwillings-Hinterräder
24 000 kg	24 000 kg	24 000 kg

Mercedes-Benz LP 326
Pritschenwagen
Radstand 5200 mm
1957–1958

→

←

Mercedes-Benz L 326
Pritschenwagen
Radstand 5200 mm
1957–1958

←

Mercedes-Benz LK 326
Meiller-Kipper
Radstand 4600 mm
1957–1958

←

→

Mercedes-Benz LPS 334
Sattelzugmaschine mit
Eylert Pritschen-Aufleger
1961

Mercedes-Benz LP 334
Pritschenwagen
mit Pritschen-Anhänger
etwa 1961

→

←

Mercedes-Benz L 326
Kühlwagen
Radstand 5200 mm
Aufbau: Blumhardt
1957

Mercedes-Benz LK 334
Meiller Dreiseiten-Kipper (Radstand 4600 mm) 1958–1962

Mercedes-Benz LK 334
Meiller Mulden-Hinterkipper (Radstand 3600 mm) 1958–1962

Motor

Zylinderzahl
Bohrung × Hub
Hubraum
Leistung
Getriebe
Antrieb
Fußbremse
Motorbremse

Radstand
Gesamtmaße

Pritsche
Reifen

Fahrgestellgewicht
Wagengewicht
Nutzlast
Zuläss. Gesamtgewicht
Zuläss. Lastzuggewicht
Höchstgeschwindigkeit
Verbrauch/100 km
Preis

Radstand
Gesamtmaße

Pritsche
Wagengewicht
Zuläss. Gesamtgewicht

Radstand

Radstand
Zuläss. Lastzuggewicht
Nutzlast

Mercedes-Benz Typ L 326 1956–1958	Mercedes-Benz Typ LP 326 1957–1958	Mercedes-Benz Typ L 334 (Export) 1958–1962	Mercedes-Benz Typ LP 334 (Export) 1957–1963

Daimler-Benz OM 326
Vorkammer-Dieselmotor
6 (Reihe)
128 × 140 mm
10 810 ccm
192 bis 200 PS bei 2200 U/min
6 Gang
Antrieb auf Hinterräder
Druckluft, 4 Räder
Druckluft, Auspuffklappe

L 326: Pritschenwagen (Hauben-Ausführung)	**LP 326: Pritschenwagen (Frontlenker-Ausführung)**	**L 334: Pritschenwagen (Hauben-Ausführung)**	**LP 334: Pritschenwagen (Frontlenker-Ausführung)**
5200 mm	4600 oder 5200 mm	5200 mm	4600 mm
8540 × 2500 × 2550 mm	8000 (8275) × 2500 × 2900 mm	8340 × 2500 × 2550 mm	8090 × 2500 × 2900 mm
(Höhe über Fahrerhaus)	(Höhe über Fahrerhaus)	(Höhe über Fahrerhaus)	(Höhe über Fahrerhaus)
5400 × 2350 mm	6000 (6300) × 2350 mm	5200 × 2350 mm	6400 × 2350 mm
11,00 oder 12,00–20 eHD verst.	12,00–20 eHD verst.	12,00–20 PR 18	12,00–20 PR 18
Zwillings-Hinterräder	Zwillings-Hinterräder	Zwillings-Hinterräder	Zwillings-Hinterräder
5000 kg	5120 (5230) kg	5400 kg	5450 kg
6400 kg	6800 (7100) kg	6765 kg	7100 kg
8600 kg	9200 (8900) kg		
15 000 bzw. 16 000 kg	16 000 kg	18 500–19 000 kg	18 500–19 000 kg
32 000–40 000 kg	32 000–40 000 kg	32 000 kg	32 000 kg
70 km/h	70 km/h	77 km/h	77 km/h
30, Lastzug 40 Liter Diesel	30, Lastzug 40 Liter Diesel	30, Lastzug 40 Liter Diesel	30, Lastzug 40 Liter Diesel
	DM 45 000,–		
LK 326: Kipper		**LK 334: Kipper**	
4600 mm		4600 mm	
7340 × 2500 × 2550 mm		7340 × 2500 × 2550 mm	
(Höhe über Fahrerhaus)		(Höhe über Fahrerhaus)	
4000 × 2350 mm		4000 × 2350 mm	
6680 kg		7115 kg	
15 000 bzw. 16 000 kg		18 500–19 000 kg	
LK 326: Muldenkipper			
3600 mm			
LS 326: Sattelzugmaschine		**LS 354: Sattelzugmaschine**	**LPS 354: Sattelzugmaschine**
3600 mm		3600 oder 4200 mm	3000 mm
32 000 kg		32 000 kg	32 000 kg
		etwa 21 000 kg	etwa 21 000 kg

Mercedes-Benz LAF 332
Rüstwagen R 10
mit 10 t-Kran
Aufbau: Metz (Karlsruhe)
1962

Mercedes-Benz LP 332
Pritschenwagen
Radstand 5200 mm
Aufbau: Kässbohrer (Ulm)
etwa 1961

Mercedes-Benz LP 332
Fahrgestell
Radstand 4600 mm
mit Fahrerhaus kurz
1960–1962

	Mercedes-Benz Typ L 332 (Export) 1958–1962	Mercedes-Benz Typ LA 332 (Export) 1958–1962	Mercedes-Benz Typ LP 332 (Export) 1960–1962
Motor		Daimler-Benz OM 326 Vorkammer-Dieselmotor	
Zylinderzahl		6 (Reihe)	
Bohrung × Hub		128 × 140 mm	
Hubraum		10 810 ccm	
Leistung		172 PS bei 2200 U/min	
Getriebe		6 Gang	
Antrieb	Antrieb auf Hinterräder	Allrad-Antrieb (abschaltbar)	Antrieb auf Hinterräder
Fußbremse	Druckluft, 4 Räder	Druckluft, 4 Räder	Druckluft, 4 Räder
Motorbremse	Auf Wunsch: Druckluft, Auspuffklappe	Auf Wunsch: Druckluft, Auspuffklappe	Auf Wunsch: Druckluft, Auspuffklappe
	L 332: Pritschenwagen (Hauben-Ausführung)	**LA 332: Pritschenwagen (Hauben-Ausführung)**	**LP 332: Pritschenwagen (Frontlenker-Ausführung)**
Radstand	4600 oder 5200 mm	4600 oder 5200	5200 mm
Pritsche	4700 (5800) × 2350 mm	5000 (6200) × 2350 mm	6300 × 2350 mm
Gesamtmaße	7760 (8860) × 2500 × 2600 (Höhe über Fahrerhaus)	8100 (9300) × 2500 × 2650 mm (Höhe über Fahrerhaus)	8500 × 2500 × 2830 mm (Höhe über Fahrerhaus)
Reifen	12,00–20 PR 18 oder Michelin F 20 Zwillings-Hinterräder	12,00–20 PR 18 oder Michelin F 20 Zwillings-Hinterräder	12,00–20 PR 18 oder Michelin F 20 Zwillings-Hinterräder
Fahrgestellgewicht	5015 (5055) kg	5645 (5735) kg	5200 kg
Wagengewicht	6250 (6530) kg	6920 (7230) kg	7130 kg
Zuläss. Gesamtgewicht	17 500 kg	17 500 kg	18 000 kg
Nutzlast	11 t	10 t	10,5 t
	LK 332: Kipper	**LAK 332: Kipper**	
Radstand	4200 mm	4200 mm	
Pritsche	4000 × 2350 mm	4000 × 2350 mm	
Gesamtmaße	7110 × 2500 × 2600 mm (Höhe über Fahrerhaus)	7230 × 2500 × 2650 mm (Höhe über Fahrerhaus)	
Wagengewicht	6780 kg	7410 kg	
Zuläss. Gesamtgewicht	17 500 kg	17 500 kg	
	LS 332: Sattelzugmaschine	**LAS 332: Sattelzugmaschine**	**LPS 332: Sattelzugmaschine**
Radstand	3600 mm	3600 mm	3500 mm
Zuläss. Lastzuggewicht	32 500 kg	32 500 kg	34 000 kg

Mercedes-Benz LP 333
Pritschenwagen
Fahrerhaus und Aufbau:
Wackenhut (Altensteig)
1959

UNION BIER
Fritz Hollbrügge
DORTMUND-BRECHTEN

Mercedes-Benz LP 333
Kalk-Transportzug
Aufbau und Anhänger:
Kässbohrer (Ulm)
etwa 1960

→

←

Mercedes-Benz LP 333
Pritschenwagen
Fahrerhaus normal
6,2 Meter-Pritsche
1958–1961

←

→

Mercedes-Benz LPS 333
Sattelzugmaschine mit
langem Fahrerhaus und
Aurepa Sattelanhänger
etwa 1960

Mercedes-Benz LP 333
Pritschenwagen
Fahrerhaus lang
5,5 Meter-Pritsche
1958–1961

←

Mercedes-Benz LPS 333
Sattelzugmaschine mit
langem Fahrerhaus und
Blumhardt Sattelanhänger
ca. 1960

→

←

Mercedes-Benz LP 333
mit Kofferaufbau von
Kässbohrer (Ulm)
etwa 1960

Kalk aus Rheine
Kalk aus Rheine

RA-E 194

Mercedes-Benz LP 333
Lastwagen-Fahrgestell
1958–1961

Mercedes-Benz LPS 333
Sattelzugmaschine mit
langem Fahrerhaus
1958–1961

	Mercedes-Benz Typ LP 333 1958–1961
Bauart	**Sechsrad-Frontlenker (»Front-Dreiachser«) mit zwei gelenkten Vorderachsen**
Motor	Daimler-Benz OM 326 Vorkammer-Dieselmotor
Zylinderzahl	6 (Reihe)
Bohrung × Hub	128 × 140 mm
Hubraum	10 810 ccm
Leistung	200 PS bei 2200 U/min
Getriebe	6 Gang
Antrieb	Antrieb auf Hinterräder
Fußbremse	Druckluft, 6 Räder
Motorbremse	Druckluft, Auspuffklappe

LP 333: Pritschenwagen

Radstand	1365 + 3385 mm	1365 + 3385 mm	1365 + 3385 mm
Gesamtmaße	8200 × 2400 × 2800 mm (Höhe über Fahrerhaus)	8360 × 2400 × 2850 mm (Höhe über Fahrerhaus)	8360 × 2400 × 2900 mm (Höhe über Fahrerhaus)
Pritsche	Fahrerhaus normal: 6200 × 2350 mm Fahrerhaus lang: 5500 × 2350 mm	Fahrerhaus normal: 6400 × 2350 mm Fahrerhaus lang: 5900 × 2350 mm	Fahrerhaus normal: 6400 × 2350 mm Fahrerhaus lang: 5900 × 2350 mm
Reifen	10,00–20 eHD verst. Zwillings-Hinterräder	11,00–20 eHD verst. Zwillings-Hinterräder	12,00–20 PR 18 Zwillings-Hinterräder
Fahrgestellgewicht	5310 kg	5490 kg	6160 kg
Wagengewicht	6900 kg	7500 kg	7800 kg
Nutzlast	9100–9200 kg	12 500 kg	14 700 kg
Zuläss. Gesamtgewicht	16 000 kg	20 000 kg	22 500 kg
Zuläss. Lastzuggewicht	32 000 kg		
Höchstgeschwindigkeit	70–90 km/h (je nach Übersetzung)	75 km/h	75 km/h
Verbrauch/100 km	30, Lastzug 40 Liter Diesel		
Preis	DM 46 000,–		

LPS 333: Sattelzugmaschine

Radstand	2100 + 1400 mm
Gesamtmaße (Zugmaschine)	5820 × 2400 × 2850 (Höhe über Fahrerhaus)
Reifen	10,00–20 eHD verst. Zwillings-Hinterräder
Fahrgestellgewicht	5420 kg
Gewicht (Zugmaschine)	6500 kg
Zuläss. Gesamtgewicht	16 000 kg
Zuläss. Lastzuggewicht	32 000 kg (mit Zweiachs-Sattelanhänger)

Vom Hauben-Omnibus der Nachkriegsjahre zum Frontlenker mit Heckmotor

Nahezu gleichzeitig mit den mittleren und schweren Lastwagen nahm Daimler-Benz auch die Lieferung entsprechender Omnibusse wieder auf. Der Opel-Nachbau-Dreitonner wurde zwar nicht als Omnibus oder Omnibus-Fahrgestell angeboten, aber dennoch von Aufbau-Herstellern schätzungsweise 150- bis 200mal dafür verwendet. (Genaue oder annähernde Zahl nicht feststellbar, weil in der offiziellen Statistik die Gesamtproduktion bei den Lastwagen eingeordnet ist.) Überhaupt betrieb man das Omnibusgeschäft in den ersten Jahren ziemlich halbherzig. Nur wer unter den zahlreichen Interessenten nachdrücklich auftrat und möglichst außerdem Kompensationslieferungen zusagte, konnte auf eine Lieferung hoffen.

Erst mit dem O 3500 (Anfang 1950) und mit dem O 6600 (Sommer 1950) begann man bei Daimler wieder mit ernsthaften Verkaufsbemühungen. Es waren dies zwei sehr ansehnliche Omnibusse, elegant und eindrucksvoll gezeichnet, was jedoch wenig daran änderte, daß sie in ihrer überholten Gesamtkonzeption nicht mehr den modernen Ansprüchen genügten. Vor allem vermißte man die Frontlenker-Bauart, die im Hause Daimler lange Zeit als eine vorübergehende Modeerscheinung galt. Die Exportkunden bestanden jedoch überwiegend auf der Lieferung von Frontlenkern. Dennoch überließ es Daimler-Benz geraume Zeit den Aufbau-Herstellern, per Umbau des Fahrgestells den Fahrersitz neben den Motor nach vorn zu verlegen, bis man sich endlich entschloß, und zwar immer noch hauptsächlich für den Export, ab Ende 1953 den OP 3500 und den OP 6600 als fertige Frontlenker-Fahrgestelle zu liefern.

Allerdings hatte man bereits im Frühjahr 1951 den Typ O 6600 H herausgebracht. Dieser 11 Meter-Omnibus in Frontlenker-Bauart mit quer hinter der Hinterachse eingebautem Heckmotor, elektrisch geschaltetem ZF-Media 6 Gang-Getriebe, aufgeschraubter Stahl-Leichtbau-Karosserie und gummigelagerten Stabilisatoren wurde wegen seiner aufwendigen Technik viel bestaunt. Trotz seines hohen Preises verkaufte er sich verhältnismäßig gut. Aber Schule machte dieses Konzept nicht, und der O 6600 H blieb ein Außenseiter seiner Gattung.

Eine Besonderheit der 50er Jahre war es, daß zahlreiche Städte sowohl in der Bundesrepublik als auch in anderen Ländern ihre Straßenbahnen ganz oder teilweise durch Oberleitungs-Omnibusse ersetzen wollten. Daimler-Benz leitete deshalb vom O 6600 H den O 6600 T ab. Er brachte es auf die hierfür stattliche Produktionszahl von 364 Stück, welche allerdings – mit Ausnahme von nur 10 Exemplaren – in den Export gingen. (Kommunalverwaltungen im Bundesgebiet, die sich für solche Verkehrsmittel interessierten, bevorzugten damals den Henschel als Obus.)

Erst mit dem O 321 H, einem mittelgroßen 9 Reihen-Frontlenker-Omnibus mit längs hinter der Hinterachse eingebautem Motor lag Daimler ab Herbst 1954 wieder im internationalen Trend. Wichtiges Merkmal dieses Fahrzeugs war die selbsttragende Bauweise, bestehend aus einer Rahmen-Boden-Anlage mit fest darauf verschweißtem, mittragendem Aufbau. Außer einer gewissen Gewichtseinsparung gewann man damit einen für damalige Begriffe riesigen Gepäckraum unter dem Fußboden. Ein unmittelbarer Zwang zum Übergang auf diese fortschrittliche Bauart bestand insofern, als die Firma Kässbohrer bereits 1952 mit ihrem ersten »Setra« herausgekommen war.

Eine an sich nebensächliche, aber dennoch bezeichnende Anekdote darf hier verzeichnet werden. Der O 321 H war in seiner äußeren Form, im Styling, unvergleichlich besser gelungen als seine wichtigste Konkurrenz. Die Karosseriemenschen von Daimler beschränkten sich deshalb in nahezu puritanischem Stolz auf ein Minimum von Chrom, weil die harmonische Form aus sich selbst heraus wirken sollte und ihrer Ansicht nach kein Lametta brauchte. Aber die ersten Händler und Kunden, die den neuesten Omnibus sahen, zeigten sich schockiert über dessen bescheidene Aufmachung und verlangten kategorisch nach dem üblichen Zierrat. Daimler fügte sich dem Wunsch, erhöhte dafür den Listenpreis beträchtlich (viel mehr als nötig), und siehe da, der O 321 H wie auch der später eingeführte, um zwei Sitzreihen längere O 321 HL verkauften sich ganz ausgezeichnet.

Ergänzt wurde das Programm durch den auf der Frankfurter Automobil-Ausstellung im September 1959 vorgestellten Stadt-Omnibus O 322. Dieses Fahrzeug war kompromißlos für seinen besonderen Zweck konzipiert, und es begründete die führende Stellung von Daimler-Benz als Hersteller von Linienbussen für den innerstädtischen Verkehr. Als neue Errungenschaft besaß der O 322 zum ersten Mal serienmäßig eine Luftfederung, und zwar ohne Hilfsfedern aus Stahl.

Entwickelt wurden die ersten Nachkriegs-Omnibusse von Daimler-Benz im Werk Sindelfingen, wo anfangs auch die Herstellung sämtlicher Aufbauten stattfand. 1951 verlegte man die gesamte Omnibus-Produktion nach Mannheim, wohin Gaggenau noch die Fahrgestelle für die 6600-Baureihen zuliefern mußte. Auch dies hörte 1960 auf. Aus Mannheim aber kommen auch heute noch alle Großomnibusse von Daimler-Benz.

Produktion

Typ	Konstruktions-Nummer	Produktions-beginn	Produktions-ende	Fahrgestelle	Komplette Omnibusse	Gesamtzahl
O 3250 / O 3500 / O 311	312	Dez. 49	Dez. 55	3 405	2 644	6 049
OP 3500 / OP 311	312	Sept. 53	Jan. 61	1 675	–	1 675
OP 312	312	Dez. 56	Dez. 68	3 800	–	3 800
O 321 H	321	Okt. 54	Dez. 64	4 456	8 370	12 826
O 321 HL	321	Nov. 56	Dez. 64	1 172	4 085	5 257
O 322	322	Aug. 60	Dez. 64	17	942	959
LPO 322 / LPO 1113	322	Dez. 62	Nov. 66	186	–	186
O 4500 / O 5000	303	April 48	Sept. 50	121	649	770
O 6600	304	Juli 50	Aug. 55	245	383	625
OP 6600 / OP 315	304	Dez. 53	Juli 60	474	–	474
OP 320	330	Febr. 60	März 61	95	–	95
O 6600 H / O 320 H	320	März 51	Okt. 58	56	1 310	1 366
O 6600 T / O 320 T	320	Juni 52	Sept. 55	2	362	364
Teilesätze für Argentinien						
OP 311	312	1961	1962			576
O 321 HL	321	1965				4
Teilesätze für Brasilien						
O 321 H/HL	321	1957	1970			11 383
O 326	331	1967	1968			300
Teilesätze für Griechenland						
O 321 H	321	1965				116

Mercedes-Benz O 3250
Reise-Omnibus
1949

←

→

Mercedes-Benz L 3500
Ausflugs-Omnibus
Karosserie Kässbohrer
1952

Mercedes-Benz O 3500
Möbelwagen
Aufbau: Ackermann
1954

→

←

Mercedes-Benz O 3500
Luxus-Reise-Omnibus
29 + 1 Sitze
1950–1955

→

Mercedes-Benz O 3500
Stadt-Omnibus
Karosserie Kässbohrer
1952

Mercedes-Benz O 3500
Luxus-Reise- und
Konferenz-Omnibus mit
Tischen und Gegenüber-Sitzen
Karosserie Ludewig
1950

→

←

Mercedes-Benz O 3500
Stadt-Omnibus
44 + 1 Sitze
1952–1955

Mercedes-Benz LAP 312
Radstand 3600 mm
Frontlenker-Allrad-Omnibus
für Bergstrecken
Karosserie Vetter
1958

Mercedes-Benz OP 312
Luxus-Reise-Omnibus
Karosserie Vetter
1957

Mercedes-Benz OP 311
Feuerwehr-Leitertransport-
und Mannschaftswagen
Karosserie Vetter
Export, etwa 1958

Mercedes-Benz OP 312
Möbelwagen
Karosserie Vetter
1957

→

Mercedes-Benz OP 3500
Luxus-Reise-Omnibus
Karosserie Vetter
1954

DAIMLER-BENZ A.G.
61017

Mercedes-Benz O 321 HL
Reise-Omnibus in
Sonderausführung
Werkskarosserie mit
Heckform ab 1963

→

←

Mercedes-Benz O 321 H
Reise-Omnibus
Frontscheibe flach
Werkskarosserie
1954-1957

←

Mercedes Benz O 321 H
Reise-Omnibus in
Sonderausführung
Frontscheibe tiefergezogen
Werkskarosserie
1957-1961

←

→

Mercedes-Benz O 321 H
Reise-Omnibus in
Sonderausführung
Karosserie Vetter
1962

→

←

Mercedes-Benz O 321 H
Linien-Omnibus in
Bundespost-Ausführung
Werkskarosserie
1955-1957

MA 04108

GE 2408

Mercedes-Benz O 321 HL
Reise-Omnibus
1957–1961

←

Mercedes-Benz O 321 HL
Linien-Omnibus
1957–1961

←

Mercedes-Benz O 321 H
Gefangenen-Transportwagen
Karosserie Vetter
etwa 1963

←

→
→

Mercedes-Benz O 321 HL
Reise-Omnibus in
Sonderausführung
1963

MA-AH 455

MA-AH 455

Bauart

Motor

Zylinderzahl
Bohrung × Hub
Hubraum
Leistung

Getriebe
Fußbremse

Radstand
Gesamtmaße
Reifen

Fahrgestellgewicht
Wagengewicht
Zuläss. Gesamtgewicht
Sitzplätze

Höchstgeschwindigkeit
Verbrauch/100 km
Preis

Bauart

Motor

Zylinderzahl
Bohrung × Hub
Hubraum
Leistung
Getriebe
Fußbremse

Radstand
Gesamtmaße
Reifen

Wagengewicht
Zuläss. Gesamtgewicht
Sitzplätze

Höchstgeschwindigkeit
Verbrauch/100 km
Preis

Bemerkungen

Mercedes-Benz O 322 Stadt-Omnibus 1960–1964

Mercedes-Benz O 3250 (O 311) 1949 O 3500 (O 311) 1950–1955	**Mercedes-Benz OP 3500 (1953–1955) OP 311 (1955–1961)**	**Mercedes-Benz OP 312 (1956–1968)**
Hauben-Omnibus mit Niederrahmen	Frontlenker-Omnibus-Fahrgestell mit Niederrahmen und Fahrersitz neben dem Motor	
Daimler-Benz OM 312	Daimler-Benz OM 312	Daimler-Benz OM 321
Vorkammer-Dieselmotor	Vorkammer-Dieselmotor	Vorkammer-Dieselmotor
6 (Reihe)	6 (Reihe)	6 (Reihe)
90 × 120 mm	90 × 120 mm	95 × 120 mm
4580 ccm	4580 ccm	5100 ccm
90 PS bei 2800 U/min	90 PS bei 2800 U/min bzw. (ab 1956) 100 PS bei 3000 U/min	110 PS bei 3000 U/min
5 Gang	5 Gang	5 Gang
Hydraulisch, 4 Räder	Hydraulisch, 4 Räder	Hydraulisch, 4 Räder
Druckluft-Servohilfe	Druckluft-Servohilfe	Druckluft-Servohilfe
4830 mm	4830 mm	4830 mm
8630 bzw. (ab 1954 auch) 8910 × 2420 × 2800 mm		
8,25–20 Tr	8,25–20 eHD	8,25–20 eHD
Zwillings-Hinterräder	Zwillings-Hinterräder	Zwillings-Hinterräder
2800 kg	2900 kg	2930 kg
5650–5800 kg		
8000–8500 kg	8500–8600 kg	8600 kg
Reise-Omnibus: 29 oder 33 + 1 Sitze Stadt-Omnibus 45 Fahrgäste		
80 km/h		
17 Liter Diesel		
ca. 38 000 DM		
Fahrgestell ca. 18 000 DM		

Mercedes-Benz O 321 H 1954–1964	**Mercedes-Benz O 321 HL 1956–1964**	**Mercedes-Benz O 322 1960–1961**	**Mercedes-Benz O 322 1961–1964**
Frontlenker-Omnibus mit selbsttragender Karosserie, Motor längs hinter der Hinterachse		Frontlenker-Omnibus mit selbsttragender Karosserie, Luftfederung und Motor längs hinter der Hinterachse	
Daimler-Benz OM 321		Daimler-Benz OM 321	Daimler-Benz OM 322
Vorkammer-Dieselmotor		Vorkammer-Dieselmotor	Vorkammer-Dieselmotor
6 (Reihe)		6 (Reihe)	6 (Reihe)
95 × 120 mm		95 × 120 mm	97 × 128 mm
5100 ccm		5100 ccm	5675 ccm
110 PS bei 3000 U/min		110 PS bei 3000 U/min	128 PS bei 2800 U/min
5 Gang		4 Gang oder ZF-Hydromedia	5 Gang
Hydraulisch, 4 Räder, Druckluft-Servohilfe		Hydraulisch, 4 Räder, Druckluft-Servohilfe, dazu Motorbremse	
4180 mm	5550 mm	5110 mm	
230 × 2500 × 2900 mm	10 600 × 2500 × 2900 mm	9950 × 2500 × 2900 mm	
8.25–20 Tr verst.	8.25–20 Tr verst.	9.00–20 eHD verst.	
Zwillings-Hinterräder	Zwillings-Hinterräder	Zwillings-Hinterräder	
5400 kg	5800 kg	6500 kg	
8700–9300 kg	9900 kg	12 000 kg	
eise-Omnibus 31–37 + 1 dt-Omnibus 60 Fahrgäste	Reise-Omnibus 41 oder 45 + 1 Stadt-Omnibus 75 Fahrgäste	Stadt-Omnibus 32 + 1, dazu bis 50 Stehplätze	
80 km/h	80 km/h	je nach Motor und Übersetzung 70 bis 90 km/h	
17 Liter Diesel	17 Liter Diesel		
a. 44 000 bis 56 000 DM	ca. 50 000 bis 58 000 DM	ca. 60 000 DM	
Ab 1962 wahlweise auch Daimler-Benz OM 322 Vorkammer-Dieselmotor Zylinder, 97 × 128 mm, 5675 ccm, 126 PS bei 2800 U/min		Ab 1964 wahlweise auch Daimler-Benz OM 352 Direkteinspritz-Dieselmotor 6 Zylinder, 97 × 128 mm, 5675 ccm, 126 PS bei 2800 U/min	

Mercedes-Benz O 4500
Mercedes-Benz O 5000
Reise-Omnibus
1948–1950

←

→

Mercedes-Benz O 6600
Reise-Omnibus
1950–1955

Mercedes-Benz OP 6600
Reise-Omnibus
Karosserie Vetter
1953/54

→

←

Mercedes-Benz O 5000
Linien-Omnibus
1949–1950

→

Mercedes-Benz O 6600
Alu-Kofferaufbau
Karosserie Blumhardt
1950

Mercedes-Benz O 6600
Möbelwagen
Karosserie Schenk
1951

→

←

Mercedes-Benz O 5000
Reise-Omnibus in
Sonderausführung
1950

Mercedes-Benz O 6600 H bzw. O 320 H
Reise-Omnibus 1951-1958

Mercedes-Benz O 6600 T Oberleitungs-Omnibus 1952–1955

<table>
<tr><th></th><th>Mercedes-Benz
O 4500 (O 303)
1948</th><th>Mercedes-Benz
O 5000 (O 303)
1949–1950</th><th></th></tr>
<tr><td>Bauart</td><td colspan="2">Hauben-Omnibus mit Niederrahmen</td><td></td></tr>
<tr><td>Motor</td><td colspan="2">Daimler-Benz OM 67/4
Vorkammer-Dieselmotor</td><td></td></tr>
<tr><td>Zylinderzahl</td><td colspan="2">6 (Reihe)</td><td></td></tr>
<tr><td>Bohrung × Hub</td><td colspan="2">105 × 140 mm</td><td></td></tr>
<tr><td>Hubraum</td><td colspan="2">7270 ccm</td><td></td></tr>
<tr><td>Leistung</td><td colspan="2">112 PS bei 2250 U/min</td><td></td></tr>
<tr><td>Getriebe</td><td colspan="2">5 Gang</td><td></td></tr>
<tr><td>Fußbremse</td><td colspan="2">Zweikreis-Anlage:
Hydraulisch Vorderräder, Druckluft Hinterräder</td><td></td></tr>
<tr><td>Radstand</td><td>5700 mm</td><td>5700 mm</td><td></td></tr>
<tr><td>Gesamtmaße</td><td>10 500 × 2450 × 3100 mm</td><td>10 500 × 2450 × 3100 mm</td><td></td></tr>
<tr><td>Reifen</td><td>270–20 extra
Zwillings-Hinterräder</td><td>10.00 oder 11.00–20
Zwillings-Hinterräder</td><td></td></tr>
<tr><td>Fahrgestellgewicht</td><td>4600 kg</td><td>4670 kg</td><td></td></tr>
<tr><td>Wagengewicht</td><td>7150 kg</td><td>7200 kg</td><td></td></tr>
<tr><td>Zuläss. Gesamtgewicht</td><td>10 500 kg</td><td>11 000 kg</td><td></td></tr>
<tr><td>Sitzplätze</td><td>39 bis 47</td><td>39 bis 47
Stadt-Omnibus: 60 Fahrgäste</td><td></td></tr>
<tr><td>Höchstgeschwindigkeit</td><td>62 km/h</td><td>65 oder 75 km/h</td><td></td></tr>
<tr><td>Preis</td><td></td><td>ca. 48 000 DM
Fahrgestell ca. 26 000 DM</td><td></td></tr>
</table>

<table>
<tr><th></th><th>Mercedes-Benz
O 6600 (O 304)
1950–1955</th><th>Mercedes-Benz
O 6600 H (1951–1954)
O 320 H (1955–1958)</th><th>Mercedes-Benz
OP 6600 (1953–1955)
OP 315 (1955–1960)</th></tr>
<tr><td>Bauart</td><td>Hauben-Omnibus
mit Niederrahmen</td><td>Frontlenker-Omnibus
Motor quer hinter Hinterachse</td><td>Frontlenker-Omnibus Fahrgestell mit Niederrahmen
Fahrersitz vorn neben Motor</td></tr>
<tr><td>Motor</td><td colspan="3">Daimler-Benz OM 315
Vorkammer-Dieselmotor</td></tr>
<tr><td>Zylinderzahl</td><td colspan="3">6 (Reihe)</td></tr>
<tr><td>Bohrung × Hub</td><td colspan="3">112 × 140 mm</td></tr>
<tr><td>Hubraum</td><td colspan="3">8276 ccm</td></tr>
<tr><td>Leistung</td><td colspan="3">145 PS bei 2100 U/min</td></tr>
<tr><td>Getriebe</td><td>6 Gang</td><td>6 Gang ZF-Media mit
elektrischer Schaltung</td><td>6 Gang</td></tr>
<tr><td>Fußbremse</td><td>Druckluft, 4 Räder
dazu Motorbremse</td><td>Druckluft, 4 Räder
dazu Motorbremse</td><td>Druckluft, 4 Räder
dazu Motorbremse</td></tr>
<tr><td>Radstand</td><td>5700 mm</td><td>5480 mm</td><td>5700 mm</td></tr>
<tr><td>Gesamtmaße</td><td>10 640 × 2500 × 3130 mm</td><td>11 000 × 2500 × 3100 mm</td><td></td></tr>
<tr><td>Reifen</td><td>11.00–20 eHD
Zwillings-Hinterräder</td><td>11.00–20 eHD oder
11.00–20 eHD verst.
Zwillings-Hinterräder</td><td>11.00–20 eHD
Zwillings-Hinterräder</td></tr>
<tr><td>Fahrgestellgewicht</td><td>4900 kg</td><td>5370 bzw. 5410 kg</td><td>4980 kg</td></tr>
<tr><td>Wagengewicht</td><td>7650–7900 kg</td><td>9600–9850 kg</td><td></td></tr>
<tr><td>Zuläss. Gesamtgewicht</td><td>12 500 kg</td><td>13 800 bzw. 14 100 kg</td><td>13 000 kg</td></tr>
<tr><td>Sitzplätze</td><td>37 oder 41 + 1
Stadt-Omnibus:
29 + 1 dazu 38 Stehplätze</td><td>44 bis 47 + 1
Stadt-Omnibus:
dazu 10 oder 27 Stehplätze</td><td></td></tr>
<tr><td>Höchstgeschwindigkeit</td><td>85 km/h</td><td>80 km/h</td><td></td></tr>
<tr><td>Verbrauch/100 km</td><td>24 Liter Diesel</td><td>24 Liter Diesel</td><td></td></tr>
<tr><td>Preis</td><td>ca. 60 000 DM
Fahrgestell ca. 35 000 DM</td><td>ca. 70 000 DM
Fahrgestell ca. 40 000 DM</td><td></td></tr>
</table>

Erinnerung an eine fröhliche Zeit: Der Rennwagen-Schnelltransporter von 1955

Gerade zehn Jahre waren seit dem Ende des verheerenden Weltkriegs vergangen. Weit mehr war inzwischen wieder aufgebaut worden, als man sich 1945 hätte erhoffen dürfen. Die Wirtschaft blühte auf (»Wirtschaftswunder«), und von Jahr zu Jahr stellten sich neue Wachstumsrekorde ein. Allerorten wurde tüchtig gearbeitet, doch die Leute taten das gern, ja mit Begeisterung, denn sie genossen den Erfolg. Es ging allen besser und besser, besser als jemals zuvor – sie wußten es und sie wußten es auch noch zu schätzen. Und alle waren stolz auf die Leistungen, die sie selbst und die anderen vollbrachten. Begeistert war so auch das ganze deutsche Volk über die glorreichen Siege, welche die Mercedes-Benz Rennwagen (»Silberpfeile«) aus der ganzen Welt nach Hause brachten.

Jedes Mittel war recht, um diese Siegesserie zu sichern. Da sich zuweilen die Notwendigkeit ergab, einen Rennwagen möglichst rasch zurück zum Werk und nach der Instandsetzung wieder zur Rennstrecke zu bringen, erreichte es Alfred Neubauer, daß eigens für diesen Zweck ein superschneller Rennwagentransporter gebaut wurde. Der Wagen bestand im wesentlichen aus einem modifizierten Fahrgestell des Typs 300 S, einem Motor des 300 SL, dazu einem stromförmig gestalteten Aufbau (Farbe: Mercedes-blau) mit vor- und tiefgesetztem Fahrerhaus. Das Unikum erreichte die für einen Lastwagen geradezu sagenhafte Geschwindigkeit von 165 km/h.

Zur praktischen Bewährung freilich bot sich dem Schmuckstück keine Gelegenheit. Wie ein Blitz aus heiterem Himmel traf die Sportwelt im Oktober 1955 der Vorstandsbeschluß, daß Daimler-Benz ab sofort jede aktive Beteiligung am Rennsport einstellt. Dabei blieb es bis heute. Und der Rennwagen-Schnelltransporter fiel der Verschrottung anheim. Ein trauriges Ende für dieses einzigartige Automobil.

Mercedes-Benz
Rennwagen-Schnelltransporter
1955

Motor	Daimler-Benz M 198 300 SL Ottomotor mit Kraftstoffeinspritzung
Zylinderzahl	6 (Reihe)
Bohrung × Hub	85 × 88 mm
Hubraum	2996 ccm
Leistung	192 PS bei 5500 U/min
Getriebe	4 Gang
Antrieb	Hinterräder
Fußbremse	Hydraulisch, Servohilfe, dazu Motorbremse
Radstand	3050 mm
Gesamtmaße	6750 × 2000 × 1750 mm
Reifen	7.60–15 / 8 PR
Wagengewicht	2100 kg
Höchstgeschwindigkeit	165 km/h
Verbrauch/100 km	25 Liter Super

Noch niemals dagewesen freilich war ein solches Auto nicht. Schon 1924 ließ Alfred Neubauer einen 15/70/100 PS Mercedes Sport-Zweisitzer zu einem, wenn auch recht behelfsmäßigen Schnelltransporter für den damals überaus erfolgreichen Zweiliter-Rennwagen umfunktionieren.

Der Unimog von 1951 wächst zum Programm von 1977

Unimog ist die Abkürzung für »Universal-Motorgerät«. Das Basismodell dieses einst einzigartigen, inzwischen viel kopierten, doch in der Summe seiner Qualitäten und Verwendungsmöglichkeiten anderswo nie erreichten Fahrzeugs geschaffen zu haben, ist das Verdienst von Albert Friedrich. Er war früher Flugmotoren-Konstrukteur bei Daimler-Benz und hatte nach dem Krieg die Idee, für die Landwirtschaft ein Universal-Motorgerät zu schaffen, und er tat es auch.

Ob es noch eine Vorgeschichte dazu gab, wird wohl nie mehr zu klären sein. Die Behauptung nämlich, der Urtyp des Unimog sei eine kleine, für die Wehrmacht bestimmte Allrad-Zugmaschine gewesen, die bei Daimler-Benz allerdings nie über das Projektstadium hinausgekommen sei, konnte bisher ebensowenig zufriedenstellend bewiesen wie eindeutig widerlegt werden. In der Tat nämlich entfalteten die Konstruktions- und Entwicklungsabteilungen wohl aller großen Industriefirmen im letzten Drittel des Krieges eine überaus hektische Betriebsamkeit mit dem Zweck, ihre hochqualifizierten Leute beieinander halten zu können. Die Ergebnisse dieses emsigen Schaffens wurden bei Kriegsende fast überall nahezu restlos beseitigt, so daß seitdem Spuren oder Beweisstücke fehlen. Inzwischen aber haben Meinungsverschiedenheiten historischen Charakters in solchen Fällen keine praktische Bedeutung mehr.

Jedenfalls war es der Konstrukteuer Albert Friedrich, der in der unmittelbaren Nachkriegszeit unter heute kaum mehr vorstellbaren Schwierigkeiten »seinen« Unimog zur Produktionsreife brachte. Umso größer mag für ihn die Enttäuschung gewesen sein, daß Daimler-Benz zunächst, aus welchen Gründen auch immer, die Herstellung des neuartigen Fahrzeugs nicht übernehmen wollte.

Glücklicherweise aber fand Friedrich nach ergebnislosen Verhandlungen mit anderen Automobilfabriken schließlich in der Firma Gebr. Boehringer in Göppingen, einer schon vor dem

Produktion des Unimog

Typ	1951	1952	1953	1954	1955	1956	1957	1958	1959	1960	1961	1962	1963	196
401/402	1005	3799	1753	2544	4149	3000								
411						665	3603	2735	3117	3924	4840	3 921	3 747	28
406													801	20
416														
421														
403														
426														
413														
431														
in obigen Zahlen enthaltene Lkw														
411														
406														
416														
421														
413														
426														
431														
Unimog S														
404					578	1334	2337	2651	3649	5516	4986	6 593	5810	47
405								5		10				
Gesamtzahl	1005	3799	1753	2544	4727	4999	5940	5391	6766	9450	9826	10 514	10 358	95

Krieg pikfeinen Werkzeugmaschinenfabrik, einen erstklassigen Partner. In kurzer Zeit entstand ein Musterexemplar des Unimog, das nur wenige Monate nach der Währungsreform auf der ersten Landwirtschaftlichen Ausstellung vorgestellt wurde, die Ende August 1948 in Frankfurt stattfand. Der Unimog zählte zu den wichtigsten Ereignissen dieser Schau. Größte Aufmerksamkeit erweckte er sowohl bei den Fachleuten aus der Landwirtschaft als auch bei jenen des Fahrzeugbaus. Die Aufträge übertrafen alle Erwartungen, obwohl das Gerät zu dem für damalige Verhältnisse enorm hohen Preis von 11 230 DM angeboten wurde. Boehringer bereitete sofort die Serienfertigung vor. Bis Ende 1950 wurden 600 Stück gebaut, viel zu wenig, um der Nachfrage zu entsprechen. Hierfür aber reichte die Kapazität bei Boehringer nicht aus. So übernahm nun doch Daimler-Benz von der Göppinger Firma die gesamten Produktionseinrichtungen für den Unimog samt Direktor Albert Friedrich und seinen Mitarbeitern. Das Werk Gaggenau, heute noch alleiniger Hersteller des Unimog, begann im Mai 1951 mit dessen Produktion. Bereits im gleichen Jahr entstanden 1000, im nächsten Jahr 1952 schon 3800 Stück.

Das Gerät war so hervorragend durchkonstruiert, daß es kaum die üblichen Anfangsschwierigkeiten bereitete und jahrelang keiner Änderung bedurfte. Zahlreiche Zulieferfirmen beschäftigten sich mit der Entwicklung von Anbaugeräten, die bald in einer fast unüberschaubaren Vielfalt zur Verfügung standen und dem Unimog hunderterlei Einsatzmöglichkeiten eröffneten. Maßnahmen zur Modellpflege und Modernisierung erfolgten sporadisch in verhältnismäßig weiten Zeitabständen. Hier die wichtigsten Abschnitte:

- Ab September 1953 erhält der Unimog wahlweise statt des offenen Fahrerhauses mit Wetterdach auch ein geschlossenes Ganzstahl-Fahrerhaus. Man will dem Fahrzeug damit den gewerblichen, industriellen und kommunalen Bereich besser erschließen, zumal es sich ungeachtet seiner anfänglichen Erfolge in der Land- und Forstwirtschaft nicht in erwartetem Maße durchsetzt.

- Im Mai 1955 beginnt die Produktion des Unimog S. Dieser leichte Gelände-Lastwagen der 1,5 t-Klasse, ausgerüstet mit dem 82 PS-Motor des damaligen Personenwagens Typ 220, war in kürzester Zeit für die neue Bundeswehr aus dem normalen Unimog abgeleitet und entwickelt worden. Die ersten 1100 Exemplare beanspruchte die französische Armee, dann aber gingen im Laufe der folgenden zehn Jahre etwa 36 000 Stück an die Bundeswehr. Der

965	1966	1967	1968	1969	1970	1971	1972	1973	1974	1975	1976	1977	Gesamtzahl
													16 250
119	1190	1575	1382	1 216	1 156	509	485	397	158				**39 581**
977	2022	1078	1825	2 321	3 044	2737	1963	2643	2603	2466	1690	1304	**30 518 *)**
21	125	159	516	2 576	2 653	1846	2027	1473	3564	2023	4277	4067	**25 327 *)**
	1294	881	953	1 215	1 550	1268	1304	1109	891	677	520	724	**12 386 *)**
	229	285	351	593	1 005	741	258	303	232	189	116	128	**4 430 *)**
			80	420	66	281	649	99	600	248	200		**2 643**
				13	2	18	23	177	64	23	25	43	**388 *)**
				601	64	88							**753**
				184	447	135	244	123	12				**1 145**
							40	56	184	164	52	68	**564 *)**
				2 137	2 653	1565	1794	1210	3258	1745	4020	3754	**22 136 *)**
				62	79	146	443	208	189	146	59	133	**1 465 *)**
				13	2	18	23	177	64	23	25	43	**388 *)**
				420	66	281	649	99	600	248	200		**2 563**
						88							**88**
65	4479	2438	3261	3 337	2 645	802	684	1090	932	347	334	142	**63 420 *)**
													15
82	9339	6416	8368	12 292	12 185	8290	7393	7291	9044	5986	7671	7395	**197 220 *)**

*) Produktion bis einschl. 1977, wird fortgesetzt.

Unimog S wurde bis 1980 (für die Bundeswehr bis 1972) gebaut, auch für zivile Zwecke und fremdes Militär. Er hat sich im großen Ganzen ausgezeichnet bewährt und läuft beispielsweise heute noch bei zahlreichen Feuerwehren.

○ Ab September 1956 wird die Motorleistung des Unimog auf 30 PS, ab 1959 auf 32 PS und ab 1966 auf 34 PS erhöht. Dieser Typ U 34 bleibt bis 1974 das Basismodell des gesamten Programms.

○ Ab September 1957 erhält das geschlossene Fahrerhaus des Unimog ein bedeutend besseres Aussehen bei gleichzeitiger Vergrößerung des Innenraums und in Verbindung mit einem 400 mm längeren Radstand. Diesen längeren Radstand gibt es bald wahlweise auch beim offenen Fahrerhaus.

○ Der Unimog wird ab März 1957 auf Wunsch, dann ab September 1959 serienmäßig mit vollsynchronisiertem Getriebe, einem Sechsganggetriebe, ausgerüstet. Diese wesentliche Bedienungserleichterung gibt es bis dahin noch bei keinem anderen Ackerschlepper.

○ Weil die Wirtschaft zunehmend stärkere und schwerere Schlepper bevorzugt, baut Daimler-Benz ab Mai 1963 als ersten größeren Unimog (vom Sonderfall Unimog S abgesehen) den U 406 mit 65 PS Lastwagen-Dieselmotor. Ab Juni 1964 wird der Vorkammer- durch einen Direkteinspritz-Dieselmotor ersetzt. Die Motorleistung steigt im Lauf der nächsten Jahre auf 70, 80 und 84 PS.

○ Seit etwa 1963 gibt es verschiedene Unimog-Baumuster auch als Triebkopf zum Antrieb von Spezialfahrzeugen. Als typische Beispiele hierfür seien die Hubwagen der Firma Ruthmann und der Firma Eylert erwähnt.

○ Im Juli 1965 kommt der Unimog 416 auf den Markt, eine Straßen-Zugmaschine mit zunächst 80 PS, später 90, 100 und 110 PS Motorleistung. Ihr Radstand von 2900 mm entspricht dem Unimog S. Das Fahrzeug eignet sich vor allem als Sattelzugmaschine, wozu der Unimog 406 wegen des kürzeren Radstand aus Gründen der Fahrsicherheit nicht in Frage kommt. Ferner kann der Unimog 416 als Geräteträger, Arbeitsmaschine oder auch als Gelände-Lastwagen verwendet werden. Den größten Teil seiner Produktion aber nehmen schließlich fremde Heere ab, sofern sie den U 416 wegen seines Dieselmotors dem Unimog S vorziehen.

○ Im März 1966 kommt als kleinere Zwischengröße der Unimog 421 mit zunächst 40 PS heraus. Ihm folgt nur einen Monat später der Unimog 403 mit zunächst 54 PS Motorleistung. Beide Baumuster besitzen neue Fahrerhäuser, 130 mm länger als seither, die vorgeklappt bzw. hochgestellt werden können, um Arbeiten am Motor und am Getriebe zu erleichtern.

○ Im Mai 1966 wird der 100 000ste Unimog ausgeliefert. Fast 70 % der Produktion geht in den Export. Internationale Anerkennung findet der Unimog vor allem in seinen verschiedenen Ausführungen als Militärfahrzeug, während die Landwirtschaft weiterhin zurückhaltend bleibt.

Boehringer
Unimog 25 PS
1950

Mercedes-Benz
Unimog 25 PS
1951–1956

Mercedes-Benz
Unimog 25 PS mit
geschlossenem Fahrerhaus
1953–1956

Mercedes-Benz Unimog 25 PS Sattelschlepper
mit Kuka-Müllauflieger (6 bis 8 cbm Inhalt) 1955

Mercedes-Benz Unimog 25 PS Sattelschlepper
mit Personentransport-Auflieger als Flugfeld-Omnibus 1957

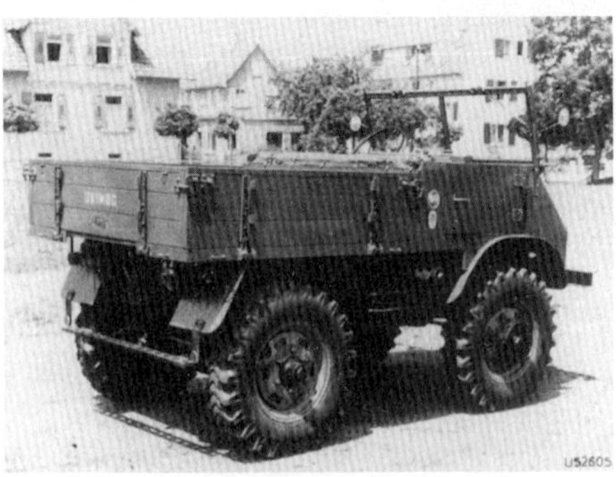

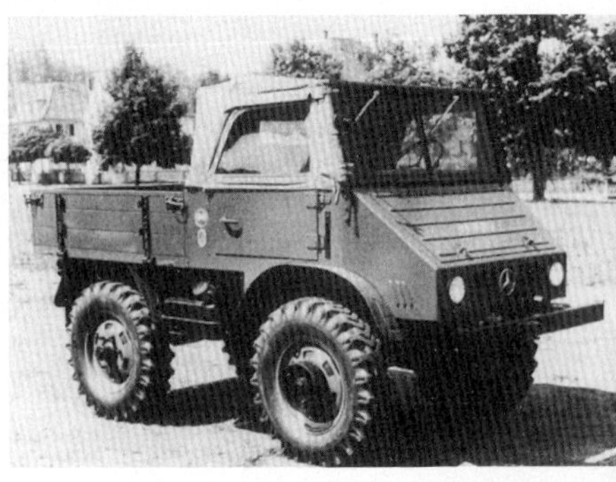

Mercedes-Benz Unimog 30 PS 1956–1957

Mercedes-Benz
Unimog 30 PS
Radstand 2120 mm
1958–1966

Mercedes-Benz
Unimog 30 PS
Fahrgestell
1956–1958

Mercedes-Benz
Unimog U 34
mit Klappverdeck und mit
geschlossenem Fahrerhaus
1966–1974

Mercedes-Benz
Unimog U 34
Schörling-Kehrmaschine
1966

Mercedes-Benz
Unimog U 34
Eylert Niederflur-Hubwagen
(Hubhöhe stufenlos bis 1,6 m)
1964

	Unimog 25 PS (Baumuster 401/402) 1951–1956	Unimog 30 PS (Baumuster 411) 1956–1966	
Bauart	Universal-Motorgerät (Schlepper, Arbeitsmaschine und Transporter)	Universal-Motorgerät (Schlepper, Arbeitsmaschine und Transporter)	
Motor	Daimler-Benz OM 636 Vorkammer-Dieselmotor	Daimler-Benz OM 636 Vorkammer-Dieselmotor	
Zylinderzahl	4 (Reihe)	4 (Reihe)	
Bohrung × Hub	75 × 100 mm	75 × 100 mm	
Hubraum	1767 ccm	1767 ccm	
Leistung	25 PS bei 2350 U/min	30 PS bzw. (ab 1959) 32 PS bei 2550 U/min	
Getriebe	6 Gang + (auf Wunsch) 2 Kriechgänge	6 Gang + (auf Wunsch) 2 Kriechgänge	
Antrieb	4 × 4 (abschaltbar)	4 × 4 (abschaltbar)	
Fußbremse	Hydraulisch	Hydraulisch	
Radstand	1720 mm	1720 mm	2120 mm
Pritsche	1475 × 1500 mm	1475 × 1500 mm	1475 × 1500 mm
Gesamtmaße	3570 × 1630 × 2100 mm (Höhe über Verdeck)	3570 × 1630 × 2100 mm (Höhe über Verdeck)	3860 × 1835 × 2140 mm (Höhe über Fahrerhaus)
Reifen	6,50–20 Allzweck	7,50–18 AS Spezial oder Niederdruck 10–18 ES	7,50–18 AS Spezial oder Niederdruck 10–18 ES
Fahrzeuggewicht	1780 kg	1850 kg	1950 kg
Zuläss. Gesamtgewicht	3150 kg	3200 kg	3500 kg
Zugleistung	6 t bei 50 km/h 40 t bei 6 km/h	7,5 t bei 50 km/h 40 t bei 6 km/h	7,5 t bei 50 km/h 40 t bei 6 km/h
Preis		1957: ca. DM 14 000	

		Unimog U 34 (Baumustser 411) 1966–1974	
Bauart		Universal-Motorgerät (Schlepper, Arbeitsmaschine und Transporter)	
Motor		Daimler-Benz OM 636 Vorkammer-Dieselmotor	
Zylinderzahl		4 (Reihe)	
Bohrung × Hub		75 × 100 mm	
Hubraum		1767 ccm	
Leistung		34 PS bei 2750 U/min	
Getriebe		6 Gang + (auf Wunsch) 2 Kriechgänge	
Antrieb		4 × 4 (abschaltbar)	
Fußbremse		Hydraulisch	
Radstand		1720 mm	2120 mm
Pritsche		1475 × 1500 mm	1475 oder 1750 × 1500 mm
Gesamtmaße		3570 × 1630 × 2100 mm (Höhe über Verdeck)	3860 × 1835 × 2140 mm (Höhe über Fahrerhaus)
Reifen		7,50–18 oder 10,5–18	7,50–18 oder 10,5–18
Fahrzeuggewicht		2200 kg	2300 kg
Zuläss. Gesamtgewicht		3200 kg	3500 kg
Höchstgeschwindigkeit		65 km/h	65 km/h
Zugleistung		7 t bei 50 km/h 38 t bei 65 km/h	7 t bei 50 km/h 38 t bei 65 km/h
Preis		1966: DM 15 850.–	1966: DM 15 950.–

Mercedes-Benz
Unimog U 65 (406)
Straßen-Zugmaschine
1963

Mercedes-Benz
Unimog U 80 (416)
Zweiwegefahrzeug
(mit Schienenführungs-
einrichtung können
bis zu 300 t Wagenlast
rangiert werden)
1969

	Unimog U 65 (Baumuster 406) 1963–1966	Unimog U 70 (Baumuster 406) 1966–1969	Unimog U 80 und U 84 (Baumuster 406) 1969–1977
Bauart	Universal-Motorgerät und Straßen-Zugmaschine	Universal-Motorgerät und Straßen-Zugmaschine	Universal-Motorgerät und Straßen-Zugmaschine
Motor	Daimler-Benz OM 312 Vorkammer-Dieselmotor bzw. (ab Juni 1961) Daimler-Benz OM 352 Direkteinspritz-Dieselmotor	Daimler-Benz OM 352 Direkteinspritz-Dieselmotor	Daimler-Benz OM 352 Direkteinspritz-Dieselmotor
Zylinderzahl	6 (Reihe)	6 (Reihe)	6 (Reihe)
Bohrung × Hub	90 × 120 mm 97 × 128 mm	97 × 128 mm	97 × 128 mm
Hubraum	4580 ccm 5675 ccm	5675 ccm	5675 ccm
Leistung	65 PS bei 2550 U/min	70 PS bei 2550 U/min	80 PS bzw. (ab Anfang 1971) 84 PS bei 2550 U/min
Getriebe	6 Vorwärts-, 2 Rückwärtsgänge, dazu (auf Wunsch) 2 Kriechgänge oder Vorschaltgetriebe		
Antrieb	4 × 4 (abschaltbar)		
Fußbremse	Hydraulisch, Druckluft-Servohilfe, ab 1973 Scheibenbremsen		
Radstand	2380 mm	2380 mm	2380 mm
Pritsche	1950 × 1890 mm	1950 × 1890 mm	1950 (oder 1475) × 1890 mm
Gesamtmaße	4050 × 2000 × 2300 mm (Höhe über Fahrerhaus)	4100 × 2100 × 2330 mm (Höhe über Fahrerhaus)	4100 × 2100 × 2330 mm (Höhe über Fahrerhaus)
Reifen	10,00 oder 12,50–20 ES	10,50 oder 12,50–20 (8 PR)	10,50–20 (8 PR) oder auch 10,5, 12,5, 14,5–20 (10 PR)
Fahrzeuggewicht	3100–3250 kg	3200–3500 kg	3400–3500 kg
Zuläss. Gesamtgewicht	5000–5500 kg	4800–5600 kg	4800–5600 kg
Preis (ohne MWSteuer)	1963: ca. 23 000 DM	1968: ca. 24 500 DM	1974: ca. 45 000 DM

	Unimog U 80 (Baumuster 416) 1965–1969	Unimog U 90 (Baumuster 416) 1969–1973	Unimog U 100 und U 110 (Baumuster 416) 1970–1976
Bauart	Straßen- oder Sattel-Zugmaschine	Straßen- oder Sattel-Zugmaschine	Straßen- oder Sattel-Zugmaschine
Motor	Daimler-Benz OM 352 Direkteinspritz-Dieselmotor	Daimler-Benz OM 352 Direkteinspritz-Dieselmotor	Daimler-Benz OM 352 Direkteinspritz-Dieselmotor
Zylinderzahl	6 (Reihe)	6 (Reihe)	6 (Reihe)
Bohrung × Hub	97 × 128 mm	97 × 128 mm	97 × 128 mm
Hubraum	5675 ccm	5675 ccm	5675 ccm
Leistung	80 PS bei 2800 U/min	90 PS bei 2800 U/min	100 PS bzw. (ab 1974) 110 PS bei 2800 U/min
Getriebe	6 Vorwärts-, 2 Rückwärtsgänge, dazu (auf Wunsch) 2 Kriechgänge oder Vorschaltgetriebe		
Antrieb	4 × 4 (abschaltbar)		
Fußbremse	Hydraulisch, Druckluft-Servohilfe, ab 1973 Scheibenbremsen		
Radstand	2900 mm	2900 mm	2900 mm
Pritsche	1950 × 1890 mm	1950 × 1890 mm	1950 × 1890 mm
Gesamtmaße	4650 × 2150 × 2350 mm (Höhe über Fahrerhaus)	4650 × 2150 × 2350 mm (Höhe über Fahrerhaus)	4650 × 2150 × 2350 mm (Höhe über Fahrerhaus)
Reifen	10,00 oder 12,50–20 ES	10,5 oder 12,5–20 (8 PR)	10,5 oder 12,5–20 (10 PR)
Fahrzeuggewicht	2800–3200 kg	3200–3400 kg	3300–3500 kg
Zuläss. Gesamtgewicht	5800–7000 kg	6000–7000 kg	6000–7000 kg
Höchstgeschwindigkeit			70 km/h
Verbrauch/100 km			ca. 20 Liter Diesel
Preis (ohne MWSteuer)	1968: ca. 26 500 DM		1974: ca. 44 000 DM

Mercedes-Benz
Unimog U 80 (416)
Sattel-Zugmaschine
1965–1969

→

←

Mercedes-Benz
Unimog U 100 (416)
Straßen-Zugmaschine
1970–1973

Mercedes-Benz
Unimog U 80 (416)
Straßen-Zugmaschine
mit Doppelkabine
1966–1969

←

Mercedes-Benz
Unimog U 80 (416)
Omnibus
Sonderausführung
1969

←

→

Mercedes-Benz
Unimog 406 oder 416
Schmidt Schneefräse

SCHMIDT
Dosch

Mercedes-Benz Unimog 421 mit Klappverdeck und mit festem Dach 1966–1977

Mercedes-Benz
Unimog 403
mit Klappverdeck und
mit festem Dach
1966–1977

Mercedes-Benz
Unimog 421
Kippfahrerhaus
1966–1977

	Unimog U 40 (Baumuster 421) 1966–1968	Unimog U 45 (Baumuster 421) 1968–1970	Unimog U 52 (Baumuster 421) 1970–1977
Bauart	Universal-Motorgerät	Universal-Motorgerät	Universal-Motorgerät
Motor	Daimler-Benz OM 621 Vorkammer-Dieselmotor	Daimler-Benz OM 615 II Vorkammer-Dieselmotor	Daimler-Benz OM 616 Vorkammer-Dieselmotor
Zylinderzahl	4 (Reihe)	4 (Reihe)	4 (Reihe)
Bohrung × Hub		87 × 92,4 mm	90 × 92,4 mm
Hubraum		2197 ccm	2456 ccm
Leistung	40 PS bei 3000 U/min	45 PS bei 3000 U/min	52 PS bei 3000 U/min
Getriebe	6 Vorwärts-, 2 Rückwärtsgänge + (auf Wunsch) Vorgelege oder 2 Kriechgänge		
Antrieb	4 × 4 (abschaltbar)		
Fußbremse	Hydraulisch, Druckluft-Servohilfe		
Radstand	2250 mm	2250 mm	2250 mm
Pritsche	1475 × 1500 mm	1475 × 1500 mm	1750 × 1500 mm
Gesamtmaße	4000 × 1865 × 2180 mm (Höhe über Fahrerhaus)	4000 × 1865 × 2180 mm (Höhe über Fahrerhaus)	4100 × 1865 × 2230 mm (Höhe über Fahrerhaus)
Reifen	10,50–18 (6 PR)	7,5, 10,5 oder 12,5–18	7,5, 10,5 oder 12,5–18 oder 10,5–20
Fahrzeuggewicht	2450 kg	2700 kg	2850 kg
Zuläss. Gesamtgewicht	3700 kg	4000 kg	4100 kg

	Unimog U 54 (Baumuster 403) 1966–1972	Unimog U 66 (Baumuster 403) 1969–1976	Unimog U 72 (Baumuster 403) 1976–1977
Bauart	Universal-Motorgerät	Universal-Motorgerät	Universal-Motorgerät
Motor	Daimler-Benz OM 314 Direkteinspritz-Dieselmotor	Daimler-Benz OM 314 Direkteinspritz-Dieselmotor	Daimler-Benz OM 314 Direkteinspritz-Dieselmotor
Zylinderzahl	4 (Reihe)	4 (Reihe)	4 (Reihe)
Bohrung × Hub	97 × 128 mm	97 × 128 mm	97 × 128 mm
Hubraum	3782 ccm	3782 ccm	3782 ccm
Leistung	54 PS bei 2550 U/min	66 PS bei 2550 U/min	72 PS bei 2550 U/min
Getriebe	6 Vorwärts-, 2 Rückwärtsgänge + (auf Wunsch) 2 Kriechgänge oder Vorschaltgruppe		
Antrieb	4 × 4 (abschaltbar)		
Fußbremse	Hydraulisch, Druckluft-Servohilfe, ab 1973 Scheibenbremsen		
Radstand	2380 mm		
Pritsche	1950 × 1890 mm		
Gesamtmaße	4100 × 2030 × 2330 mm (Höhe über Fahrerhaus)		
Reifen	10,5–20 (6 PR) oder 12,5–18 (8 PR) bzw. (ab 1968) 10,5–20 (8 PR) oder 10,5, 12,5, 14,5–20 (10 PR)	10,5–20 (8 PR) oder 10,5, 12,5, 14,5–20 (10 PR)	10,5, 12,5, 14,5–20 (10 PR)
Fahrzeuggewicht	3000–3500 kg	3300–3500 kg	3500 kg
Zuläss. Gesamtgewicht	4500–5800 kg	4800–5800 kg	5800 kg

Mercedes-Benz
Unimog S
Militär-Geländelastwagen
Nato- bzw.
Bundeswehr-Ausführung
1955–1980

Mercedes-Benz
Unimog S
Funkkraftwagen des
Bundesgrenzschutzes
(Aufbau:
Peter Bauer, Köln)
1955–1966

Mercedes-Benz
Unimog S
Löschfahrzeug LF 8-TS
für Feuerwehren
1955–1980

→
→

Mercedes-Benz
Unimog S
Expeditionsfahrzeug
(Aufbau:
Voll, Würzburg)
1958

Q-53480

Mercedes-Benz Unimog 416 Militär-Geländelastwagen 1959–1977

Mercedes-Benz Unimog 416 (Radstand 2900 mm)
Rüstwagen RW 1 für Feuerwehren, Aufbau Metz 1972

Rheinstahl (vormals Henschel, Kassel) Polizeifahrzeug UR 416
Fahrgestell Unimog 416 (Radstand 2900 mm) 1973

Bauart
Motor

Zylinderzahl
Bohrung × Hub
Hubraum
Leistung
Getriebe
Antrieb
Fußbremse

Radstand
Pritsche
Gesamtmaße

Reifen

Wagengewicht
Zuläss. Gesamtgewicht
Höchstgeschwindigkeit
Preis ohne MWSteuer)

Bauart
Motor

Zylinderzahl
Bohrung × Hub
Hubraum
Leistung

Getriebe
Antrieb
Fußbremse

Radstand
Pritsche
Gesamtmaße

Reifen

Wagengewicht
Zuläss. Gesamtgewicht
Höchstgeschwindigkeit

	Unimog S (Baumuster U 82 / 404) 1955–1956	Unimog S (Baumuster U 82 / 404 B) 1956–1980	Unimog S (Baumuster U 110 / 404) 1972–1980
	Militär-Geländelastwagen		Militär-Geländelastwagen
	Daimler-Benz M 180/II		Daimler-Benz M 130
	Einvergasermotor		Zweivergasermotor
	6 (Reihe)		6 (Reihe)
	80 × 72,8 mm		86,5 × 78,8 mm
	2195 ccm		2778 ccm
	82 PS bei 4850 U/min		110 PS bei 4800 U/min
	6 Gang		6 Gang
	4 × 4 (abschaltbar)		4 × 4 (abschaltbar)
	Hydraulisch, Saugluft- oder Druckluft-Servohilfe		Hydraulisch, Saugluft- oder Druckluft-Servohilfe
	2670 mm	2900 mm	2900 mm
	2700 × 2000 mm	3000 oder 3100 × 2000 mm	3000 × 2000 mm
	4060 × 2130 × 2190 mm (Höhe über Fahrerhaus)	4925 (5025) × 2130 × 2190 mm (Höhe über Fahrerhaus)	5025 × 2130 × 2260 mm (Höhe über Fahrerhaus)
	10,00–20 M	10,00 oder 10,50–20 M	10,50–20 (6, 8 oder 10 HR)
	Einzel-Hinterräder	Einzel-Hinterräder	Einzel-Hinterräder
	2850 kg	2900 kg	2970 kg
	4350 kg	4400–5000 kg	4750–5500 kg
		95 km/h	100 km/h
	ca. 16 800 DM	1962: ca. 22 000 DM	1974: ca. 29 000 DM

Unimog 421 (U 45) 1968–1970	Unimog 421 (U 52) 1970–1977	Unimog 413 (U 80) 1969–1977	Unimog 416 (U 90, U 100, U 125) 1969–1977
Militär-Gelände-Lastwagen	Militär-Gelände-Lastwagen	Militär-Gelände-Lastwagen	Militär-Gelände-Lastwagen
Daimler-Benz OM 615 II	Daimler-Benz OM 616	Daimler-Benz OM 314	Daimler-Benz OM 352
Vorkammer-Dieselmotor	Vorkammer-Dieselmotor	Direkteinspritz-Dieselmotor	Direkteinspritz-Dieselmotor
4 (Reihe)	4 (Reihe)	4 (Reihe)	6 (Reihe)
87 × 92,4 mm	92 × 92,4 mm	97 × 128 mm	97 × 128 mm
2197 ccm	2456 ccm	3782 ccm	5675 ccm
55 PS bei 3500 U/min	60 PS bei 3500 U/min	80 PS bei 2800 U/min	90, 100 oder 125 PS bei 2800 U/min
6 Gang	6 Gang	6 Gang	6 Gang
4 × 4 (abschaltbar)	4 × 4 (abschaltbar)	4 × 4 (abschaltbar)	4 × 4 (abschaltbar)
Hydraulisch, Druckluft-Servohilfe	Hydraulisch, Druckluft-Servohilfe	Hydraulisch, Druckluft-Servohilfe	Hydraulisch, Druckluft-Servohilfe
2250 mm	2605 mm	2900 mm	2900 oder 3400 mm
2100 × 1500 mm	2500 × 1600 mm	3075 × 2000 mm	3000 (3600) × 2000 mm
4200 × 1865 × 2180 mm (Höhe über Fahrerhaus)	4700 × 1865 × 2230 mm (Höhe über Fahrerhaus)	5000 × 2030 × 2300 mm (Höhe über Fahrerhaus)	5100 (5700) × 2030 × 2300 mm (Höhe über Fahrerhaus)
7,50 oder 10,50–18	10,50–18 (6 PR)	10,50–20 (8 PR)	10,50 oder 12,50–20 (10 PR) oder 12,5 R 20
Einzel-Hinterräder	Einzel-Hinterräder	Einzel-Hinterräder	Einzel-Hinterräder
2400 kg	2500 kg	3200 kg	3500–3600 kg
3700 kg	4000 kg	6000 kg	6000 kg
80 km/h	80 km/h	73 km/h	75, 85 oder 95 km/h

Daimlers Einstieg bei den Transportern 1956 bis 1967

Nachdem Daimler-Benz seit Kriegsende sowohl das Personenwagen- als auch das Lastwagen- und Omnibus-Programm wieder einigermaßen komplettiert hatte, schien es an der Zeit, sich um einen weiteren großen Markt zu kümmern, der inzwischen entstanden war: Das Geschäft mit den Transportern. Als erste Baureihe dieser Art präsentierte Daimler-Benz auf der Frankfurter Automobil-Ausstellung im September 1955 den L 319. Die Fachwelt beäugte den Neuling recht skeptisch, denn er ließ jegliche moderne Technik vermissen, deren sich gerade seine Hersteller gern rühmte. Eine gewisse Betroffenheit galt vor allem dem überaus simplen Fahrwerk mit Starrachsen und Blattfedern, zu schwach erschien der 1,8 Liter Dieselmotor für 1,75 t Nutzlast, der Fahrer war insbesondere im Kastenwagen dröhnendem Lärm ausgesetzt und selbst die äußere Form des Transporters, fast unbeholfen wirkend, ließ jeden »Pfiff« vermissen. Während die geschlossenen Aufbauten mittragend konstruiert waren, stand für offene Aufbauten ein herkömmlicher Leiterrahmen zur Verfügung. Parallel zum L 319 wurde auch der Omnibus O 319 in drei Ausführungen vorgestellt, so auch als ein fürs Auge prächtig ausstaffierter Luxusbus. Das Werk Sindelfingen nahm im August 1956 die Fertigung des L 319 auf, das Werk Mannheim die des O 319. Ab Februar 1957 gab es die neue Baureihe wahlweise auch mit 65 PS Benzinmotor, der den Diesel an Leistung und Laufverhalten deutlich übertraf, aber im Verkauf dennoch stets nur eine unbedeutende Rolle spielte. Ab Herbst 1961 gelangte der etwas größere 2 Liter Dieselmotor mit 50 PS Leistung zum Einbau. Ab Jahresende 1961 verlegte man die Produktion der Transporter und Kleinbusse in das Werk Düsseldorf, so daß im April 1962 Sindelfingen und Mannheim deren Fertigung beenden konnten.

1963 erfolgte eine Umbenennung, wonach der L 319 D hinfort L 405 und der L 319 hinfort L 407 hieß, während der Omnibus O 319 seine alte Bezeichnung behielt. Gleichzeitig kamen mehrere neue Varianten hinzu. Stärkere Federn und Bremsen erlaubten wahlweise eine Nutzlast von 2 statt 1,75 t, außerdem kam ein längeres Rahmen-Fahrgestell hinzu, das entweder eine 4 Meter-Pritsche oder eine Doppelkabine ermöglichte. Ab 1965 brachte der Dieselmotor 55 statt 50 PS Leistung. Im September 1965 feierte man den 100 000sten Wagen des Baumusters 319. Sein Verkaufserfolg war eklatant, die zurückhaltende Beurteilung durch die Fachkritiker ließ die Kaufinteressenten offenbar unbeeindruckt. 11 Jahre lang blieb diese Baureihe auf dem Markt, bis im Januar 1967 der Nachfolger antrat.

Produktion

	1956	1957	1958	1959	1960	1961	1962	1963	1964	1965	1966	1967	1968	Gesamtzahl
L 319/L 407/L 408		378	619	394	600	481	531	793	795	823	785	–	132	**6 331**
L 319 D/L 405/L 406	1037	6060	8590	7698	7609	8420	9609	12 580	13 814	12 961	12 678	30	228	**101 314**
O 319	3	158	214	163	207	285	108	126	129	198	174	96	48	**1 909**
O 319 D	154	933	719	845	1302	994	992	1 198	1 119	1 333	2 105	1020	966	**13 680**

Dazu Teilesätze für Spanien

L 319 D/L 405 D	1962–1970	Gesamtzahl	18 676
O 319 D	1964–1965	Gesamtzahl	174

Mercedes-Benz
Kastenwagen
L 319, L 319 D (1956–1963)
L 407, L 405 (1963–1964)
L 408, L 406 (1965–1968)

Bild Mitte links:
Mercedes-Benz L 319 D
Kastenwagen mit Hochdach
Bundespost-Ausführung
1958–1963

Bild Mitte rechts:
Mercedes-Benz L 319 D
Verkaufswagen
1957/58

Bild unten:
Mercedes-Benz L 408
Unfallrettungswagen
(Aufbau: Binz, Lorch)
1966–1968

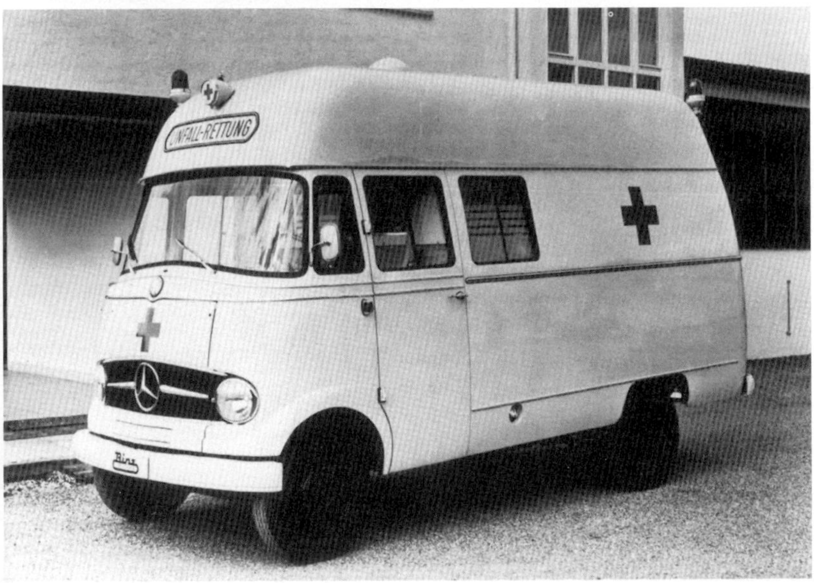

Mercedes-Benz
Pritschenwagen, Radstand 2850 mm
L 319, L 319 D (1956–1963)
L 407, L 405 (1963–1964)
L 408, L 406 (1965–1968)

Mercedes-Benz
Tieflader-Pritschenwagen, Radstand 2850 mm
L 319, L 319 D (1956–1963)
L 407, L 405 (1963–1964)
L 408, L 406 (1965–1968)

Mercedes-Benz Pritschenwagen, Radstand 3600 mm
L 407, L 405, L 408, L 406 (1963–1968)

Mercedes-Benz Pritschenwagen (Radstand 3600 mm) mit Doppelkabine
L 407, L 405, L 408, L 406 (1963–1968)

	Mercedes-Benz L 319 1957–1961	Mercedes-Benz L 319 D 1956–1961
Motor	Daimler-Benz M 121 B III Vergasermotor 4 Zylinder, 85 × 83,6 mm, 1897 ccm, 65 PS bei 4500 U/min	Daimler-Benz OM 636 VI Vorkammer-Dieselmotor 4 Zylinder, 75 × 100 mm, 1767 ccm, 43 PS bei 3500 U/min
Getriebe	4 Gang	
Antrieb	Antrieb auf Hinterräder	
Rahmen	Kastenwagen: Kastenprofil-Rahmen mit mittragendem Ganzstahlaufbau verschweißt Pritschenwagen: U-Profil-Rahmen mit Querträgern	
Vorderradaufhängung	Starrachse, Halbfedern	
Hinterradaufhängung	Starrachse, Halbfedern	
Fußbremse	Hydraulisch, 4 Räder, auf Wunsch Servohilfe	
Kastenwagen		
Radstand	2850 mm	
Laderaum	3000 × 1800 × 1550 mm	
Gesamtmaße	4820 × 2080 × 2365 mm	
Reifen	6.00–16 extra Transport, Zwillings-Hinterräder	
Wagengewicht (mit Fahrer)	1975 kg	
Zuläss. Gesamtgewicht	3600 kg	
Höchstgeschwindigkeit	95 km/h	80 km/h
Verbrauch/100 km	16 Liter VK	11 Liter Diesel
Preis	1958: 10 000 DM	1958: 10 500 DM
Pritschenwagen		
Radstand	2850 mm	
Pritsche	3000 × 2000 mm	
Gesamtmaße	4840 × 2120 × 2280 mm (Höhe über Fahrerhaus)	
Wagengewicht (mit Fahrer)	1800 kg	
Zuläss. Gesamtgewicht	3600 kg	
Tieflader-Pritschenwagen		
Radstand	2850 mm	
Pritsche	3000 × 1880 mm	
Gesamtmaße	4800 × 2080 × 2280 mm (Höhe über Fahrerhaus)	
Wagengewicht (mit Fahrer)	1750 kg	
Zuläss. Gesamtgewicht	3600 kg	
O 319 und O 319 D: Omnibus		
Radstand	2850 mm	
Sitzplätze	10 oder 17 + 1	
Gesamtmaße	4820 × 2080 × 2300 mm	
Reifen	6,00–16 extra Transport, Zwillings-Hinterräder	
Wagengewicht	je nach Aufbau	
Zuläss. Gesamtgewicht	3600 kg	
Höchstgeschwindigkeit	95 km/h	80 km/h
Verbrauch/100 km	16 Liter VK	11 Liter Diesel
Preis	1957–1959: 15 800 bis 17 300 DM 1961: 16 700 bis 18 350 DM	1957–1959: 16 000 bis 17 500 DM 1961: 16 900 bis 18 550 DM

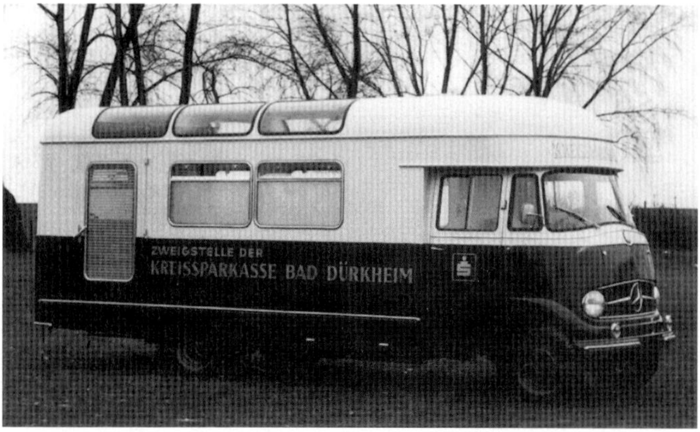

Mercedes-Benz L 408
Fahrbare Sparkassen-Zweigstelle
Aufbau:
Wilhelm Thiele (Bremen)
1966

Mercedes-Benz L 319
Löschfahrzeug LF 8-TSA
Aufbau: Metz
1956–1963

Mercedes-Benz L 406
Rollende Zahnklinik
Leichtmetall-Kastenaufbau:
Eylert
1967

<table>
<tr><th></th><th>Mercedes-Benz
L 319 (1961–1963)
L 407 (1963–1964)
O 319 (1961–1964)</th><th>Mercedes-Benz
L 319 D (1961–1963)
L 405 (1963–1964)
O 319 D (1961–1964)</th></tr>
<tr><td>Motor</td><td>Daimler-Benz M 121 Vergasermotor
4 Zylinder, 85 × 83,6 mm, 1897 ccm,
68 PS bei 4400 U/min</td><td>Daimler-Benz OM 621 Vorkammer-Dieselmotor
4 Zylinder, 87 × 83,6 mm, 1998 ccm,
50 PS bei 4000 U/min</td></tr>
<tr><td>Getriebe</td><td colspan="2">4 Gang</td></tr>
<tr><td>Antrieb</td><td colspan="2">Antrieb auf Hinterräder</td></tr>
<tr><td>Rahmen</td><td colspan="2">Kastenwagen: Kastenprofil-Rahmen mit mittragendem Aufbau verschweißt
Pritschenwagen: U-Profil-Rahmen mit Querträgern</td></tr>
<tr><td>Vorderradaufhängung</td><td colspan="2">Starrachse, Halbfedern</td></tr>
<tr><td>Hinterradaufhängung</td><td colspan="2">Starrachse, Halbfedern</td></tr>
<tr><td>Fußbremse</td><td colspan="2">Hydraulisch, 4 Räder, auf Wunsch Servohilfe</td></tr>
<tr><td></td><td colspan="2">Kastenwagen</td></tr>
<tr><td>Radstand</td><td colspan="2">2850 mm</td></tr>
<tr><td>Laderaum</td><td colspan="2">3000 × 1800 × 1550 bzw. (bei Hochdach) 1680 mm</td></tr>
<tr><td>Gesamtmaße</td><td colspan="2">4820 × 2080 × 2365 bzw. (bei Hochdach) 2495 mm</td></tr>
<tr><td>Reifen</td><td colspan="2">6,00–16 extra Transport, Zwillings-Hinterräder</td></tr>
<tr><td>Wagengewicht (mit Fahrer)</td><td colspan="2">1975 kg</td></tr>
<tr><td>Zuläss. Gesamtgewicht</td><td colspan="2">3600 oder 3900 kg</td></tr>
<tr><td>Höchstgeschwindigkeit</td><td>95 km/h</td><td>90 km/h</td></tr>
<tr><td>Verbrauch/100 km</td><td>16 Liter VK</td><td>11 Liter Diesel</td></tr>
<tr><td>Preis</td><td>1962: 12 000 DM</td><td>1962: 12 500 DM</td></tr>
<tr><td></td><td colspan="2">Pritschenwagen</td></tr>
<tr><td>Radstand</td><td colspan="2">2850 mm</td></tr>
<tr><td>Pritsche</td><td colspan="2">3000 × 2000 mm</td></tr>
<tr><td>Gesamtmaße</td><td colspan="2">4840 × 2120 × 2280 mm (Höhe über Fahrerhaus)</td></tr>
<tr><td>Wagengewicht (mit Fahrer)</td><td colspan="2">1800 kg</td></tr>
<tr><td>Zuläss. Gesamtgewicht</td><td colspan="2">3600 oder 3900 kg</td></tr>
<tr><td></td><td colspan="2">Tieflader-Pritschenwagen</td></tr>
<tr><td>Radstand</td><td colspan="2">2850 mm</td></tr>
<tr><td>Pritsche</td><td colspan="2">3000 × 1880 mm</td></tr>
<tr><td>Gesamtmaße</td><td colspan="2">4800 × 2080 × 2280 mm (Höhe über Fahrerhaus)</td></tr>
<tr><td></td><td colspan="2">Pritschenwagen</td></tr>
<tr><td>Radstand</td><td colspan="2">3600 mm</td></tr>
<tr><td>Pritsche</td><td colspan="2">4000 × 2000 bzw. (bei Doppelkabine) 3000 × 2000 mm</td></tr>
<tr><td>Gesamtmaße</td><td colspan="2">5850 × 2120 × 2280 mm (Höhe über Fahrerhaus)</td></tr>
<tr><td>Wagengewicht (mit Fahrer)</td><td colspan="2">1915 bzw. (bei Doppelkabine) 2015 kg</td></tr>
<tr><td>Zuläss. Gesamtgewicht</td><td colspan="2">3600 oder 3900 kg</td></tr>
<tr><td></td><td colspan="2">O 319 und O 319 D: Omnibus</td></tr>
<tr><td>Radstand</td><td colspan="2">2850 mm</td></tr>
<tr><td>Sitzplätze</td><td colspan="2">10 oder 17 + 1</td></tr>
<tr><td>Gesamtmaße</td><td colspan="2">4820 × 2080 × 2300 mm</td></tr>
<tr><td>Reifen</td><td colspan="2">6,00–16 extra Transport, Zwillings-Hinterräder</td></tr>
<tr><td>Wagengewicht</td><td colspan="2">je nach Ausstattung 2000–2200 kg</td></tr>
<tr><td>Zuläss. Gesamtgewicht</td><td colspan="2">3600 kg</td></tr>
<tr><td>Höchstgeschwindigkeit</td><td>95 km/h</td><td>90 km/h</td></tr>
<tr><td>Verbrauch/100 km</td><td>16 Liter VK</td><td>11 Liter Diesel</td></tr>
<tr><td>Preis</td><td>1963/64: 18 600 bis 20 250 DM</td><td>1963/64: 18 800 bis 20 450 DM</td></tr>
</table>

Mercedes-Benz L 406
Kastenwagen mit Seitenfenstern
1965

Bild-Mitte links:
Mercedes-Benz O 319 D
Omnibus 11 Sitze
in Luxusausführung
1956-1968

Bild-Mitte rechts:
Mercedes-Benz O 319 D
Citybus
Aufbau Vetter
1957

Bild unten:
Mercedes-Benz O 319 D
Clubbus 17 Sitze
Aufbau: Ernst Auwärter
1966/67

<table>
<tr><th></th><th>Mercedes-Benz
L 408 (1965–1968)
O 319 (1965–1968)</th><th>Mercedes-Benz
L 406 (1965–1968)
O 319 D (1965–1968)</th></tr>
<tr><td>Motor</td><td>Daimler-Benz M 121 Vergasermotor
4 Zylinder, 85 × 83,6 mm, 1897 ccm,
80 PS bei 5000 U/min</td><td>Daimler-Benz OM 621 Vorkammer-Dieselmotor
4 Zylinder, 87 × 83,6 mm, 1988 ccm,
55 PS bei 4350 U/min</td></tr>
<tr><td>Getriebe</td><td colspan="2">4 Gang</td></tr>
<tr><td>Antrieb</td><td colspan="2">Antrieb auf Hinterräder</td></tr>
<tr><td>Rahmen</td><td colspan="2">Kastenwagen: Kastenprofil-Rahmen mit mittragendem Aufbau verschweißt
Pritschenwagen: U-Profil-Rahmen mit Querträgern</td></tr>
<tr><td>Vorderradaufhängung</td><td colspan="2">Starrachse, Halbfedern</td></tr>
<tr><td>Hinterradaufhängung</td><td colspan="2">Starrachse, Halbfedern</td></tr>
<tr><td>Fußbremse</td><td colspan="2">Hydraulisch, 4 Räder, auf Wunsch Servohilfe</td></tr>
<tr><td></td><td colspan="2">Kastenwagen</td></tr>
<tr><td>Radstand</td><td colspan="2">2850 mm</td></tr>
<tr><td>Laderaum</td><td colspan="2">3000 × 1800 × 1550 bzw. (bei Hochdach) 1680 mm</td></tr>
<tr><td>Gesamtmaße</td><td colspan="2">4820 × 2080 × 2365 bzw. (bei Hochdach) 2495 mm</td></tr>
<tr><td>Reifen</td><td colspan="2">6,00–16 extra Transport, Zwillings-Hinterräder</td></tr>
<tr><td>Wagengewicht (mit Fahrer)</td><td colspan="2">1975 kg</td></tr>
<tr><td>Zuläss. Gesamtgewicht</td><td colspan="2">3600 oder 3900 kg</td></tr>
<tr><td>Höchstgeschwindigkeit</td><td>110 km/h</td><td>95 km/h</td></tr>
<tr><td>Verbrauch/100 km</td><td>17 Liter Super</td><td>11,5 Liter Diesel</td></tr>
<tr><td>Preis</td><td>1967: 13 500 DM</td><td>1967: 14 000 DM</td></tr>
<tr><td></td><td colspan="2">Pritschenwagen</td></tr>
<tr><td>Radstand</td><td colspan="2">2850 mm</td></tr>
<tr><td>Pritsche</td><td colspan="2">3000 × 2000 mm</td></tr>
<tr><td>Gesamtmaße</td><td colspan="2">4850 × 2160 × 2280 mm (Höhe über Fahrerhaus)</td></tr>
<tr><td>Wagengewicht (mit Fahrer)</td><td colspan="2">1825 kg</td></tr>
<tr><td>Zuläss. Gesamtgewicht</td><td colspan="2">3600 oder 3900 kg</td></tr>
<tr><td></td><td colspan="2">Tieflader-Pritschenwagen</td></tr>
<tr><td>Radstand</td><td colspan="2">2850 mm</td></tr>
<tr><td>Pritsche</td><td colspan="2">3000 × 1880 mm</td></tr>
<tr><td>Gesamtmaße</td><td colspan="2">4750 × 2080 × 2290 mm (Höhe über Fahrerhaus)</td></tr>
<tr><td></td><td colspan="2">Pritschenwagen</td></tr>
<tr><td>Radstand</td><td colspan="2">3600 mm</td></tr>
<tr><td>Pritsche</td><td colspan="2">4000 × 2000 bzw. (bei Doppelkabine) 3000 × 2000 mm</td></tr>
<tr><td>Gesamtmaße</td><td colspan="2">5850 × 2160 × 2280 mm (Höhe über Fahrerhaus)</td></tr>
<tr><td>Wagengewicht (mit Fahrer)</td><td colspan="2">1915 bzw. (bei Doppelkabine) 2015 kg</td></tr>
<tr><td>Zuläss. Gesamtgewicht</td><td colspan="2">3600 oder 3900 kg</td></tr>
<tr><td></td><td colspan="2">O 319 und O 319 D: Omnibus</td></tr>
<tr><td>Radstand</td><td colspan="2">2850 mm</td></tr>
<tr><td>Sitzplätze</td><td colspan="2">10 oder 17 + 1</td></tr>
<tr><td>Gesamtmaße</td><td colspan="2">4820 × 2080 × 2300 mm</td></tr>
<tr><td>Reifen</td><td colspan="2">6,00–16 extra Transport, Zwillings-Hinterräder</td></tr>
<tr><td>Wagengewicht</td><td colspan="2">je nach Ausstattung 2000–2200 kg</td></tr>
<tr><td>Zuläss. Gesamtgewicht</td><td colspan="2">3600 kg</td></tr>
<tr><td>Höchstgeschwindigkeit</td><td>110 km/h</td><td>95 km/h</td></tr>
<tr><td>Verbrauch/100 km</td><td>17 Liter Super</td><td>11,5 Liter Diesel</td></tr>
<tr><td>Preis</td><td>1967: 20 000 bis 22 000 DM</td><td>1967: 20 500 bis 22 500 DM</td></tr>
</table>

Die mittelgroßen Kurzhauber- und Frontlenker-Lastwagen ab 1958

Schon bald nach dem Krieg zeichnete es sich ab, daß man bei den Personenwagen von der klassischen Linienführung mit freistehenden Kotflügeln zur sogenannten Pontonform übergehen würde. Folglich mußte sich auch für den herkömmlichen Hauben-Lastwagen eine der Pontonform angenäherte Frontgestaltung durchsetzen. Als Schrittmacher erwies sich da der Opel-Blitz von 1952, dessen typisches »Gesicht« sich mehrere Lastwagenmarken zum Vorbild nahmen. Vor allem Hanomag, Borgward und Daimler-Benz richteten sich danach, wobei im letzteren Fall allerdings die entsprechenden neuen Baumuster noch bis zum Frühjahr 1959 auf sich warten ließen.

Als erste erschienen die neuen Typen L 322 und der zunächst nur für den Export bestimmte L 327 in der mittleren sowie der L 337 in der schweren Nutzlastklasse. Sie fielen besonders wegen ihrer Bauart als Kurzhauber auf. Bedingt war diese bis dahin ungewohnte Form durch die damals (zugunsten der Bundesbahn) verordnete Maß- und Gewichtsbeschränkung der Lastwagen. Dadurch sahen sich die Konstrukteure gezwungen, bei begrenzten Außenabmessungen möglichst große Ladeflächen zu schaffen und überdies recht leicht zu bauen, um Nutzlast zu gewinnen. Freilich wäre es da noch logischer gewesen, sofort und konsequent zum Frontlenker überzugehen, den es ja auch parallel zu den Kurzhaubern gab, aber man nahm damals bei Daimler-Benz lieber diese Zweigleisigkeit in Kauf, als sich der aus dem Ausland übergreifenden Frontlenker-Mode, wie man glaubte, zu unterwerfen.

Produktion (1. Teil)

Typ	Baumuster	1958	1959	1960	1961	1962	1963	1964	1965	1966	1967	1968
L 323 / L 710	323				1929	3549	5211	3988	4694	3929	2 210	2 357
LA 323 / LA 710	323				34	147	112	630	199	226	169	223
LP 323 / LP 710	323				456	889	1197	1189	919	364	105	148
LAP 323	323					2						
L 328 / L 911	328				5221	3974	4090	3881	3837	3669	2 977	3 295
LA 328 / LA 911	328				773	765	505	782	656	872	637	824
LP 328 / LP 911	328				761	1211	1533	1251	1047	633	374	371
LAP 328 / LAP 911	328				16	10	8	6	6	4	1	
L 322 / L 1113	322	16	3282	6483	5011	4346	4930	4878	4707	3754	2 645	2 469
LA 322 / LA 1113	322		1738	2651	2389	2750	2859	1974	1489	1124	630	987
LP 322 / LP 1113	322		2224	2671	1770	2227	1284	1661	1321	813	674	140
LAP 322 / LAP 1113	322		5	14	23	2	18	19	10	6	5	1
L 327 / L 1413	327		308	647	1023	1451	2315	2941	2455	2878	2 233	2 510
LA 327 / LA 1413	327						300	1993	977	1139	624	1 057
LP 327 / LP 1413	327	15	48	257	168	362	475	690	780	857	574	364
Dazu Teilesätze für Brasilien												
LP 322	322										10 200	5 600
LAP 322	322		240	144	96	–	150	150	–	500		
L 1111	344											10 000
LA 1111	344										300	
Dazu Teilesätze für Argentinien												
L 911	341										1 296	1 72[illegible]
L 1112	341							720	3216	1728	1 248	1 00[illegible]
LA 1112	341									10	243	10[illegible]
L 1114	341										624	1 20[illegible]
LA 1114	341											13[illegible]
Dazu Teilesätze für Indien												
L 1210	342							4980	4080	6000	8 064	13 92[illegible]
LP 1210	342							2400	2640	4320	4 704	4 71[illegible]

Opel-Blitz
Modell 1952

Mercedes-Benz L 327
Prototyp 1956

Mercedes-Benz L 327
Serie ab 1959

69	1970	1971	1972	1973	1974	1975	1976	1977	1978	1979	1980	1981	Gesamtzahl
492	48												30 407
282	1												2 023
													5 267
													2
33													30 977
21													5 835
28													7 209
													51
17													42 538
161													18 752
89													15 594
1													104
166	7												21 754
541	8												6 839
101													4 691
													15 800
													1 280
00													21 900
													300
92	528	1 296	48	200	100								4 620
60	816	720	192	250									9 226
40	100	–	60	20									580
76	1 872	1 536	3 216	3 550	4 050	2 600	1 600	4 650	1 650	2 800	4100	400	36 124
11	120	240	500	200	500	180	–	260	220	180	20		2 565
52	13 056	12 336	14 592	14 750	12 600	11 000	17 700	28 300	25 000	25 000			226 930
76	5 760	6 960	6 672	6 250	9 300	9 700							71 858

Im Frühjahr 1961 ersetzte Daimler-Benz den seitherigen L 312 (L 4500) durch den L 328 und im Sommer 1961 den bewährten 3,5 Tonner L 311 durch den Kurzhauber L 323. In technischer Beziehung brachten sie beide keine bemerkenswerten Besonderheiten.

Ab September 1963 wurden die Typenbezeichnungen des gesamten Lastwagenprogramms geändert, wobei sich die neuen Kennzahlen aus der PS-Leistung und dem Gesamtgewicht zusammensetzten. Das war sehr viel sinnvoller als die seitherigen Baumuster-Zahlen, die absolut nichts besagten. So wurden beispielsweise umbenannt:

L 323 (Nachfolger des L 3500) in L 710
L 328 (Nachfolger des L 4500) in L 911
L 322 in L 1113.

Die Frontlenker dieser Typenreihen besaßen zunächst noch die gleichen rundlichen Fahrerhäuser, wie sie bereits seit den fünfziger Jahren für die Vorgänger verwendet worden waren. Im September 1965 brachte Daimler-Benz jedoch eine neue Frontlenker-Baureihe mit einem völlig neuen, modern gezeichneten Fahrerhaus heraus, welche zunächst die Typen LP 810, LP 1013 und LP 1213 sowie bald auch noch den Typ L 1216 umfaßte. Der Motor war bei diesen neuen Frontlenkern nicht mehr im Fahrerhaus, sondern »unter Boden« angeordnet, was

Produktion (2. Teil)

Typ	Baumuster	1965	1966	1967	1968	1969	1970	1971	1972	1973	197
LP 810	353	92	620								
L 911 B	353				198	3756	5242	4116	3416	4811	689
LA 911 B	353				50	568	1175	2595	1363	1033	282
LT 911 B	353								3	10	
LP 911 B	353			453	979	1376	1505	1502	1534	1497	96
LA 1117	353										
LAP 1117	353										
LP 1013	358	105	2080	1523	303						
L 1113 B	358				193	3000	2756	2166	1857	1823	180
LA 1113 B	358				41	939	1065	1324	1486	1639	283
LP 1113 B	358				2167	3761	4524	4565	4113	4643	393
LP 1213	352	62	1210	426							
LP 1216	352		15	350							
L 1313	352			2	119	338	669	612	870	1054	136
LA 1313	352				35	78	215	195	256	217	16
LP 1313	352			149	1126	1278	1608	1255	1662	1827	128
LP 1317	352			111	686	1100	1487	25			
LP 1319	352						6	1594	2117	2201	156
L 1513	360					200	2904	1964	1424	1510	203
LA 1513	360					9	1169	1043	928	940	64
LP 1513	360			2	615	723	1533	1221	1452	1645	122
L 1517	360						854	3			
LA 1517	360					2	811	9			
LP 1517	360			12	468	713	1520	13			
L 1519	360						1	542	439	280	2
LA 1519	360						2	895	660	550	2
LP 1519	360						13	1490	1306	1241	6
L 1813 (6 × 2)	352				13	19	128	71	59	69	2
L 1813 (6 × 4)	352					25	92	119	31	8	
L 1817 (6 × 4)	360					2	80	1			
L 1819 (6 × 4)	360							129	247	289	3
LPL 2219 (6 × 2)	355								95	250	1
LP 2219 (6 × 4)	355								2	89	2

außer dem Raumgewinn eine bessere Schall- und Wärmeisolierung ermöglichte.

Im Lauf der Jahre 1967 bis 1970 wurde die Reihe der mittleren Lastwagen nach oben durch die neuen Typen 1313/1317/1319 und 1513/1517/1519 ergänzt.

Als 1968 die verbesserten Typen L/LA/LP 911 B und L/LA/LP 1113 B erschienen, wurden auch deren Frontlenker-Ausführungen mit dem neuen Fahrerhaus bedacht. Die Kurzhauber waren von den seitherigen äußerlich daran zu unterscheiden, daß sie ab Juli 1967 ebenfalls ein neues Fahrerhaus mit höherer Windschutzscheibe sowie (genau wie die neuen Frontlenker) 3 statt 2 Scheibenwischer besaßen.

Für den L 710 gab es in der zweiten Halbzeit der damaligen Lastwagengeneration keinen unmittelbaren Nachfolger mehr, weil ein solcher durch die 1965 eingeführte LP-Reihe entbehrlich geworden war.

Trotzdem die Kurzhauber inzwischen längst durch die »Neue Generation« abgelöst sind, werden einige davon auch heute noch für den Export hergestellt. Vor allem der LA 911 B erfreut sich als robuster und anspruchsloser Gelände-Lastwagen nach wie vor des Zuspruchs mancher auf ihn eingeschworenen Militärbehörden in fernen Ländern.

1975	1976	1977	1978	1979	1980	1981	1982	1983	1984	1985	Gesamtzahl
											712
9296	9248	9229	5022	3398	8390	6408	3161	1872	2193		86 649 *)
2895	2418	1512	2386	1790	949	2624	2142	2886	517		29 425 *)
8	10	11	14	6	13	8	81	9	6		185 *)
1002	1075	1	–	–	348	828	560	–	–		13 622
						1319	83	116	44		563 *)
									20		20 *)
											4 011
3765	1853	1593	1273	1533	1502	2130	2120	716	732		30 815 *)
1496	870	691	1151	675	614	854	822	663	693		17 853 *)
3042	2302										33 053
											1 698
											365
2233	1052	528	242	384	515	1394	438	217	17		12 039 *)
129	96	158	177	55	326	81	59	80	69		2 388 *)
925	558										11 672
											3 409
1089	714										9 289
1771	792	697	666	661	35	1575	668	220	241		17 817 *)
729	608	349	380	398	620	845	827	590	393		10 470 *)
720	270										9 406
											857
											822
											2 726
247	102										1 819
367	156										2 898
505	106										5 298
13											614
–	23	1									304
											83
347	200										1 570
191	141	7									852
13	27	4									430

*) Gesamtzahl einschl. 1984. Produktion noch nicht beendet.

Mercedes-Benz L 323
Pritschenwagen
Radstand 3600 mm
1961–1963
(Blinker neben
den Scheinwerfern)

Mercedes-Benz L 710
Pritschenwagen
Radstand 4830 mm
1963–1967
(Blinker auf den
Kotflügeln)

Mercedes-Benz L 710
Pritschenwagen
Radstand 4200 mm
1967–1970
(Höheres Dach und
höhere Frontscheibe)

	Mercedes-Benz Typ L 323 (1961 – 1963) Typ L 710 (1963 – 1970)	Mercedes-Benz Typ LA 323 (1961 – 1963) Typ LA 710 (1963 – 1969)	Mercedes-Benz Typ LP 323 (1961 – 1963) Typ LP 710 (1963 – 1968)
Motor	Bis 1964: Daimler-Benz OM 312 Vorkammer-Dieselmotor 6 Zylinder, 90 × 120 mm, 4580 ccm, 100 PS bei 3000 U/min Ab Juni 1964: Daimler-Benz OM 352 Direkteinspritz Dieselmotor 6 Zylinder, 97 × 128 mm, 5675 ccm, 100 PS bei 2900 U/min		
Antrieb	Antrieb auf Hinterräder	Allrad-Antrieb (abschaltbar)	Antrieb auf Hinterräder
Getriebe	5 Gang	5 Gang + Vorgelege	5 Gang
Fußbremse	Hydraulisch, 4 Räder Druckluft-Servohilfe	Hydraulisch, 4 Räder Druckluft-Servohilfe	Hydraulisch, 4 Räder Druckluft-Servohilfe
Motorbremse	Auf Wunsch Mechanisch, Auspuffklappe	Auf Wunsch Mechanisch, Auspuffklappe	Auf Wunsch Mechanisch, Auspuffklappe
	L 323 bzw. L 710 **Kurzhauber-Pritschenwagen**	**LA 323 bzw. LA 710** **Kurzhauber-Pritschenwagen**	**LP 323 bzw. LP 710** **Frontlenker-Pritschenwagen**
Radstand	3600, 4200 oder 4830 mm	3600 oder 4200 mm	3200 oder 3600 mm
Pritsche	3800 (4500) (5500) × 2100	3800 (4500) × 2100 mm	4500 (5500) × 2100 mm
Gesamtmaße	6175 (6875) (7875) × 2340 × 2355 mm	6175 (6875) × 2340 × 2500 mm	6330 (7330) × 2500 × 2455 mm
Reifen	7,50–20 verst. Zwillings-Hinterräder	7,50–20 verst. Gelände Zwillings-Hinterräder	7,50–20 verst. Zwillings-Hinterräder
Fahrgestellgewicht	2610 (2655) (2685) kg	2910 (2950) kg	2450 (2490) kg
Wagengewicht	3350 (3450) (3550) kg	3730 (3830) kg	3430 (3500) kg
Zuläss. Gesamtgewicht	7400 kg (Export: bis 8400 kg)	7400 kg (Export: bis 8400 kg)	7400 kg (Export: bis 8400 kg)
Nenn-Nutzlast	3,5 – 4 t	3,5 – 4 t	3,5 – 4 t
Zuläss. Lastzuggewicht	14 800 kg (Export: bis 16 000 kg)	14 800 kg (Export: bis 16 000 kg)	14 800 kg (Export: bis 16 000 kg)
Höchstgeschwindigkeit	85 km/h	85 km/h	85 km/h
Verbrauch/100 km	19 Liter Diesel	23 Liter Diesel	19 Liter Diesel
Preis	1962: DM 19 000.–	1962: DM 23 000.–	DM 19 000.–
Bemerkungen			Für Sonderaufbauten auch Radstand 4200 oder 4830 mm
	LK 323 bzw. LK 710 **Kurzhauber-Kipper**	**LAK 323 bzw. LAK 710** **Kurzhauber-Kipper**	
Radstand	3200 oder 3600 mm	3200 oder 3600 mm	
Pritsche	3000 (3600) × 2100 mm	3000 (3600) × 2100 mm	
Gesamtmaße	5460 (6045) × 2340 × 2355	5460 (6045) × 2340 × 2500	
Wagengewicht	3685 (3870) kg	4065 (4250) kg	
	LS 323 bzw. LS 710 **Kurzhauber-Sattelzugmaschine**	**LAS 323 bzw. LAS 710** **Kurzhauber-Sattelzugmaschine**	**LPS 323 bzw. LPS 710** **Frontlenker-Sattelzugmaschine**
Radstand	3200 oder 3600 mm	3200 oder 3600 mm	3200 oder 3600 mm
Zuläss. Lastzuggewicht	14 800 – 16 000 kg	14 800 – 16 000 kg	14 800 – 16 000 kg
			LPN 710 (ab 1964) **Niederrahmen-Lastwagen** **für Getränketransporte**
Radstand			3800 mm

Mercedes-Benz L 710
mit Kofferaufbau
Radstand 3600 mm
Aufbau: Ackermann
1965

Mercedes-Benz LS 710
Sattelzugmaschine
mit Kofferauflieger
Aufbau: Ackermann
1965

Mercedes-Benz L 710
Großkrankenkraftwagen
des Katastrophenschutzes
Aufbau: Glas (Dingolfing)
Einrichtung: Binz (Lorch)
etwa 1965

Mercedes-Benz LAF 710
Radstand 3600 mm
Löschfahrzeug LF 8-TS
Aufbau: Metz (Karlsruhe)
etwa 1965

Mercedes-Benz LP 710
Pritschenwagen
1963–1968

Mercedes-Benz LP 323
Kraftstoff-Tankwagen
1962

Mercedes-Benz LP 710
Löschfahrzeug LF 8
Aufbau: Bachert
1964–1967

Mercedes-Benz L 328
Pritschenwagen 1961–1963

Mercedes-Benz L 911
Pritschenwagen 1963–1967

Mercedes-Benz LAK 911
Allrad-Dreiseiten-Kipper 1963–1967

Motor

Antrieb
Getriebe
Fußbremse
Motorbremse

Radstand
Pritsche
Gesamtmaße

Reifen

Fahrgestellgewicht
Wagengewicht
Zuläss. Gesamtgewicht
Nutzlast Klasse
Zuläss. Lastzuggewicht
Höchstgeschwindigkeit
Verbrauch/100 km
Preis

Bemerkungen

Radstand
Pritsche
Gesamtmaße
Wagengewicht

Radstand
Zuläss. Lastzuggewicht

Radstand
Pritsche
Gesamtmaße
Reifen

Wagengewicht
Zuläss. Gesamtgewicht
Nutzlast-Klasse

Mercedes-Benz Typ L 321 H (1960) Typ L 328 (1961–1963) Typ L 911 (1963–1969)	Mercedes-Benz Typ LA 328 (1961–1963) Typ LA 911 (1963–1969)	Mercedes-Benz Typ LP 321 H (1960) Typ LP 328 (1961–1963) Typ LP 911 (1963–1966)	Mercedes-Benz Typ LP 911 (1966–1969)
Daimler-Benz OM 312 Vorkammer-Dieselmotor 6 Zylinder, 90 × 120 mm, 4580 ccm, 100 PS bei 3000 U/min oder zunächst wahlweise, dann ab 1962 Serie: Daimler-Benz OM 321 Vorkammer-Dieselmotor 6 Zylinder, 95 × 120 mm, 5100 ccm, 110 PS bei 3000 U/min Ab Juli 1964: Daimler-Benz OM 352 Direkteinspritz-Dieselmotor 6 Zylinder, 97 × 128 mm, 5675 ccm, 110 PS bei 2900 U/min			
Antrieb auf Hinterräder 5 Gang	Allrad-Antrieb (abschaltbar) 5 Gang + Vorgelege	Antrieb auf Hinterräder 5 Gang	Antrieb auf Hinterräder 5 Gang
Hydraulisch, 4 Räder, Druckluft-Servohilfe Auf Wunsch mechanisch, Auspuffklappe			
L 321 H, L 328 und L 911 Kurzhauber-Pritschenwagen	**LA 328 und LA 911 Kurzhauber-Pritschenwagen**	**LP 321 H, LP 328 und LP 911 Frontlenker-Pritschenwagen mit Fahrerhaus älterer Art**	**LP 911 Frontlenker-Pritschenwagen mit Fahrerhaus älterer Art**
3600, 4200 oder 4830 mm	3600 oder 4200 mm	3200 oder 3600 mm	3200, 3600 oder 4200 mm
3800 (4500) (5500) × 2150	3800 (4500) × 2150 mm	4500 (5000) × 2150 mm	4500 (5300) (6250) × 2350 mm
6175 (6875) (7875) × 2340 × 2450 mm	6175 (6875) × 2340 × 2510 mm	6330 (7330) × 2380 × 2475 mm	6120 (6920) (7870) × 2460 × 2655 mm
8,25–20	8,25–20 Gelände	8,25–20	7,50–20 Super
Zwillings-Hinterräder	Zwillings-Hinterräder	Zwillings-Hinterräder	Zwillings-Hinterräder
2790 (2820) (2860) kg	3015 (3165) kg	2670 (2690) kg	3075 (3135) (3175) kg
3550 (3625) (3800) kg	3860 (3965) kg	3630 (3730) kg	3910 (4100) (4125) kg
9000 kg	9000 kg	9000 kg	8990 kg
5 t	5 t	5 t	unter 5 t
16 000–18 300 kg	16 000–19 300 kg	16 000–18 300 kg	16 000–18 300 kg
75 km/h	75 km/h	75 km/h	80 km/h
17 Liter Diesel	21 Liter Diesel	17 Liter Diesel	17 Liter Diesel
1965: DM 23 000,–	1965: DM 27 000,–		1967: DM 26 000,–
Bis Mitte 1962: Reifen 7,50–20 verst. Gesamtgewicht 8300 kg		Bis Mitte 1962: Reifen 7,50–20 verst. Gesamtgewicht 8300 kg Fahrgestell für Sonder- aufbauten auch mit Radstand 4200 oder 4830 mm	Fahrgestell für Sonder- aufbauten auch mit Radstand 4830 mm
.K 321 H, LK 328 und LK 911 Kurzhauber-Kipper	**LAK 328 und LAK 911 Kurzhauber-Kipper**		
3200 oder 3600 mm	3200 oder 3600 mm		
3000 (3600) × 2100 mm	3000 (3600) × 2100 mm		
5460 (6045) × 2340 × 2570	5460 (6045) × 2340 × 2510		
3905 (4075) kg	4205 (4390) kg		
LS 328 und LS 911 rzhauber-Sattelzugmaschine	**LAS 328 und LAS 911 Kurzhauber-Sattelzugmaschine**	**LPS 328 und LPS 911 Frontlenker-Sattelzugmaschine**	**LPS 911 Frontlenker-Sattelzugmaschine**
3200 oder 3600 mm	3600 mm	3200 oder 3600 mm	3200 oder 3600 mm
16 000–18 300 kg	16 000–18 300 kg	16 000–18 300 kg	18 300 kg
	LG 328 und LG 911 Kurzhauber-Gelände-Lastwagen Militärausführung		
	3600 mm		
	3600 × 2200 mm		
	6050 × 2350 × 2595 mm		
	11.00–20 verst. M-Profil		
	Einzel-Hinterräder		
	4460 kg		
	8500 kg		
	NATO-Klasse 5 t		

Mercedes-Benz LS 911
Sattelzugmaschine mit
Ackermann Pritschenauflieger
1965

Mercedes-Benz LA 328
Pritschenwagen
mit Allrad-Antrieb
für Bundesgrenzschutz
und Bereitschaftspolizei
1962/63

Mercedes-Benz LA 911
Pritschenwagen
mit Allrad-Antrieb
für Bundesgrenzschutz
und Bereitschaftspolizei
1964–1967

Mercedes-Benz L 911
Milchtransportwagen
1968

Mercedes-Benz LP 328
Mercedes-Benz LP 911
Pritschenwagen
1961–1969

Mercedes-Benz LP 911
Radstand 4830 mm
Büchereiwagen
Leichtmetall-Kastenwagen
Aufbau: Eylert
etwa 1965

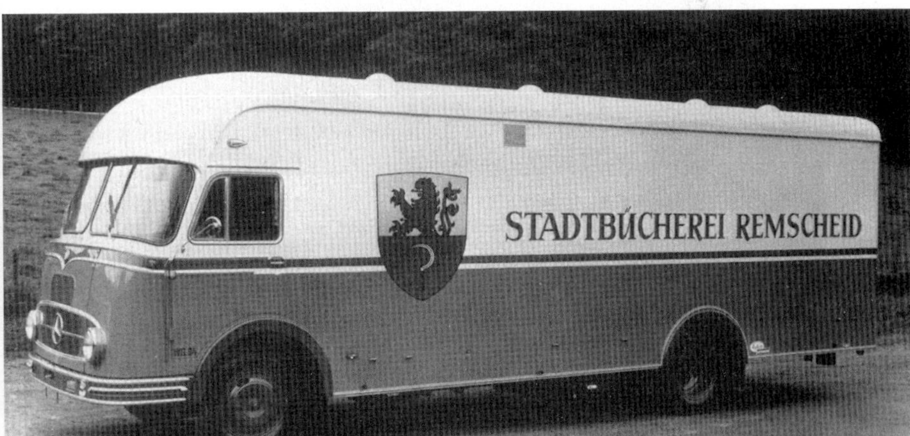

Mercedes-Benz L 322
Pritschenwagen (Radstand 3600 mm) 1959–1963

Mercedes-Benz LAK 322
Allrad-Dreiseiten-Kipper 1959–1963

Mercedes-Benz LAK 1113
Allrad-Dreiseiten-Kipper 1963–1967

Mercedes-Benz L 1113
Pritschenwagen (Radstand 4200 mm) 1963–1967

	Mercedes-Benz **L 322 (1959–1963)** **L 1113 (1963 – 1969)**	**Mercedes-Benz** **LA 322 (1959–1963)** **LA 1113 (1963 – 1969)**	**Mercedes-Benz** **LP 322 (1959–1963)** **LP 1113 (1963 – 1969)**
Motor	Bis Ende 1962: Daimler-Benz OM 321 Vorkammer-Dieselmotor 6 Zylinder, 95 × 120 mm, 5104 ccm, 110 PS bei 3000 U/min Ab Herbst 1961: Daimler-Benz OM 322 Vorkammer-Dieselmotor 6 Zylinder, 97 × 128 mm, 5675 ccm, 126 PS bei 2800 U/min Ab Januar 1964: Daimler-Benz OM 352 Direkteinspritz-Dieselmotor 6 Zylinder, 97 × 128 mm, 5675 ccm, 126 PS bei 2800 U/min		
Antrieb	Antrieb auf Hinterräder	Allrad-Antrieb (abschaltbar)	Antrieb auf Hinterräder
Getriebe	5 Gang	5 Gang + Vorgelege	5 Gang
Fußbremse	Hydraulisch, 4 Räder Druckluft-Servohilfe dazu Motorbremse	Hydraulisch, 4 Räder Druckluft-Servohilfe dazu Motorbremse	Hydraulisch, 4 Räder Druckluft-Servohilfe dazu Motorbremse
	L 322 / L 1113: **Kurzhauber-Pritschenwagen**	**LA 322 / LA 1113:** **Kurzhauber-Pritschenwagen**	**LP 322 / LP 1113:** **Frontlenker-Pritschenwagen**
Radstand	3600, 4200 oder 4830 mm	3600 oder 4200 mm	3200, 3600 oder 4200 mm
Pritsche	3800 (4500) (5000) × 2100	3800 (4500) × 2100 mm	4500 (5500) (6250) × 2100 mm
Gesamtmaße	6135 (6835) (7835) × 2250 × 2400 mm (Höhe über Fahrerhaus)	6135 (6835) X 2340 × 2560 mm (Höhe über Fahrerhaus)	6310 (7310) (8600) × 2340 × 2440 mm (Höhe über Fahrerhaus)
Reifen	8,25–20 eHD Super Zwillings-Hinterräder	8,25–20 eHD Super Gelände oder 9,00–20 Zwillings-Hinterräder	8,25–20 eHD Super Zwillings-Hinterräder
Wagengewicht (mit Fahrer)	3650 (3750) (3900) kg	3960 (4050) kg	3750 (3865) (3980) kg
Zuläss. Gesamtgewicht	10 500 kg	10 500 kg	10 500 kg
Nenn-Nutzlast	6,5 t	6 t	6 t
Zuläss. Lastzuggewicht	21 000 kg	21 000 kg	21 000 kg
Höchstgeschwindigkeit	75 km/h	70 km/h	75 km/h
Verbrauch/100 km	19 Liter Diesel	23 Liter Diesel	19 Liter Diesel
Preis	1965: DM 26 000,-	1965: DM 30 000,-	1965: DM 27 000,-
Bemerkungen			Für Sonderaufbauten auch mit Radstand 4830 und ab 1966 auch mit Radstand 5170 mm
	LK 322 / LK 1113: **Kurzhauber-Kipper**	**LAK 322 / LAK 1113:** **Kurzhauber-Kipper**	**LPK 1113 (erst ab 1968):** **Frontlenker-Kipper**
Radstand	3600 mm	3600 mm	3200 mm
Pritsche	3400–3600 × 2100 mm	3400–3600 × 2100 mm	3600 × 2240 mm
	LS 322 / LS 1113: **Kurzhauber-Sattelzugmaschine**	**LAS 322 / LAS 1113:** **Kurzhauber-Sattelzugmaschine**	**LPS 322 / LPS 1113:** **Frontlenker-Sattelzugmaschine**
Radstand	3200 oder 3600 mm	3200 oder 3600 mm	3200 oder (für langes Fahrerhaus) 3600 mm
		LG 322 / LG 1113: **Kurzhauber-Gelände-** **Lastwagen**	
Radstand		3600 mm	
Pritsche		3600 × 2200 mm	
Gesamtmaße		6050 × 2350 × 2625 mm	
Reifen		11,00–20 verst. Profil Einzel-Hinterräder	
Wagengewicht		4545 kg	
Zuläss. Gesamtgewicht		8500 kg	
Nutzlast		Nato-Klasse 3 t	

Eisen HERZOG Bleche

WAN·251

Mercedes-Benz L 1113
Spezialwagen für
Langmaterialtransporte
1968

←

→

Mercedes-Benz LAF 322
Radstand 3600 mm
Löschfahrzeug LF 16
mit Allrad-Antrieb
Aufbau: Metz
etwa 1962

Mercedes-Benz LS 1113
Sattelzugmaschine
mit Pritschenauflieger
Fabrikat: Blumhardt
1965

←

→

Mercedes-Benz LG 322
Militär-Lastwagen
für Ägypten
1958

Mercedes-Benz LF 322
Radstand 4800 mm
Drehleiter DL 30
Aufbau: Metz (Karlsruhe)
1962

←

→

Mercedes-Benz LP 322
Mercedes-Benz LP 1113
Pritschenwagen
Radstand 4200 mm
1959–1969

Mercedes-Benz L 327
Pritschenwagen
Radstand 5000 mm
1959–1961

Mercedes-Benz L 1413
Pritschenwagen
Radstand 4200 mm
1963–1967

Mercedes-Benz L 1413
Pritschenwagen
Radstand 4830 mm
1963–1967

Mercedes-Benz LP 1413
Fahrbarer Selbstbedienungsladen
für Migros-Genossenschaft
1968

Mercedes-Benz LP 1413
Pritschenwagen
Radstand 4200 mm
1963–1969

Mercedes-Benz LPS 1413
Sattelzugmaschine mit
Blumhardt Tankauflieger
etwa 1965

Mercedes-Benz LB 327
Betonmischer 1961

Mercedes-Benz LB 1413
Betonmischer 1964

Mercedes-Benz LK 1413
Dreiseiten-Kipper 1964–1967

Mercedes-Benz LP 1413
Möbelwagen 1965

	Mercedes-Benz Typ L 327 (1959–1961)
Motor	
Antrieb	Antrieb auf Hinterräder
Getriebe	5 Gang
Fußbremse	Hydraulisch, 4 Räder Druckluft-Servohilfe
Motorbremse	Mechanisch, Auspuffklappe
	L 327 Kurzhauber-Pritschenwagen
Radstand	4400 oder 5000 mm
Pritsche	4500 (5400) × 2300 mm
Gesamtmaße	6790 (7770) × 2500 × 2480 mm
Reifen	9.00–20 eHD verst. Zwillings-Hinterräder
Fahrgestellgewicht	3110 (3390) kg
Wagengewicht	4150 (4320) kg
Zuläss. Gesamtgewicht	12 000 kg
Nutzlast-Klasse	7,5 t
Zuläss. Lastzuggewicht	24 000 kg
Höchstgeschwindigkeit	70 km/h
Verbrauch/100 km	22 Liter Diesel
	LS 327 Kurzhauber-Sattelzugmaschine
Radstand	3700 mm
Zuläss. Lastzuggewicht	24 000 kg
	LK 327 Kurzhauber-Kipper
Radstand	4200 mm
Pritsche	4000 × 2300 mm
Gesamtmaße	6730 × 2500 × 2490 mm
Wagengewicht	4770 kg
Radstand	
Fahrgestellgewicht	
Zuläss. Gesamtgewicht	
Radstand	
Zuläss. Gesamtgewicht	

Mercedes-Benz **Typ L 327 (1962–1963)** **Typ L 1413 (1963–1969)**	**Mercedes-Benz** **Typ LA 327 (1962–1963)** **Typ LA 1413 (1963–1969)**	**Mercedes-Benz** **Typ LP 327 (1959–1961)**	**Mercedes-Benz** **Typ LP 327 (1962–1963)** **Typ LP 1413 (1963–1969)**

Bis Herbst 1963: Daimler-Benz OM 321 Vorkammer-Dieselmotor
6 Zylinder, 95 × 120 mm, 5104 ccm, 110 PS bei 3000 U/min
Ab Herbst 1961: Daimler-Benz OM 322 Vorkammer-Dieselmotor
6 Zylinder, 97 × 128 mm, 5675 ccm, 126 PS bei 2800 U/min
Ab Januar 1964: Daimler-Benz OM 352 Direkteinspritz-Dieselmotor
6 Zylinder, 97 × 128 mm, 5675 ccm, 126 PS bei 2800 U/min
oder ab 1966: OM 352 A mit Abgas-Turbolader, 150 PS

Antrieb auf Hinterräder 5 Gang oder (ab 1963) 5 Gang + 2 Gang-Hinterachse Hydraulisch, 4 Räder Druckluft-Servohilfe Mechanisch, Auspuffklappe	Allrad-Antrieb (abschaltbar) 5 Gang + Vorgelege Hydraulisch, 4 Räder Druckluft-Servohilfe Mechanisch, Auspuffklappe	Antrieb auf Hinterräder 5 Gang Hydraulisch, 4 Räder Druckluft-Servohilfe Mechanisch, Auspuffklappe	Antrieb auf Hinterräder 5 Gang oder (ab 1963) 5 Gang + 2 Gang-Hinterachse Hydraulisch, 4 Räder Druckluft-Servohilfe Mechanisch, Auspuffklappe
L 327 bzw. L 1413 **Kurzhauber-Pritschenwagen** 4200 oder 4830 mm 4500 (5500) × 2300 mm 6875 (7875) × 2500 × 2550 mm 10,00–20 Super Zwillings-Hinterräder 3615 (3700) kg 4500 (4625) kg 14 000 kg 9 t 21 000 kg 80 km/h 22 Liter Diesel	**LA 327 bzw. LA 1413** **Kurzhauber-Pritschenwagen** 4200 mm 4500 × 2300 mm 6875 × 2500 × 2550 mm 10,00–20 Super Zwillings-Hinterräder 3960 kg 4850 kg 14 000 kg 9 t 21 000 kg 75 km/h 25 Liter Diesel	**LP 327** **Frontlenker-Pritschenwagen** 3700 oder 4400 mm 5000 (6000) × 2300 mm 6755 (7685) × 2300 × 2470 mm 9,00–20 eHD verst. Zwillings-Hinterräder 3250 (3400) kg 4140 (4290) kg 12 000 kg 7,5 t 24 000 kg 70 km/h 22 Liter Diesel	**LP 327 bzw. LP 1413** **Frontlenker-Pritschenwagen** 3600 oder 4200 mm 4500 (5000) × 2300 mm 6400 (7400) × 2300 × 2480 mm 10,00–20 Super Zwillings-Hinterräder 3420 (3455) kg 4450 (4560) kg 14 000 kg 9 t 21 000 kg 80 km/h 22 Liter Diesel Fahrgestell für Sonderaufbauten auch mit Radstand 4830 mm
LS 327 bzw. LS 1413 **Kurzhauber-Sattelzugmaschine** 3600 mm 21 000 kg		**LPS 327** **Frontlenker-Sattelzugmaschine** 3200 mm 24 000 kg	**LPS 327 bzw. LPS 1413** **Frontlenker-Sattelzugmaschine** 3200 mm 21 000 kg
LK 327 bzw. LK 1413 **Kurzhauber-Kipper** 3600 oder 4200 mm 3800 (4000) × 2300 mm 6500 (6730) × 2500 × 2550 mm 5100 kg	**LAK 327 bzw. LAK 1413** **Kurzhauber-Kipper** 3600 oder 4200 mm 3800 (4000) × 2300 mm 6500 (6730) × 2500 × 2550 mm 5455 kg		
LB 327 bzw. LB 1413 **Transport-Betonmischer** 3600 mm 3550 kg 14 000 kg	**LAB 1413** **Transport-Betonmischer** 3600 mm 4300 kg 14 000 kg		
LB 1513 **Transport-Betonmischer** 3600 mm 15 000 kg			

Mercedes-Benz LP 810
Pritschenwagen
Radstand 3200 mm
1965–1966

Mercedes-Benz LP 1013
Pritschenwagen
Radstand 3600 mm
1965–1968

Mercedes-Benz LP 1213
Pritschenwagen
Radstand 4200 mm
1965–1967

	Mercedes-Benz LP 810 1965–1966	Mercedes-Benz LP 1013 1965–1968
Motor	Daimler-Benz OM 352 Direkteinspritz-Dieselmotor 6 Zylinder, 97 × 128 mm, 5675 ccm, 100 PS bei 2800 U/min	Daimler-Benz OM 352 Direkteinspritz-Dieselmotor 6 Zylinder, 97 × 128 mm, 5675 ccm, 126 PS bei 2800 U/min
Getriebe	5 Gang	5 Gang
Fußbremse	Zweikreis-Hydraulik, Druckluft-Servohilfe, dazu auf Wunsch Motorbremse	Zweikreis-Hydraulik, Druckluft-Servohilfe, dazu Motorbremse
	LP 810: Frontlenker-Pritschenwagen	**LP 1013: Frontlenker-Pritschenwagen**
Radstand	3200 oder 3600 oder 4200 mm	3200 oder 3600 oder 4200 mm
Pritsche	4500 (5300) (6250) × 2350 mm	4500 (5300) (6250) × 2350 mm
Gesamtmaße	6120 (6920) (7870) × 2450 × 2645 mm (Höhe über Fahrerhaus)	6120 (6920) (7870) × 2450 × 2675 mm (Höhe über Fahrerhaus)
Reifen	7,50–20 Super, Zwillings-Hinterräder	8,25–20 Super, Zwillings-Hinterräder
Wagengewicht (mit Fahrer)	3850 (4040) (4190) kg	4055 (4280) (4350) kg
Zuläss. Gesamtgewicht	8000 kg	10 500 kg
Nutzlast	ca. 4 t	ca. 6 t
Zuläss. Lastzuggewicht	16 600 kg	21 000 kg
Bemerkungen	Fahrgestell für Sonderaufbauten auch mit Radstand 4830 mm	Fahrgestell für Sonderaufbauten auch mit Radstand 4830 oder 5170 mm
		LPK 1013: Frontlenker-Kipper
Radstand		3200 mm
Pritsche		3500 × 2200 mm
	LPS 810: Frontlenker-Sattelzugmaschine	**LPS 1013: Frontlenker-Sattelzugmaschine**
Radstand	3200 oder 3600 mm	3200 oder 3600 mm

	Mercedes-Benz LP 1213 1965–1967	Mercedes-Benz LP 1216 1966–1967
Motor	Daimler-Benz OM 352 Direkteinspritz-Dieselmotor 6 Zylinder, 97 × 128 mm, 5675 ccm, 126 PS bei 2800 U/min	Daimler-Benz OM 327 Direkteinspritz-Dieselmotor 6 Zylinder, 115 × 128 mm, 7980 ccm, 160 PS bei 2300 U/min
Getriebe	5 Gang	5 Gang
Fußbremse	Zweikreis-Hydraulik, Druckluft-Servohilfe, dazu Motorbremse	Zweikreis-Hydraulik, Druckluft-Servohilfe, dazu Motorbremse
	LP 1213: Frontlenker-Pritschenwagen	**LP 1216: Frontlenker-Pritschenwagen**
Radstand	3200 oder 3600 oder 4200 mm	3200 oder 3600 oder 4200 mm
Pritsche	4500 (5300) (6250) × 2350 mm	4500 (5300) (6250) × 2350 mm
Gesamtmaße	6120 (6920) (7870) × 2450 × 2700 mm	6120 (6920) (7870) × 2450 × 2700 mm
Reifen	9,00–20 verst., Zwillings-Hinterräder	9,00–20 Super, Zwillings-Hinterräder
Wagengewicht (mit Fahrer)	4400 (4520) (4625) kg	4855 (5015) (5050) kg
Zuläss. Gesamtgewicht	12 000 kg	12 500 kg
Nutzlast	ca. 7,5 t	ca. 8 t
Zuläss. Lastzuggewicht	21 000 kg	26 000 kg
Bemerkungen	Fahrgestell für Sonderaufbauten auch mit Radstand 4830 oder 5170 mm LPK 1213 Kipper: Radstand 3200 mm LPS 1213 Sattelzugmaschine: Radstand 3200 oder 3600 mm	Fahrgestell für Sonderaufbauten auch mit Radstand 4830 oder 5170 mm LPK 1216 Kipper: Radstand 3200 mm LPS 1216 Sattelzugmaschine: Radstand 3200 oder 3600 mm

Mercedes-Benz LPK 1216
Dreiseiten-Kipper
1966–1967

←

→

Mercedes-Benz LPS 1013
Sattelzugmaschine mit
Kässbohrer Koffer-Auflieger
1967

Mercedes-Benz LP 1013
Ackermann Kofferaufbau
mit langem Fahrerhaus
1967

←

→

Mercedes-Benz LP 1216
Autotransporter
1967

Mercedes-Benz LP 1216
Pritschenwagen
Radstand 4200 mm
1966–1967

←

→

Mercedes-Benz LP 1216
Lastzug
1967

gnaier möbel
gnaier möbel
792 heidenheim

Moeller
DN-A 627

Mercedes-Benz LG 911 B Militär-Lastwagen mit Allrad-Antrieb (ab 1968)

Mercedes-Benz LKO 911 B Schörling Straßenkehrmaschine

	Mercedes-Benz **L 911 B** **Ab 1968**	**Mercedes-Benz** **LA 911 B** **Ab 1968**	**Mercedes-Benz** **LP 911 B** **1967–1982**
Motor	Daimler-Benz OM 352 Direkteinspritz-Dieselmotor 6 Zylinder, 97 × 128 mm, 5675 ccm, 110 PS bei 2900 U/min oder (ab Sept. 1973) wahlweise gegen Aufpreis: OM 352 mit 130 PS Leistung oder OM 352 A mit 168 PS Leistung		
Antrieb	Antrieb auf Hinterräder	Allrad-Antrieb (abschaltbar)	Antrieb auf Hinterräder
Getriebe	5 Gang	5 Gang + Vorgelege	5 Gang
Fußbremse	Hydraulisch, 4 Räder Druckluft-Servohilfe	Hydraulisch, 4 Räder Druckluft-Servohilfe	Hydraulisch, 4 Räder Druckluft-Servohilfe
Motorbremse	Auf Wunsch: Mechanisch, Auspuffklappe	Auf Wunsch: Mechanisch, Auspuffklappe	Auf Wunsch: Mechanisch, Auspuffklappe
	L 911 B: **Kurzhauber-Pritschenwagen**	**LA 911 B:** **Kurzhauber-Pritschenwagen**	**LP 911 B:** **Frontlenker-Pritschenwagen**
Radstand	3600, 4200 oder 4830 mm	3600 oder 4200 mm	3200, 3600 oder 4200 mm
Pritsche	3600 (4500) (5300) × 2350 mm	3600 (4500) × 2350 mm	4500 (5300) (6250) × 2350 mm
Gesamtmaße	5975 (6975) (7675) × 2350 × 2455 mm	5975 (6975) × 2350 × 2510 mm	6210 (6920) (7870) × 2450 × 2685 mm
Reifen	7,50–20 / 12 PR Zwillings-Hinterräder	7,50–20 / 12 PR Zwillings-Hinterräder	7,50–20 Super Zwillings-Hinterräder
Wagengewicht	3750 (3890) (4025) kg	4100 (4230) kg	3910 (4100) (4250) kg
Zuläss. Gesamtgewicht	8990 kg	8990 kg	8990 kg
Nutzlast-Klasse	5 t		5 t
Zuläss. Lastzuggewicht	13 700–21 000 kg	13 700–21 000 kg	13 700–21 000 kg
Höchstgeschwindigkeit	85 km/h	70 km/h	85 km/h
Verbrauch/100 km	18 Liter Diesel	22 Liter Diesel	18 Liter Diesel
Preis			
Bemerkungen			Fahrgestell auch mit Radstand 4830 mm für Sonderaufbauten lieferbar
	LK 911 B: **Kurzhauber-Kipper**	**LAK 911 B:** **Kurzhauber-Kipper**	
Radstand	3600 mm	3600 mm	
Pritsche	3600 × 2100 mm	3600 × 2100 mm	
Reifen	8,25–20 / 12 PR Zwillings-Hinterräder	8,25–20 / 12 PR Zwillings-Hinterräder	
Wagengewicht	4300 kg	4690 kg	
Zuläss. Gesamtgewicht	9300 kg	9300 kg	
	LS 911 B: **Kurzhauber-Sattelzugmaschine**	**LAS 911 B:** **Kurzhauber-Sattelzugmaschine**	**LS 911 B:** **Frontlenker-Sattelzugmaschine**
Radstand	3200 oder 3600 mm	3600 mm	3200 oder 3600 mm
Zuläss. Lastzuggewicht	18 300 kg	18 300 kg	18 300 kg
		LG 911 B: **Kurzhauber Gelände-Lastwagen** **Nato-Ausführung**	
Radstand		3600 mm	
Pritsche		3600 × 2350 mm	
Gesamtmaße		5980 × 2460 × 2710 mm (Höhe über Fahrerhaus)	
Reifen		12,00–20 Einzel-Hinterräder	
Wagengewicht		5500 kg	
Zuläss. Gesamtgewicht		10 000 kg	

Mercedes-Benz LAF 911 B
Radstand 3600 mm
Löschfahrzeug LF 8
Aufbau: Metz (Karlsruhe)
1970

Mercedes-Benz LP 911 B
Ausstellungsfahrzeug
Aufbau: Thiele (Bremen)
1973

Mercedes-Benz L 911 B
mit Holzaufbau
in Nigeria

Mercedes-Benz LAF 1113 B
Radstand 4200 mm
Tanklöschfahrzeug TLF 16
Aufbau: Metz (Karlsruhe)
1969

Mercedes-Benz LAF 1113 B
Radstand 4200 mm
Wasserwerfer WW 4000
für Bundesgrenzschutz
und Bereitschaftspolizei
Aufbau: Metz (Karlsruhe)
1969

Mercedes-Benz LAF 1113 B
Radstand 3600 mm
Tanklöschfahrzeug TLF 2000
Aufbau: Rosenbauer (Linz)
1970

Mercedes-Benz L 1113 B Pritschenwagen 1968

Mercedes-Benz LP 1113 B Pritschenwagen 1969

	Merdedes-Benz **L 1113 B** **ab 1968**	**Mercedes-Benz** **LA 1113 B** **ab 1968**	**Mercedes-Benz** **LP 1113 B** **1968–1976**
Motor	Daimler-Benz OM 352 Direkteinspritz-Dieselmotor 6 Zylinder, 97 × 128 mm, 5675 ccm, 130 PS bei 2800 U/min		
Antrieb	Antrieb auf Hinterräder	Allrad-Antrieb (abschaltbar)	Antrieb auf Hinterräder
Getriebe	5 Gang	5 Gang + Vorgelege	5 Gang
Fußbremse	Hydraulisch, 4 Räder, Druckluft-Servohilfe, dazu Motorbremse	Hydraulisch, 4 Räder, Druckluft-Servohilfe, dazu Motorbremse	Hydraulisch, 4 Räder, Druckluft-Servohilfe, dazu Motorbremse
	L 1113 B: **Kurzhauber-Pritschenwagen**	**LA 1113 B:** **Kurzhauber-Pritschenwagen**	**LP 1113 B:** **Frontlenker-Pritschenwagen**
Radstand	3600, 4200 oder 4830 mm	3600 oder 4200 mm	3200, 3600 oder 4200 mm
Pritsche	3600 (4500) (5300) × 2350	3600 (4200) × 2240 mm	4500 (5300) (6250) × 2350 mm
Gesamtmaße	5935 (6835) (8135) × 2500 × 2400 mm (Höhe über Fahrerhaus)	5935 (6535) X 2500 × 2560 mm (Höhe über Fahrerhaus)	6310 (7310) (8060) × 2500 × 2440 mm (Höhe über Fahrerhaus)
Reifen	8,25–20 / 14 PR Super Zwillings-Hinterräder	8,25–20 / 14 PR Super Zwillings-Hinterräder	8,25–20 / 14 PR Super Zwillings-Hinterräder
Wagengewicht (mit Fahrer)	3925 (4100) (4125) kg	4200 (4300) kg	4115 (4340) (4410) kg
Zuläss. Gesamtgewicht	11 000 kg	11 000 kg	11 000 kg
Nenn-Nutzlast	7 t	6,5 t	6,5 t
Zuläss. Lastzuggewicht	21 600 kg	21 600 kg	21 600 kg
Höchstgeschwindigkeit	80 km/h	70 km/h	80 km/h
Verbrauch/100 km	19 Liter Diesel	23 Liter Diesel	19 Liter Diesel
Preis	1975: DM 43 000,– 1985: DM 66 000,–	1975: DM 49 000,– 1985: DM 75 000,–	1975: DM 45 000,–
Bemerkungen	Für Sonderaufbauten auch Radstand 5170 mm Auch mit 168 PS Auflademotor	Auch mit 168 PS Auflademotor	Für Sonderaufbauten auch Radstand 4830 oder 5170 mm
	LK 1113 B: **Kurzhauber-Kipper**	**LAK 1113 B:** **Kurzhauber-Kipper**	**LPK 1113 B:** **Frontlenker-Kipper**
Radstand	3600 mm	3600 mm	3200 mm
Pritsche	3600 × 2240 mm	3600 × 2240 mm	3600 × 2240 mm
	LS 1113 B: **Kurzhauber-Sattelzugmaschine**	**LAS 1113 B:** **Kurzhauber-Sattelzugmaschine**	**LPS 1113 B:** **Frontlenker-Sattelzugmaschine**
Radstand	3600 mm	3600 mm	3200 oder 3600 mm

Mercedes-Benz LK 1313
Meiller Dreiseiten-Kipper
1967

Mercedes-Benz L 1313
Milchsammelwagen
1967

Mercedes-Benz LAK 1313
Dreiseiten-Kipper
mit Allrad-Antrieb
1969

	Mercedes-Benz L 1313 1967–1984	**Mercedes-Benz LA 1313 1968–1984**
Motor	Daimler-Benz OM 352 Direkteinspritz-Dieselmotor 6 Zylinder, 97 × 128 mm, 5765 ccm, 126 PS bzw. (ab 1969) 130 PS bei 2800 U/min oder wahlweise OM 352 A, Leistung 168 PS	
Antrieb	Antrieb auf Hinterräder	Allrad-Antrieb (abschaltbar)
Getriebe	5 Gang	5 Gang + Vorgelege
Fußbremse	Hydraulisch, Druckluft-Servohilfe, dazu Motorbremse	Hydraulisch, Druckluft-Servohilfe, dazu Motorbremse
	L 1313: Kurzhauber-Pritschenwagen	**LA 1313: Kurzhauber-Pritschenwagen**
Radstand	3600 oder 4200 oder 4830 mm	3600 oder 4200 mm
Pritsche	3600 (4500) (5300) × 2350 mm	3600 (4500) × 2350 mm
Reifen	9.00 R 20 / 14 PR Zwillings-Hinterräder	9.00 R 20 / 14 PR Super Gelände Zwillings-Hinterräder
Wagengewicht (mit Fahrer)	4200 (4300) (4450) kg	4500 (4650) kg
Zuläss. Gesamtgewicht	13 000 kg	12 500 kg
Nutzlast	ca. 8,5 t	ca. 8 t
Höchstgeschwindigkeit	85 km/h	75 km/h
Bemerkungen	Für Sonderaufbauten auch Radstand 5170 mm	
	LK 1313: Kurzhauber-Kipper Radstand 3600 mm Pritsche 3600 × 2200 mm	LAK 1313: Kurzhauber-Kipper Radstand 3600 mm Pritsche 3600 × 2200 mm
	LS 1113: Kurzhauber-Sattelzugmaschine Radstand 3600 mm Zuläss. Lastzuggewicht 21 000 kg	LAS 1113: Kurzhauber-Sattelzugmaschine Radstand 3600 mm Zuläss. Lastzuggewicht 21 000 kg

	Mercedes-Benz LP 1313 1967–1976	**Mercedes-Benz LP 1317 1967–1971**	**Mercedes-Benz LP 1319 1970–1976**
Motor	Daimler-Benz OM 352 Direkteinspritz-Dieselmotor 6 Zylinder 97 × 128 mm, 5765 ccm 130 PS bei 2800 U/min	Daimler-Benz OM 327 Direkteinspritz-Dieselmotor 6 Zylinder 115 × 128 mm, 7980 ccm 170 PS bei 2600 U/min	Daimler-Benz OM 360 Direkteinspritz-Dieselmotor 6 Zylinder 115 × 140 mm, 8720 ccm 192 PS bei 2500 U/min
Getriebe	5 Gang		
Fußbremse	Zweikreis-Hydraulik, Druckluft-Servohilfe, dazu Motorbremse		
	Frontlenker-Pritschenwagen		
Radstand	3200 oder 3600 oder 4200 mm		
Pritsche	4500 (5300) (6250) × 2350 mm		
Gesamtmaße	6120 (6920) (7870) × 2450 × 2700 mm		
Reifen	9.00–20 / 14 PR Super, Zwillings-Hinterräder		
Wagengewicht (mit Fahrer)	4410 (4580) (4685) kg	4915 (5075) (5110) kg	4970 (5060) (5125) kg
Zuläss. Gesamtgewicht	13 000 kg	13 000 kg	13 000 kg
Nutzlast	ca. 8 t	ca. 8 t	ca. 8 t
Bemerkungen	Für Sonderaufbauten auch Radstand 4830 oder 5170 mm Kipper: Radstand 3200 mm, Pritsche 3800 mm		
	Frontlenker-Sattelzugmaschine		
Radstand	3200 oder 3600 mm	3200 oder 3600 mm	3200 oder 3600 mm
Zuläss. Lastzuggewicht	21 000 kg	28 300 kg	32 100 kg

Mercedes-Benz LP 1317 Getränkelastwagen mit Anhänger 1968

Mercedes-Benz LPS 1317 mit Blumhardt Rollbehälter-Sattelanhänger 1973

Mercedes-Benz L 1513
Getränkelastwagen
1969

Mercedes-Benz LK 1517
Dreiseiten-Kipper
1970

Mercedes-Benz LS 1519
Sattelzugmaschine
1971

Mercedes-Benz LP 1513
Mercedes-Benz LP 1517
Pritschenwagen
1967–1976

Mercedes-Benz LPK 1513
Mercedes-Benz LPK 1517
Dreiseiten-Kipper
1967–1976

Mercedes-Benz LP 1513
Kofferwagen
Aufbau: Blumhardt
1969

	Mercedes-Benz L 1513 (ab 1969) L 1517 (1970–1971) L 1519 (1970–1976)	Mercedes-Benz LA 1513 (ab 1969) LA 1517 (1969–1971) LA 1519 (1970–1976)
Motor	L/LA 1513: Daimler-Benz OM 352 Direkteinspritz-Dieselmotor 6 Zylinder, 97 × 128 mm, 5675 ccm, 130 PS bei 2800 U/min L/LA 1517, LA 1519: Daimler-Benz OM 360 Direkteinspritz-Dieselmotor 6 Zylinder, 115 × 140 mm, 8720 ccm, 170–172 PS bei 2500 U/min L/LA 1519: Daimler-Benz OM 360 Direkteinspritz-Dieselmotor 6 Zylinder, 115 × 140 mm, 8720 ccm, 192 PS bei 2500 U/min	
Antrieb	Antrieb auf Hinterräder	Allrad-Antrieb (abschaltbar)
Getriebe	5 Gang	5 Gang + Vorgelege
Fußbremse	Zweikreis-Hydraulik, Druckluft-Servohilfe, dazu Motorbremse	Zweikreis-Hydraulik, Druckluft-Servohilfe, dazu Motorbremse
	L 1513, L 1517, L 1519: Kurzhauber-Pritschenwagen	**LA 1513, LA 1517, LA 1519: Kurzhauber-Pritschenwagen**
Radstand	4200 oder 4830 mm	3600 oder 4200 mm
Pritsche	4500 (5300) × 2385 mm	3600 (4500) × 2385 mm
Reifen	10,00–20 / 16 PR, Zwillings-Hinterräder	10,00–20 / 16 PR, Zwillings-Hinterräder
Wagengewicht (mit Fahrer)	5100–5400 kg	5300–5860 kg
Zuläss. Gesamtgewicht	14 800 kg	14 800 kg
Nutzlast	ca. 9,5 t	ca. 9,5 t
	LK 1513, LK 1517, LK 1519: Kurzhauber-Kipper	**LAK 1513, LAK 1517, LAK 1519: Kurzhauber-Kipper**
Radstand	3600 oder 4200 mm	3600 oder 4200 mm
	LS 1513, LS 1517, LS 1519: Kurzhauber-Sattelzugmaschine	**LAS 1513, LAS 1517, LAS 1519: Kurzhauber-Sattelzugmaschine**
Radstand	3200 oder 3600 mm	3600 mm
Zuläss. Lastzuggewicht	LS 1513: 21 000 kg LS 1517: 28 300 kg LS 1519: 32 000 kg	LAS 1513: 21 000 kg LAS 1517: 28 300 kg LAS 1519: 28 600 kg

	Mercedes-Benz LP 1513 1967–1976	Mercedes-Benz LP 1517 1967–1971	Mercedes-Benz LP 1519 1970–1976
Motor	Daimler-Benz OM 352 Direkteinspritz-Dieselmotor 6 Zylinder 97 × 128 mm, 5675 ccm 126 PS bzw. (ab 1969) 130 PS bei 2800 U/min oder wahlweise Auflademotor OM 352 A, Leistung 168 PS	Daimler-Benz OM 327 Direkteinspritz-Dieselmotor 6 Zylinder 115 × 128 mm, 7980 ccm 170 PS bei 2600 U/min bzw. (ab 1969) Daimler-Benz OM 360 115 × 140 mm, 8720 ccm 170 PS bei 2200 U/min	Daimler-Benz OM 360 Direkteinspritz-Dieselmotc 6 Zylinder 115 × 140 mm, 8720 ccm 192 PS bei 2500 U/min
Getriebe	5 Gang		
Fußbremse	Zweikreis-Hydraulik, Druckluft-Servohilfe, dazu Motorbremse		
	Frontlenker-Pritschenwagen		
Radstand	3200 oder 3600 oder 4200 mm		
Pritsche	4500 (5000) (6000) × 2350 mm		
Gesamtmaße	6120 (6620) (7620) × 2450 × 2750 mm		
Reifen	10,00–20 / 16 PR Super, Zwillings-Hinterräder		
Wagengewicht (mit Fahrer)	4610 (4780) (4885) kg	5115 (5275) (5310) kg	5115 (5310) (5410) kg
Zuläss. Gesamtgewicht	14 800 kg	14 800 kg	14 800 kg
Nutzlast	ca. 9,5 t	ca. 9,5 t	ca. 9,5 t
Bemerkungen	Für Sonderaufbauten auch Radstand 4830 oder 5170 mm Kipper: Radstand 3200 mm, Pritsche 4200 mm		
	Frontlenker-Sattelzugmaschine		
Radstand	3200 oder 3600 mm	3200 oder 3600 mm	3200 oder 3600 mm
Zuläss. Lastzuggewicht	21 000 kg	28 300 kg	32 000 kg

Mercedes-Benz L 1813 (6 × 2)
Kofferwagen 1968

Mercedes-Benz LPL 2219 (6 × 2)
Pritschenwagen mit Luftfederung
für Wechselaufbauten und Container
1972–1977

	Mercedes-Benz L 1813 (6 × 4) 1969–1977	**Mercedes-Benz L 1817 (6 × 4) 1969–1971 L 1819 (6 × 4) 1971–1976**	**Mercedes-Benz LP 2219 (6 × 4) 1972–1977**
Motor	Daimler-Benz OM 352 Direkteinspritz-Dieselmotor	Daimler-Benz OM 360 Direkteinspritz-Dieselmotor	Daimler-Benz OM 360 Direkteinspritz-Dieselmotor
Zylinderzahl	6 (Reihe)	6 (Reihe)	6 (Reihe)
Bohrung × Hub	97 × 128 mm	115 × 140 mm	115 × 140 mm
Hubraum	5765 ccm	8210 ccm	8210 ccm
Leistung	126–130 PS bei 2800 U/min	L 1817: 170 PS bei 2200 U/min L 1819: 192 PS bei 2500 U/min	192 PS bei 2500 U/min
Getriebe	5 Gang	6 Gang	6 Gang + Vorschaltgruppe
Antrieb	Antrieb auf 4 Hinterräder	Antrieb auf 4 Hinterräder	Antrieb auf 4 Hinterräder
Fußbremse	Zweikreis-Hydraulik, 6 Räder Druckluft-Servohilfe	Zweikreis-Hydraulik, 6 Räder Druckluft-Servohilfe	Zweikreis-Hydraulik, 6 Räder Druckluft-Servohilfe
Motorbremse	Mechanisch, Auspuffklappe	Mechanisch, Auspuffklappe	Druckluft, Auspuffklappe
	L 1813 (6 × 4) Kurzhauber-Fahrgestell	**L 1817 bzw. L 1819 (6 × 4) Kurzhauber-Fahrgestell**	**LP 2219 (6 × 4) Frontlenker-Fahrgestell**
Radstand	4200 + 1300 mm	4200 + 1300 mm	4200 + 1315 mm
Aufbaulänge	bis 6000 mm	bis 6000 mm	
Reifen	8.25–20 / 14 PR 4 Zwillings-Hinterräder	8.25–20 / 14 PR 4 Zwillings-Hinterräder	10.00–20 / 16 PR 4 Zwillings-Hinterräder
Fahrgestellgewicht	mit Fahrerhaus 5300 kg	mit Fahrerhaus 5900 kg	mit Fahrerhaus 6300 kg
Zuläss. Gesamtgewicht	18 000 kg	18 000 kg	22 000 kg
Zuläss. Lastzuggewicht	Nur für Solobetrieb	Nur für Solobetrieb	Nur für Solobetrieb
	Auch mit Radstand 3600 oder 4830 + 1300 mm	Auch mit Radstand 3600 oder 4830 + 1300 mm	Auch mit Radstand 3600 oder 4830 + 1315 mm
	LP 1813 (6 × 2) Kurzhauber-Fahrgestell		**LPL 2219 (6 × 2) Frontlenker-Fahrgestell für feste oder Wechsel-Aufbauten**
	Daten wie oben, jedoch Antrieb nur auf Mittelachse		Daten wie oben, jedoch Luftfederung hinten und Antrieb nur auf Mittelachse (Zwillingsräder), Schleppachse antriebslos und einzelbereift

Kurzhauber- und Frontlenker-Schwerlastwagen ab 1958

Schwerlastwagen-Produktion Teil 1: Zweiachser

Typ	Baumuster	1958	1959	1960	1961	1962	1963	1964	1965	1966	196
L 337	337	2	1000	1349							
LP 337	337	2	396	628							
L 338 / L 1418	338			92	1425	1350	1519	1271	1513	1374	12
LP 338 / LP 1418	338			62	573	434	391	399	349	353	
LA 329 / LA 1518	339					128	359	293	165	166	
LP 1418	354								14	736	5
LP 1424	354										
L 332 B	348					435					
L 331 B / L 1618	349						60	398	423	482	4
L 332 C / L 1918	349						538	719	1125	933	7
L 1621	349										
L 1921	349										
LP 1619	370										
LP 1617	355										
LP 1619	355										
L 334 B / L 1620	335			444	1192	1372	1317	958	1083	737	2
LA 334 B / LA 1620	335					302	502	629	665	491	1
LP 334 B / LP 1620	335			416	2026	1087	939	1179	1888	1271	6
L 334 C / L 1920	336					714	931	1439	1133	1605	20
LA 334 C / LA 1920	336					202	329	336	209	229	2
LP 334 C / LP 1920	336						3	227	245	280	2
L 1623	335										2
LA 1623	335										1
LP 1623	335										4
L 1624	346										
LA 1624	346										
LP 1624	335										
L 1923	336										
LA 1923	336										
LP 1923	336										
L 1924	346										
LA 1924	346										
LP 1924	336										
LP 1626	363										
LP 1632	363										
LPL 1632	363										
LP 1926	363										
LP 1932	363										
dazu Teilesätze nach Brasilien											
LP 331	331	1236	948	750	550			300	250	1450	[illegible]

Gleichzeitig mit den zur Mittelklasse zählenden Typen L 322 und L 327 erschien im Frühjah 1959 als erster Schwerlastwagen im Kurzhauber-Stil der Typ L 337. Er entsprach der neue Verordnung über Maße und Gewichte. Mit 172 PS Leistung bot dieser bei 12 t Gesamtge wicht eine Nutzlast von 7,3 t. Der Lastzug durfte maximal 24 t wiegen. Er galt als ausgespro chener »Seebohm-Typ«. Die deutsche Regelung hatte zur Folge, daß für den Export ver stärkte Fahrzeuge mit höherem Gesamtgewicht entwickelt werden mußten, wie der L 332

Eine erneute Änderung der Zulassungsvorschriften verlangte ein Leistungsgewicht von 6 PS/t. Deshalb wurde schon 1960 der L 337 durch den L 338 ersetzt, der dann ab 1963 unter der Typenbezeichnung L 1418 lief.

Im gleichen Jahr 1960 aber erschien vor allem der neue L 334 (ab 1963: L 1620), der als 16Tonner bzw. als 32 Tonner-Lastzug mit 200 PS-Motor bald zum Standard-Lastzug auf unseren Fernstraßen wurde. Die Motorleistung stieg im Laufe der nächsten Jahre auf 230 und 240 PS.

1968	1969	1970	1971	1972	1973	1974	1975	1976	1977	Gesamtzahl
										2 351
										1 026
988	1413	2023	1446	925	766	1492	638	927		19 374
20										2 487
162										1 372
569	679	982	923	476	578	821	78	8		6 445
				4	775	504	265	9		1 557
										435
412	387	16								2 667
802	1352									6 251
	3	716	720	510	631	1097	770	1 430	1469	→
	19	1805	559	1557	1939	4326	5686	4 482	2191	→
87	150	4								241
		27	2							29
			481	739	1161	1081	245	130		3 837
										7 399
										2 744
										9 502
885	395	1								9 188
144	72									1 745
										963
598	597	2								1 400
384	479	10								987
1216	1034									2 665
	153	1177	1471	359	107	111	3			3 381
	1	691	1117	560	208	54	1			2 632
	785	2164	2827	633	265	93				6 767
1060	2449	13								3 549
139	235	10								387
430	438									932
	67	2440	1847	2746	3313	5230	9234	11 337	9787	→
		508	353	435	362	647	545	266	311	→
	237	892	782	942	483	717				4 053
				411	632	195				1 238
		10	796	1544	3014	652				6 016
			5	100	109	83	20			317
				342	1245	1248				2 835
			76	278	240	223				817
										5 584

yp	Baumuster	1978	1979	1980	1981	1982	1983	1984	Gesamtzahl
1621	349	929	212						8 487
1921	349	3332	1107	892	2072	2656			32 623
1924	346	4789	7587	10 463	5525	480			74 845
A 1924	346	317	231	57					4 032
1924 (modifiziert)	346				8066	9361	4073	2748	24 248 *)
1928 (modifiziert)	346		118	674	2938	5237	1156	608	10 731 *)

*) Gesamtzahl bis einschließlich 1984. Produktion noch nicht beendet.

Im September 1963 bringt Daimler-Benz für die schweren Frontlenker ein völlig neues, modern gestaltetes und innen hervorragend durchdachtes Fahrerhaus heraus. Ab Anfang 1965 gibt es davon auch eine um 200 mm verlängerte Ausführung mit zwei fest eingebauten Liegen. Allerdings war auch das neue Fahrerhaus nicht kippbar und besaß stattdessen mehrere Klappen für Arbeiten am Motor.

Ebenfalls auf der Frankfurter Automobil-Ausstellung im September 1963 präsentierte Daimler zum ersten Mal nach dem Krieg einen schweren Dreiachser, der speziell für Transporte im Baustellen- und Kurzstreckenverkehr gedacht war. Der imposant aussehende Kipper durfte auf der Straße mit 22 t, außerhalb des öffentlichen Verkehrs mit 26 t Gesamtgewicht gefahren werden. Vierrad- oder Sechsrad-Antrieb standen zur Wahl. Zwei Jahre später erschien eine entsprechende Dreiachs-Sattelzugmaschine für Kipper-Sattelauflieger, Tieflade-Anhänger und Spezialtransporte.

Anfang 1964 erfolgte die Umstellung der Vorkammer-Dieselmotoren auf direkte Dieseleinspritzung. Das seitherige Verfahren zeichnete sich wohl durch einen etwas ruhigeren Lauf aus, während man sich von den neuen Motoren billigere Herstellungskosten, geringeren Verbrauch und höhere Lebensdauer erhoffte.

Weitere konstruktive Errungenschaften jener Zeit waren die Einführung des vollsynchronisierten Fünfganggetriebes, der neuen Hinterachse mit Zweigang-Planetengetriebe, der Zweikreis-Bremsanlagen, der werkseigenen Hydrolenkung sowie der Einbau längerer Vorder- und Hinterfedern in Verbindung mit Stabilisatoren und Stoßdämpfern.

Ab Ende 1965 wird die Produktion der schweren Lastwagen stufenweise vom Werk Gaggenau nach dem neuen Werk Wörth verlegt.

1966 beginnt eine Serie schwerer Frontlenker-Dreiachs-Sattelzugmaschinen, die zwei Lenkachsen besitzen und damit eine bisher nicht für möglich gehaltene Wendigkeit aufweisen von der Reifenschonung ganz abgesehen. 1967 schließlich folgten die ersten normalen Stra-

Schwerlastwagen-Produktion Teil 2: Dreichachser

Typ	Baumuster	1964	1965	1966	1967	1968	1969	1970	1971	1972	19[illegible]
L 2220 / L 2620 (6 × 4)	343	42	421	672	780	71					
LA 2220 / LA 2620 (6 × 6)	343	89	397	358	264	22					
L 2623 (6 × 4)	343				26	1180	1435				
LA 2623 (6 × 6)	343				43	581	702	9			
L 2624 (6 × 4)	343						534	2965	2770	2820	37[illegible]
LA 2624 (6 × 6)	343						269	1423	1686	1134	14[illegible]
L 2624 (modifiziert) (6 × 4)	343										
L 2628 (6 × 4)	343										
LAP 1632 (4 × 4)	663									429	1[illegible]
LAP 2632 (6 × 6)	663									174	3[illegible]
LPS 2020 (6 × 2)	366			445	123						
LPS 2023 (6 × 2)	366				153	421	411				
LPS 2024 (6 × 2)	366						261	820	951	135	1[illegible]
LPS 2032 (6 × 2)	363								205	309	6[illegible]
LP 2223 / 6 × 2	335				1	121	172				
LP 2223 / 6 × 4	361				140	364	606	1			
LP 2224 / 6 × 2	335						111	455	593	133	[illegible]
LP 2224 / 6 × 4	361						165	1131	1331	621	5[illegible]
LP 2226 / 6 × 2	363									36	
LP 2226 / 6 × 4	363									49	
LP 2632 / 6 × 2	363								98	275	5[illegible]
LPL 2632 / 6 × 2	363								2	95	[illegible]
LP 2632 / 6 × 4	363								116	792	11[illegible]

ßen-Dreiachser als Frontlenker für den Fernverkehr, und davon abgeleitet gab es nun auch Frontlenker-Dreiachs-Sattelzugmaschinen herkömmlicher Bauart.

Ab Juli 1967 erhalten auch die Kurzhauber ein verbessertes Fahrerhaus mit hochgezogener, wesentlich größerer Frontscheibe, mehr Innenhöhe und Dachluke sowie drei Scheibenwischern.

Eine wichtige Zäsur stellte die Einführung der Motoren-Baureihe 400 dar. Sie wurde im September 1969 vorgestellt und ging im Mai 1970 in Produktion. Zunächst kam der berühmte 320 PS V10 Zylinder-Motor, eine Gemeinschaftskonstruktion und -produktion von Daimler-Benz und MAN, eingeführt im Hinblick auf die ab 1. 1. 1972 gültige Vorschrift von 8 PS/t. Ab Frühjahr 1972 stand die komplette Baureihe 400 zur Verfügung, bestehend aus 5 und 6 Zylinder-Reihen- sowie 6, 8, 10 und 12 Zylinder V-Motoren, alle mit gleichen Zylinderabmessungen und weitgehend übereinstimmenden Einzelteilen.

Ab 1970 können bestimmte Typen mit luftgefederter Hinterachse geliefert werden, um zwecks Rationalisierung der Transporte mittels Niveauregelung den Einsatz von Wechselaufbauten und von Sattelaufliegern zu erleichtern.

Nach Eingliederung der Hanomag-Henschel-Fahrzeugwerke in die Daimler-Benz AG. übernahm man 1972/73 als Übergangstypen die zwei- und dreiachsigen Baustellenfahrzeuge aus dem einstigen Henschel-Programm, jedoch ausgerüstet mit dem V10-Motor, in das eigene Verkaufsangebot. Es waren Übergangstypen im doppelten Sinn. Sie sollten Besitzern der sich hoher Wertschätzung erfreuenden Henschel Baufahrzeuge den Übergang zu Mercedes-Benz ebnen, und sie sollten die Zeit bis zum Serienbeginn der Baustellenfahrzeuge der »Neuen Generation« überbrücken.

Als ob es die »Neue Generation« gar nicht gäbe, werden einige der schwersten Kurzhauber-Typen, wenn auch ausschließlich für den Export, bis heute weitergebaut. Einige davon wurden sogar um 1980 herum nochmals »modifiziert«.

	1974	1975	1976	1977	1978	1979	1980	1981	1982	1983	1984	Gesamtzahl
												1 986
												1 110
												2 641
												1 335
	4761	7546	8935	9202	2908	4604	1573	336	632			**53 373**
	1192	1568	894	1296	833	413	1153	1457	60			**14 847**
						557	5997	9585	9135	3373	1302	**29 949*)**
						325	635	2670	8944	9611	3662	**25 847*)**
												577
												505
												568
												985
	142											**2 486**
	475	35										**1 707**
												294
												1 111
	120											**1 539**
	374											**4 199**
	46											**179**
	25											**149**
	201											**1 086**
	84	20										**360**
	263											**2 285**

*) Gesamtzahl bis einschl. 1984 Produktion noch nicht beendet.

Pritschenwagen
Radstand 4400 mm
1959–1960

Mercedes-Benz LK 337
Motorhydraulischer Meiller
Dreiseiten-Kipper
1959–1960

Mercedes-Benz LP 337
Pritschenwagen
Radstand 4200 mm
1959–1960

Mercedes-Benz LPS 337
Sattelzugmaschine
mit langem Fahrerhaus und
Zweiachs-Pritschenauflieger
1959–1960

Mercedes-Benz LS 338
Sattelzugmaschine mit Zweiachs-Tankauflieger 1963

Mercedes-Benz L 1418
Hinterkipper-Silotank für Mühlen, Aufbau Kässbohrer 1963

Mercedes-Benz L 1418
Drehleiter DL 37
mit fünfteiligem Leitersatz
und Staffel-Fahrerhaus
Aufbau: Metz 1964

←

←

Mercedes-Benz LP 338
Mercedes-Benz LP 1418
Pritschenwagen
Radstand 4200 mm
1960–1965

Mercedes-Benz LP 1418
Pritschenwagen
Radstand 4200 mm
1965-1976

Mercedes-Benz LAK 329
Mercedes-Benz LAK 1518
Dreiseiten-Kipper
1962–1968

	Mercedes-Benz L 337 (1959–1960)	Mercedes-Benz L 338 (1960–1963) L 1418 (1963–1976)	Mercedes-Benz LA 329 B (1962–1963) LA 1518 (1963–1968)
Motor	Daimler-Benz OM 326 Vorkammer-Dieselmotor 6 Zylinder, 128 × 140 mm 10 810 ccm 172 PS bei 2200 U/min	Daimler-Benz OM 326 Vorkammer-Dieselmotor 6 Zylinder, 128 × 140 mm 10 810 ccm 180 PS bei 2200 U/min bzw. ab 1964: Daimler-Benz OM 346 Direkteinspritz-Dieselmotor 6 Zylinder, 128 × 140 mm 10 810 ccm 180–185 PS bei 2200 U/min	Daimler-Benz OM 326 Vorkammer-Dieselmotor 6 Zylinder, 128 × 140 mm 10 810 ccm 180 PS bei 2200 U/min bzw. ab 1964: Daimler-Benz OM 346 Direkteinspritz-Dieselmotor 6 Zylinder, 128 × 140 mm 10 810 ccm 180–185 PS bei 2200 U/min
Antrieb	Antrieb auf Hinterräder	Antrieb auf Hinterräder	Allrad-Antrieb (abschaltbar)
Getriebe	5 Gang + 2 Gang-Hinterachse	5 Gang + 2 Gang-Hinterachse	6 Gang + Vorgelege
Fußbremse	Hydraulisch, Druckluft-Servohilfe, dazu Motorbremse	Hydraulisch, Druckluft-Servohilfe, dazu Motorbremse	Druckluft, dazu Motorbremse
	L 337: Kurzhauber-Pritschenwagen	**L 338 bzw. L 1418: Kurzhauber-Pritschenwagen**	
Radstand	4400 oder 5500 mm	4400 oder 5000 mm	
Pritsche	5000 (6000) × 2350 mm	5000 (6000) × 2350 mm	
Gesamtmaße	7600 (8600) × 2500 × 2470 mm (Höhe über Fahrerhaus)	7800 (8800) × 2500 × 2500 mm (Höhe über Fahrerhaus)	
Reifen	9,00–20 eHD verst. Zwillings-Hinterräder	10,00–20 Super Zwillings-Hinterräder	
Fahrgestellgewicht	3720 (3800) kg	4150 (4200) kg	
Wagengewicht	4740 (4950) kg	5350 (5550) kg	
Zuläss. Gesamtgewicht	12 000 kg	13 500–14 000 kg	
Nenn-Nutzlast	7 t	8 t	
Zuläss. Lastzuggewicht	24 000 kg	27 000–30 000 kg	
Höchstgeschwindigkeit	70 km/h	70–95 km/h	
Verbrauch/100 km	23, Lastzug 27 Liter Diesel	23, Lastzug 27 Liter Diesel	
Preis	ca. 30 000,– DM	ca. 35 000,– DM	
	LS 337: Kurzhauber-Sattelzugmaschine	**LS 338 bzw. LS 1418: Kurzhauber-Sattelzugmaschine**	
Radstand	3700 mm	3200, 3700 oder 4200 mm	
Zuläss. Lastzuggewicht	24 000 kg	29 500–30 000 kg	
	LK 337: Kurzhauber-Kipper	**LK 338 bzw. LK 1418: Kurzhauber-Kipper**	**LAK 329 bzw. LAK 1518: Kurzhauber-Kipper**
Radstand	4200 mm	4000 oder 4200 mm	3750 mm
Pritsche	4000 × 2300 mm	4000 (4200) × 2300 mm	4000 × 2300 mm
Gesamtmaße	7050 × 2500 × 2490 mm (Höhe über Fahrerhaus)	7130 × 2500 × 2500 mm (Höhe über Fahrerhaus)	7280 × 2500 × 2610 mm (Höhe über Fahrerhaus)
Reifen	9,00–20 eHD verst. Zwillings-Hinterräder	10,00–20 Super Zwillings-Hinterräder	11,00–20 eHD verst. Zwillings-Hinterräder
Wagengewicht	6330 kg	6500 kg	7150 kg
Zuläss. Gesamtgewicht	12 000 kg	13 500–14 000 kg	14 800 kg
Bemerkungen			

Mercedes-Benz LP 337 (1959-1960)	**Mercedes-Benz LP 338 (1960–1963) LP 1418 (1963–1965)**	**Mercedes-Benz LP 1418 (1965–1976)**	**Mercedes-Benz LP 1424 (1972–1976)**
Daimler-Benz OM 326 Vorkammer-Dieselmotor 6 Zylinder, 128 × 140 mm 10 810 ccm 172 PS bei 2200 U/min	Daimler-Benz OM 326 Vorkammer-Dieselmotor 6 Zylinder, 128 × 140 mm 10 810 ccm 180 PS bei 2200 U/min bzw. ab 1964: Daimler-Benz OM 346 Direkteinspritz-Dieselmotor 6 Zylinder, 128 × 140 mm 10 810 ccm 180–185 PS bei 2200 U/min	Daimler-Benz OM 346 Direkteinspritz-Dieselmotor 6 Zylinder, 128 × 140 mm 10 810 ccm 185 PS bei 2200 U/min	Daimler-Benz OM 355 Direkteinspritz-Dieselmotor 6 Zylinder, 128 × 150 mm 11 580 ccm 240 PS bei 2200 U/min
Antrieb auf Hinterräder 5 Gang + 2 Gang-Hinterachse	Antrieb auf Hinterräder 5 Gang + 2 Gang-Hinterachse	Antrieb auf Hinterräder 5 Gang + 2 Gang-Hinterachse	Antrieb auf Hinterräder 6 Gang oder 6 Gang + Vorschaltgruppe
Hydraulisch, Druckluft-Servohilfe, dazu Motorbremse	Hydraulisch, Druckluft-Servohilfe, dazu Motorbremse	Zweikreis-Hydraulik, Druckluft-Servohilfe, dazu Motorbremse	Zweikreis-Hydraulik, Druckluft-Servohilfe, dazu Motorbremse
LP 337: Frontlenker-Pritschenwagen mit Fahrerhaus älterer Art	**LP 338 bzw. LP 1418: Frontlenker-Pritschenwagen mit Fahrerhaus älterer Art**	**LP 1418: Frontlenker-Pritschenwagen mit Fahrerhaus neuerer Art**	**LP 1424: Frontlenker-Pritschenwagen mit Fahrerhaus neuerer Art**
3700, 4200 oder 5000 mm	4200 mm *)	4200 mm *)	4200 mm *)
5000 (6000) (6400) × 2350 mm	5000–6000 × 2350 mm	6000 × 2430 mm	6000 × 2430 mm
7000–8550 × 2500 × 2560 mm (Höhe über Fahrerhaus)	7500–8000 × 2500 × 2600 mm (Höhe über Fahrerhaus)	8100 × 2500 × 2850 mm (Höhe über Fahrerhaus)	8100 × 2500 × 2850 mm (Höhe über Fahrerhaus)
9,00-20 eHD verst. Zwillings-Hinterräder	10,00-20 Super Zwillings-Hinterräder	10,00-20 Super Zwillings-Hinterräder	10,00-20 Super Zwillings-Hinterräder
3520 (3630) (3680) kg	3900 kg	4500 kg	
4740 (4950) (5020) kg	5500 kg	6200 kg	6620 kg
12 000 kg	13 500–14 000 kg	14 500 kg	14 800 kg
7 t	8 t	8 t	8 t
24 000 kg	27 000–30 000 kg	30 000 kg	30 000 kg
70 km/h	70–90 km/h	85 km/h	85 km/h
23, Lastzug 27 Liter Diesel	23, Lastzug 27 Liter Diesel	23, Lastzug 27 Liter Diesel	
ca. 35 000,– DM	ca. 40 000,– DM		
LPS 337: Frontlenker-Sattelzugmaschine mit Fahrerhaus älterer Art	**LPS 338 bzw. LPS 1418: Frontlenker-Sattelzugmaschine mit Fahrerhaus älterer Art**	**LPS 1418: Frontlenker-Sattelzugmaschine mit Fahrerhaus neuerer Art**	**LPS 1424: Frontlenker-Sattelzugmaschine mit Fahrerhaus neuerer Art**
3200 oder 3700 mm	3200 oder 3700 mm	3000 oder 3600 mm	3600 mm
24 000 kg	29 500–30 000 kg	30 500 kg	32 000 kg
	*) Für Sonderaufbauten auch Radstand 5000 mm	*) Für Sonderaufbauten auch Radstand 3600 oder 4600 mm	*) Für Sonderaufbauten auch Radstand 3600 oder 4600 mm

Mercedes-Benz L 1618 Fahrgestell, Export-Ausführung 1964

Mercedes-Benz L 1618 Fahrgestell, Export-Ausführung 1967

 Mercedes-Benz L 1918 Fahrgestell, Export-Ausführung 1968

	Merdedes-Benz L 332 B (Typ 348) 1962	Mercedes-Benz L 311 B (Typ 349) 1963 L 1618 (Typ 349) 1964–1970	Mercedes-Benz L 332 C (Typ 349) 1963 L 1918 (Typ 349) 1964–1969
Motor	Bis 1964: Daimler-Benz OM 326 Vorkammer-Dieselmotor 6 Zylinder, 128 × 140 mm, 10 810 ccm, 180 PS bei 2200 U/min Ab 1964: Daimler-Benz OM 346 Direkteinspritz-Dieselmotor 6 Zylinder, 128 × 140 mm, 10 810 ccm, 180 PS bei 2200 U/min		
Antrieb	Antrieb auf Hinterräder		
Getriebe	6 Gang		
Fußbremse	Druckluft, 4 Räder		
Motorbremse	Druckluft, Auspuffklappe		
	L 322 B **Kurzhauber-Pritschenwagen**	**L 331 B bzw. L 1618** **Kurzhauber-Pritschenwagen**	**L 332 C bzw. L 1918** **Kurzhauber-Pritschenwagen**
Radstand	5200 mm	5200 mm	5200 mm
Pritsche	6000 mm	6000 mm	6000 mm
Gesamtmaße	9000 × 2500 × 2600 mm (Höhe über Fahrerhaus)	9000 × 2500 × 2600 mm (Höhe über Fahrerhaus)	9000 × 2500 × 2600 mm (Höhe über Fahrerhaus)
Reifen	12,00–20 eHD Super Zwillings-Hinterräder	11,00–20 eHD Super Zwillings-Hinterräder	12,00–20 eHD Super Zwillings-Hinterräder
Fahrgestellgewicht	5370 kg	5060 kg	5370 kg
Wagengewicht	7300 kg	7000 kg	7300 kg
Zuläss. Gesamtgewicht	19 000 kg	16 500 kg	19 000 kg
Nutzlast-Klasse	11,5 t	9 t	11,5 t
Zuläss. Lastzuggewicht	35 000 kg	32 500 kg	35 000 kg
Höchstgeschwindigkeit	75 km/h	80 km/h	75 km/h
	LK 322 B **Kurzhauber-Kipper**	**LK 331 B bzw. LK 1618** **Kurzhauber-Kipper**	**LK 332 C bzw. LK 1918** **Kurzhauber-Kipper**
Radstand	4200 mm	4200 mm	4200 mm
Pritsche	4200 mm	4200 mm	4200 mm
Gesamtmaße	7000 × 2500 × 2600 mm	7000 × 2500 × 2600 mm	7000 × 2500 × 2600 mm
	LS 322 B **Kurzhauber-Sattelzugmaschine**	**LS 311 B bzw. LS 1618** **Kurzhauber-Sattelzugmaschine**	**LS 322 C bzw. LS 1918** **Kurzhauber-Sattelzugmaschine**
Radstand	3600 mm	3600 mm	3600 mm

		Mercedes-Benz L 1621 (Typ 349) 1969–1979	Mercedes-Benz L 1921 (Typ 349) ab 1969
Motor		Daimler-Benz OM 355 Direkteinspritz-Dieselmotor 6 Zylinder, 128 × 150 mm, 11 580 ccm, 210 PS bei 2200 U/min	
		L 1621 **Kurzhauber-Pritschenwagen**	**L 1921** **Kurzhauber-Pritschenwagen**
Radstand		5200 mm Alle Daten wie L 1618, jedoch	5200 mm Alle Daten wie L 1918, jedoch
Zuläss. Lastzuggewicht		38 000 kg	38 000 kg
		LK 1621 **Kurzhauber-Kipper**	**LK 1921** **Kurzhauber-Kipper**
Radstand		4200 mm	4200 mm
		LS 1621	**LS 1921**
Radstand		3600 mm	3600 mm
		Für Export!	**Für Export!**

Mercedes-Benz LP 1619
Pritschenwagen, Radstand 4600 mm
Export-Ausführung 1968–1970

Mercedes-Benz LS 338 bzw. LS 1418
Silo-Fahrzeug für Mehltransporte (Inhalt 2 × 10 m³)
Export-Ausführung 1966

	Mercedes-Benz LP 1619 (Typ 370) 1968–1970	Mercedes-Benz LP 1617 (Typ 355) 1970–1971	Mercedes-Benz LP 1619 B (Typ 355) 1971–1976
Motor	Daimler-Benz OM 346 Direkteinspritz-Dieselmotor	Daimler-Benz OM 360 III Direkteinspritz-Dieselmotor	Daimler-Benz OM 360 I Direkteinspritz-Dieselmotor
Zylinderzahl	6 (Reihe)	6 (Reihe)	6 (Reihe)
Bohrung × Hub	128 × 140 mm	115 × 140 mm	115 × 140 mm
Hubraum	10 810 ccm	8720 ccm	8720 ccm
Leistung	192 PS bei 2200 U/min	170 PS bei 2200 U/min	192 PS bei 2500 U/min
Antrieb	Antrieb auf Hinterräder	Antrieb auf Hinterräder	
Getriebe	6 Gang	5 Gang	
Fußbremse	Druckluft, 4 Räder	Zweikreis-Hydraulik, Druckluft-Servohilfe, 4 Räder	
Motorbremse	Druckluft, Auspuffklappe	Druckluft, Auspuffklappe	
	LP 1619 Frontlenker-Pritschenwagen	**LP 1617 Frontlenker-Pritschenwagen**	**LP 1619 Frontlenker-Pritschenwagen**
Radstand	4600 mm	4200 mm	
Pritsche	6030/6230 × 2385 mm	5500 × 2385 mm	
Gesamtmaße	8270 × 2500 × 2850 mm (Höhe über Fahrerhaus)	7120 × 2500 × 2800 mm (Höhe über Fahrerhaus)	
Reifen	11,00–20 Super Zwillings-Hinterräder	10,00–20 / PR 16 Zwillings-Hinterräder	
Fahrgestellgewicht	5080 kg	5000 kg	
Wagengewicht	6540 kg	5620 kg	
Zuläss. Gesamtgewicht	16 000 kg	16 000 kg	
Nutzlastklasse	9 t	10 t	
Zuläss. Lastzuggewicht	32 000 kg	32 000 bzw. (ab 1974) 24 000 kg	
Höchstgeschwindigkeit	85 km/h	85 km/h	
Preis		1971: DM 49 000,–	
Bemerkungen	Für Sonderaufbauten auch Radstand 5200 mm	Für Sonderaufbauten auch Radstand 4830 oder 5170 mm	

Mercedes-Benz LAK 334 bzw. LAK 1620
Dreiseiten-Kipper 1960–1967

Mercedes-Benz LS 334
Sattelzugmaschine mit langem Fahrerhaus und Zweiachs-Tankauflieger (1961)

Mercedes-Benz LP 334
Pritschenwagen
mit Normal-Fahrerhaus
1962-1963

Mercedes-Benz LP 334
Pritschenwagen
mit langem Fahrerhaus
1962-1963

Mercedes-Benz LPK 1620
Dreiseiten-Kipper
1965–1967

Mercedes-Benz LP 1620
Pritschenwagen mit langem Fahrerhaus und Anhänger (1963–1967)

Mercedes-Benz LP 1620
Kässbohrer Tiefkühl-Lastzug 1965

Mercedes-Benz LPS 1620
Sattelzugmaschine mit Eylert Zweiachs-Pritschenauflieger 1963

	Mercedes-Benz Typ L 334 B (1960–1963) L 1620 (Typ 335) (1963–1967)	Mercedes-Benz Typ LA 334 B (1962–1963) LA 1620 (Typ 335) (1963–1967)	Mercedes-Benz Typ LP 334 B (1960–1963) LP 1620 (Typ 335) (1963–1967)
Motor	Bis 1964: Daimler-Benz OM 326 Vorkammer-Dieselmotor 6 Zylinder, 128 × 140 mm, 10 810 ccm, 192–200 PS bei 2200 U/min Ab 1964: Daimler-Benz OM 346 Direkteinspritz-Dieselmotor 6 Zylinder, 128 × 140 mm, 10 810 ccm, 210 PS bei 2200 U/min		
Getriebe	6 Gang	6 Gang + Vorgelege	6 Gang
Antrieb	Antrieb auf Hinterräder	Allrad-Antrieb (abschaltbar)	Antrieb auf Hinterräder
Fußbremse	Druckluft, 4 Räder	Druckluft, 4 Räder	Druckluft, 4 Räder
Motorbremse	Druckluft, Auspuffklappe	Druckluft, Auspuffklappe	Druckluft, Auspuffklappe
		LG 1620 Kurzhauber-Gelände-Lastwagen Militärausführung	**LP 334 bzw. LP 1620 Frontlenker-Pritschenwagen**
Radstand		4200 mm	4600 (auch 4500) mm
Pritsche		4250 × 2300 mm	5800–6000 × 2350 mm
Gesamtmaße		7050 × 2400 × 2650 mm (Höhe über Fahrerhaus)	8000–8300 × 2500 × 2090 mm (Höhe über Fahrerhaus)
Reifen		12,00–20 /PR 16 M-Profil Zwillings-Hinterräder	12,00–20 eHD verst. Zwillings-Hinterräder
Fahrgestellgewicht			5000 kg
Wagengewicht		7800 kg	6800–7000 kg
Nutzlast-Klasse		NATO-Klasse 8 t	9 t
Zuläss. Gesamtgewicht		16 000 kg	16 000 kg
Zuläss. Lastzuggewicht			32 000–38 000 kg
Höchstgeschwindigkeit		75 km/h	75–85 km/h
Verbrauch/100 km		30 Liter Diesel	26, Lastzug 30 Liter Diesel
Preis			1965: DM 50 000,–
	LK 334 bzw. LK 1620 Kurzhauber-Kipper	**LAK 334 bzw. LAK 1620 Kurzhauber-Kipper**	**LPK 1620 (erst ab 1965) Frontlenker-Kipper**
Radstand	4600 mm	4200 mm	3600 mm
Pritsche	4400 × 2300 mm	4200 × 2300 mm	4600 × 2300 mm
Gesamtmaße	7220 × 2500 × 2600 mm (Höhe über Fahrerhaus)	7020 × 2500 × 2650 mm (Höhe über Fahrerhaus)	6800 × 2500 × 2900 mm (Höhe über Fahrerhaus)
Reifen	12,00–20 eHD verst. Zwillings-Hinterräder	12,00–20 eHD verst. Zwillings-Hinterräder	12,00–20 eHD verst. Zwillings-Hinterräder
Wagengewicht	7120 kg	7620 kg	7640 kg
Zuläss. Gesamtgewicht	16 000 kg	16 000 kg	16 000 kg
	LS 344 bzw. LS 1620 Kurzhauber-Sattelzugmaschine	**LAS 344 bzw. LAS 1620 Kurzhauber-Sattelzugmaschine**	**LPS 344 bzw. LPS 1620 Frontlenker-Sattelzugmaschine**
Radstand	3600 bzw. (mit Fahrerhaus lang) 4200 mm	3600 mm	LPS 334: 3000 bzw. (mit Fahrerhaus lang) 3500 mm LPS 1620: 3200 oder 3700 bzw. (ab 1964) 3000 oder 3600 mm
Gewicht (Zugmaschine)	5700 kg	6500 kg	6000 kg
Zuläss. Lastzuggewicht	32 000–38 000 kg	32 000–38 000 kg	32 000–38 000 kg

Mercedes-Benz LA 1920
Pulverlöschfahrzeug PLF 4000
Aufbau: Metz (Karlsruhe)
1968

Mercedes-Benz LP 1920
mit Schleppachse für
22 t zuläss. Gesamtgewicht
Fernseh-Übertragungswagen
Gesamtlänge 11,5 Meter
Gewicht 20 t
Preis 2,5 Mill. DM

Mercedes-Benz LPS 1920
Sattelzugmaschine mit
Blumhardt Tiefkühl-
Sattelauflieger
1965

	Mercedes-Benz Tpy L 334 C (1962–1963) L 1920 (Typ 336) (1963–1970)	Mercedes-Benz Typ LA 334 C (1962–1963) LA 1920 (Typ 336) (1963–1969)	Mercedes-Benz Typ LP 334 C (1963) LP 1920 (Typ 336) (1963–1967)
Motor	Bis 1964: Daimler-Benz OM 326 Vorkammer-Dieselmotor 6 Zylinder, 128 × 140 mm, 10 810 ccm, 192–200 PS bei 2200 U/min Ab 1964: Daimler-Benz OM 346 Direkteinspritz-Dieselmotor 6 Zylinder, 128 × 140 mm, 10 810 ccm, 210 PS bei 2200 U/min		
Getriebe	6 Gang	6 Gang + Vorgelege	6 Gang
Antrieb	Antrieb auf Hinterräder	Allrad-Antrieb (abschaltbar)	Antrieb auf Hinterräder
Fußbremse	Druckluft, 4 Räder	Druckluft, 4 Räder	Druckluft, 4 Räder
Motorbremse	Druckluft, Auspuffklappe	Druckluft, Auspuffklappe	Druckluft, Auspuffklappe
	L 334 bzw. L 1920 Kurzhauber-Pritschenwagen	**LA 334 bzw. LA 1920 Kurzhauber-Pritschenwagen**	**LP 334 bzw. LP 1920 Frontlenker-Pritschenwagen**
Radstand	5200 mm	5000 mm	4600 mm
Pritsche	6000 × 2300 mm	6000 × 2300 mm	5800 oder 6500 × 2300 mm
Gesamtmaße	8650 × 2500 × 2600 mm (Höhe über Fahrerhaus)	8670 × 2500 × 2650 mm (Höhe über Fahrerhaus)	8125 (8825) × 2500 × 2900 mm (Höhe über Fahrerhaus)
Reifen	12,00–20 eHD Super Zwillings-Hinterräder	12,00–20 eHD Super Zwillings-Hinterräder	12,00–20 eHD Super Zwillings-Hinterräder
Fahrgestellgewicht	5400 kg	6270 kg	5300 kg
Wagengewicht	6910 kg	7520 kg	7180 kg
Nutzlast-Klasse	12 t	12 t	12 t
Zuläss. Gesamtgewicht	19 000 kg	19 000 kg	19 000 kg
Zuläss. Lastzuggewicht	35 000 kg	35 000 kg	35 000 kg
Höchstgeschwindigkeit	75 km/h	75 km/h	75 km/h
Verbrauch/100 km	27, Lastzug 31 Liter Diesel	31, Lastzug 35 Liter Diesel	27, Lastzug 31 Liter Diesel
	LK 334 bzw. LK 1920 Kurzhauber-Kipper	**LAK 334 bzw. LAK 1920 Kurzhauber-Kipper**	
Radstand	4200 oder 4600 mm	4200 oder 4600 mm	
Pritsche	4200 (4400) × 2300 mm	4400 × 2300 mm	
Gesamtmaße	6830 (7090) × 2500 × 2600 mm (Höhe über Fahrerhaus)	7000 × 2500 × 2650 mm (Höhe über Fahrerhaus)	
Reifen	12,00–20 eHD Super Zwillings-Hinterräder	12,00–20 eHD Super Zwillings-Hinterräder	
Wagengewicht	7300 kg	7900 kg	
Zuläss. Gesamtgewicht	19 000 kg	19 000 kg	
Bemerkungen	Fahrgestell für Muldenkipper Radstand 3600 mm		
	LS 334 bzw. LS 1920 Kurzhauber-Sattelzugmaschine	**LAS 334 bzw. LAS 1920 Kurzhauber-Sattelzugmaschine**	**LPS 334 bzw. LPS 1920 Frontlenker-Sattelzugmaschine**
Radstand	3600 bzw. (mit Fahrerhaus lang) 4200 mm	3600 mm	3000 oder 3500 mm
Zuläss. Lastzuggewicht	35 000–38 000 kg	35 000–38 000 kg	35 000–38 000 kg
Bemerkungen	**Für Export**	**Für Export**	**Für Export**

Mercedes-Benz LS 1624
Sattelzugmaschine mit
Zweiachs-Muldenkipper-
Sattelauflieger
1970

Mercedes-Benz LS 1624
Sattelzugmaschine
Radstand 4200 mm
für Brasilien
(mit geänderter Front)
1971

Mercedes-Benz LPS 1624
Sattelzugmaschine
mit Luftfederung
für Container-Transporte
Schenk Dreiachs-Auflieger
1969

	Mercedes-Benz L 1623 (Typ 335) 1967–1970 L 1624 (Typ 346) 1969–1975	Mercedes-Benz LA 1623 (Typ 335) 1967–1970 LA 1624 (Typ 346) 1969–1975	Mercedes-Benz LP 1623 (Typ 335) 1967–1969 LP 1624 (Typ 335) 1969–1974
Motor	Daimler-Benz OM 335 Direkteinspritz-Dieselmotor 6 Zylinder, 128 × 150 mm, 11 580 ccm, 230 PS bzw. (ab 1969) 240 PS bei 2200 U/min		
Antrieb	Antrieb auf Hinterräder	Allrad-Antrieb (abschaltbar)	Antrieb auf Hinterräder
Getriebe	6 Gang oder 6 Gang + Vorschaltgruppe	6 Gang + Vorgelege	6 Gang oder 6 Gang + Vorschaltgruppe
Fußbremse	Zweikreis-Druckluft, 4 Räder	Zweikreis-Druckluft, 4 Räder	Zweikreis-Druckluft, 4 Räder
Motorbremse	Druckluft, Auspuffklappe	Druckluft, Auspuffklappe	Druckluft, Auspuffklappe
			LP 1623 bzw. LP 1624 Frontlenker-Pritschenwagen
Radstand			4600 mm
Pritsche			6050/6230 × 2385 mm
Gesamtmaße			8300 × 2500 × 2900 mm (Höhe über Fahrerhaus)
Reifen			12,00–20 /16 PR Zwillings-Hinterräder
Wagengewicht			7350 kg
Zuläss. Gesamtgewicht			16 000 kg
Nutzlast			8,5 t
Zuläss. Lastzuggewicht			38 000 bzw. (ab 1971) 30 000 kg
Höchstgeschwindigkeit			85 km/h
Preis			1973: DM 71 000,–
	LK 1623 bzw. LK 1624 Kurzhauber-Kipper	**LAK 1623 bzw. LAK 1624 Kurzhauber-Kipper**	**LPK 1623 bzw. LPK 1624 Frontlenker-Kipper**
Radstand	4600 mm	4200 mm	3600 mm
Pritsche	4400 × 2300 mm	4200 × 2300 mm	4600 × 2300 mm
Nutzlast	8430 kg	7880 kg	8600 kg
Zuläss. Gesamtgewicht	16 000 kg	16 000 kg	16 000 kg
	LS 1623 bzw. LS 1624 Kurzhauber-Sattelzugmaschine	**LAS 1623 bzw. LAS 1624 Kurzhauber-Sattelzugmaschine**	**LPS 1623 bzw. LPS 1624 Frontlenker-Sattelzugmaschine**
Radstand	3600 oder 4200 mm	3600 mm	3000 oder 3600 mm
Zuläss. Lastzuggewicht	38 000 bzw. (ab 1971) 30 000 kg	38 000 bzw. (ab 1971) 30 000 kg	38 000 bzw. (ab 1971) 30 000 kg
		LA 1623 Kurzhauber-Pritschenwagen in Militärausführung	
Radstand		4200 mm	
Pritsche		4250 × 2300 mm	
Gesamtmaße		7050 × 2500 × 2650 mm (Höhe über Fahrerhaus)	
Reifen		12,00–20 /16 PR M-Profil Zwillings-Hinterräder	
Wagengewicht		7940 kg	
Zuläss. Gesamtgewicht		16 000 kg	
Höchstgeschwindigkeit		75 km/h	
Verbrauch/100 km		27 Liter Diesel	

Mercedes-Benz LAK 1623, LAK 1624
Mercedes-Benz LAK 1923, LAK 1924
Dreiseiten-Kipper mit Dreiachs-
Dreiseiten-Kippanhänger
1967–1980

Mercedes-Benz LAK 1924
Trockenlöschfahrzeug TLF 24/60
Aufbau: Metz (Karlsruhe)
1973

Mercedes-Benz LP 1623, LP 1624
Mercedes-Benz LP 1923, LP 1924
Fernlastzug für
38 t Gesamtgewicht
1967–1974

	Merdedes-Benz **L 1923 (Typ 336) 1967–1970** **L 1924 (Typ 346) 1969–1982**	**Mercedes-Benz** **LA 1923 (Typ 336) 1967–1970** **LA 1924 (Typ 346) 1970–1980**	**Mercedes-Benz** **LP 1923 (Typ 336) 1967–1969** **LP 1924 (Typ 336) 1969–1974**
Motor	Daimler-Benz OM 355 Direkteinspritz-Dieselmotor 6 Zylinder, 128 × 150 mm, 11 580 ccm, 230 PS bzw. (ab 1969) 240 PS bei 2200 U/min		
Antrieb	Antrieb auf Hinterräder	Allrad-Antrieb (abschaltbar)	Antrieb auf Hinterräder
Getriebe	6 Gang oder 6 Gang + Vorschaltgruppe	6 Gang + Vorgelege	6 Gang oder 6 Gang + Vorschaltgruppe
Fußbremse	Zweikreis-Druckluft, 4 Räder	Zweikreis-Druckluft, 4 Räder	Zweikreis-Druckluft, 4 Räder
Motorbremse	Druckluft, Auspuffklappe	Druckluft, Auspuffklappe	Druckluft, Auspuffklappe
	L 1923 bzw. L 1924 **Kurzhauber-Pritschenwagen**	**LA 1923 bzw. LA 1924** **Kurzhauber-Pritschenwagen**	**LP 1923 bzw. LP 1924** **Frontlenker-Pritschenwagen**
Radstand	5200 mm	5200 mm	4600 oder 5200 mm
Pritsche	6000 × 2385 mm	6000 × 2385 mm	6400–7300 × 2385 mm
Gesamtmaße	8650 × 2500 × 2600 mm (Höhe über Fahrerhaus)	8670 × 2500 × 2650 mm (Höhe über Fahrerhaus)	8500–9000 × 2500 × 2900 mm (Höhe über Fahrerhaus)
Reifen	12,00–20 / PR 18 Super Zwillings-Hinterräder	12,00–20 / PR 18 Super Zwillings-Hinterräder	12,00–20 / PR 18 Super Zwillings-Hinterräder
Wagengewicht	7080 kg	7690 kg	7350 kg
Zuläss. Gesamtgewicht	19 000 kg	19 000 kg	19 000 kg
Nutzlast	11,5 t	11 t	11,5 t
Zuläss. Lastzuggewicht	38 000 kg	38 000 kg	38 000 kg
Höchstgeschwindigkeit	75 km/h	75 km/h	75 km/h
Preis	für Export	für Export	für Export
	LK 1923 bzw. LK 1924 **Kurzhauber-Kipper**	**LAK 1923 bzw. LAK 1924** **Kurzhauber-Kipper**	
Radstand	3600, 4200 oder 4600 mm	4200 oder 4600 mm	
Zuläss. Gesamtgewicht	19 000 kg	19 000 kg	
	LS 1923 bzw. LS 1924 **Kurzhauber-Sattelzugmaschine**	**LAS 1923 bzw. LAS 1924** **Kurzhauber-Sattelzugmaschine**	**LPS 1923 bzw. LPS 1924** **Frontlenker-Sattelzugmaschine**
Radstand	3600 oder 4200 mm	3600 mm	3000 mm
Zuläss. Lastzuggewicht	38 000 kg	38 000 kg	38 000 kg
		LA 1924 **Kurzhauber-Pritschenwagen** **in Militärausführung**	
Radstand		4600 mm	
Pritsche		4500 × 2350 mm	
Gesamtmaße		7425 × 2500 × 2870 mm (Höhe über Fahrerhaus)	
Reifen		14,00–20 M-Profil Einzel-Hinterräder	
Wagengewicht		8540 kg	
Nutzlast		Straße 7 t, Gelände 6 t	
Höchstgeschwindigkeit		85 km/h	
Verbrauch/100 km		30 Liter Diesel	

L/LA/LP 1823 bzw. 1824 (für Export bestimmt):
Gleiche Daten und Ausführungen wie obige Typen 1923 bzw. 1924,
jedoch Reifen 11,00–20 oder 12,00–20.
Gesamtgewicht 18 000 oder 18 500 kg

Mercedes-Benz LP 1626
Pritschenwagen 1972–1974

Mercedes-Benz LP 1632
Fernlastzug 1970–1974

Mercedes-Benz LPK 1632
Dreiseiten-Kipper 1970–1974

Motor

Zylinderzahl
Bohrung × Hub
Hubraum
Leistung
Antrieb
Getriebe

Fußbremse
Motorbremse

Radstand
Pritsche
Gesamtmaße

Reifen

Wagengewicht
Zuläss. Gesamtgewicht
Nutzlast-Klasse
Zuläss. Lastzuggewicht
Höchstgeschwindigkeit
Preis

Radstand
Pritsche
Gesamtmaße
Wagengewicht
Zuläss. Gesamtgewicht

Radstand
Zuläss. Lastzuggewicht

Radstand
Federung

Mercedes-Benz LP 1626 (Typ 363) 1972–1974	Mercedes-Benz LP 1632 (Typ 363) 1970–1974	Mercedes-Benz LP 1926 (Typ 363) 1972–1974	Mercedes-Benz LP 1932 (Typ 363) 1971–1974
Daimler-Benz OM 402	Daimler-Benz OM 403	Daimler-Benz OM 402	Daimler-Benz OM 403
Direkteinspritz-Dieselmotor	Direkteinspritz-Dieselmotor	Direkteinspritz-Dieselmotor	Direkteinspritz-Dieselmotor
8 (V-Form)	10 (V-Form)	8 (V-Form)	10 (V-Form)
125 × 130 mm	125 × 130 mm	125 × 130 mm	125 × 130 mm
12 760 ccm	15 950 ccm	12 760 ccm	15 950 ccm
256 PS bei 2500 U/min	320 PS bei 2500 U/min	256 PS bei 2500 U/min	320 PS bei 2500 U/min
Antrieb auf Hinterräder	Antrieb auf Hinterräder	Antrieb auf Hinterräder	Antrieb auf Hinterräder
6 Gang	8 Gang + Kriechgang	6 Gang oder	8 Gang + Kriechgang
		6 Gang + Vorschaltgruppe	
Zweikreis-Druckluft, 4 Räder	Zweikreis-Druckluft, 4 Räder	Zweikreis-Druckluft, 4 Räder	Zweikreis-Druckluft, 4 Räder
Druckluft, Auspuffklappe	Druckluft, Auspuffklappe	Druckluft, Auspuffklappe	Druckluft, Auspuffklappe
LP 1626 **Frontlenker-Pritschenwagen**	**LP 1632** **Frontlenker-Pritschenwagen**	**LP 1926** **Frontlenker-Pritschenwagen-Fahrgestell**	**LP 1932** **Frontlenker-Pritschenwagen-Fahrgestell**
4500 mm	4500 mm	4500 oder 5200 mm	4500 oder 5200 mm
6050/6200 × 2430 mm	6050/6200 × 2430 mm		
8270 × 2500 × 2990 mm	8270 × 2500 × 2990 mm		
(Höhe über Fahrerhaus)	(Höhe über Fahrerhaus)		
12.00–20 / 16 PR	12.00–20 / 16 PR verst.	12,00–20 / 18 PR	12,00–20 / 18 PR verst.
Zwillings-Hinterräder	Zwillings-Hinterräder	Zwillings-Hinterräder	Zwillings-Hinterräder
7530 kg	7820 kg		
16 000 kg	16 000 kg	19 000 kg	19 000 kg
8 t	8 t		
32 000 kg	38 000 kg	32 000 kg	38 000 kg
95 km/h	95 km/h	95 km/h	95 km/h
DM 76 000.–	DM 80 000.–		
LPK 1626 **Frontlenker-Kipper**	**LPK 1632** **Frontlenker-Kipper**		
3600 mm	3600 mm		
4500 × 2300 mm	4500 × 2300 mm		
6790 × 2490 × 2960 mm	6790 × 2490 × 2960 mm		
7980 kg	8300 kg		
16 000 kg	16 000 kg		
LPS 1626 **rontlenker-Sattelzugmaschine**	**LPS 1632** **Frontlenker-Sattelzugmaschine**	**LPS 1926** **Frontlenker-Sattelzugmaschine**	**LPS 1932** **Frontlenker-Sattelzugmaschine**
3200 oder 3600 mm	3200 oder 3600 mm	3200 mm	3200 mm
32 000 kg	38 000 kg	32 000 kg	38 000 kg
LPL 1626 **Frontlenker-Fahrgestell für** **nder- oder Wechselaufbauten**	**LPL 1632** **Frontlenker-Pritschenwagen**		
5200 mm	4500 mm		
Hinterachse mit Luftfederbälgen	Hinterachse mit Luftfederbälgen		

Mercedes-Benz LK 1924 (modifiziert
Kipper mit ausländischem Aufbau
ab 1981

Mercedes-Benz L 1924 (modifiziert)
Fahrgestell
Radstand 5200 mm
Export-Modell
ab 1981

Mercedes-Benz LS 1924 (modifiziert)
Großraum-Sattelzug mit
Blumhardt Stahlaufbau in
Exportausführung
1981

	Mercedes-Benz L 1924 (modifiziert) ab 1981	Mercedes-Benz L 1928 (modifiziert) ab 1978
Motor	Daimler-Benz OM 355 Direkteinspritz-Dieselmotor 6 Zylinder, 128 × 150 mm, 11 580 ccm 240 PS (177 kW) bei 2200 U/min	Daimler-Benz OM 355 A Direkteinspritz-Dieselmotor mit Abgas-Turbolader 6 Zylinder, 128 × 150 mm, 11 580 ccm 280 PS (206 kW) bei 2200 U/min
Getriebe	6 Gang oder 6 Gang + Vorschaltgruppe	8 Gang
Antrieb	Antrieb auf Hinterräder	Antrieb auf Hinterräder
Fußbremse	Zweikreis-Druckluft, 4 Räder, dazu Motorbremse	Zweikreis-Druckluft, 4 Räder, dazu Motorbremse
	L 1924: Kurzhauber-Pritschenwagen	**L 1928: Kurzhauber-Pritschenwagen**
Radstand	5200 mm	5200 mm
Pritsche	6000 × 2385 mm	6000 × 2385 mm
Gesamtmaße	8650 × 2500 × 2600 mm (Höhe über Fahrerhaus)	8650 × 2500 × 2600 mm (Höhe über Fahrerhaus)
Reifen	12.00–20 /18 PR Zwillings-Hinterräder	12.00–20 /18 PR Zwillings-Hinterräder
Wagengewicht	7080 kg	7380 kg
Zuläss. Gesamtgewicht	19 000 kg	19 000 kg
Nenn-Nutzlast	11 t	11 t
Zuläss. Lastzuggewicht	38 000 kg	38 000 kg
Höchstgeschwindigkeit	85 km/h	89 km/h
	LK 1924: Kurzhauber-Kipper	**LK 1928: Kurzhauber-Kipper**
Radstand	3600, 4200 oder 4600 mm	3600 oder 4200 mm
	LS 1924: Kurzhauber-Sattelzugmaschine	**LS 1928: Kurzhauber-Sattelzugmaschine**
Radstand	3600 oder 4200 mm	3600 oder 4200 mm
	Für Export!	**Für Export!**

Mercedes-Benz LAK 2623 (6 × 6
Stahl-Kipper
mit Anhänger
1968

←

→

Mercedes-Benz LB 2624 (6 × 4
Betonmischer
1970

Mercedes-Benz LS 2220 (6 × 4
Sattelzugmaschine
mit Tieflader-Auflieger
für Beton-Fertigteile
1967

←

→

Mercedes-Benz LAK 2620 (6 x
Radstand 3600 mm
Flugfeld-Wassertransport-
Fahrzeug FLF 25 W (10500 l
Wasser, 1050 l Schaummittel)
Aufbau: Metz (Karlsruhe)
etwa 1966

Mercedes-Benz LAK 2220 (6 x
Kranwagen KW 16
Aufbau: Metz (Karlsruhe)
1965/66

←

→

Mercedes-Benz LAK 2624 (6
Muldenkipper
Export-Ausführung für Brasili
1971

FIRE SERVICE
1574

	Mercedes-Benz **Typ L 2220 (6 × 4) (1964–1968)** **Typ L 2620 (6 × 4) (1964–1968)**	**Mercedes-Benz** **Typ LA 2220 (6 × 6) (1964–1968)** **Typ LA 2620 (6 × 6) (1964–1968)**
Motor	Daimler-Benz OM 346 Direkteinspritz-Dieselmotor 6 Zylinder, 128 × 140 mm, 10 810 ccm, 210 PS bei 2200 U/min	
Antrieb	Antrieb auf 4 Hinterräder	Allrad-Antrieb (abschaltbar)
Getriebe	6 Gang + Vorgelege	6 Gang + Vorgelege
Fußbremse	Zweikreis-Druckluft, 6 Räder	Zweikreis-Druckluft, 6 Räder
Motorbremse	Druckluft, Auspuffklappe	Druckluft, Auspuffklappe
	LK 2220 bzw. LK 2620: **Kurzhauber-Kipper**	**LAK 2220 bzw. LAK 2620:** **Kurzhauber-Kipper**
Radstand	3600 oder 4000 + 1340 mm	3600 oder 4000 + 1340 mm
Pritsche	4500 (5000) × 2300 mm	4500 (5000) × 2300 mm
Gesamtmaße	7500 (8000) × 2500 × 2650 mm	7500 (8000) × 2500 × 2650 mm
Reifen	LK 22 t: 10,00–20 / PR 16 Super LK 26 t: 11,00–20 / PR 16 Super 4 Zwillings-Hinterräder	LAK 22 t: 10,00–20 / PR 16 Super LAK 26 t: 11,00–20 / PR 16 Super 4 Zwillings-Hinterräder
Fahrgestellgewicht	7400–7500 kg	7850–8020 kg
Wagengewicht	10 560–10 710 kg	11 000–11 200 kg
Zuläss. Gesamtgewicht	22 000 bzw. 26 000 kg	22 000 bzw. 26 000 kg
Nutzlast	11 bzw. 15 t	10,5 bzw. 14,5 t
Zuläss. Lastzuggewicht	32 000, später 38 000 kg	32 000, später 38 000 kg
Höchstgeschwindigkeit	70 km/h	70 km/h
Verbrauch/100 km	29 Liter Diesel	31 Liter Diesel
Preis	1965: Kipper DM 72 200,–	1965: Kipper DM 78 700,– 1965: Muldenkipper DM 82 200,–
	L 2220 bzw. L 2620: **Kurzhauber-Fahrgestell für** **Pritschenwagen oder Sonderaufbauten**	**LA 2220 bzw. LA 2620:** **Kurzhauber-Fahrgestell für** **Pritschenwagen oder Sonderaufbauten**
Radstand	5200 + 1340 mm	5200 + 1340 mm
Aufbaulänge	bis 7800 mm	bis 7800 mm
	LS 2220 bzw. LS 2620: **Kurzhauber-Sattelzugmaschine**	**LAS 2220 bzw. LAS 2620:** **Kurzhauber-Sattelzugmaschine**
Radstand	3600 + 1340 mm	3600 + 1340 mm
Zuläss. Lastzuggewicht	38 000 kg	38 000 kg
	LB 2220 bzw. LB 2620: **Kurzhauber-Betonmischer**	**LAB 2220 bzw. LAB 2620:** **Kurzhauber-Betonmischer**
Radstand	3600 + 1340 mm	3600 + 1340 mm
Zuläss. Gesamtgewicht	22 000 bzw. 26 000 kg	22 000 bzw. 26 000 kg
Fassungsvermögen	bis 6,5 m³ Fertigbeton	bis 6,5 m³ Fertigbeton
Radstand		
Pritsche		
Gesamtmaße		
Reifen		
Fahrgestellgewicht		
Wagengewicht		
Zuläss. Gesamtgewicht		
Höchstgeschwindigkeit		

Mercedes-Benz Typ L 2623 (6 × 4) 1967–1969 Typ L 2624 (6 × 4) 1969–1983	Mercedes-Benz Typ LA 2623 (6 × 6) 1967–1970 Typ LA 2624 (6 × 6) 1969–1982	Mercedes-Benz Typ L 2624 (mod.) (6 × 4) ab 1979 Typ L 2628 (6 × 4) ab 1979
Daimler-Benz OM 355 Direkteinspritz-Dieselmotor 6 Zylinder, 128 × 150 mm, 11 580 ccm L/LA 2623: 230 PS bei 2200 U/min L/LA 2624: 240 PS bei 2200 U/min L 2628: OM 355 mit Abgas-Turbolader, Leistung 280 PS bei 2200 U/min		
Antrieb auf 4 Hinterräder	Allrad-Antrieb (abschaltbar)	Antrieb auf 4 Hinterräder
6 Gang + Vorgelege	6 Gang + Vorgelege	6 Gang + Vorgelege
Zweikreis-Druckluft, 6 Räder	Zweikreis-Druckluft, 6 Räder	Zweikreis-Druckluft, 6 Räder
Druckluft, Auspuffklappe	Druckluft, Auspuffklappe	Druckluft, Auspuffklappe
LK 2623 bzw. LK 2624: **Kurzhauber-Kipper**	**LAK 2623 bzw. LAK 2624:** **Kurzhauber-Kipper**	**LK 2624 bzw. LK 2628:** **Kurzhauber-Kipper**
3600 oder 4000 + 1340 mm	3600 oder 4000 + 1340 mm	3600 oder 4000 + 1340 mm
4500 (5000) × 2300 mm	4500 (5000) × 2300 mm	4500 (5000) × 2300 mm
7500 (8000) × 2500 × 2710 mm	7500 (8000) × 2500 × 2710 mm	7500 (8000) × 2500 × 2710 mm
LK 22 t: 10.00-20 / PR 16 Super	LAK 22 t: 10.00-20 / PR 16 Super	11.00-20 / PR 16 Super
LK 26 t: 11.00-20 / PR 16 Super	LAK 26 t: 11.00-20 / PR 16 Super	4 Zwillings-Hinterräder
4 Zwillings-Hinterräder	4 Zwillings-Hinterräder	
7450–7550 kg	7900–8000 kg	8135–8280 kg
10 600–10 750 kg	11 500–11 650 kg	11 300–11 500 kg
22 000 bzw. 26 000 kg	22 000 bzw. 26 000 kg	26 000 kg
11 bzw. 15 t	10,5 bzw. 14,5 t	14,5 t
38 000 kg	38 000 kg	38 000 kg
70 km/h	70 km/h	85 km/h
30 Liter Diesel	32 Liter Diesel	32 Liter Diesel
1971: Kipper DM 81 000,–	1971: Kipper DM 87 000,–	
L 2623 bzw. L 2624: **Kurzhauber-Fahrgestell für Pritschenwagen oder Sonderaufbauten**	**LA 2623 bzw. LA 2624:** **Kurzhauber-Fahrgestell für Pritschenwagen oder Sonderaufbauten**	**L 2624 bzw. L 2628:** **Kurzhauber-Fahrgestell für Pritschenwagen oder Sonderaufbauten**
5200 + 1340 mm	5200 + 1340 mm	5200 + 1340 mm
bis 7800 mm	bis 7800 mm	bis 7800 mm
LS 2623 bzw. LS 2624: **Kurzhauber-Sattelzugmaschine**	**LAS 2623 bzw. LAS 2624:** **Kurzhauber-Sattelzugmaschine**	**LS 2624 bzw. LS 2628:** **Kurzhauber-Sattelzugmaschine**
3600 + 1340 mm	3600 + 1340 mm	3600 + 1340 mm
38 000 kg	38 000 kg	38 000 kg
LB 2623 bzw. LB 2624: **Kurzhauber-Betonmischer**		
3600 + 1340 mm		
22 000 bzw. 26 000 kg		
bis 6,5 m³ Fertigbeton		
	LA 2624: **Kurzhauber-Pritschenwagen in Militärausführung**	
	4000 + 1340 mm	
	5000 × 2350 mm	
	8300 × 2500 × 2880 mm (Höhe über Fahrerhaus)	
	14.00-20 M-Profil, Einzel-Hinterräder	
	11 040 kg	
	24 500 kg	
	40 000 kg (auf Straße)	
	83 km/h	

Mercedes-Benz LPS 2020 (6 × 2)
Sattelzugmaschine
1966–1967

←
←
←

	Mercedes-Benz LPS 2020 (6 × 2) (Typ 366) 1966–1967	Mercedes-Benz LPS 2023 (6 × 2) 1967–1969 LPS 2024 (6 × 2) 1969–1974 (Typ 366)	Mercedes-Benz LPS 2032 (6 × 2) (Typ 363) 1971–1975
	Sechsrad-Frontlenker-Sattelzugmaschine mit Lenkung der Vorder- und Mittelachse sowie Antrieb der Hinterachse		
Motor	Daimler-Benz OM 346 Direkteinspritz-Dieselmotor	Daimler-Benz OM 355 Direkteinspritz-Dieselmotor	Daimler-Benz OM 403 Direkteinspritz-Dieselmotor
Zylinderzahl	6 (Reihe)	6 (Reihe)	10 (V-Form)
Bohrung × Hub	128 × 140 mm	128 × 150 mm	125 × 130 mm
Hubraum	10 810 ccm	11 580 ccm	15 950 ccm
Leistung	210 PS bei 2200 U/min	LPS 2023: 230 PS b. 2200 U/min LPS 2024: 240 PS b. 2200 U/min	320 PS bei 2500 U/min
Getriebe	6 Gang oder 6 Gang + Vorschaltgruppe	6 Gang oder 6 Gang + Vorschaltgruppe	9 Gang
Antrieb	Hintere Hinterräder	Hintere Hinterräder	Hintere Hinterräder
Fußbremse	Zweikreis-Druckluft, 6 Räder	Zweikreis-Druckluft, 6 Räder	Zweikreis-Druckluft, 6 Räder
Motorbremse	Druckluft, Auspuffklappe	Druckluft, Auspuffklappe	Druckluft, Auspuffklappe
Radstand	2100 + 1500 mm		
Pritsche	Aufleger bis 12 Meter		
Gesamtmaße	Zugmaschine 6225 × 2500 × 2830 mm		
Reifen	11,00–20 eHD Super Vorder- und Mittelachse: Einzelräder Antriebsachse: Zwillingsräder		
Fahrgestellgewicht	6700 kg		
Wagengewicht	Zugmaschine 7500 kg		
Zuläss. Gesamtgewicht	18 000–21 000 kg		
Zuläss. Lastzuggewicht	38 000 kg		
Höchstgeschwindigkeit	80–90 km/h		
Verbrauch/100 km	Sattelzug 40 Liter Diesel		
Preis	1967: DM 60 000,– 1972: DM 80 000,–		

	Mercedes-Benz LAP 1632 (4 × 4) (Typ 663) 1972–1973	Mercedes-Benz LAP 2632 (6 × 6) (Typ 663) 1972–1973
Motor	Daimler-Benz OM 403 Direkteinspritz-Dieselmotor 10 Zylinder (V-Form), 125 × 130 mm, 15 950 ccm, 320 PS bei 2500 U/min	
Antrieb	Allrad-Antrieb (nicht abschaltbar)	
Getriebe	8 Gang + Kriechgang	
Fußbremse	Zweikreis-Druckluft, 4 bzw. 6 Räder	
Motorbremse	Druckluft, Auspuffklappe	
	LAPK 1632: Frontlenker-Kipper	**LAPK 2632: Frontlenker-Kipper**
Radstand	3600 mm	3230 + 1340 mm
Pritsche	4500 × 2300 mm	4800 × 2300 mm
Gesamtmaße	6610 × 2500 × 2870 mm (Höhe über Fahrerhaus)	7345 × 2500 × 2865 mm (Höhe über Fahrerhaus)
Reifen	12,00 R 20/PR 16 Zwillings-Hinterräder	22 t: 10,00–20/PR 16 Super 26 t: 11,00–20/PR 16 Super 4 Zwillings-Hinterräder
Wagengewicht	8675 kg	11 150 kg
Zuläss. Gesamtgewicht	16 000 kg	22 000 oder 26 000 kg
Nutzlast	7 t	10,5 oder 14,5 t
Zuläss. Lastzuggewicht	38 000 kg	38 000 kg
Höchstgeschwindigkeit	75 km/h	70 km/h
Preis	DM 91 500,–	DM 105 500,–
	LAPS 1632: Frontlenker-Sattelzugmaschine	
Radstand	3600 mm	
Zuläss. Lastzuggewicht	38 000 kg	

Mercedes-Benz LAPK 1632 (4 × 4)
und
Hanomag-Henschel F 136 AK
Dreiseiten-Kipper
1972–1974

Mercedes-Benz LAPK 1632 (4 × 4)
Dreiseiten-Kipper
1972–1974

Mercedes-Benz LAPS 1632 (4 × 4)
Sattelzugmaschine
mit Hinterkipper-Auflieger
1972

Mercedes-Benz LAPK 2632 (6 × 6)
Hinterkipper
1972–1973

Mercedes-Benz LAPK 2632 (6 x 6)
Tanklöschfahrzeug GTLF 8
(TLF 32/80-2) für die
Berufsfeuerwehr Duisburg
Aufbau: Metz (Karlsruhe)
1974

Mercedes-Benz LP 2223 / 2224 / 2226 / 2232 (6 × 2)
Pritschenwagen mit Schleppachse und Antrieb auf Mittelachse
1967–1974

Mercedes-Benz LP 2223 / 2224 / 2226 / 2232 (6 × 4)
Pritschenwagen mit Antrieb auf beide Hinterachsen
1967–1974

Mercedes-Benz LPB 2223 (6 × 4)
Mercedes-Benz LPB 2224 (6 × 4)
mit Betonmischer-Aufbau
1967–1974

Mercedes-Benz LPK 2223 (6 × 4)
Mercedes-Benz LPK 2224 (6 × 4)
Dreiseiten-Kipper
1967–1974

Mercedes-Benz LPS 2223 (6 × 4)
Mercedes-Benz LPS 2224 (6 × 4)
Sattelzugmaschine mit
Zweiachs-Muldenkipper-Auflieger
1967–1974

	Mercedes-Benz **LP 2223 (6 × 4) 1967–1970** **LP 2224 (6 × 4) 1969–1974**	**Mercedes-Benz** **LP 2226 (6 × 4)** **1972–1974**	**Mercedes-Benz** **LP 2232 (6 × 4)** **1971–1974**
Motor	Daimler-Benz OM 355 Direkteinspritz-Dieselmotor	Daimler-Benz OM 402 Direkteinspritz-Dieselmotor	Daimler-Benz OM 403 Direkteinspritz-Dieselmotor
Zylinderzahl	6 (Reihe)	8 (V-Form)	10 (V-Form)
Bohrung × Hub	128 × 150 mm	125 × 130 mm	125 × 130 mm
Hubraum	11 580 ccm	12 760 ccm	15 950 ccm
Leistung	LP 2223: 230 PS b. 2200 U/min LP 2224: 240 PS b. 2200 U/min	256 PS bei 2500 U/min	320 PS bei 2500 U/min
Getriebe	6 Gang + Vorschaltgruppe	6 Gang	8 Gang + Kriechgang
Antrieb	Antrieb auf 4 Hinterräder	Antrieb auf 4 Hinterräder	Antrieb auf 4 Hinterräder
Fußbremse	Zweikreis-Druckluft, 6 Räder	Zweikreis-Druckluft, 6 Räder	Zweikreis-Druckluft, 6 Räder
Motorbremse	Druckluft, Auspuffklappe	Druckluft, Auspuffklappe	Druckluft, Auspuffklappe
	LP 2223 bzw. LP 2224 **Frontlenker-Pritschenwagen**	**LP 2226** **Frontlenker-Pritschenwagen**	**LP 2332** **Frontlenker-Pritschenwagen**
Radstand	4300 + 1340 mm	4200 + 1340 mm	4200 + 1340 mm
Pritsche	7300/7500 × 2400 mm	7300/7500 × 2400 mm	7500 × 2400 mm
Gesamtmaße	9600 × 2500 × 3000 mm	9600 × 2500 × 3000 mm	9600 × 2500 × 3000 mm
Reifen	11,00–20 / 16 PR Super 4 Zwillings-Hinterräder	11,00–20 / 16 PR Super 4 Zwillings-Hinterräder	11,00–20 / 16 PR Super 4 Zwillings-Hinterräder
Fahrgestellgewicht	6750 kg	7150 kg	7350 kg
Wagengewicht	8850 kg	9250 kg	9450 kg
Zuläss. Gesamtgewicht	22 000 kg	22 000 kg	22 000 kg
Nutzlast-Klasse	13 t	12,5 t	12,5 t
Zuläss. Lastzuggewicht	38 000 kg	38 000 kg	38 000 kg
Höchstgeschwindigkeit	85 km/h	85 km/h	85 km/h
Verbrauch/100 km	Lastzug 40 Liter Diesel		
Preis	1973: DM 83 000,–	1973: DM 87 500,–	1973: DM 91 500,–
	LPK 223 bzw. LPK 2224 **Frontlenker-Kipper**	**LPK 2226** **Frontlenker-Kipper**	**LPK 2232** **Frontlenker-Kipper**
Radstand	2600 + 1340 mm	2600 + 1340 mm	2600 + 1340 mm
Pritsche	4700 × 2300 mm	4700 × 2300 mm	4700 × 2300 mm
	LPS 2223 bzw. LPS 2224 **Frontlenker-Sattelzugmaschine**	**LPS 2226** **Frontlenker-Sattelzugmaschine**	**LPS 2232** **Frontlenker-Sattelzugmaschine**
Radstand	2600 + 1340 mm	2600 + 1340 mm	2600 + 1340 mm
Zuläss. Lastzuggewicht	38 000 kg	38 000 kg	38 000 kg
	LPB 2223 bzw. LPB 2224 **Frontlenker-Betonmischer**		
Radstand	2600 + 1340 mm		
Gesamtmaße	6740 × 2500 × 2920 mm		
Zuläss. Gesamtgewicht	22 000 kg		
	LP 2223 bzw. LP 2224 (6 × 2) **Frontlenker-Pritschenwagen**	**LP 2226 (6 × 2)** **Frontlenker-Pritschenwagen**	**LP 2232 (6 × 2)** **Frontlenker-Pritschenwagen**
Radstand	4600 + 1340 mm	4600 + 1340 mm	4500 + 1340 mm
Federung			
Antrieb	Antrieb auf Mittelachse (Zwillingsräder). Schleppachse antriebslos und einzelbereift	Antrieb auf Mittelachse (Zwillingsräder). Schleppachse antriebslos und einzelbereift	Antrieb auf Mittelachse (Zwillingsräder). Schleppachse antriebslos und einzelbereift

Die leichten Lastwagen der LP-Reihe (1965–1984)

Im Januar 1965 stellte Daimler-Benz mit dem Typ LP 608 einen völlig neuen Leichtlastwagen der 3 t-Nutzlastklasse vor. Der schnelle und wendige Frontlenker mit 80 PS Untersitz-Motor und Fünfgang-Synchrongetriebe war hauptsächlich für den Stadt- und Nahverkehr gedacht. Mit der Vorserie des LP 608 hatte die Produktion des neuen Lastwagenwerks Wörth begonnen, und allein in den ersten beiden Jahren entstanden dort über 10 000 Stück des neuen Fahrzeugs. In der Klasse von 4,5 bis 7 t Gesamtgewicht erreichte es damals einen Marktanteil von 45 %, wobei vor allem Hanomag, in dieser Größenklasse bis dahin lange Zeit führend gewesen, beträchtliche Einbußen hinnehmen mußte.

Im September 1967 kam der LP 808 hinzu, der durch Verstärkung des Fahrgestells, der Federn und der Reifen ein Gesamtgewicht von 7490 kg und eine Nutzlast von 4,5 t brachte. 1970 schließlich erschienen mit den Typen LP 811 und LP 913 zwei leistungsstärkere Versionen, die sich aber weder im Aussehen noch in der Zweckbestimmung vom Grundmodell unterschieden.

Produktion

Typ	Baumuster	1965	1966	1967	1968	1969	1970	1971	1972	1973	1974	1975	1976	1977
LP 608	314	3696	6846	5296	6518	7540	7432	6014	6065	6450	4732	4358	5627	4686
LPL 608	314												1	9
LP 709	314													251
LPL 709	314													1
LP 808	316			161	3047	4015	5059	4216	5290	5839	5230	6511	7024	5948
LPL 808	316												2	52
LP 809	316													460
LPL 809	316													4
LP 811	318					2	2396	3788	5205	855				
LP 813	318									4868	3991	5055	6002	6659
LPL 813	318												2	158
LP 913	318					1	649	1135	1627	1780	1903	1925	2555	1869
LPL 913	318												1	28
LP 1013	318												45	893
LPL 1013	318													9
LP 1113	318													
LPL 1113	318													

Ab 1976 gab es für den LP 1013 und ab Februar 1979 für den LP 1113 nochmals eine kräftige Verstärkung des Fahrgestells, wodurch nunmehr eine Nutzlast bis zu 7,5 t zur Verfügung stand.

Im Herbst 1977 begann die zweite Halbzeit dieser Baureihe. Von außen fiel die glattere Frontgestaltung auf, wobei die Scheinwerfer aus dem Kühlergriff genommen und in den Stoßstangen untergebracht wurden. Vor allem aber gab es im Sinn der Modellpflege zahlreiche technische Verbesserungen und die Pritschenwagen konnten mit luftgefederter Hinterachse geliefert werden. Außerdem hat man die Typenbezeichnungen den etwas höheren Motorleistungen angepaßt. Das Grundmodell hieß von da an LP 709.

1979 wurden alle Wartungsstellen nach außen verlegt. Man mußte das tun, weil es inzwischen auch bereits in dieser Kategorie Konkurrenten mit kippbarem Fahrerhaus gab. Überdies konnte bei der LP-Reihe der Motor nicht ohne Ausbau der Vorderachse gewechselt werden.

Die schließlich weit gefächerte und gut gegliederte LP-Baureihe wird immer noch gebaut, obwohl sich bereits seit März 1984 die »Leichte Klasse« (Baureihe LN 2) auf dem Markt befindet und diesen naturgemäß mehr und mehr an sich zieht.

1978	1979	1980	1981	1982	1983	1984	Gesamtzahl
3168	376	696	2144	2704	3904		88 252
							10
2633	2665	1986	1538	1220	972	428	11 693
10	13	7	6	1	5		43
888	616	544	1160	1616	3256		60 420
							54
4905	4973	4542	2606	2651	2212	775	23 034
62	71	57	35	28	29	3	289
							12 246
6788	8006	8753	5950	7080	7002	2183	72 337
292	421	628	466	328	373	136	2 804
1531	1496	1320	909	883	832	268	20 603
54	51	45	40	55	68	31	373
1002	1055	1004	591	506	555	230	5 921
87	72	105	41	41	44	12	414
7	412	914	722	867	839	319	4 080
1	29	68	51	76	65	14	304

Mercedes-Benz LP 608
Pritschenwagen
Radstand 3600 mm
1965–1977

←

→

Mercedes-Benz LPS 608
Sattelzugmaschine
mit Pritschen-Auflieger
1965–1977

Mercedes-Benz LP 808
Pritschenwagen
Radstand 3600 mm
1967–1977

→

←

Mercedes-Benz LP 608
Bierwagen
Radstand 3600 mm
Aufbau: Eylert
1965–1977

Mercedes-Benz LPK 608
Dreiseitenkipper
Radstand 3200 mm
1965–1977

←

→

Mercedes-Benz LP 608
Sparkassenwagen
Aufbau: Berger
1966

LP 808

KREISSPARKASSE
TÜBINGEN

Mercedes-Benz LP 808
Turmwagen mit Doppelkabine, 1968

Mercedes-Benz LP 809
Tiefkühl-Kofferwagen, 1977–1983

	Mercedes-Benz LP 608 (1965–1977) LP 808 (1967–1977)	Mercedes-Benz LP 709 (1977–1983) LP 809 (1977–1983)
Motor	Daimler-Benz OM 314 Direkteinspritz-Dieselmotor 4 Zylinder. 97 × 128 mm. 3780 ccm. 80 PS bzw. (ab 1969) 85 PS = 63 kW bei 2800 U/min	
Getriebe	5 Gang oder (ab 1979) 4 Gang-Automatik	
Fußbremse	Hydraulisch. Druckluft-Servohilfe. dazu auf Wunsch Motorbremse	Zweikreis-Hydraulik. Druckluft-Servohilfe. dazu auf Wunsch Motorbremse
	LP 608: Frontlenker-Pritschenwagen	**LP 708: Frontlenker-Pritschenwagen**
Radstand	3200 oder 3600 oder 4200 mm	3200 oder 3600 mm
Pritsche	3800 (4500) (5500) × 2200 mm	3800 (4500) × 2200 mm
Gesamtmaße	5450 (6150) (7150) × 2250 × 2375 mm (Höhe über Fahrerhaus)	5450 (6150) × 2350 × 2375 mm (Höhe über Fahrerhaus)
Reifen	7,00 R 16 / 12 PR Zwillings-Hinterräder	8 R 17,5 L Zwillings-Hinterräder
Wagengewicht (mit Fahrer)	2850 (2935) (3000) kg	3030 (3100) kg
Zuläss. Gesamtgewicht	5990 kg	6500 kg
Nutzlast	ca. 3 t	ca. 3,5 t
Höchstgeschwindigkeit	80 oder 95 km/h	80 oder 95 km/h
Verbrauch/100 km	ca. 15 Liter Diesel	
Preis (ohne MWSteuer)	1968: ab ca. 15 000 DM 1977: ab ca. 34 000 DM	1978: ab ca. 36 000 DM 1983: ab ca. 46 000 DM
Bemerkungen	Mit Reifen 8 R 17,5 L: Zuläss. Gesamtgewicht 6500 kg 1977: LPL 608 mit Luftfederung hinten	Mit Reifen 7,00 R 16 / 12 PR: Zuläss. Gesamtgewicht 5990 kg ab 1978: LPL 709 mit Luftfederung hinten
	LPK 608: Frontlenker-Kipper	**LPK 709: Frontlenker-Kipper**
Radstand	3200 mm	3200 mm
Pritsche	3500 × 2100 mm	3500 × 2100 mm
	LPS 608: Frontlenker-Sattelzugmaschine	**LPS 709: Frontlenker-Sattelzugmaschine**
Radstand	3200 mm	3200 mm
Zuläss. Lastzuggewicht	14 000 kg	14 000 kg
	LP 808: Frontlenker-Pritschenwagen	**LP 809: Frontlenker-Pritschenwagen**
Radstand	3200 oder 3600 oder 4200 mm	3200 oder 3600 mm
Pritsche	3800 (4500) (5500) × 2200 mm	3800 (4500) × 2200 mm
Gesamtmaße	5500 (6200) (7200) × 2350 × 2480 mm (Höhe über Fahrerhaus)	5500 (6200) × 2350 × 2480 mm (Höhe über Fahrerhaus)
Reifen	7,50 R 16 / 12 PR Zwillings-Hinterräder	8,5 R 17,5 Zwillings-Hinterräder
Wagengewicht (mit Fahrer)	2970 (3040) (3175) kg	3150 (3220) kg
Zuläss. Gesamtgewicht	7490 kg	8000 kg
Nutzlast	ca. 4,5 t	ca. 5 t
Preis (ohne MWSteuer)	1968: ab ca. 19 000 DM 1977: ab ca. 36 000 DM	1978: ab ca. 38 000 DM 1984: ab ca. 50 000 DM
Bemerkungen	Mit Reifen 8,25–16: Zuläss. Gesamtgewicht 8000 kg 1977: LPL 808 mit Luftfederung hinten	Mit Reifen 7,50 R 16: Zuläss. Gesamtgewicht 7490 kg Ab 1978: LPL 809 mit Luftfederung hinten
	LPK 808: Frontlenker-Kipper	**LPK 809: Frontlenker-Kipper**
Radstand	3200 mm	3200 mm
Pritsche	3500 × 2100 mm	3500 × 2100 mm

Mercedes-Benz LP 811
Pritschenwagen
Radstand 3600 mm
1970–1973

Mercedes-Benz LP 913
Pritschenwagen
Radstand 3600 mm
1970–1977

Mercedes-Benz LP 811
Tiefkühl-Kofferwagen
Aufbau: Staufen
1970

Mercedes-Benz LP 913
Geschütztes Geld- und Werttransportfahrzeug
Aufbau: Thiele (Bremen)
1976

Mercedes-Benz LP 813
Fahrbare Sparkassen-Zweigstelle
Aufbau: Thiele (Bremen)
1977

Mercedes-Benz LP 811
Radstand 3600 mm
Tanklöschfahrzeug TLF 8
Aufbau: Metz (Karlsruhe)
1973

Mercedes-Benz LP 1113
Pritschenwagen
Radstand 3600 mm
1979–1984

Mercedes-Benz LP 813
mit Kofferaufbau
1977–1984

Mercedes-Benz LP 813 mit Innova Einachs-Anhänger, der auf dem Zugwagen aufliegt und mit diesem ein Kompaktgespann bildet. Gesamtgewicht 16 250 kg, Nutzlast 10 t. Geeignet als Trägerfahrzeug für Wechselaufbauten und ISO-Container. Für geringere Lasten kann das Fahrzeug auch normalenWechselaufbau tragen. Vorgeführt auf der Internationalen Verkehrs-Ausstellung 1979.

<table>
<tr><th></th><th>Mercedes-Benz
LP 811 (1970–1973)
LP 813 (1973–1984)</th><th>Mercedes-Benz
LP 913 (1970–1984)</th></tr>
<tr><td>Motor</td><td colspan="2">Daimler-Benz OM 352 Direkteinspritz-Dieselmotor
6 Zylinder, 97 × 128 mm, 5375 ccm,</td></tr>
<tr><td></td><td>LP 811: 110 PS bei 2800 U/min
LP 813: 130 PS = 96 kW bei 2800 U/min</td><td>130 PS = 96 kW bei 2800 U/min</td></tr>
<tr><td>Getriebe</td><td colspan="2">5 Gang oder (ab 1979) 4 Gang-Automatik</td></tr>
<tr><td>Fußbremse</td><td colspan="2">Hydraulisch, bzw. (ab 1977) Zweikreis-Hydraulik, Druckluft-Servohilfe,
dazu auf Wunsch Motorbremse</td></tr>
<tr><td></td><td>LP 811 / LP 813: Frontlenker-Pritschenwagen</td><td>LP 913: Frontlenker-Pritschenwagen</td></tr>
<tr><td>Radstand</td><td colspan="2">3200 oder 3600 oder 4200 mm</td></tr>
<tr><td>Pritsche</td><td colspan="2">3800 (4500) (5500) × 2200 mm</td></tr>
<tr><td>Gesamtmaße</td><td colspan="2">5480 (6180) (7180) × 2330 × 2430–2500 mm
(Höhe über Fahrerhaus)</td></tr>
<tr><td>Reifen</td><td>7,50 R 16 / PR 12 oder 8 R 17,5
Zwillings-Hinterräder</td><td>8,25 R 16 / PR 14 oder 10 R 17,5
Zwillings-Hinterräder</td></tr>
<tr><td>Wagengewicht (mit Fahrer)</td><td>3300 (3370) (3530) kg</td><td>3400 (3480) (3570) kg</td></tr>
<tr><td>Zuläss. Gesamtgewicht</td><td>7490 bzw. (mit Reifen 8 R 17,5) 8000 kg</td><td>8900 bzw. (mit Reifen 10 R 17,5) 9200 kg</td></tr>
<tr><td>Nutzlast</td><td>ca. 4–4,5 t</td><td>ca. 5–5,5 t</td></tr>
<tr><td>Zuläss. Lastzuggewicht</td><td>17 900 bzw. (ab 1973) 16 200 kg</td><td>18 000 bzw. (ab 1973) 16 200 kg</td></tr>
<tr><td>Bemerkungen</td><td>Ab 1977: LPL 813 mit Luftfederung hinten
Fahrgestell für Sonderaufbauten
auch mit Radstand 4800 mm</td><td>Ab 1977: LPL 913 mit Luftfederung hinten
Fahrgestell für Sonderaufbauten
auch mit Radstand 4800 mm</td></tr>
<tr><td></td><td>LPK 811 / LPK 813: Frontlenker-Kipper</td><td>LPK 913: Frontlenker-Kipper</td></tr>
<tr><td>Radstand</td><td>3200 mm</td><td>3200 mm</td></tr>
<tr><td>Pritsche</td><td>3500 × 2100 mm</td><td>3500 × 2100 mm</td></tr>
<tr><td>Wagengewicht (mit Fahrer)</td><td>3850 kg</td><td>3920 kg</td></tr>
<tr><td></td><td>LPS 811 / LPS 813:
Frontlenker-Sattelzugmaschine</td><td>LPS 913:
Frontlenker-Sattelzugmaschine</td></tr>
<tr><td>Radstand</td><td>3200 mm</td><td>3200 mm</td></tr>
<tr><td>Zuläss. Lastzuggewicht</td><td>17 900 bzw. (ab 1977) 16 200 kg</td><td>18 000 bzw. (ab 1973) 16 200 kg</td></tr>
</table>

<table>
<tr><th></th><th>Mercedes-Benz
LP 1013
1976–1984</th><th>Mercedes-Benz
LP 1113
1979–1984</th></tr>
<tr><td></td><td colspan="2">Motor und Fahrgestell wie LP 913</td></tr>
<tr><td></td><td>LP 1013: Frontlenker-Pritschenwagen</td><td>LP 1113: Frontlenker-Pritschenwagen</td></tr>
<tr><td>Radstand</td><td>3200 oder 3600 mm</td><td>3200 oder 3600 mm</td></tr>
<tr><td>Pritsche</td><td>3800 (4500) × 2200 mm</td><td>3800 (4500) × 2200 mm</td></tr>
<tr><td>Gesamtmaße</td><td>5480 (6180) × 2330 × 2550 mm
(Höhe über Fahrerhaus)</td><td>5480 (6180) × 2330 × 2550 mm
(Höhe über Fahrerhaus)</td></tr>
<tr><td>Reifen</td><td>10 R 17,5
Zwillings-Hinterräder</td><td>10 R 17,5
Zwillings-Hinterräder</td></tr>
<tr><td>Wagengewicht (mit Fahrer)</td><td>3450 (3550) kg</td><td>3450 (3550) kg</td></tr>
<tr><td>Zuläss. Gesamtgewicht</td><td>10 000 kg</td><td>11 000 kg</td></tr>
<tr><td>Nutzlast</td><td>ca. 6,5 t</td><td>ca. 7,5 t</td></tr>
<tr><td>Zuläss. Lastzuggewicht</td><td>16 250 kg</td><td>21 600 kg</td></tr>
<tr><td>Bemerkungen</td><td>Ab 1978: LPL 1013 mit Luftfederung hinten</td><td>Ab 1979: LPL 1113 mit Luftfederung hinten</td></tr>
<tr><td></td><td></td><td>LPK 1113: Frontlenker-Kipper</td></tr>
<tr><td>Radstand</td><td></td><td>3200 mm</td></tr>
<tr><td>Pritsche</td><td></td><td>3500 × 2200 mm</td></tr>
</table>

Ein Tempo mit Stern: Die ersten leichten Mercedes-Transporter (1970 bis 1977)

Ende 1949 brachte das Tempo-Werk (Hamburg-Harburg) sein erstes Nachkriegsmodell, einen Vierrad-Lieferwagen, auf den Markt. Es war der Tempo-Matador, zunächst mit einem VW-Motor ausgerüstet und allein schon deshalb von Anfang an ziemlich populär. Mit dem dritten Modellwechsel wurde daraus der Hanomag Matador E, nachdem 1965 das Tempo-Werk durch die damalige Rheinstahl-Hanomag AG. übernommen worden war. 1969 faßte der Rheinstahl-Konzern seine Aktivitäten auf dem Automobilsektor in der neuen Firma Hanomag-Henschel-Fahrzeugwerke GmbH. zusammen. Sie bestand im wesentlichen aus der Nutzfahrzeugproduktion von Hanomag im Stammwerk Hannover-Linden, im früheren Tempo-Werk in Hamburg-Harburg und im einstigen Borgward-Hauptwerk Bremen-Sebaldsbrück sowie aus der Lastwagenfabrik von Henschel in Kassel. An der neuen HHF GmbH. beteiligte sich die Daimler-Benz AG. mit 51 %, um sie schließlich ab 1. 1. 1971 zu 100 % zu übernehmen. Das Programm der vereinigten Marken Hanomag-Henschel wurde zunächst weitergeführt, wobei freilich bald »Kooperationsmodelle« Motoren und Aufbauten von Daimler-Benz erhielten. Vom »zweiten Vertriebsweg« war da die Rede, aber dennoch konnte es nicht überraschen, daß Daimler-Benz schon 1973/74 das Verkaufsprogramm von Hanomag-Henschel rigoros aus dem Markt drängte. Lediglich die vom früheren Tempo Matador abstammenden Leichttransporter, die schon seit 1970 wahlweise mit dem Mercedes-Stern lieferbar waren, wurden nun voll in das eigene Programm übernommen, weil sie dort die letzte wesentliche Lücke füllten. Übrigens hatte man, nachdem im Werk Harburg mit einer Jahresproduktion von annähernd 25 000 Wagen die Kapazitätsgrenze erreicht war, bereits im September 1969 die Fertigung der Kasten- und Kombiwagen, später auch anderer Modelle, nach Bremen-Sebaldsbrück verlegt. Seit 1972 wurden die Leichttransporter überwiegend, ab 1976 jahrelang ausschließlich in Bremen hergestellt. Ab 1. 1. 1978 wurden alle Betriebsstät-

ten der Hanomag-Henschel-Fahrzeugwerke. GmbH als Zweigwerke in die Daimler-Benz AG. eingegliedert.

Die Hanomag-Henschel Leichttransporter waren wahlweise mit einem englischen Austin Vergasermotor oder mit einem 2 Liter 50 PS Dieselmotor von Mercedes-Benz ausgerüstet. Im letzteren Fall erhielten die Fahrzeuge auf dem Kühler ein kleines »Mercedes-Benz Diesel«-Emailleschild. Ab Ende 1970 erschienen die Leichttransporter aber auch, mit dem »richtigen« Stern versehen, im regulären Verkaufsprogramm der Daimler-Benz AG.

Ab Januar 1972 gelangte der deutlich kräftigere 2,2 Liter 60 PS Dieselmotor zur Verwendung. Auch die Sitzposition wurde verbessert, die Pedale hängend angeordnet und (schon ab Juli 1971) die Außenspiegel größer und zweckmäßiger befestigt.

Schon ab Januar 1973 erhielt der Leichttransporter, ohne daß er sich äußerlich geändert hätte, ein konstruktiv vereinfachtes, weniger bauaufwendiges Fahrgestell. Der Frontantrieb blieb jedoch erhalten. Verbessert wurden Lenkung und Bremsen, die bisher verschleißanfällig waren. Lochscheibenräder kennzeichneten die neueste Ausführung.

So wurden die Mercedes-Benz Leichttransporter, die noch auf den Tempo Matador zurückgingen, bis August 1977 gebaut.

Typ	intern	Gesamt-gewicht	1970	1971	1972	1973	1974	1975	1976	1977	1978	1979	1980	Gesamt-zahl
L 206 D / L 207	607/605	2.4/2.5	204	4296	9677	12 007	12 510	14 428	20 246	6029				**79 397**
L 206 D / L 207	607/605	2.7/2.8	21	1782	3866	5 676	5 360	6 075	8 066	2054				**32 900**
L 306 D / L 307	608/606	3.0/3.1	30	1117	2126	2 670	2 434	3 150	3 809	1734				**17 070**
L 306 D / L 307	608/606	3,3/3.5	53	1321	3056	4 632	6 207	6 213	9 691	3685	180	133	52	**35 223**
L 306 D / L 307	608/606	5.0				8	53	43	39	45	53	79	65	**385**
LE 306 (Elektro)	630	4,4						17	19	23				**59**

Mercedes-Benz L 206 D
Kombi
1970–1971

→

←

Mercedes-Benz LE 306
Elektro-Transporter
1975–1977

Mercedes-Benz L 206 D
Kastenwagen
Radstand 2920 mm
1970–1971

Mercedes-Benz L 206 D
Kombi
Radstand 2920 mm
1970–1971

Mercedes-Benz L 306 D
Viehtransporter
1971

	Mercedes-Benz L 206 D (Typ 607) 1970–1971	Mercedes-Benz L 306 D (Typ 608) 1970–1971
Motor	Daimler-Benz OM 615 Vorkammer-Dieselmotor 4 Zylinder, 87 × 83,6 mm, 1988 ccm, 55 PS bei 4200 U/min	
Getriebe	4 Gang	
Antrieb	Antrieb auf Vorderräder	
Rahmen	Parallel-Doppelrohr-Rahmen mit Querträgern	
Vorderradaufhängung	Doppel-Querlenker, Längs-Federstabbündel	
Hinterradaufhängung	Kurbel-Starrachse, Quer-Federstabbündel	
Fußbremse	Hydraulisch, 4 Räder	
	Kastenwagen bzw. Kombi	
Radstand	2400 mm	
Laderaum	2700 × 1600 × 1410 bzw. (bei Hochdach) 1610 oder 1800 mm	
Gesamtmaße	4500 × 1820 × 2000–2500 mm	
Reifen	6,70–13 Tr/6 PR oder 6,70–15 Tr/6 PR	6,70–15 XC eTr oder 6,70 R 15 Spezial
Wagengewicht (mit Fahrer)	1470, Kombi 1570 kg	1510, Kombi 1610 kg
Zuläss. Gesamtgewicht	2400 oder 2700 kg	3000 oder 3300 kg
Höchstgeschwindigkeit	105 km/h	105 km/h
Verbrauch/100 km	9,5 Liter Diesel	9,5 Liter Diesel
Preis	11 000, Kombi 12 000 DM	13 500, Kombi 14 500 DM
	Kastenwagen bzw. Kombi	
Radstand	2920 mm	
Laderaum	3300 × 1600 × 1410 bzw. (bei Hochdach) 1610 oder 1800 mm	
Gesamtmaße	5030 × 1820 × 2000–2500 mm	
	Hoch- bzw. Tieflader-Pritsche	
Radstand	2800 mm	
Ladefläche	2900 × 1800 mm	
Gesamtmaße	4840 × 1900 × 2100 mm	
	Hoch- bzw. Tieflader-Pritsche	
Radstand	3000 mm	
Ladefläche	3300 × 1800 bzw. (mit Doppelkabine) 2200 × 1800 mm	
Gesamtmaße	5240 bzw. (mit Doppelkabine) 5100 × 1900 × 2100 mm	
	Hoch- bzw. Tieflader-Pritsche	
Radstand	3500 mm	
Ladefläche	3900 × 1800 bzw. (mit Doppelkabine) 2900 oder 3300 × 1800 mm	
Gesamtmaße	5840 bzw. (mit Doppelkabine) 5800 oder 6200 × 1900 × 2100 mm	
	Typ L 206 und L 306	
Motor	Austin A 60 Vergasermotor 4 Zylinder, 1622 ccm, 55 PS bei 4400 U/min	
	Für Sonderaufbauten	
Radstand	bis 4380 mm oder mit Doppel-Hinterachse	
Radstand	2400, 2530, 2800 oder 2930 + 800 mm	

Mercedes-Benz L 206 D
Kastenwagen
Radstand 2400 mm
1971–1972

Mercedes-Benz L 206 D
Pritschenwagen
Radstand 3000 mm
1971–1972

Mercedes-Benz L 206 D
Pritschenwagen
Radstand 3000 mm
mit Doppelkabine
1971–1972

Mercedes-Benz L 206 D
Tieflader-Pritschenwagen
Radstand 3000 mm
1971–1972

<table>
<tr><th></th><th>Mercedes-Benz
L 206 D (Typ 607)
1972</th><th>Mercedes-Benz
L 306 D (Typ 608)
1972</th></tr>
<tr><td>Motor</td><td colspan="2">Daimler-Benz OM 615 Vorkammer-Dieselmotor
4 Zylinder, 87 × 92,4 mm, 2197 ccm, 60 PS bei 4200 U/min</td></tr>
<tr><td>Getriebe</td><td colspan="2">4 Gang</td></tr>
<tr><td>Antrieb</td><td colspan="2">Antrieb auf Vorderräder</td></tr>
<tr><td>Rahmen</td><td colspan="2">Parallel-Doppelrohr-Rahmen mit Querträgern</td></tr>
<tr><td>Vorderradaufhängung</td><td colspan="2">Doppel-Querlenker, Längs-Federstabbündel</td></tr>
<tr><td>Hinterradaufhängung</td><td colspan="2">Kurbel-Starrachse, Quer-Federstabbündel</td></tr>
<tr><td>Fußbremse</td><td colspan="2">Hydraulisch, 4 Räder, auf Wunsch Servohilfe</td></tr>
<tr><td></td><td colspan="2">Kastenwagen bzw. Kombi</td></tr>
<tr><td>Radstand</td><td colspan="2">2400 mm</td></tr>
<tr><td>Laderaum</td><td colspan="2">2700 × 1600 × 1410 bzw. (bei Hochdach) 1610 oder 1800 mm</td></tr>
<tr><td>Gesamtmaße</td><td colspan="2">4500 × 1820 × 2000–2500 mm</td></tr>
<tr><td>Reifen</td><td>7,00–14 / 8 PR oder 6,70–15 TC / 6 PR</td><td>6,70 R 15 C / 8 PR</td></tr>
<tr><td>Wagengewicht (mit Fahrer)</td><td>1470, Kombi 1570 kg</td><td>1510, Kombi 1610 kg</td></tr>
<tr><td>Zuläss. Gesamtgewicht</td><td>2400 oder 2700 kg</td><td>3000 oder 3300 kg</td></tr>
<tr><td>Höchstgeschwindigkeit</td><td>105 km/h</td><td>105 km/h</td></tr>
<tr><td>Verbrauch/100 km</td><td>10 Liter Diesel</td><td>10 Liter Diesel</td></tr>
<tr><td>Preis (ohne MWSteuer)</td><td>12 000, Kombi 13 000 DM</td><td>14 500, Kombi 15 500 DM</td></tr>
<tr><td></td><td colspan="2">Kastenwagen bzw. Kombi</td></tr>
<tr><td>Radstand</td><td colspan="2">2920 mm</td></tr>
<tr><td>Laderaum</td><td colspan="2">3300 × 1600 × 1410 bzw. (bei Hochdach) 1610 oder 1800 mm</td></tr>
<tr><td>Gesamtmaße</td><td colspan="2">5030 × 1820 × 2000–2500 mm</td></tr>
<tr><td></td><td colspan="2">Hoch- bzw. Tieflader-Pritsche</td></tr>
<tr><td>Radstand</td><td colspan="2">2800 mm</td></tr>
<tr><td>Ladefläche</td><td colspan="2">2900 × 1800 mm</td></tr>
<tr><td>Gesamtmaße</td><td colspan="2">4840 × 1900 × 2100 mm</td></tr>
<tr><td></td><td colspan="2">Hoch- bzw. Tieflader-Pritsche</td></tr>
<tr><td>Radstand</td><td colspan="2">3000 mm</td></tr>
<tr><td>Ladefläche</td><td colspan="2">3300 × 1800 bzw. (mit Doppelkabine) 2200 × 1800 mm</td></tr>
<tr><td>Gesamtmaße</td><td colspan="2">5240 bzw. (mit Doppelkabine) 5100 × 1900 × 2100 mm</td></tr>
<tr><td></td><td colspan="2">Hoch- bzw. Tieflader-Pritsche</td></tr>
<tr><td>Radstand</td><td colspan="2">3500 mm</td></tr>
<tr><td>Ladefläche</td><td colspan="2">3900 × 1800 bzw. (mit Doppelkabine) 2900 oder 3300 × 1800 mm</td></tr>
<tr><td>Gesamtmaße</td><td colspan="2">5840 bzw. (mit Doppelkabine) 5800 oder 6200 × 1900 × 2100 mm</td></tr>
<tr><td></td><td colspan="2">Für Sonderaufbauten</td></tr>
<tr><td>Radstand</td><td colspan="2">bis 4380 mm</td></tr>
<tr><td>Ladefläche</td><td colspan="2">bis 5000 × 1800–2000 mm
oder mit Doppel-Hinterachse</td></tr>
<tr><td>Radstand</td><td colspan="2">2400, 2530, 2800 oder 2930 + 800 mm</td></tr>
</table>

Mercedes-Benz L 207
Kastenwagen
Radstand 2400 mm
1973–1977

Mercedes-Benz L 306 D
Hinterkipper
(handbetätigt)
1973–1977

Mercedes-Benz L 307
Geschützter Geld- und
Werttransportwagen
Aufbau: Thiele (Bremen)
1977

<table>
<tr><th></th><th>Mercedes-Benz
L 206 D (Typ 607)
1973–1977</th><th>Mercedes-Benz
L 306 D (Typ 608)
1973–1977</th></tr>
<tr><td>Motor</td><td colspan="2">Daimler-Benz OM 615 Vorkammer-Dieselmotor
4 Zylinder, 87 × 92,4 mm, 2197 ccm, 60 PS bei 4200 U/min</td></tr>
<tr><td>Getriebe</td><td colspan="2">4 Gang</td></tr>
<tr><td>Antrieb</td><td colspan="2">Antrieb auf Vorderräder</td></tr>
<tr><td>Rahmen</td><td colspan="2">V-Form Doppelrohr-Rahmen mit Querträgern</td></tr>
<tr><td>Vorderradaufhängung</td><td colspan="2">Doppel-Querlenker, Längs-Federstabbündel</td></tr>
<tr><td>Hinterradaufhängung</td><td colspan="2">Starre Rohrachse, Halbfedern</td></tr>
<tr><td>Fußbremse</td><td colspan="2">Zweikreis-Hydraulik, 4 Räder, Servohilfe (bei L 206 D nur auf Wunsch)</td></tr>
<tr><td></td><td colspan="2">Kastenwagen bzw. Kombi</td></tr>
<tr><td>Radstand</td><td colspan="2">2400 mm</td></tr>
<tr><td>Laderaum</td><td colspan="2">2710 × 1600 × 1470 bzw. (bei Hochdach) 1600 oder 1800 mm</td></tr>
<tr><td>Gesamtmaße</td><td colspan="2">4500 × 1820 × 2000–2500 mm</td></tr>
<tr><td>Reifen</td><td>175 R 14 C / 6 PR oder 185 R 14 C / 6 PR</td><td>175 R 380 C oder 6,70 R 15 C / 10 PR</td></tr>
<tr><td>Wagengewicht (mit Fahrer)</td><td>1470, Kombi 1570 kg</td><td>1510, Kombi 1610 kg</td></tr>
<tr><td>Zuläss. Gesamtgewicht</td><td>2500 oder 2800 kg</td><td>3100 oder 3500 kg</td></tr>
<tr><td>Höchstgeschwindigkeit</td><td>105 km/h</td><td>105 km/h</td></tr>
<tr><td>Verbrauch/100 km</td><td>10 Liter Diesel</td><td>10 Liter Diesel</td></tr>
<tr><td>Preis</td><td>13 000, Kombi 14 000 DM</td><td>15 500, Kombi 16 500 DM</td></tr>
<tr><td></td><td colspan="2">Kastenwagen bzw. Kombi</td></tr>
<tr><td>Radstand</td><td colspan="2">2940 mm</td></tr>
<tr><td>Laderaum</td><td colspan="2">3250 × 1600 × 1470 bzw. (bei Hochdach) 1600 oder 1800 mm</td></tr>
<tr><td>Gesamtmaße</td><td colspan="2">5300 × 1800 × 2000–2500 mm</td></tr>
<tr><td></td><td colspan="2">Hoch- bzw. Tieflader-Pritsche</td></tr>
<tr><td>Radstand</td><td colspan="2">2700 mm</td></tr>
<tr><td>Ladefläche</td><td colspan="2">2900 × 1800 mm</td></tr>
<tr><td>Gesamtmaße</td><td colspan="2">4820 × 1900 × 1960–2015 mm</td></tr>
<tr><td></td><td colspan="2">Hoch- bzw. Tieflader-Pritsche</td></tr>
<tr><td>Radstand</td><td colspan="2">2940 mm</td></tr>
<tr><td>Ladefläche</td><td colspan="2">3300 × 1800 bzw. (mit Doppelkabine) 2300 × 1800 mm</td></tr>
<tr><td>Gesamtmaße</td><td colspan="2">5200 × 1900 × 1960–2015 mm</td></tr>
<tr><td></td><td colspan="2">Hoch- bzw. Tieflader-Pritsche</td></tr>
<tr><td>Radstand</td><td colspan="2">3400 mm</td></tr>
<tr><td>Ladefläche</td><td colspan="2">3900 × 1800 bzw. (mit Doppelkabine) 2900 × 1800 mm</td></tr>
<tr><td>Gesamtmaße</td><td colspan="2">5800 ×1900 × 1960–2015 mm</td></tr>
<tr><td></td><td colspan="2">Typ L 207 und L 307</td></tr>
<tr><td>Motor</td><td colspan="2">Austin A 70 Vergasermotor
4 Zylinder, 80,3 × 88,9 mm, 1798 ccm, 70 PS bei 4800 U/min</td></tr>
</table>

Die heutigen leichten Transporter (seit 1977)

Als Daimler-Benz die Produktion der damals schon betagten Leichttransporter von einstens Hanomag und Tempo weiterführte, war klar, daß man auch auf diesem Sektor baldmöglichst mit einer Baureihe eigener Konstruktion den Markt beschicken würde. Die Einfachheit des technischen Konzepts bereitete keine Schwierigkeiten, und ein eigenwilliges Styling sollte den neuen Leichttransportern im Straßenbild zur unverwechselbaren Erscheinung verhelfen. Wie sie aussehen würden, zeigte die Zeitschrift »lastauto omnibus« in einer trefflichen Zeichnung bereits im September 1975 und mit einem Erlkönig-Foto nur einen Monat später. Dennoch erfolgte erst im Mai 1977 die Vorstellung der neuen, damals übrigens noch im Werk Hannover entwickelten Baureihe. In Fachkreisen erregte der Transporter beträchtliches Aufsehen, und allein schon der Stern vorn drauf sicherte von vornherein den Markterfolg.

Denn schließlich war nicht alles eitel Gold, was da glänzte. Die äußere Form gefiel nicht unbedingt, doch anerkannte man sie als originell und funktionsgerecht, und sie war ohne Zweifel zeitgemäßer als beim Vorgänger. Vor allem aber war diesem der neue Mercedes hinsichtlich der verwendeten Motoren klar überlegen. Einen Rückschritt hingegen brachte das Fahrgestell, das nicht nur der pfiffigen Rahmenkonstruktion Vidal'scher Tempo-Tradition entriet, sondern auch die Radaufhängungen mit Federstäben durch simple blattgefederte Starrachsen ersetzte.

Bei der Baureihe TN (»Transporter neu«) handelt es sich übrigens nicht um einen Frontlenker, sondern eher um einen Kurzhauber. Die Bauart ermöglicht besseren Zugang zum Motor und einen bequemen Einstieg hinter der Vorderachse. Gerade im Nah- und Kurzstreckenverkehr mit häufigem Ein- und Aussteigen ist dieser Punkt von großer Wichtigkeit. Ansonsten weist der Aufbau leichte Keilform auf, wobei die weit heruntergezogene Panorama-Frontscheibe und die schräg angeschnittenen Seitenfenster für ungehinderte Sicht sorgen.

Im September 1981 kamen zu den vier bisherigen Typenreihen (2,5 bis 3,5 t Gesamtgewicht) zwei weitere hinzu, die Typen 407 D und 409 D mit 4,6 t Gesamtgewicht. Mit dem 88 PS Fünf-

Mercedes-Benz 207 D Pritschenwagen ab 1977 | Mercedes-Benz 209 D Kombi lang ab 1982 | Mercedes-Benz 410 Kastenwagen lang ab 1982

zylinder Dieselmotor des 409 D konnten ab Herbst 1982 auch die kleineren Typenreihen ausgerüstet werden. Äußeres Erkennungsmerkmal der 400-Typen sind die Zwillings-Hinterräder.

Die Produktion der Leichttransporter-Baureihe TN fand ursprünglich im Werk Bremen statt, wurde aber im Verlauf der Jahre 1983/84 sukzessive nach dem Werk Düsseldorf verlegt.

Produktion der Typenreihe T 1 (TN)

Typ	intern	Gesamt-gewicht	1976	1977	1978	1979	1980	1981	1982	1983	1984	Gesamtzahl bis einschl. 1984
207 D	601	2,5	6	9303	14 791	16 121	15 971	13 999	13 222	10 614	11 078	**105 105**
207 D	601	2,8		4615	9 057	11 908	12 786	10 516	9 219	8 458	8 236	**74 795**
307 D	602	3,2		2348	4 456	4 523	4 470	3 790	2 860	2 279	2 072	**26 798**
307 D	602	3,5	1	5061	12 149	13 360	14 997	12 763	13 495	11 536	11 654	**95 016**
208	601	2,5	1	2496	2 690	1 948	1 426	1 107	411			**10 079**
208	601	2,8		1491	1 806	1 646	1 457	790	236			**7 426**
308	602	3,2		572	777	749	691	547	410			**3 746**
308	602	3,5		801	1 374	1 348	1 438	1 409	548			**6 918**
209 D	601	2,5							72	369	299	**740**
209 D	601	2,8							569	2 357	2 280	**5 206**
309 D	602	3,2							160	892	608	**1 740**
309 D	602	3,5							406	2 250	2 513	**5 169**
210	601	2,5							377	1 149	977	**2 503**
210	601	2,8							322	531	660	**1 513**
310	602	3,2							130	386	390	**906**
310	602	3,5							646	1 402	1 252	**3 300**
407 D	611	4,6						275	923	1 440	1 534	**4 172**
409 D	611	4,6						1	616	2 696	2 913	**6 226**
410	611	4,6						3	173	149	106	**431**
O 307 D	602	3,2				2	169	154	156	175	110	**766**
O 309 D	602	3,5									42	**42**
O 308	602	3,2					5	11	4			**20**
O 310	602	3,2								4	17	**21**

Mercedes-Benz 207 D Kastenwagen ab 1977

Mercedes-Benz 307 D Hochdach-Kastenwagen ab 1977

Mercedes-Benz 407 D
Hochdach-Kastenwagen
ab 1981

Mercedes-Benz 307 D
Pritschenwagen
1977–1982

Mercedes-Benz 409 D
Dreiseitenkipper mit Doppelkabine
ab 1982

Motor

Getriebe
Antrieb
Rahmen

Vorderradaufhängung
Hinterradaufhängung
Fußbremse

Radstand
Laderaum
Gesamtmaße
Reifen

Wagengewicht (mit Fahrer)
Zuläss. Gesamtgewicht
Höchstgeschwindigkeit
Verbrauch/100 km
Preis (ohne MWSteuer)

Radstand
Laderaum
Gesamtmaße

Radstand
Ladefläche
Gesamtmaße

Radstand
Ladefläche
Gesamtmaße

Radstand
Ladefläche
Gesamtmaße

<table>
<tr><th>Mercedes-Benz
207 D (Typ 601)
1977–1982</th><th>Mercedes-Benz
307 D (Typ 602)
1977–1982</th><th>Mercedes-Benz
208 (Typ 601)
1977–1982</th><th>Mercedes-Benz
308 (Typ 602)
1977–1982</th></tr>
<tr><td colspan="2">Daimler-Benz OM 616 Vorkammer-Dieselmotor
4 Zylinder, 91 × 92,4 mm, 2404 (Steuer 2376) ccm,
65 PS (48 kW) bei 4200 U/min</td><td colspan="2">Daimler-Benz M 115 Vergasermotor
4 Zylinder, 93,75 × 83,60 mm, 2307 (Steuer 2277) ccm,
85 PS (63 kW) bei 4800 U/min</td></tr>
<tr><td colspan="4">4 Gang</td></tr>
<tr><td colspan="4">Antrieb auf Hinterräder</td></tr>
<tr><td colspan="4">Kastenwagen und Kombi: U-Profil-Rahmen mit mittragendem Ganzstahlaufbau verschweißt
Pritschenwagen: Kastenprofil-Rahmen mit Querträgern</td></tr>
<tr><td colspan="4">Starrachse, Halbfedern</td></tr>
<tr><td colspan="4">Starrachse, Halbfedern</td></tr>
<tr><td colspan="4">Zweikreis-Hydraulik, Servohilfe, 4 Räder, vorn Scheibenbremsen</td></tr>
<tr><td colspan="4">Kastenwagen bzw. Kombi</td></tr>
<tr><td colspan="4">3050 mm</td></tr>
<tr><td colspan="4">2820 × 1680 × 1550 bzw. (bei Hochdach) 1830 mm</td></tr>
<tr><td colspan="4">4755 × 1975 × 2240 bzw. (bei Hochdach) 2525 mm</td></tr>
<tr><td>175 R 14 CM / 6 PR
oder 185 R 14 CM / 8 PR</td><td>205 R 14 CM / 8 PR
oder 215 R 14 CM / 8 PR</td><td>175 R 14 CM / 6 PR
oder 185 R 14 CM / 8 PR</td><td>205 R 14 CM / 8 PR
oder 215 R 14 CM / 8 PR</td></tr>
<tr><td>1670, Kombi 1740 kg</td><td>1725, Kombi 1795 kg</td><td>1630, Kombi 1700 kg</td><td>1685, Kombi 1755 kg</td></tr>
<tr><td>2550 oder 2800 kg</td><td>3200 oder 3500 kg</td><td>2550 oder 2800 kg</td><td>3200 oder 3500 kg</td></tr>
<tr><td>110 km/h</td><td>105 km/h</td><td>115 km/h</td><td>115 km/h</td></tr>
<tr><td>12 Liter Diesel</td><td>12 Liter Diesel</td><td>14,5 Liter VK</td><td>14,5 Liter VK</td></tr>
<tr><td>1977: 18 000, Kombi 19 000 DM
1982: 23 000, Kombi 24 000 DM</td><td>1977: 21 000, Kombi 22 000 DM
1982: 26 000, Kombi 27 000 DM</td><td>1977: 16 500, Kombi 17 500 DM
1982: 21 500, Kombi 22 500 DM</td><td>1977: 19 500, Kombi 20 500 DM
1982: 24 500, Kombi 25 500 DM</td></tr>
<tr><td colspan="4">Kastenwagen bzw. Kombi</td></tr>
<tr><td colspan="4">3350 mm</td></tr>
<tr><td colspan="4">3300 × 1680 × 1550 bzw. (bei Hochdach) 1830 mm</td></tr>
<tr><td colspan="4">5235 × 1975 × 2240 bzw. (bei Hochdach) 2525 mm</td></tr>
<tr><td colspan="4">Hoch- bzw. Tieflader-Pritsche</td></tr>
<tr><td colspan="4">3050 mm</td></tr>
<tr><td colspan="4">2810 × 1900 bzw. (bei Doppelkabine) 2300 × 1900 mm</td></tr>
<tr><td colspan="4">4840 bzw. (bei Doppelkabine) 5035 × 2000 × 2175 mm</td></tr>
<tr><td colspan="4">Hoch- bzw. Tieflader-Pritsche</td></tr>
<tr><td colspan="4">3350 mm</td></tr>
<tr><td colspan="4">3300 × 1900 bzw. (bei Doppelkabine) 2810 × 1900 mm</td></tr>
<tr><td colspan="4">5330 bzw. (bei Doppelkabine) 5445 × 2000 × 2175 mm</td></tr>
<tr><td colspan="4">Hoch- bzw. Tieflader-Pritsche</td></tr>
<tr><td colspan="4">3700 mm</td></tr>
<tr><td colspan="4">3900 × 1900 mm</td></tr>
<tr><td colspan="4">5930 × 2000 × 2175 mm</td></tr>
</table>

Mercedes-Benz 307 D
mir Kofferaufbau
ab 1982

Mercedes-Benz 409 D
Geschützter Geld- und
Werttransportwagen
Aufbau: Thiele (Bremen)
1985

Mercedes-Benz 308
Tragkraftspritzenfahrzeug
Aufbau: Metz (Karlsruhe)
ab 1977

	Mercedes-Benz 207 D (Typ 601) ab 1982	Mercedes-Benz 307 D (Typ 602) ab 1982	Mercedes-Benz 407 D (Typ 611) ab 1981
Motor	Daimler-Benz OM 616 Vorkammer-Dieselmotor 4 Zylinder, 90.9 × 92.4 mm, 2399 ccm 72 PS (53 kW) bei 4400 U/min		
Getriebe	5 Gang oder Automatik-4 Gang		
Antrieb	Antrieb auf Hinterräder		
Rahmen	Kastenwagen und Kombi: U-Profil-Rahmen mit mittragender Ganzstahlkarosserie verschweißt Pritschenwagen: Kastenprofil-Rahmen mit Querträgern		
Vorderradaufhängung	Starrachse, Halbfedern		
Hinterradaufhängung	Starrachse, Halbfedern		
Fußbremse	Zweikreis-Hydraulik, Servohilfe, 4 Räder, vorn Scheibenbremsen		
	Kastenwagen bzw. Kombi	**Kastenwagen bzw. Kombi**	**Kastenwagen**
Radstand	3050 oder 3350 mm	3050 oder 3350 mm	3350 oder 3700 mm
Laderaum	2820 (3300) × 1680 × 1550 bzw. (bei Hochdach) 1830 mm	2820 (3300) × 1680 × 1550 bzw. (bei Hochdach) 1830 mm	3300 (3950) × 1680 × 1550 bzw. (bei Hochdach) 1830 mm
Gesamtmaße	4755 (5235) × 1975 × 2215 bzw. (mit Hochdach) 2500 mm	4755 (5235) × 1975 × 2250 bzw. (mit Hochdach) 2540 mm	5235 (5885) × 2000 × 2250 bzw. (mit Hochdach) 2540 mm
Reifen	175 R 14 C/N 6 PR oder 185 R 14 C/N 8 PR Einzel-Hinterräder	205 R 14 C/N 8 PR oder 215 R 14 C/N 8 PR Einzel-Hinterräder	185 R 14 C/N 8 PR Zwillings-Hinterräder
Wagengewicht (mit Fahrer)	Kasten 1740–1850 kg Kombi 1815–1915 kg	Kasten 1810–1910 kg Kombi 1870–1975 kg	Kasten 2035–2145 kg
Zuläss. Gesamtgewicht	2550 oder 2800 kg	3200 oder 3500 kg	4600 kg
Höchstgeschwindigkeit	120 km/h	115 km/h	110 km/h
Verbrauch/100 km	12 Liter Diesel	12 Liter Diesel	13 Liter Diesel
Preis (ohne MWSteuer)	1985: 28 000, Kombi 29 000 DM	1985: 31 500, Kombi 32 500 DM	1985: 36 000 DM
	Hoch- bzw. Tief-Pritsche	**Hoch- bzw. Tief-Pritsche**	**Hoch-Pritsche**
Radstand	3050 oder 3350 oder 3700 mm	3050 oder 3350 oder 3700 mm	3350 oder 3700 mm
Pritsche	2810 (3300) (3900) × 1900	2810 (3300) (3900) × 1900	3355 (3900) × 2060 mm
Gesamtmaße	4840 (5330) (5930) × 2000 × 2175 mm	4840 (5330) (5930) × 2000 × 2175 mm	5365 (5910) × 2180 × 2175 mm
	Hoch- bzw. Tief-Pritsche mit Doppelkabine	**Hoch- bzw. Tief-Pritsche mit Doppelkabine**	**Hoch-Pritsche mit Doppelkabine**
Radstand	3050 oder 3350	3050 oder 3350 oder 3700 mm	3350 oder 3700 mm
Pritsche	2300 (2810) × 1900 mm	2300 (2810) (3300) × 1900	2810 (3355) × 2060 mm
Gesamtmaße	5035 (5545) × 2000 × 2175 mm	5035 (5545) (6100) × 2000 × 2175 mm	5525 (6070) × 2180 × 2175 mm
		Dreiseiten-Kipper	
Radstand		3050 oder 3350 mm	
Pritsche		2900 (3400) × 2000 mm	
Gesamtmaße		4940 (5440) × 2140 × 2175 mm	
		Dreiseiten-Kipper mit Doppelkabine	
Radstand		3050 oder 3350 mm	
Pritsche		2300 (2800) × 2000 mm	
		Omnibus O 307 D	
Radstand		3350 mm	
Sitzplätze		12 + 1	
Reifen		205 R 14 C/N 8 PR	
Zuläss. Gesamtgewicht		3200 kg	
Preis (ohne MwSteuer)		1985: ca. 38 500 DM	

Mercedes-Benz 207 D
Wohnmobil
Karosseriewerke Weinsberg
1978

Mercedes-Benz 208
Reisemobil »Condor«
Aufbau: Tabbert
Preis ab 62 000 DM
1981

Mercedes-Benz 307 D
Sparkassenwagen
Aufbau: Thiele (Bremen)
1981

	Mercedes-Benz 209 D (Typ 601) ab 1982	Mercedes-Benz 309 D (Typ 602) ab 1982	Mercedes-Benz 409 D (Typ 611) ab 1982
Motor	Daimler-Benz OM 617 Vorkammer-Dieselmotor 5 Zylinder, 90,9 × 92,4 mm, 2998 ccm 88 PS (65 kW) bei 4400 U/min		
Getriebe	5 Gang oder Automatik-4 Gang		
Antrieb	Antrieb auf Hinterräder		
Rahmen	Kastenwagen und Kombi: U-Profil-Rahmen mit mittragender Ganzstahlkarosserie verschweißt Pritschenwagen: Kastenprofil-Rahmen mit Querträgern		
Vorderradaufhängung	Starrachse, Halbfedern		
Hinterradaufhängung	Starrachse, Halbfedern		
Fußbremse	Zweikreis-Hydraulik, Servohilfe, 4 Räder, vorn Scheibenbremsen		
	Kastenwagen bzw. Kombi	**Kastenwagen bzw. Kombi**	**Kastenwagen**
Radstand	3050 oder 3350 mm	3050 oder 3350 mm	3350 oder 3700 mm
Laderaum	2820 (3300) × 1680 × 1550 bzw. (bei Hochdach) 1830 mm	2820 (3300) × 1680 × 1550 bzw. (bei Hochdach) 1830 mm	3300 (3950) × 1680 × 1550 bzw. (bei Hochdach) 1830 mm
Gesamtmaße	4755 (5235) × 1975 × 2215 bzw. (mit Hochdach) 2500 mm	4755 (5235) × 1975 × 2250 bzw. (mit Hochdach) 2540 mm	5235 (5885) × 2000 × 2250 bzw. (mit Hochdach) 2540 mm
Reifen	175 R 14 C/N 6 PR oder 185 R 14 C/N 8 PR Einzel-Hinterräder	205 R 14 C/N 8 PR oder 215 R 14 C/N 8 PR Einzel-Hinterräder	185 R 14 C/N 8 PR Zwillings-Hinterräder
Wagengewicht (mit Fahrer)	Kasten 1780–1890 kg Kombi 1870–1955 kg	Kasten 1850–1950 kg Kombi 1910–2015 kg	Kasten 2075–2185 kg
Zuläss. Gesamtgewicht	2550 oder 2800 kg	3200 oder 3500 kg	4600 kg
Höchstgeschwindigkeit	125 km/h	120 km/h	115 km/h
Verbrauch/100 km	12,5 Liter Diesel	12,5 Liter Diesel	13,5 Liter Diesel
Preis (ohne MWSteuer)	1985: 30 000, Kombi 31 000 DM	1985: 33 000, Kombi 34 000 DM	1985: 37 500 DM
	Hoch- bzw. Tief-Pritsche	**Hoch- bzw. Tief-Pritsche**	**Hoch-Pritsche**
Radstand	3050 oder 3350 oder 3700 mm	3050 oder 3350 oder 3700 mm	3350 oder 3700 mm
Pritsche	2810 (3300) (3900) × 1900	2810 (3300) (3900) × 1900	3355 (3900) × 2060
Gesamtmaße	4940 (5330) (5930) × 2000 × 2175 mm	4840 (5330) (5930) × 2000 × 2175 mm	5335 (5910) × 2180 × 2175 mm
	Hoch- bzw. Tief-Pritsche mit Doppelkabine	**Hoch- bzw. Tief-Pritsche mit Doppelkabine**	**Hoch-Pritsche mit Doppelkabine**
Radstand	3050 oder 3350 mm	3050 oder 3350 oder 3700 mm	3350 oder 3700 mm
Pritsche	2300 (2810) × 1900 mm	2300 (2810) (3300) × 1900	2810 (3355) × 2060 mm
Gesamtmaße	5035 (5545) × 2000 × 2175 mm	5035 (5545) (6100) × 2000 × 2175 mm	5525 (6070) × 2180 × 2175 mm
		Dreiseiten-Kipper	
Radstand		3050 oder 3350 mm	
Pritsche		2900 (3400) × 2000 mm	
		Dreiseiten-Kipper mit Doppelkabine	
Radstand		3050 oder 3350 mm	
Pritsche		2300 (2800) × 2000 mm	
		Omnibus O 309 D	
Radstand		3350 mm	
Sitzplätze		12 + 1	
Reifen		205 R 14 C/N 8 PR	
Zuläss. Gesamtgewicht		3500 kg	
Preis (ohne MWSteuer)		1985: ca. 41 000 DM	

Mercedes-Benz 208
Kombi
1977–1982

Mercedes-Benz 207 D
Luxus-Kleinbus
ab 1982

Mercedes-Benz 307 D
City-Bus mit Wasserstoff-Antrieb
Aufbau: Vetter
1979

Mercedes-Benz 307 D
Panorama-Bus (15 Sitze)
Aufbau: Ernst Auwärter
1977

	Mercedes-Benz 210 D (Typ 601) ab 1982	Mercedes-Benz 310 (Typ 602) ab 1982	Mercedes-Benz 410 (Typ 611) ab 1982
Motor	Daimler-Benz M 102 Vergasermotor 4 Zylinder. 95,5 × 80,25 mm. 2299 ccm 95 PS (70 kW) bei 5200 U/min		
Getriebe	5 Gang oder Automatik-4 Gang		
Antrieb	Antrieb auf Hinterräder		
Rahmen	Kastenwagen und Kombi: U-Profil-Rahmen mit mittragendem Ganzstahlaufbau verschweißt Pritschenwagen: Kastenprofil-Rahmen mit Querträgern		
Vorderradaufhängung	Starrachse, Halbfedern		
Hinterradaufhängung	Starrachse, Halbfedern		
Fußbremse	Zweikreis-Hydraulik, Servohilfe. 4 Räder. vorn Scheibenbremsen		
	Kastenwagen bzw. Kombi	**Kastenwagen bzw. Kombi**	**Kastenwagen**
Radstand	3050 oder 3350 mm	3050 oder 3350 mm	3350 oder 3700 mm
Laderaum	2820 (3300) × 1680 × 1550 bzw. (bei Hochdach) 1830 mm	2820 (3300) × 1680 × 1550 bzw. (bei Hochdach) 1830 mm	3300 (3950) × 1680 × 1550 bzw. (bei Hochdach) 1830 mm
Gesamtmaße	4755 (5235) × 1975 × 2215 bzw. (mit Hochdach) 2500 mm	4755 (5235) × 1975 × 2250 bzw. (mit Hochdach) 2540 mm	5235 (5885) × 2000 × 2250 bzw. (mit Hochdach) 2540 mm
Reifen	175 R 14 C/N 6 PR oder 185 R 14 C/N 8 PR Einzel-Hinterräder	205 R 14 C/N 8 PR oder 215 R 14 C/N 8 PR Einzel-Hinterräder	185 R 14 C/N 8 PR Zwillings-Hinterräder
Wagengewicht (mit Fahrer)	Kasten 1700–1810 kg Kombi 1760–1875 kg	Kasten 1770–1870 kg Kombi 1830–1935 kg	Kasten 1995–2105 kg
Zuläss. Gesamtgewicht	2550 oder 2800 kg	3200 oder 3500 kg	4600 kg
Höchstgeschwindigkeit	130 km/h	130 km/h	130 km/h
Verbrauch/100 km	15 Liter VK	15 Liter VK	17 Liter VK
Preis (ohne MWSteuer)	1985: 27 000. Kombi 28 000 DM	1985: 30 500. Kombi 31 500 DM	1985: 35 000 DM
	Hoch- bzw. Tief-Pritsche	**Hoch- bzw. Tief-Pritsche**	**Hoch-Pritsche**
Radstand	3050 oder 3350 oder 3700 mm	3050 oder 3350 oder 3700 mm	3350 oder 3700 mm
Pritsche	2810 (3300) (3900) × 1900	2810 (3300) (3900) × 1900	3355 (3900) × 2060 mm
Gesamtmaße	4840 (5330) (5930) × 2000 × 2175 mm	4840 (5330) (5930) × 2000 × 2175 mm	5365 (5910) × 2180 × 2175 mm
	Hoch- bzw. Tief-Pritsche mit Doppelkabine	**Hoch- bzw. Tief-Pritsche mit Doppelkabine**	**Hoch-Pritsche mit Doppelkabine**
Radstand	3050 oder 3350 mm	3050 oder 3350 oder 3700 mm	3350 oder 3700 mm
Pritsche	2300 (2810) × 1900 mm	2300 (2810) (3300) × 1900	2810 (3355) × 2060 mm
Gesamtmaße	5035 (5545) × 2000 × 2175 mm	5035 (5545) (6010) × 2000 × 2175 mm	5525 (6070) × 2180 × 2175 mm
		Dreiseiten-Kipper	
Radstand		3050 oder 3350 mm	
Pritsche		2900 (3400) × 2000 mm	
		Dreiseiten-Kipper mit Doppelkabine	
Radstand		3050 oder 3350 mm	
Pritsche		2300 (2800) × 2000 mm	
		Omnibus O 310	
Radstand		3350 mm	
Sitzplätze		12 + 1	
Reifen		205 R 14 C/N 8 PR	
Zuläss. Gesamtgewicht		3200 kg	
Preis (ohne MWSteuer)		1985: ca. 37 000 DM	

Unverwüstliche Transporter aus Düsseldorf

Mitte Januar 1967 stellte Daimler-Benz die neuen Transporter L 406 und L 408 sowie de entsprechenden Kleinomnibus 0 309 vor. In dreierlei Hinsicht unterscheidet sich die neu Baureihe sehr deutlich von der vorhergehenden. Erstens wiesen die neuen Wagen im G gensatz zu den Vorgängern in allen Ausführungen ein ganz hervorragendes Styling au Zweitens gelang eine recht wirksame Feinabstimmung in bezug auf Fahreigenschaften ur Fahrkultur, was auch den kritischen Betrachter geneigt machte, sich mit der an sich primit gebliebenen Technik eher abzufinden. Dritte Errungenschaft ist die ausnehmend groß dank des Baukastensystems klar gegliederte Modellvielfalt.

So gibt es beispielsweise den Kastenwagen mit zwei (später drei) verschiedenen Radstä den und zwei (später drei) Dachhöhen. Für diese alle sind wahlweise Dreh- oder Schiebet ren sowie eine Vielzahl von Türkombinationen möglich. Der Pritschenwagen steht in vi (später sechs) Varianten zur Wahl. Der Kleinomnibus 0 309 wird ebenfalls mit zwei (spät

Produktion der Typenreihe T 2

Typ	intern	Gesamtgewicht (t)	1966	1967	1968	1969	1970	1971	1972	1973	1974	1975
L 408 / L 409	309 B	3,5–4.6		1 049	927	1 059	950	1060	1146	1292	1222	82
L 406 D / L 407 D	309	3,5–4.6	20	13 816	13 929	14 638	13 104	9584	8559	9223	8107	633
L 408 D	309	4,2			139	629	824	75				
L 410 (Benzin)	309 B	4.0										
L 508 D	309	5.0			1 345	3 731	4 643	5759	7758	9878	9125	767
L 608 D	310	5.6–5.9			597	3 998	5 783	4582	3243	3522	3195	790
L 608 DA	310	6,3–6.5						346	1641	2590	2569	272
LT 608 D	310	7,5										
L 613 D	313	6,5										
O 309 B	309	4,0–4,6		143	174	193	103	151	78	104	112	7
O 309 D / Dc	309	4.0–4.6		741	700	401	318	274	156	169	1505	206
O 309 DA	309/310	4,2–5,9			240	731	736	1166	1288	1131	1570	128
O 309 DE	313	5,4–6,3										
Ferner: Omnibus-Fahrgestelle												
O 309 B	309	4,0–4,6				102	72	60	174	30	188	8
O 309 D / Dc	309	4,0–4,6			378	818	642	203	195	264	344	18
O 309 DA	309	4,2–5.9			320	546	2 180	894	1714	3313	2872	286
O 309 DE	313	5,4–6.3										
Ferner Teilesätze für Spanien												
L 406 D / L 407 D	309								1524	3240	1512	43
L 508 D	309											
L 608 D	310											
Ferner Teilesätze für Argentinien												
L 608 D	310										432	57
Ferner Teilsätze für den Iran												
O 309 DA	309											
Ferner Teilsätze für die Türkei												
O 309	309											2
Ferner Teilesätze für Tunesien												
O 309	309											

drei) Radständen und zwei (später drei) Dachhöhen gebaut, wobei jeweils mehrere Ausstattungen angeboten werden. Für Sonderaufbauten und Spezialfahrzeuge bietet Daimler je sechs Fahrgestelle mit oder ohne Fahrerhaus. Nach dem Baukastensystem können die Transporter zunächst in drei (später noch mehr) Nutzlastklassen geliefert werden, nämlich für 3490, 4000 und 4600 kg Gesamtgewicht, wobei die Hinterachsen, Federn und Reifengrößen jeweils entsprechend bemessen werden.

Was den Omnibus in seinen verschiedenen Ausführungen anbelangt, so läßt er sich, auch bei luxuriöser Ausstaffierung, hinsichtlich Komfort, Fahreigenschaften und Gepäckraum keinesfalls mit den modernen Großomnibussen vergleichen. Der 0 309 ist kein Reisebus, sondern hauptsächlich für den Nahverkehr geeignet, als Zubringer- und Ergänzungsfahrzeug für den Linienverkehr, als Arbeiter- und Schulbus sowie als Mannschaftswagen für Behörden und Militär. Für zahlreiche Exportländer mit weniger anspruchsvollem Publikum gelten natürlich andere Maßstäbe. So kommt der 0 309 dennoch auf respektable Produktionszahlen, wobei überraschenderweise infolge der hohen Exportquote etwa ebenso viele Fahrgestelle wie fertige Omnibusse ausgeliefert werden.

1976	1977	1978	1979	1980	1981	1982	1983	1984	Gesamtzahl bis. einschl. 1984
1 042	895	819	1 081	898	553	233			**15 052**
9 924	7 693	6 449	7 226	6 445	5641	4206	2640	2008	**149 591**
									1 727
						148	343	316	**807**
0 529	11 572	11 130	11 684	13 114	9435	7220	5657	5993	**136 251**
4 803	5 467	3 670	3 476	4 572	3773	3410	3561	1938	**67 497**
3 608	4 115	4 000	4 138	4 845	3819	3670	3721	3159	**45 286**
					40	54	52	58	**204**
	316	413	580	750	896	737	568	588	**4 848**
80	135	60	34	40	43	32	10	12	**1 575**
1 647	1 099	169	312	175	65	57	14	18	**9 888**
1 312	1 103	937	687	719	580	389	267	254	**14 388**
	302	474	542	634	866	394	340	375	**3 927**
312	77	–	24	24	480	240	–	–	**1 872**
294	72	12	162	52	84	192	156	72	**4 126**
3 780	1 633	–	–	12	–	–	–	1	**20 134**
–	–	5	–	11	52	2	2	–	**72**

1976	1977	1978	1979	1980	1981	1982	1983
440	1 728	1 440	1 680	1 920	2016	1584	816
							816
							576
96	1 200	480	528	960	96	576	240
	1 704	3 264	1 008	2 304	1824	1896	5424
168	168	72	24	–	–	24	145
				98			

Soweit die Transporter dieser Baureihe zur Güterbeförderung oder die Kleinomnibusse im Personen-Nahverkehr eingesetzt werden, genügen sie gewiß den üblichen Ansprüchen. Für einen bestimmten Verwendungszweck freilich erscheint ihre Eignung sehr zweifelhaft, und trotzdem genießen sie ausgerechnet in dieser Beziehung nahezu eine Monopolstellung, nämlich als Großraum-Kranken-, Rettungs- und Sanitätswagen. Denn dieser Wagen ist, womöglich in Verbindung mit einem Dieselmotor, für den Transport von Schwerkranken oder Schwerverletzten eine geradezu barbarische Tortur. Zwar besteht die Möglichkeit, durch genaueste Abstimmung von Federung, sanitärer Inneneinrichtung und Verwendungszweck einigermaßen erträgliche Verhältnisse zu schaffen. Aber offenbar sind zur sachgemäßen Ausnützung der gebotenen Möglichkeiten die technisch versierteren Feuerwehren, die in den nördlichen Bundesländern den Rettungsdienst besorgen, eher befähigt als das rein kostenorientierte Rote Kreuz im Süden, um von den kleinen Rettungsorganisationen erst gar nicht zu reden. Beste Abhilfe für diese Dauermisere wäre es, wenn sich Daimler-Benz oder eine andere Automobilfabrik dazu entschließen könnten, speziell für diese Fahrzeuggattung einen technisch hochwertigen Basistyp zu schaffen. Die laufend benötigten Stückzahlen würden durchaus eine Sonderkonstruktion rechtfertigen, und bald dürfte es sich kein Rettungsdienst mehr erlauben, mit billigen Knochenschüttlern ohnehin bedauernswerte Menschen in durchaus vermeidbarer Weise zu malträtieren.

Die Produktion der neuen Baureihe setzte – nach einer kleinen Vorserie am Ende des Vorjahrs – im Januar 1967 sofort voll ein. Doch schon ein Jahr später erfuhren die Transporter eine entscheidende Aufwertung, indem sie die neuen leistungs- und durchzugstärkeren 2,2 Liter Benzin- und Dieselmotoren aus den entsprechenden Personenwagen bekamen. Im Mai 1968 erschien zusätzlich der L 508 D mit 80 PS Dieselmotor, wobei je nach Aufbau nun bis zu 2,5 t Nutzlast geboten werden. Auch den Omnibus gibt es in dieser stärkeren Variante. Im September 1968 folgt als nochmals verstärkter Typ der L 608 D mit dem gleichen 80 PS Motor und bis zu 3 t Nutzlast. Ende 1974 bringt Daimler den Transporter und den Omnibus in einer überlangen Ausführung mit 4100 mm Radstand, Antwort auf einen ausländischen Neuling auf dem deutschen Markt. Ab Mitte 1976 können die Düsseldorfer Transporter und Omnibusse auf Wunsch mit automatischem Vierganggetriebe geliefert werden.

Ab Juli 1977 brachte Daimler eine noch stärkere Version dieser Baureihe, den L 613 D mit dem 130 PS Vielzweck-Dieselmotor OM 352. Seine Nutzlast beträgt bis zu 3,5 t. Bei der gesamten Baureihe wurden einige stilistische Änderungen durchgeführt, kenntlich an anderen Heckleuchten und den gummibewehrten Stoßfängern. Ein neues Armaturenbrett, Kurbelfenster und Ausstellscheiben in den Türen, andere Bedienungshebel und -griffe sowie die Ummantelung des Lenkrads vervollständigten die Modellpflege. Als wichtigste Neuerung aber galt damals die breite Version des langen Omnibusses. Seine Spurweite wurde von 1760 auf 1812 mm verbreitert, so daß hier 24 Fahrgäste unter Verzicht auf Klappsitze mitfahren können. Außerdem brachte die breitere Spur naturgemäß auch eine Verbesserung der Fahr- und Federungseigenschaften mit sich.

Im September 1981 stellte sich die gesamte Baureihe mit einem schwarzen Kunststoff-Kühlergrill sowie mit einer breiten Kunststoff-Stoßstange vor. Neuartige Verkleidungen sorgen für eine deutliche Verminderung des Lärms im Fahrerhaus.

Im Frühjahr 1986 wird die gesamte Baureihe, die dann immerhin fast 20 Jahre erfolgreich lief, durch eine neue ersetzt.

Mercedes-Benz L 406 D
Kastenwagen
Bundespost-Ausführung
1967–1974

Mercedes-Benz L 406 D
Kofferwagen
für Möbeltransporte
Aufbau: Staufen
1967

Mercedes-Benz L 406 D
Mercedes-Benz L 408
Pritschenwagen
mit Stahlpritsche
Radstand 2950 mm
1967–1974

Mercedes-Benz L 406 D
Mercedes-Benz L 408
Pritschenwagen
mit Plane
Radstand 3500 mm
1967–1974

Mercedes-Benz L 408
Kofferwagen
für Möbeltransporte
Aufbau: Brentenwerke (Wien)
1967

	Mercedes-Benz L 406 D 1967–1974	Mercedes-Benz L 408 1967–1974
Motor	Daimler-Benz OM 621 Vorkammer-Dieselmotor 4 Zylinder, 87 × 83,6 mm, 1988 ccm, 55 PS bei 4350 U/min bzw. (ab Beginn 1968) Daimler-Benz OM 615 Vorkammer-Dieselmotor 4 Zylinder, 87 × 92,4 mm, 2197 ccm 60 PS bei 4200 U/min	Daimler-Benz M 121 Vergasermotor 4 Zylinder, 87 × 83,6 mm, 1988 ccm, 80 PS bei 5000 U/min (Verd. 1:9) oder 68 PS bei 5000 U/min (Verd. 1:7) bzw. (ab Beginn 1968) Daimler-Benz M 151 Vergasermotor 4 Zylinder, 87 × 92,4 mm, 2197 ccm 85 PS bei 5000 U/min (Verd. 1:9) oder 75 PS bei 4400 U/min (Verd. 1:7,8)
Getriebe	4 Gang	
Rahmen	U-Profil-Rahmen mit Querträgern	
Vorderradaufhängung	Starrachse, Blattfedern	
Hinterradaufhängung	Starrachse, Blattfedern	
Fußbremse	Hydraulisch, dazu auf Wunsch Motorbremse	Hydraulisch
Reifen	6,00–16 XC / 6 PR bzw. (für 4600 kg Gesamtgewicht) 6,00/6,50 R 16 Zwillings-Hinterräder	
Zuläss. Gesamtgewicht	wahlweise je nach Federung und Reifen 3490, 4000 oder 4600 kg	
Höchstgeschwindigkeit	85 oder 95 km/h	1967: 95 oder 110 km/h ab 1968: 105 oder 115 km/h
Verbrauch/100 km	ca. 11,5 Liter Diesel	ca. 17 Liter Super
Preis (ohne MWSteuer)	1968: ca. 13 500 DM 1972: ca. 16 000 DM	1968: ca. 13 000 DM 1972: ca. 15 500 DM
	Kastenwagen (Radstand 2950 mm)	
Laderaum	3080 × 1885 × 1600 oder 1750 mm	
Gesamtmaße	5040 × 2100 × 2385 oder 2560 mm	
Wagengewicht (mit Fahrer)	ca. 2250–2350 kg	
	Kastenwagen (Radstand 3500 mm)	
Laderaum	4025 × 1855 × 1750 mm	
Gesamtmaße	6000 × 2100 × 2560 mm	
Wagengewicht (mit Fahrer)	ca. 2430 kg	
	Pritschenwagen (Radstand 2950 mm)	
Pritsche	3000 (mit Doppelkabine 2000) × 2000 mm	
Gesamtmaße	5000 × 2120 × 2270 bzw. (mit Doppelkabine) 2330 mm (Höhe über Fahrerhaus)	
	Pritschenwagen (Radstand 3500 mm)	
Pritsche	4000 (mit Doppelkabine 3000) × 2000 mm	
Gesamtmaße	6000 × 2120 × 2270 bzw. (mit Doppelkabine) 2330 mm (Höhe über Fahrerhaus)	

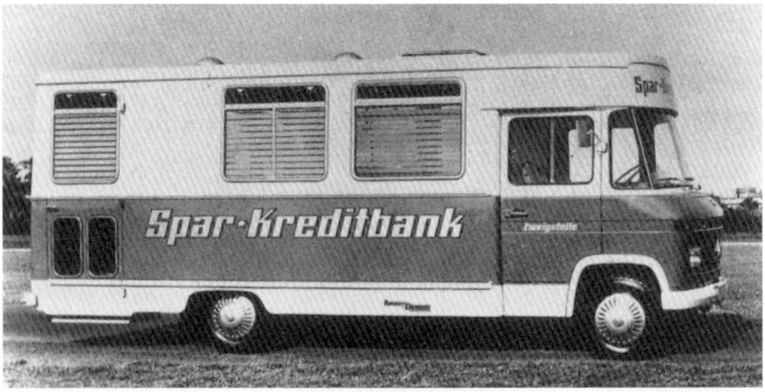

Mercedes-Benz L 406 D
Sparkassenwagen
Aufbau: Berger (Frankfurt)
1967

Mercedes-Benz LF 408 G
Löschgruppenfahrzeug LF 8
Aufbau: Bachert (Bad Friedrichshall)
etwa 1970

Mercedes-Benz L 408
Lautsprecher- und Befehls-Kraftwagen
der Polizei Niedersachsen
1969

	Mercedes-Benz L 407 D ab 1974	Mercedes-Benz L 409 1974–1982	Mercedes-Benz L 410 ab 1982
Motor	Daimler-Benz OM 616 Vorkammer-Dieselmotor	Daimler-Benz M 115 Vergasermotor	Daimler-Benz M 102 Vergasermotor
Zylinderzahl	4 (Reihe)	4 (Reihe)	4 (Reihe)
Bohrung × Hub	90,9 × 92,4 mm	93,75 × 83,6 mm	95,5 × 80,25 mm
Hubraum	2399 (Steuer 2376) ccm	2277 ccm	2299 ccm
Leistung	65 PS (48 kW) b. 4200 U/min bzw. (ab 1982) 72 PS (53 kW) b. 4400 U/min	90 PS (66 kW) b. 4800 U/min	95 PS (70 kW) b. 5200 U/min
Getriebe	4 Gang oder 5 Gang oder 4 Gang-Automatik		
Rahmen	U-Profil-Rahmen mit Querträgern		
Vorderradaufhängung	Starrachse, Halbfedern		
Hinterradaufhängung	Starrachse, Halbfedern		
Fußbremse	Zweikreis-Hydraulik, Unterdruck-Servohilfe		
Reifen	6,00–16 C oder 6,00 R 16 C, Zwillings-Hinterräder		
Zuläss. Gesamtgewicht	wahlweise je nach Federung und Reifen 3490, 4000 oder 4600 kg		
Höchstgeschwindigkeit	90 km/h	105 km/h	105 km/h
Verbrauch/100 km			
Preis (ohne MWSteuer)	1975: ca. 23 000 DM 1980: ca. 28 500 DM	1975: ca. 22 500 DM 1980: ca. 28 000 DM	1984: ca. 37 000 DM

Kastenwagen (Radstand 2950 mm)

Laderaum	3080 × 1855 × 1600 oder 1750 oder 1900 mm
Gesamtmaße	5040 × 2100 × 2385 oder 2560 oder 2725 mm
Wagengewicht (mit Fahrer)	2250–2400 kg

Kastenwagen (Radstand 3500 mm)

Laderaum	4025 × 1855 × 1750 oder 1900 mm
Gesamtmaße	6000 × 2100 × 2560 oder 2725 mm
Wagengewicht (mit Fahrer)	2460–2580 kg

Pritschenwagen (Radstand 2950 mm)

Pritsche	3000 (mit Doppelkabine 2000) × 2000 mm
Gesamtmaße	5000 × 2120 × 2270 bzw. (mit Doppelkabine) 2330 mm (Höhe über Fahrerhaus)

Pritschenwagen (Radstand 3500 mm)

Pritsche	4000 (mit Doppelkabine 3000) × 2000 mm
Gesamtmaße	6000 × 2120 × 2270 bzw. (mit Doppelkabine) 2330 mm (Höhe über Fahrerhaus)

Mercedes-Benz L 508 D
Pritschenwagen
mit Stahlpritsche
Radstand 3500 mm
1968–1977

Mercedes-Benz L 508 D
Kastenwagen
1968–1977

Mercedes-Benz L 508 D
Wohnmobil
Aufbau: Tabbert
1973

Mercedes-Benz L 508 D
Pritschenwagen
Radstand 2950 mm
1968–1977

Mercedes-Benz L 508 D
Dreiseitenkipper
Radstand 2950 mm
1968–1977

Mercedes-Benz L 608 D
Pritschenwagen
mit Doppelkabine
1971–1977

Mercedes-Benz L 508 D
Pritschenwagen
Radstand 3500 mm
1968–1977

Mercedes-Benz L 508 D
Kastenwagen
mit Doppelkabine
Radstand 3500 mm
1968–1977

Mercedes-Benz L 508 D
Abschleppwagen
1968

Mercedes-Benz L 613 D
Rettungswagen
ab 1979

Mercedes-Benz L 608 D
Geschützter Geld- und
Werttransportwagen
Aufbau: Thiele (Bremen)
1979

Mercedes-Benz L 608 D
Großraum-Kastenwagen
Radstand 4100 mm
breite Ausführung
ab 1980

Mercedes-Benz L 508 D
Kastenwagen
mit Doppelkabine
Ausführung ab 1981

Mercedes-Benz L 608 D
Tanklöschfahrzeug TLF 1000
Aufbau: Metz (Karlsruhe)
1985

Motor

Zylinderzahl
Bohrung × Hub
Hubraum
Leistung
Getriebe

Rahmen
Vorderradaufhängung
Hinterradaufhängung
Fußbremse

Reifen

Zuläss. Gesamtgewicht

Höchstgeschwindigkeit
Verbrauch/100 km
Preis (ohne MWSteuer)

Laderaum
Gesamtmaße
Wagengewicht (mit Fahrer)

Pritsche
Gesamtmaße

Laderaum
Gesamtmaße
Wagengewicht (mit Fahrer)

Pritsche
Gesamtmaße

Laderaum
Gesamtmaße
Wagengewicht (mit Fahrer)

Pritsche
Gesamtmaße

Laderaum
Gesamtmaße
Wagengewicht (mit Fahrer)

Mercedes-Benz L 408 D 1968–1972	Mercedes-Benz L 508 D ab 1968	Mercedes-Benz L 608 D ab 1968	Mercedes-Benz L 613 D ab 1977
Daimler-Benz OM 314			Daimler-Benz OM 352
Direkteinspritz-Dieselmotor			Direkteinspritz-Dieselmotor
4 (Reihe)			6 (Reihe)
97 × 128 mm			97 × 128 mm
3782 ccm			5675 ccm
80 PS bzw. (ab 1970) 85 PS (63 kW) bei 2800 U/min			130 PS (96 kW) b. 2800 U/min
5 Gang	5 Gang oder (ab 1976) 4 Gang-Automatik	5 Gang oder (ab 1976) 4 Gang-Automatik	5 Gang oder 4 Gang-Automatik
U-Profil-Rahmen mit Querträgern			
Starrachse, Halbfedern			
Starrachse, Halbfedern			
Hydraulisch, Unterdruck-Servohilfe dazu auf Wunsch Motorbremse	Hydraulisch bzw. (ab 1975) Zweikreis-Hydraulik, Unterdruck-Servohilfe, dazu auf Wunsch Motorbremse	Hydraulisch bzw. (ab 1975) Zweikreis-Hydraulik, Unterdruck-Servohilfe, dazu auf Wunsch Motorbremse	Zweikreis-Hydraulik, Unterdruck-Servohilfe dazu auf Wunsch Motorbremse
6.50 R 16 Zwillings-Hinterräder	6.50 R 16 Zwillings-Hinterräder	6.50 R 16 Zwillings-Hinterräder	8 R 175 L Zwillings-Hinterräder
4200 kg bzw. (ab 1970) 3490, 4000 oder 4200 kg	4800 kg bzw. (ab 1970) 5000 kg	5600 kg bzw. ab 1970 auch 5900 kg und ab 1973 auch 6500 kg	6500 kg
90 km/h	90 km/h	90 km/h	90 km/h
	ca. 12 Liter Diesel		
	1970: ca. 17 500 DM 1975: ca. 25 000 DM 1980: ca. 35 500 DM	1970: ca. 19 000 DM 1975: ca. 28 000 DM 1980: ca. 38 000 DM	1980: ca. 46 500 DM

Kastenwagen (Radstand 2950 mm)

3080 × 1855 × 1600 oder 1750 oder 1900 mm
5040 × 2100 × 2400 oder 2550 oder 2700 mm
2550 – 2850 kg

Pritschenwagen (Radstand 2950 mm)

3000 (mit Doppelkabine 2000) × 2000 oder 2200 mm
5000 × 2210 (2410) × 2270 bzw. (mit Doppelkabine) 2330 mm

Kastenwagen (Radstand 3500 mm)

4025 × 1855 × 1750 oder 1900 mm
6000 × 2100 × 2550 oder 2700 mm
2750 – 3050 kg

Pritschenwagen (Radstand 3500 mm)

4000 (mit Doppelkabine 3000) × 2000 oder 2200 mm
6000 × 2210 (2410) × 2270 bzw. (mit Doppelkabine) 2330 mm

Ab 1974: Kastenwagen (Radstand 4100 mm)

4970 × 1855 × 1750 oder 1900 mm
6940 × 2100 × 2640 oder 2790 mm
3300 – 3550 kg

Ab 1972: Pritschenwagen (Radstand 4100 mm)

5000 (mit Doppelkabine 4000) × 2200 mm
7200 (mit Doppelkabine 6940) × 2410 × 2270 bzw. (mit Doppelkabine) 2330 mm

Ab 1980: Kastenwagen breit (Radstand 4100 mm)

4970 × 2165 × 1930 mm
6940 × 2400 × 2860 mm
3650 – 3850 kg

Mercedes-Benz 0 309
Omnibus 15 Sitze
Radstand 2950 mm
1967–1977

Mercedes-Benz 0 309
Omnibus 18 Sitze
Radstand 3500 mm
Amerika-Ausführung
mit Klima-Anlage
1972

Mercedes-Benz 0 309
Omnibus 18 Sitze
mit Hochdach
Radstand 3500 mm
1968–1977

<table>
<tr><th></th><th>Mercedes-Benz
O 309
ab 1967</th><th>Mercedes-Benz
O 309 D
ab 1967</th></tr>
<tr><td>Bauart</td><td colspan="2">Kleiner Frontlenker-Omnibus, Motor vorn, Antrieb auf die Hinterräder, gerader U-Profil-Hochrahmen. Starrachsen mit Halbfedern vorn und hinten</td></tr>
<tr><td>Motor</td><td>Daimler-Benz M 121 Vergasermotor
4 Zylinder, 87 × 83,6 mm, 1988 ccm,
80 PS bei 5000 U/min (Verd. 1:9) oder
68 PS bei 5000 U/min (Verd. 1:7)
bzw. ab Beginn 1968:
Daimler-Benz M 115 Vergasermotor
4 Zylinder, 87 × 92,4 mm, 2197 ccm
85 PS bei 5000 U/min (Verd. 1:9) oder
75 PS bei 4400 U/min (Verd. 1:7,8)
bzw. ab Herbst 1974:
Daimler-Benz M 115 Vergasermotor
4 Zylinder, 93,75 × 83,6 mm, 2277 ccm
90 PS (66 kW) bei 4800 U/min
bzw. ab 1982:
Daimler-Benz M 102 Vergasermotor
4 Zylinder, 95,5 × 80,25 mm, 2299 ccm
95 PS (70 kW) bei 5200 U/min</td><td>Daimler-Benz OM 621 Vorkammer-Dieselmotor
4 Zylinder, 87 × 83,6 mm, 1988 ccm,
55 PS bei 4350 U/min
bzw. ab Beginn 1968:
Daimler-Benz OM 615 Vorkammer-Dieselmotor
4 Zylinder, 87 × 92,4 mm, 2197 ccm
60 PS bei 4200 U/min
bzw. ab Herbst 1974:
Daimler-Benz OM 616 Vorkammer-Dieselmotor
4 Zylinder, 90,9 × 92,4 mm, 2399 ccm
65 PS (48 kW) bei 4200 U/min
bzw. ab 1982:
72 PS (53 kW) bei 4400 U/min</td></tr>
<tr><td>Getriebe</td><td colspan="2">4 Gang oder (ab 1976 auf Wunsch) 4 Gang-Automatik</td></tr>
<tr><td>Fußbremse</td><td>Zweikreis-Hydraulik, Unterdruck-Servohilfe</td><td>Zweikreis-Hydraulik, Unterdruck-Servohilfe,
dazu auf Wunsch Motorbremse</td></tr>
<tr><td>Reifen</td><td colspan="2">6,00–16 / 6 PR Transport oder 6,00 R 16
Zwillings-Hinterräder</td></tr>
<tr><td>Zuläss. Gesamtgewicht</td><td colspan="2">je nach Federung und Reifen 4000 bis 4800 kg</td></tr>
<tr><td>Höchstgeschwindigkeit</td><td>95 oder 110 km/h bzw.
(ab 1968) 100 oder 115 km/h</td><td>85 oder 95 km/h</td></tr>
<tr><td>Verbrauch/100 km</td><td>ca. 17 Liter Super
oder bei niedriger Verdichtung
ca. 17 Liter Normalbenzin</td><td>ca. 11,5 Liter Diesel</td></tr>
<tr><td>Preis (ohne MWSteuer)</td><td>1968: ca. 20 500 DM</td><td>1968: ca. 21 000 DM
1975: ca. 30 000–31 000 DM
1980: ca. 40 000-43 000 DM
1985: ca. 52 000–58 000 DM</td></tr>
<tr><td></td><td colspan="2">Omnibus (Radstand 2950 mm)</td></tr>
<tr><td>Sitzplätze</td><td colspan="2">10, 14 oder 17 + 1</td></tr>
<tr><td>Innenhöhe</td><td colspan="2">1600 oder 1750 mm</td></tr>
<tr><td>Gesamtmaße</td><td colspan="2">5040 × 2100 × 2390 oder 2540 mm</td></tr>
<tr><td></td><td colspan="2">Omnibus (Radstand 3500 mm)</td></tr>
<tr><td>Sitzplätze</td><td colspan="2">13, 17 oder 21 + 1</td></tr>
<tr><td>Innenhöhe</td><td colspan="2">1750 oder 1900 mm</td></tr>
<tr><td>Gesamtmaße</td><td colspan="2">6000 × 2100 × 2540 oder 2690 mm</td></tr>
</table>

Mercedes-Benz O 309 DE
Luxus-Club-Bus »Teamstar«
Aufbau: Ernst Auwärter
1977

Mercedes-Benz 0 309 DA
Mercedes-Benz 0 309 DE
Omnibus 26 Sitze
Radstand 4100 mm
breite Ausführung
ab 1979

	Mercedes-Benz O 309 D (0 309 DA) ab 1968	Mercedes-Benz O 309 D (0 309 DE) ab 1977
Bauart	Kleiner Frontlenker-Omnibus, Motor vorn, Antrieb auf die Hinterräder, gerader U-Profil-Hochrahmen, Starrachsen mit Halbfedern vorn und hinten	
Motor	Daimler-Benz OM 314 Direkteinspritz-Dieselmotor 4 Zylinder, 97 × 128 mm, 3782 ccm, 80 PS bzw. ab 1970 85 PS (63 kW) bei 2800 U/min	Daimler-Benz OM 352 Direkteinspritz-Dieselmotor 6 Zylinder, 97 × 128 mm, 5675 ccm, 130 PS (90 kW) bei 2800 U/min
Getriebe	5 Gang oder (ab 1976) 4 Gang-Automatik	5 Gang oder 4 Gang-Automatik
Fußbremse	Zweikreis-Hydraulik, Unterdruck-Servohilfe, dazu auf Wunsch Motorbremse	Zweikreis-Hydraulik, Unterdruck-Servohilfe, dazu auf Wunsch Motorbremse
	Omnibus (Radstand 2950 mm)	
Sitzplätze	10, 14 oder 17 + 1	
Innenhöhe	1600 oder 1750 mm	
Gesamtmaße	5040 × 2100 × 2425 oder 2575 mm	
Reifen	6,50–16 XC oder 6,50 R 16 Zwillings-Hinterräder	
Zuläss. Gesamtgewicht	4200 kg	
Höchstgeschwindigkeit	90 km/h	
Verbrauch/100 km	ca. 12 Liter Diesel	
Preis (ohne MWSteuer)	1970: ca. 24 000 DM 1975: ca. 34 000 DM 1980: ca. 40 000 DM 1985: ca. 60 000 DM	
	Omnibus (Radstand 3500 mm)	**Omnibus (Radstand 3500 mm)**
Sitzplätze	13, 17 oder 21 + 1	13, 17 oder 21 + 1
Innenhöhe	1750 oder 1900 mm	1750 oder 1900 mm
Gesamtmaße	6000 × 2100 × 2575 oder 2735 mm	6000 × 2100 × 2575 oder 2735 mm
Reifen	6,50–16 XC oder 6,50 R 16 Zwillings-Hinterräder	8 R 17,5 X Zwillings-Hinterräder
Zuläss. Gesamtgewicht	4800 kg	5600 kg
Höchstgeschwindigkeit	90 km/h	95 oder 110 km/h
Preis (ohne MWSteuer)	1970: ca. 25 500 DM 1975: ca. 37 000 DM 1980: ca. 48 000 DM 1985: ca. 64 000 DM	1980: ca. 55 000 DM 1985: ca. 73 000 DM
	Ab 1975: Omnibus (Radstand 4100 mm)	**Omnibus (Radstand 4100mm)**
Sitzplätze	25 + 1 (einschl. Mittel-Klappsitze)	25 + 1 (einschl. Mittel-Klappsitze)
Innenhöhe	1750 oder 1900 mm	1750 oder 1900 mm
Gesamtmaße	6940 × 2100 × 2650 oder 2800 mm	6940 × 2100 × 2650 oder 2800 mm
Reifen	8 – 17,5 Zwillings-Hinterräder	8 R 17,5 X Zwillings-Hinterräder
Zuläss. Gesamtgewicht	5900 kg	5900 oder 6300 kg
Höchstgeschwindigkeit	90 km/h	95 oder 110 km/h
Preis (ohne MWSteuer)	1975: ca. 41 500 DM 1980: ca. 54 000 DM 1985: ca. 72 000 DM	1980: ca. 64 000 DM 1985: ca. 81 000 DM
	Ab 1979: Omnibus breit (Radstand 4100 mm)	**Ab 1979: Omnibus breit (Radstand 4100 mm)**
Sitzplätze	25 + 1	25 + 1
Innenhöhe	1930 mm	1930 mm
Gesamtmaße	6955 × 2450 × 2860 mm	6955 × 2450 × 2860 mm
Reifen	8,5 R 17,5 Zwillings-Hinterräder	8,5 R 17,5 Zwillings-Hinterräder
Zuläss. Gesamtgewicht	6500 kg	6900 kg
Höchstgeschwindigkeit	90 km/h	95 oder 110 km/h
Preis (ohne MWSteuer)	1980: 64 000 DM 1985: 85 000 DM	1980: 68 000 DM 1985: 91 000 DM

Leichte Klasse von 1984

Im März 1984 stellte Daimler-Benz als Nachfolger der bewährten LP-Baureihe die »Leichte Klasse« (Baureihe LN 2) vor. Sie deckt den Bereich von 6,5 bis 11 t und seit November 1984 bis 13 t Gesamtgewicht bzw. von 3 bis 8,5 t Nutzlast ab. Dabei ist die neue Baureihe nicht mehr nur für den Stadt- und Nah-, den Verteiler- und Baustellenverkehr, sondern auch für Ferntransporte prädestiniert. Folgerichtig stehen zwei – nunmehr kippbare – Fahrerhäuser zur Wahl, nämlich außer der Normal- oder Standardausführung ein langes Fahrerhaus mit zwei Liegen. Bei den Fahrerhäusern fällt die Unterkante der Seitenfenster nach vorn ab, und genau dieser schräge Fensterrand stellt auf der Straße das wichtigste Erkennungsmerkmal der neuen Baureihe dar. Eine weitere Besonderheit der neuen Fahrerhäuser ist der recht bequeme Einstieg vor der Vorderachse.

Alle Wagen werden serienmäßig mit Servolenkung, vollsynchronisiertem Getriebe und einer reinen Druckluft-Bremsanlage ausgerüstet, die auch den Einbau des Anti-Blockier-Systems (ABS) erlaubt. Zum Antrieb dient ein neu entwickelter Vier- oder Sechszylinder-Motor, letzterer in drei Leistungsstufen. Hingewiesen sei auf die erstmalige Serienausrüstung eines Lastwagens mit Niederquerschnittsreifen, was unbestreitbar Vorteile, aber sicherlich nicht nur diese, mit sich bringt.

Die überaus erfolgreiche Baureihe wurde zur Frankfurter Automobil-Ausstellung im September 1985 durch den Typ 817 erweitert, welcher sich dank seines besonders günstigen Leistungsgewichtes vor allem für Anhängerbetrieb, aber auch für raschen Verteilerverkehr in hügeligen Gebieten oder zum Einsatz als Feuerwehrfahrzeug eignet.

Produktion der Typenreihe LN 2

Typ	Konstruktions-nummer	1982	1983	1984
709	673	1	68	706
809	673	1	90	1533
814	674		60	6640
814 L	674		1	185
817	676			
817 L	676			
914	674		10	1294
1114	675		3	1088
1114 L	675			1
1117	676		3	516
1117 L	676			4
1120	677		4	178
1120 A	677			
1120 L	677			3
1314	675			30
1314 A	675			
1317	676			97
1317 L	676			2
1320	677			91
1320 L	677			1

	Mercedes-Benz 709 ab 1983	Mercedes-Benz 809 ab 1983
Motor	Daimler-Benz OM 364 Direkteinspritz-Dieselmotor 4 Zylinder, 97,5 × 133 mm, 3972 ccm 90 PS (66 kW) bei 2800 U/min	
Getriebe	5 Gang oder 4 Gang-Automatik	
Fußbremse	Druckluft, dazu Motorbremse	
	709: Pritschenwagen	**809: Pritschenwagen**
Radstand	3090 oder 3460 oder 4190 mm	3150 oder 3700 oder 4250 oder 4900 mm
Pritsche	4300 (5200) (6200) × 2260 mm bei Normal-Fahrerhaus	4200 (5200) (6200) (7200) × 2260 mm bei Normal-Fahrerhaus
Gesamtlänge	6100 (7000) (7900) mm	5950 (6900) (7900) (8900) mm
Reifen	225/75 R 16 Zwillings-Hinterräder	215/75 R 17.5 Zwillings-Hinterräder
Wagengewicht (mit Fahrer)	3150–3350 kg	3150–3550 kg
Zuläss. Gesamtgewicht	6500 kg	7490 oder 8000 kg
Nutzlast	ca. 3 t	ca. 4 oder 4,5 t
Zuläss. Lastzuggewicht	15 000 kg	15 000 kg
Höchstgeschwindigkeit	100 km/h	95 km/h
Preis (ohne MWSteuer)	1985: ca. 53 000 DM	1985: ca. 58 000 DM
	709 K: Kipper	**809 K: Kipper**
Radstand	3090 mm	3150 mm
Pritsche	3800 × 2200 mm	3800 × 2200 mm

Mercedes-Benz 814
Pritschenwagen
mit Stahlpritsche
Radstand 3150 mm
ab 1983

Mercedes-Benz 814
Kofferwagen
Aufbau: Ackermann-Fruehauf
1984

Mercedes-Benz 914
Radstand 3150 mm
Dreiseiten-Kipper
mit Vorbau-Schneepflug
1985

	Mercedes-Benz 814 ab 1983	**Mercedes-Benz 914 ab 1983**
Motor	Daimler-Benz OM 366 Direkteinspritz-Dieselmotor 6 Zylinder, 97,5 × 133 mm, 5958 ccm, 136 PS (100 kW) bei 2800 U/min	
Getriebe	5 Gang oder 4 Gang-Automatik	
Fußbremse	Druckluft, dazu Motorbremse	
	814: Pritschenwagen	**914: Pritschenwagen**
Radstand	3150 oder 3700 oder 4250 oder 4900 mm	3150 oder 3700 oder 4250 oder 4900 mm
Pritsche	4200 (5200) (6200) (7200) × 2260 mm bei Normal-Fahrerhaus	4200 (5200) (6200) (7200) × 2260 mm bei Normal-Fahrerhaus
Gesamtlänge	5950 (6900) (7900) (8900) mm	5950 (6900) (7900) (8900) mm
Reifen	215 oder 225/75 R 17.5 L Zwillings-Hinterräder	235/75 R 17,5 L Zwillings-Hinterräder
Wagengewicht (mit Fahrer)	3500–3900 kg	3550–3950 kg
Zuläss. Gesamtgewicht	7490 oder 8000 oder 8600 kg	9200 kg
Nutzlast	ca. 3,8 oder 4,3 oder 4,8 t	ca. 5,5 t
Zuläss. Lastzuggewicht	18 000 kg	18 000 kg
Höchstgeschwindigkeit	110 km/h	100 km/h
Verbrauch	ca. 16 Liter Diesel	
Preis (ohne MWSteuer)	1985: ca. 63 000 DM	1985: ca. 65 500 DM
Bemerkungen	814 L: Pritschenwagen mit Luftfederung	
	814 K: Kipper	**914 K: Kipper**
Radstand	3150 mm	3150 mm
Pritsche	3800 × 2200 mm	3800 × 2200 mm
	814 S: Sattelzugmaschine	
Radstand	3150 mm	

	Mercedes-Benz 1114 ab 1984	**Mercedes-Benz 1314 ab 1984**
	Motor und Fahrgestell wie Typen 814 und 914	
	1114: Pritschenwagen	**1314: Pritschenwagen**
Radstand	3700 oder 4250 oder 4900 mm	3640 oder 4190 oder 4840 mm
Pritsche	5200 (6200) (7200) × 2260 mm bei Normal-Fahrerhaus	5200 (6200) (7200) × 2430 mm bei Normal-Fahrerhaus
Gesamtlänge	6900 (7900) (8900) mm	6900 (7900) (8900) mm
Reifen	245/70 R 19.5 Zwillings-Hinterräder	285/70 R 19.5 Zwillings-Hinterräder
Wagengewicht (mit Fahrer)	4100–4300 kg	4350–4650 kg
Zuläss. Gesamtgewicht	11 000 kg	13 000 kg
Nutzlast	ca. 6,5 t	ca. 8 t
Zuläss. Lastzuggewicht	21 000 kg	21 000 kg
Höchstgeschwindigkeit	95 km/h	95 km/h
Preis (ohne MwSteuer)	1985: ca. 74 000 DM	1985: ca. 82 000 DM
Bemerkungen	1114 L: Pritschenwagen mit Luftfederung	
	1114 K: Kipper	**1314 K: Kipper**
Radstand	3150 mm	3090 mm
Pritsche	3800 × 2330 mm	3800 × 2330 mm
	1114 S: Sattelzugmaschine	
Radstand	3150 oder 3700 mm	

Mercedes-Benz 814
Radstand 3700 mm
Frischdienst-Kühlwagen
Kunststoff-Aufbau: Lamberet
1985

Mercedes-Benz 814
Radstand 3100 mm
Löschgruppenfahrzeug LF 8
Aufbau: Ziegler (Giengen)
1985

Mercedes-Benz 814
Radstand 3700 mm
Drehleiter DLK 16 – 4 SE
Aufbau: Metz (Karlsruhe)
1985

Mercedes-Benz 814
Radstand 3640 mm
Getränkewagen
Aufbau: Staufen (Eislingen)
1985

Mercedes-Benz 814
Fahrbare ADAC-Geschäftsstelle
Aufbau: Thiele (Bremen)
1985

Mercedes-Benz 814
Radstand 3640 mm, dazu
Nachlauf-Lenkachse
Getränkewagen
Aufbau: Staufen (Eislingen)
1985

Mercedes-Benz 817 Pritschenwagen (ab 1985)

 Mercedes-Benz 1320 Sattelzug (ab 1984)

Motor

Getriebe
Fußbremse

Radstand

Pritsche

Gesamtlänge
Reifen

Wagengewicht (mit Fahrer
Zuläss. Gesamtgewicht
Nutzlast
Zuläss. Lastzuggewicht
Höchstgeschwindigkeit
Preis (ohne MWSteuer)

Bemerkung

Radstand
Bemerkung

Motor

Getriebe
Fußbremse

Radstand

Pritsche

Gesamtlänge
Reifen

Wagengewicht (mit Fahre
Zuläss. Gesamtgewicht
Nutzlast
Zuläss. Lastzuggewicht
Höchstgeschwindigkeit
Preis (ohne MwSteuer)

Bemerkungen

Radstand
Bemerkung

Mercedes-Benz 817 ab 1985	Mercedes-Benz 1117 ab 1984	Mercedes-Benz 1317 ab 1984

Daimler-Benz OM 366 A Direkteinspritz-Dieselmotor mit Abgas-Turbolader
6 Zylinder, 97,5 × 133 mm, 5958 ccm,
170 PS (125 kW) bei 2600 U/min
5 Gang oder 6 Gang
Druckluft, dazu Motorbremse

817: Pritschenwagen	**1117: Pritschenwagen**	**1317: Pritschenwagen**
3700 oder 4250 oder 4900 mm, für Sonderaufbauten auch 5550 mm	3700 oder 4250 oder 4900 mm, für Sonderaufbauten auch 5550 mm	3640 oder 4190 oder 4840 mm, für Sonderaufbauten auch 5490 mm
5200 (6200) (7200) × 2260 mm bei Normal-Fahrerhaus	5200 (6200) (7200) × 2260 mm bei Normal-Fahrerhaus	5200 (6200) (7200) × 2430 mm bei Normal-Fahrerhaus
6900 (7900) (8900) mm	6900 (7900) (8900) mm	6900 (7900) (8900) mm
225/75 R 17,5 Zwillings-Hinterräder	245/70 R 19,5 Zwillings-Hinterräder	285/70 R 19,5 Zwillings-Hinterräder
3550–3950 kg	4150–4350 kg	4450–4700 kg
7490 oder 8000 oder 8600 kg	11 000 kg	13 000 kg
ca. 3,8 oder 4,3 oder 4,8 t	ca. 6,5 t	ca. 8 t
18 000–20 800 kg	21 000 kg	21 000 kg
110 km/h	101 km/h	108 km/h
	1985: ca. 80 000 DM	1985: ca. 88 000 DM
	1117 L: Pritschenwagen mit Luftfederung	1317 L: Pritschenwagen mit Luftfederung
817 S: Sattelzugmaschine 3150 oder 3700 mm	**1117 S: Sattelzugmaschine** 3150 oder 3700 mm 1117 LS: Sattelzugmaschine mit Luftfederung	**1317 S: Sattelzugmaschine** 3090 oder 3640 mm

	Mercedes-Benz 1120 ab 1984	Mercedes-Benz 1320 ab 1984

Daimler-Benz OM 366 LA Direkteinspritz-Dieselmotor
mit Abgas-Turbolader und Ladeluftkühlung
6 Zylinder, 97,5 × 133 mm, 5958 ccm,
201 PS/148 kW bzw. (ab Herbst 1985) 204 PS/150 kW bei 2600 U/min
6 Gang
Druckluft, dazu Motorbremse

	1120: Pritschenwagen	**1320: Pritschenwagen**
	3700 oder 4250 oder 4900 mm, für Sonderaufbauten auch 5550 mm	3640 oder 4190 oder 4840 mm, für Sonderaufbauten auch 5490 mm
	5200 (6200) (7200) × 2260 mm bei Normal-Fahrerhaus	5200 (6200) (7200) × 2430 mm bei Normal-Fahrerhaus
	6900 (7900) (8900) mm	6900 (7900) (8900) mm
	245/70 R 19,5 Zwillings-Hinterräder	285/70 R 19,5 Zwillings-Hinterräder
	4200–4450 kg	4600–4850 kg
	11 000 kg	13 000 kg
	ca. 6,5 t	ca. 8 t
	21 000 kg	31 200 kg
	100 km/h	106 km/h
	1985: ca. 89 000 DM	1985: ca. 97 000 DM
	1120 L: Pritschenwagen mit Luftfederung	1320 L: Pritschenwagen mit Luftfederung
	1120 S: Sattelzugmaschine 3150 oder 3700 mm 1120 LS: Sattelzugmaschine mit Luftfederung	**1320 S: Sattelzugmaschine** 3090 oder 3640 mm

Seit 1973: Mittlere und schwere Lastwagen der »Neuen Generation«

Einen auf dem Lastwagenmarkt bisher einzigartigen Erfolg verzeichnet die »Neue Generation« von Daimler-Benz. Sie begann ihren Siegeszug im Jahr 1973 und ist mithin nicht mehr so ganz »neu«, doch der Erfolg dieser Baureihen dauert an, sogar mit immer noch steigender Tendenz. – Die »Neue Generation« umfaßt ein riesiges Programm, weshalb die Einführung stufenweise erfolgte.

Eingeläutet wurde die »Neue Generation« im August 1973 mit einer Staffel neuer Schwerlastwagen für die Bauwirtschaft. Es handelte sich zunächst um 15 Kipper mit 16 bis 26 t Gesamtgewicht. Äußeres Hauptmerkmal der »Neuen Generation« war und ist bis heute das formal recht ansprechende und innen gut durchdachte Fahrerhaus mit geteiltem Seitenfenster, wobei dessen vordere Partie zwecks besserer Sicht weit herabgezogen wurde. Daß ausgerechnet die Baustellenfahrzeuge als Vorreiter ausersehen waren, hatte drei Gründe. Erstens wollte man endlich der »Bullen«-Werbung wirksam entgegnen, welche die Konkurrenzmarke Magirus schon seit Ende 1970 sehr massiv betrieb. Zweitens gab es bei Daimler Leute, welche die Henschel Auslauftypen baldigst ersetzt sehen wollten, je eher, desto besser. Und drittens ermöglichte der begrenzte Markt für Baustellen-Kipper, daß die »Neue Generation« mit kleinen Stückzahlen ohne Hast in die Fertigung gehen konnte.

Im Mai 1974 setzte das Programm der Schwerlastwagen in vollem Umfang ein. Von nun an standen außer den Kippern auch Pritschenwagen, Sattelzugmaschinen und Sonderfahrzeuge mit 16 bis 26 t Gesamtgewicht zur Verfügung. Zum normalen Fahrerhaus kommt von jetzt an wahlweise eine um 600 mm verlängerte Fernfahrerkabine hinzu, beide Ausführungen übrigens mittels einer Hydraulik-Einrichtung nach vorn kippbar. Als Kraftquelle der neuen Schwerlastwagen dienten die bereits bekannten V6-, V8- und V10-Zylinder-Motoren mit 192, 256 und 320 PS Leistung. Die größtmögliche Vereinheitlichung aller Baugruppen und Einzelteile erlaubte von nun an trotz der Vielzahl von Typen eine rationelle Serienproduktion.

Zur Frankfurter Automobil-Ausstellung im September 1975 ergänzte Daimler-Benz die »Neue Generation« durch ein umfangreiches Angebot neuer Mittelklasse-Lastwagen von 10, 12 und 14 t Gesamtgewicht. Innerhalb von nur zwei Jahren wurde damit ein Bau- und Verkaufsprogramm erneuert, wie es in solchem Umfang bis dahin in der Automobilindustrie ohne Beispiel war. In die neuen mittelschweren Lastwagen kamen 4 Motoren im Leistungsbereich von 130 bis 240 PS zum Einbau.

Ferner begann Daimler zunächst 1975 bei den schweren und ein Jahr später auch bei den mittleren Typen mit der Einführung luftgefederter Hinterachsen für den kombinierten Verkehr.

Ein weiteres bemerkenswertes Schaustück war bei der Frankfurter Automobil-Ausstellung 1975 die neue Sattelzugmaschine 2032 S (6 × 2–4) mit zwei gelenkten Vorderachsen und Antrieb der Planetenrad-Hinterachse. Dieses eindrucksvolle Fahrzeug knüpfte an die Tradition der in der Fachwelt unvergessenen LPS 333 an, und sie stellt in der Tat wohl die optimale Lösung für den 38 t-Sattelzug dar. Diese Bauart gewährleistet eine außergewöhnliche Wendigkeit und stabile Kurvenfahrt unter Schonung der Reifen, und überdies entfallen hier die bei den herkömmlichen Sattelzügen so lästigen und keineswegs ungefährlichen Federungsprobleme. Der passende Auflieger hierzu kann mit zwei starren Achsen oder einer zweiten gelenkten Nachlaufachse realisiert werden.

Ab Herbst 1977 wurde neben dem kurzen und dem langen Fahrerhaus als dritte Ausführung ein mittellanges herausgebracht. Ein Bedarf hierfür bestand auf einigen Exportmärkten, so beispielsweise in Frankreich wegen der dortigen Zulassungsbestimmungen für Sattelzüge.

Einen interessanten technischen Fortschritt schien 1978 die Wandler-Schaltkupplung WSK 400 zu bringen, angeboten in Verbindung mit den V8- und V10-Motoren. Dieses Aggregat sollte einerseits den Fahrer und andererseits den gesamte Antriebsstrang des Fahrzeugs entlasten. Diese Errungenschaft war letztlich ein Ergebnis der damaligen Anforderungen der Bundeswehr an die Lastwagen-Folgegeneration. Leider konnte sie sich im zivilen Bereich wegen des sehr hohen Preises nicht durchsetzen.

Ab Herbst 1979 (Serienanfang Herbst 1980) erhielten die schweren, bald aber auch die mittleren Lastwagen neue, erheblich verbesserte Motoren, beginnend mit dem OM 422. Es gab die neue Baureihe zunächst in zwei freisaugenden Ausführungen (250 und 280 PS) und als ladeluftgekühlten OM 422 LA mit 375 PS Leistung. Ein Jahr später folgte als vierte Version der 330 PS starke Ladermotor OM 422 A.

Mit diesen Motoren fuhr die »Neue Generation« gewissermaßen in ihre zweite Halbzeit. Äußere Kennzeichen der »Neuen Generation 80« waren die »Kiemen« beiderseits des Kühlergitters, dazu der Wegfall der Zierleiste beiderseits des Mercedes-Sterns.

Zunächst nur für die ladeluftgekühlten, also leistungsstärksten Fernverkehrs-Lastwagen war das ebenfalls im September 1979 vorgestellte Großraum-Fahrerhaus bestimmt. Es bot innen 164 mm mehr an Breite und 148 mm mehr an Höhe. Das aufwendig ausgestattete und äußerlich sehr imposante Gehäuse gehörte trotz des beträchtlichen Aufpreises bald zum Standard der meisten Fernverkehrs-Wagen und Sattelzugmaschinen im Langstreckeneinsatz.

Eine wichtige Änderung hatten auch die Sattelzugmaschinen der »Neuen Generation 80« erfahren. Ihre Rahmenbauart wurde völlig von den der Pritschenwagen getrennt. Anstelle der seitherigen Hilfsrahmenkonstruktionen besteht der Hauptrahmen nun aus einem Doppel-U-Profil. Die um 120 mm niedrigere Bauart erlaubt den problemlosen Einsatz für bis zu 4 Meter hohe Container.

Ebenfalls im Herbst 1979 führte Daimler Benz das in Zusammenarbeit mit Westinghouse entwickelte Anti-Blockier-System (ABS) für Lastwagen und Omnibusse ein.

Im April 1983 wird die Mittelklasse durch einen neuen Typ mit ladeluftgekühltem 192 PS Sechszylinder-Reihenmotor und neuem Sechsgang-Synchrongetriebe erweitert.

Ab Juli 1984 wird für alle Lastwagen im Leistungsbereich von 170 bis 250 PS ein neues Vorschaltgetriebe angeboten.

1981 übernahm Daimler-Benz die Saurer-Fahrzeugwerke in Arbon (Schweiz), um sie als NAW (Nutzfahrzeuggesellschaft Arbon & Wetzikon AG.) weiterzuführen. Die NAW fertigt seitdem für Daimler-Benz schwere Spezialfahrzeuge in Kleinserien. Aus der dortigen Produktion brachte Daimler-Benz 1984 die Schwerlast-Zugmaschine 3850 AS (6 × 4) sowie die Vierachs-Lastwagen 3328/3333/3338 (8 × 4) heraus, die mit 30 t Gesamtgewicht seit Oktober 1984 auch in der Bundesrepublik für den Verkehr auf öffentlichen Straßen zugelassen sind. (Für den Export waren vorher bereits 450 Vierachser ausgeliefert worden.) Im August 1985 wurde die Produktion der Vierachser nach Wörth verlegt.

Anläßlich der Frankfurter Automobil-Ausstellung 1985 erhielten die seitherigen 19 C-Typen unter der nunmehrigen Bezeichnung 1420, 1620 und 2220 den leistungsstärkeren Turbomotor OM 366 LA mit Ladeluft-Kühlung. Bei den Schwergewichten finden sich in den Typen 1635 und 2235 bzw. 1644 und 2244 neue V-8-Motoren mit 354 bzw. 435 PS Motorleistung, die dank einer optimierten Brennraumgestaltung trotz höherer Leistung weniger verbrauchen als die Vorgänger. Dazu kommt bei den Schwerlastwagen die Einführung der elektropneumatischen Schaltung (EPS) des 16-Gang-Getriebes. Im übrigen brachte die Neugestaltung des Rahmens eine Verminderung des Fahrzeuggewichtes.

Produktionszahlen der »Neuen Generation« 1. Teil

Typ	Fabrikationsbezeichnung	1973	1974	1975	1976	1977	1978	1979	1980	1981	1982	1983	1984	Gesamtza[…] bis einsch[…] 198[…]
1013	380			3	669	1392	858	785	719	469	425	446	211	5 97[…]
1013 A	380			1	12	19	29	32	53	21	19	21	24	23[…]
1017	380			4	480	928	845	919	1196	972	548	831	810	7 53[…]
1017 A	380			10	115	320	408	470	787	1932	115	1015	1876	7 04[…]
1017 L	380				1	26	17	32	31	25	22	21	17	1[…]
1019	380						3	6	17	8	36	5	–	[illegible]
1019 A	380					1	83	153	223	160	143	29	–	7[…]
1213	381			76	937	2794	2170	3293	2195	2198	1298	1713	1060	17 1[…]
1213 A	381			1	25	63	71	72	74	67	77	23	31	5[…]
1217	381			39	648	1343	1342	1950	2347	2008	2194	1802	1579	15 2[…]
1217 A	381			8	20	20	49	106	73	143	302	135	97	9[…]
1217 L	381				3	144	239	282	333	290	234	311	232	2 0[…]
1219	381			41	275	368	369	406	325	282	212	14	–	2 2[…]
1219 A	381			11	10	11	18	14	41	48	127	–	–	2[…]
1413	383			78	757	789	581	842	434	808	602	292	318	5 5[…]
1413 A	383			6	26	23	25	34	18	23	9	9	18	1[…]
1417	383			127	689	763	486	668	776	722	810	496	668	6 2[…]
1417 A	383			8	57	97	97	95	66	38	21	59	26	5[…]
1419	383			393	1636	1882	1513	1617	1534	969	315	–	–	9 8[…]
1419 A	383			20	40	67	52	42	31	11	5	–	–	2[…]
1419 L	383				50	173	264	298	310	252	208	17	–	1 5[…]
1424	383			56	105	143	165	112	106	239	341	65	–	1 3[…]
1424 L	383					6	44	49	49	36	32	27	–	2[…]
1613	385			201	458	469	405	406	328	261	146	129	80	2 8[…]
1613 L	385					30	38	26	27	35	10	17	3	1[…]
1617	385		4	500	1304	1199	1386	2215	1524	984	1387	2183	1939	14 6[…]
1617 A	385		3	123	113	154	234	295	314	146	90	179	126	1 7[…]
1617 L	385				1	30	62	80	102	104	108	134	102	7[…]
1619	385		90	710	1900	2932	2440	3203	2584	1758	1115	100	–	16 8[…]
1619 A	385			117	205	310	568	759	730	405	141	–	–	3 2[…]
1619 L	385					178	184	249	271	183	138	3	–	1 2[…]
1624	385			217	643	636	731	888	802	550	242	–	–	4 7[…]
1624 L	385					75	104	176	194	172	143	57	–	[illegible]
1626	387	33	411	1011	1457	2842	2261	2530	960	2	–	–	–	11 [illegible]
1626 A	387	39	112	134	130	273	332	370	299	4	–	–	–	1 [illegible]
1626 L	387			26	135	258	300	318	142	1	–	–	–	1 [illegible]
1632	387	47	1498	5326	2327	1975	2298	2858	2189	994	370	–	–	19 [illegible]
1632 A	387	37	285	334	205	108	205	259	236	105	37	27	–	18 8[…]
1632 L	387		2	167	209	206	264	382	312	160	97	34	–	1 [illegible]
1719	387	7	260	297	186	101	96	90	83	54	19	–	–	1 [illegible]
1719 A	387	11	174	164	155	213	188	240	159	45	–	–	–	1 [illegible]
1919	389	4	239	508	738	786	806	939	1179	988	248	–	–	6 [illegible]
1919 A	389				7	41	26	29	51	74	12	–	–	[illegible]
1926	389	33	1686	5732	2133	2080	1558	1923	1043	38	–	–	–	16 [illegible]
1926 A	389	9	40	61	110	110	292	77	172	21	–	–	–	[illegible]
1926 L	389						19	52	24	–	–	–	–	[illegible]
1932	389	22	606	660	1107	1257	908	1549	1447	643	451	–	–	8 [illegible]
1932 A	389	3	40	36	45	52	50	147	194	80	29	6	–	[illegible]
1932 L	389					12	11	31	37	4	–	–	–	

Produktionszahlen der »Neuen Generation« 2. Teil

Typ	Fabrikationsbezeichnung	1979	1980	1981	1982	1983	1984	Gesamtzahl bis einschl. 1984
1216	367				4			4
917 (ex 1417)	383					128	1580	1708
1419	397			127	248	120	184	679
1924	397		1	250	475	4	44	724
1928	397		1	108	197	164	136	606
1214 A	615						5	5
1217 C A	615						1	1
1222	615			3	38	345	366	752
1222 A	615			1	25	166	247	439
1414	616					1	49	50
1417 C	616					1	103	104
1417 C A	616					1	6	7
1419 C	616					44	120	164
1419 C L	616				1	20	53	74
1422	616			3	513	913	709	2158
1422 L	616			1	75	412	365	853
1425	616			1	3	154	228	386
1425 L	616				2	18	14	34
1614	617					1	23	24
1617 C	617					1	195	196
1617 C A	617					1	45	46
1617 C L	617					1	22	23
1619 C	617				1	57	104	162
1620	617							
1620 L	617							
1622	617			3	805	2220	2032	5040
1622 A	617			1	122	529	394	1046
1622 L	617			1	79	341	403	824
1625	617		101	733	1411	1433	1355	5033
1625 A	617					1		1
1625 L	617				11	110	218	339
1628	620	19	1665	900	943	1277	992	5796
1628 L	620	6	331	302	280	468	323	1710
1628 A	620						7	7
1633	620		54	809	1195	2454	2387	6899
1633 L	620			2	145	272	347	766
1636	620						37	37
1636 L	620						11	11
1638	620	2	42	684	443	467	273	1911
1638 L	620			1	101	77	53	232
1922	621			26	770	1092	995	2883
1922 A	621		1	9	91	136	118	355
1928	621	18	1985	1951	1573	1125	1032	7684
1928 A	621		70	447	377	474	397	1765
1928 L	621		47	113	82	80	67	389
1933	621		5	889	1365	1883	2038	6180
1933 L	621					25	103	128
1936	621		3	10	305	439	238	995
1936 A	621		1	–	65	129	156	351
1936 L	621						3	3
1938	621		10	1054	962	564	701	3291
1938 L	621						1	1

Produktionszahlen der »Neuen Generation« 3. Teil (Dreiachser)

Typ	Fabrikationsbezeichnung	1973	1974	1975	1976	1977	1978	1979	1980	1981	1982	1983	1984	Gesamtza[illegible] bis einsc[illegible] 198[illegible]
2024/6 × 4	383			1										
2026/6 × 2–4	391				80	142	116	95	49	–	–	–	–	48[illegible]
2032/6 × 2–4	391			164	325	253	192	207	172	72	33	9	–	1 39[illegible]
2032 L/6 × 2–4	391									1	82	89	113	28[illegible]
2219/6 × 2	385				17	140	195	258	168	88	68	42	–	97[illegible]
2219 L/6 × 2	385				11	102	75	97	120	95	99	69	–	66[illegible]
2219/6 × 4	385				54	527	501	827	648	247	276	–	–	3 03[illegible]
2219/6 × 2–4	385								2	62	62	39	–	16[illegible]
2224/6 × 2	385				1	5	6	50	79	67	78	–	–	28[illegible]
2224/6 × 4	385			156	484	649	990	1211	1139	751	342	303	42	6 06[illegible]
2226/6 × 2	393		143	199	349	513	431	491	200	1	32	4	–	2 36[illegible]
2226 L/6 × 2	393			2	36	150	232	229	105	4	–	–	–	75[illegible]
2226/6 × 4	393		12	85	99	220	257	202	123	–	–	–	–	99[illegible]
2226 L/6 × 4	393				2	1	4	5	2	–	–	–	–	[illegible]
2232/6 × 2	393		259	634	502	386	469	700	550	128	128	14	–	3 77[illegible]
2232 L/6 × 2	393		1	139	154	114	182	290	229	118	71	15	–	1 3[illegible]
2232/6 × 4	393		172	791	418	530	569	941	563	250	382	44	–	4 66[illegible]
2232 L/6 × 4	393			3	4	1	2	15	27	6	5	7	–	[illegible]
2626/6 × 4	395	91	2279	5498	1980	1931	2905	2208	2106	778	–	–	–	19 7[illegible]
2626 A/6 × 6	395	53	254	622	440	755	1292	2538	1123	114	27	36	–	7 2[illegible]
2632/6 × 4	395	88	862	2188	1113	1045	1383	2108	1065	2388	1268	55	–	14 4[illegible]
2632 A/6 × 6	395	93	350	788	352	286	555	823	1212	1807	1415	418	1	8 1[illegible]

Produktionszahlen der »Neuen Generation« 4. Teil (Drei- und Vierachser)

Typ	Fabrikationsbezeichnung	1979	1980	1981	1982	1983	1984	Gesamtzahl bis einschl. 1984
2219 / 6 × 4	397		1	188	188	92	220	**689**
2624 / 6 × 4	397		1	234	460	56	180	**931**
2624 A / 6 × 6	397		1	36	37	–	12	**86**
2628 / 6 × 4	397		5	501	424	104	8	**1042**
2628 A / 6 × 6	397			8	24	–	16	**48**
2632 / 6 × 4	397					5	–	**5**
2025 / 6 × 2–4	619					89	99	**188**
2219 C / 6 × 2	619					11	34	**45**
2219 C L / 6 × 2	619				1	23	57	**81**
2219 C / 6 × 2–4	619				1	2	9	**12**
2220 / 6 × 2	619							
2220 L / 6 × 2	619							
2220 / 6 × 2–4	619							
2222 / 6 × 2–4	619					45	89	**134**
2222 / 6 × 2	619				2	32	99	**133**
2222 / 6 × 4	619				69	722	541	**1332**
2222 L / 6 × 2	619					34	60	**94**
2225 / 6 × 4	619				1	52	322	**375**
2028 L / 6 × 2–4	622	1	113	151	48	306	243	**862**
2033 L / 6 × 2–4	622					1	10	**11**
2228 / 6 × 2	623	5	274	330	286	475	411	**1781**
2228 L / 6 × 2	623	2	212	253	229	346	301	**1343**
2228 / 6 × 4	623		146	192	196	171	255	**960**
2233 / 6 × 2	623		1	110	168	396	406	**1081**
2233 L / 6 × 2	623			2	264	491	514	**1271**
2233 / 6 × 4	623		1	215	355	121	270	**962**
2236 / 6 × 2	623				5	88	48	**141**
2236 / 6 × 4	623						310	**310**
2238 / 6 × 2	623			258	157	158	147	**720**
2238 / 6 × 4	623	1	–	51	13	48	75	**188**
2238 L / 6 × 2	623					50	89	**147**
2028 A / 6 × 6	624						189	**189**
2628 / 6 × 4	624		639	2961	1937	1889	1368	**8794**
2628 A / 6 × 6	624	1	15	535	470	953	816	**2789**
2633 / 6 × 4	624			24	176	415	583	**1198**
2636 / 6 × 4	624			3	391	654	998	**2046**
2636 A / 6 × 6	624		1	2	122	214	341	**680**
2638 / 6 × 4	624			69	65	78	207	**419**
3850 A / 6 × 6	625						15	**15**

Mercedes-Benz 1017 A
Pritschenwagen
Bundeswehr-Ausführung
ab 1977

Mercedes-Benz 1019 F
Drehleiter DLK 22
Aufbau Metz
1985

Mercedes-Benz 1019 AF
Löschfahrzeug LF 16
der BF Hamburg
Aufbau Bachert
1983

	Mercedes-Benz 1013 ab 1975	**Mercedes-Benz 1017 ab 1975**	**Mercedes-Benz 1019 1978–1983**
Motor	Daimler-Benz OM 352 Direkteinspritz-Dieselmotor	Daimler-Benz OM 352 A Direkteinspritz-Dieselmotor mit Abgas-Turbolader	Daimler-Benz OM 401 Direkteinspritz-Dieselmotor
Zylinderzahl	6 (Reihe)	6 (Reihe)	6 (V-Form)
Bohrung × Hub	97 × 128 mm	97 × 128 mm	125 × 130 mm
Hubraum	5765 ccm	5765 ccm	9570 ccm
Leistung	130 PS (96 kW) b. 2800 U/min	168 PS (124 kW) b 2800 U/min	192 PS (141 kW) b. 2500 U/min
Getriebe	5 Gang	5 Gang	5 Gang
Fußbremse	Zweikreis-Hydraulik, Druckluft-Servohilfe, dazu Motorbremse	Zweikreis-Hydraulik, Druckluft-Servohilfe, dazu Motorbremse	Zweikreis-Hydraulik, Druckluft-Servohilfe, dazu Motorbremse
	1013: Pritschenwagen	**1017: Pritschenwagen**	
Radstand	3200, 3600 oder 4200 mm (Für Sonderaufbauten auch 3900, 4800 oder 5200 mm)	3200, 3600 oder 4200 mm (Für Sonderaufbauten auch 3900, 4800 oder 5200 mm)	
Pritsche	4600 (5200) (6250) × 2385 mm (bei Normal-Fahrerhaus)	4600 (5200) (6250) × 2385 mm (bei Normal-Fahrerhaus)	
Reifen	8 R 22,5 Zwillings-Hinterräder	8 R 22.5 Zwillings-Hinterräder	
Wagengewicht (mit Fahrer)	4535 (4615) (4755) kg	4600 (4650) (4750) kg	
Zuläss. Gesamtgewicht	10 300 kg	10 300 kg	
Nutzlast	ca. 5,5 t	ca. 5,5 t	
Zuläss. Lastzuggewicht	16 250 bzw. (ab 1982) 21 600 kg	22 000 kg	
Höchstgeschwindigkeit	94 km/h	84 km/h	
Preis (ohne MWSteuer)	1980: ca. 56 000 DM	1980: ca. 61 000 DM	
	1013 K: Kipper	**1017 K: Kipper**	
Radstand	3200 mm	3200 mm	
Pritsche	3800 × 2300 mm	3800 × 2300 mm	
	1013 S: Sattelzugmaschine	**1017 S: Sattelzugmaschine**	
Radstand	3200 oder 3600 mm	3200 oder 3600 mm	
		1017 LS: Sattelzugmaschine mit Luftfederung	
Radstand		3200 oder 3600 mm	
	1013 A: Allrad-Fahrgestell für Pritschen- oder Sonderaufbauten	**1017 A: Allrad-Fahrgestell für Pritschen- oder Sonderaufbauten**	**1019 AF: Allrad-Fahrgestell für Feuerwehrfahrzeuge**
Antrieb	Allrad-Antrieb (4 × 4)	Allrad-Antrieb (4 × 4)	Allrad-Antrieb (4 × 4)
Getriebe	5 Gang + Vorgelege	5 Gang + Vorgelege	5 Gang + Vorgelege
Radstand	3200 oder 3600 mm	3200, 3600 oder 3900 mm	3600 mm
Aufbaulänge	5000 (5700) mm	5000 (5700) mm	
Reifen	9 R 22,5 S + G Zwillings-Hinterräder	9 R 22,5 S + G Zwillings-Hinterräder	9 oder 10 R 22,5 Zwillings-Hinterräder
Zuläss. Gesamtgewicht	10 300 kg	10 300 kg	11 500 bzw. 12 000 kg
	1013 AK: Allrad-Kipper	**1017 AK: Allrad-Kipper**	
Radstand	3200 mm	3200 mm	
Pritsche	3800 × 2300 mm	3800 × 2300 mm	
		1017 AS: Allrad-Sattelzugmaschine:	
Radstand		3200 mm	

Mercedes-Benz 1219
Pritschenwagen
1975–1983

Mercedes-Benz 1217 KO
Schörling Kehrmaschine
Kippbehälter 6 m³
ab 1975

Mercedes-Benz 1213
Trepel-ProfiCom
für Bordverpflegungs-Container
auf Nieder-Profil-Fahrgestell
etwa 1982

	Mercedes-Benz 1213 ab 1975	**Mercedes-Benz 1217 ab 1975**	**Mercedes-Benz 1219 1975–1983**
Motor	Daimler-Benz OM 352 Direkteinspritz-Dieselmotor	Daimler-Benz OM 352 A Direkteinspritz-Dieselmotor mit Abgas-Turbolader	Daimler-Benz OM 401 Direkteinspritz-Dieselmotor
Zylinderzahl	6 (Reihe)	6 (Reihe)	6 (V-Form)
Bohrung × Hub	97 × 128 mm	97 × 128 mm	125 × 130 mm
Hubraum	5765 ccm	5765 ccm	9570 ccm
Leistung	130 PS (96 kW) b. 2800 U/min	168 PS (124 kW) b. 2800 U/min	192 PS (141 kW) b. 2500 U/min
Getriebe	5 Gang	5 Gang	5 Gang
Fußbremse	Zweikreis-Hydraulik, Druckluft-Servohilfe, dazu Motorbremse	Zweikreis-Hydraulik, Druckluft-Servohilfe, dazu Motorbremse	Zweikreis-Hydraulik, Druckluft-Servohilfe, dazu Motorbremse
	1213: Pritschenwagen	**1217: Pritschenwagen**	**1219: Pritschenwagen**
Radstand	3200, 3600 oder 4200 mm (Für Sonderaufbauten auch 4800 oder 5200 mm)	3200, 3600 oder 4200 mm (Für Sonderaufbauten auch 4800 oder 5200 mm)	3200, 3600 oder 4200 mm (Für Sonderaufbauten auch 4800 oder 5200 mm)
Pritsche	4600 (5200) (6250) × 2385 mm	4600 (5200) (6250) × 2385 mm	4600 (5200) (6250) × 2385 mm
Reifen	8 oder 9 R 22,5 Zwillings-Hinterräder	8 oder 9 R 22,5 Zwillings-Hinterräder	10 R 22,5 Zwillings-Hinterräder
Wagengewicht (mit Fahrer)	4830 (4920) (5080) kg	4840 (4930) (5090) kg	5265 (5355) (5515) kg
Zuläss. Gesamtgewicht	11 800 kg	11 800 kg	11 800 kg
Nutzlast	ca. 6 t	ca. 6 t	ca. 6 t
Zuläss. Lastzuggewicht	21 600 kg	22 000 kg	20 800 kg
Höchstgeschwindigkeit	87 km/h	87 km/h	75 km/h
Preis (ohne MWSteuer)	1980: ca. 60 000 DM	1980: ca. 65 000 DM	1980: ca. 77 000 DM
	1213 K: Kipper	**1217 K: Kipper**	**1219 K: Kipper**
Radstand	3200 mm	3200 mm	3200 mm
Pritsche	3800 × 2300 mm	3800 × 2300 mm	3800 × 2300 mm
	1213 S: Sattelzugmaschine	**1217 S: Sattelzugmaschine**	**1219 S: Sattelzugmaschine**
Radstand	3200 mm	3200 oder 3600 mm	3200 oder 3600 mm
Reifen	9 R 22,5	9 R 22,5	9 R 22,5
		1217 LS: Sattelzugmaschine mit Luftfederung	
Radstand		3200 oder 3600 mm	
	1213 A: Allrad-Fahrgestell für Pritschen- oder Sonderaufbauten	**1217 A: Allrad-Fahrgestell für Pritschen- oder Sonderaufbauten**	**1219 A: Allrad-Fahrgestell für Pritschen- oder Sonderaufbauten**
Antrieb	Allrad-Antrieb (4 × 4)	Allrad-Antrieb (4 × 4)	Allrad-Antrieb (4 × 4)
Getriebe	5 Gang + Vorgelege	5 Gang + Vorgelege	8 Gang + Kriechgang
Radstand	3200 oder 3600 mm	3200 oder 3600 mm	3200 oder 3600 mm
Wagengewicht	+ 125 kg	+ 175 kg	+ 800 kg
	1213 AK: Allrad-Kipper	**1217 AK: Allrad-Kipper**	**1219 AK: Allrad-Kipper**
Radstand	3200 mm	3200 mm	3200 mm
Pritsche	3800 × 2300 mm	3800 × 2300 mm	3800 × 2300 mm
Reifen	10 R 22,5 Zwillings-Hinterräder	10 R 22,5 Zwillings-Hinterräder	10 R 22,5 Zwillings-Hinterräder
	1213 AS: Allrad-Sattelzugmaschine	**1217 AS: Allrad-Sattelzugmaschine**	
Radstand	3200 mm	3200 oder 3600 mm	
Reifen	9 R 22,5	9 R 22,5	

Mercedes-Benz 1417 K Meiller Dreiseitenkipper mit Stahlpritsche

Mercedes-Benz 1419 Lastzug mit Aluminium-Pritschen

Motor

Zylinderzahl
Bohrung × Hub
Hubraum
Leistung
Getriebe

Fußbremse

Radstand

Pritsche

Reifen

Wagengewicht (mit Fahrer)
Zuläss. Gesamtgewicht
Nutzlast
Zuläss. Lastzuggewicht
Höchstgeschwindigkeit
Preis (ohne MWSteuer)

Radstand

Radstand
Pritsche

Radstand
Reifen

Antrieb
Getriebe
Radstand

Radstand
Reifen

Mercedes-Benz 1413 ab 1975	Mercedes-Benz 1417 ab 1975	Mercedes-Benz 1419 1975–1982	Mercedes-Benz 1424 1975–1982
Daimler-Benz OM 352 Direkteinspritz-Dieselmotor	Daimler-Benz OM 352 A Direkteinspritz-Dieselmotor mit Abgas-Turbolader	Daimler-Benz OM 401 Direkteinspritz-Dieselmotor	Daimler-Benz OM 402 Direkteinspritz-Dieselmotor
6 (Reihe)	6 (Reihe)	6 (V-Form)	8 (V-Form)
97 × 128 mm	97 × 128 mm	125 × 130 mm	125 × 130 mm
5765 ccm	5765 ccm	9570 ccm	12 760 ccm
130 PS (96 kW) b. 2800 U/min	168 PS (124 kW) b. 2800 U/min	192 PS (141 kW) b. 2500 U/min	240 PS (177 kW) b. 2300 U/min
5 Gang	8 Gang + Kriechgang	8 Gang + Kriechgang	8 Gang + (auf Wunsch) Vorschaltgruppe
Zweikreis-Hydraulik, Druckluft-Servohilfe, dazu Motorbremse	Zweikreis-Hydraulik, Druckluft-Servohilfe, dazu Motorbremse	Zweikreis-Hydraulik, Druckluft-Servohilfe, dazu Motorbremse	Zweikreis-Hydraulik, Druckluft-Servohilfe, dazu Motorbremse
1413: Pritschenwagen	**1417: Pritschenwagen**	**1419: Pritschenwagen**	
3600, 4200 oder 4800 mm (Für Sonderaufbauten auch 5200 mm)	3600, 4200 oder 4800 mm (Für Sonderaufbauten auch 5200 mm)	3600, 4200 oder 4800 mm (Für Sonderaufbauten auch 5200 mm)	
5100 (6100) (7150) × 2385 mm (bei Normal-Fahrerhaus)	5100 (6100) (7150) × 2385 mm (bei Normal-Fahrerhaus)	5100 (6100) (7150) × 2385 mm (bei Normal-Fahrerhaus)	
8 oder 9 R 22,5 bzw. (ab 1979) 10 R 22,5 Zwillings-Hinterräder	8 oder 9 R 22,5 bzw. (ab 1979) 10 R 22,5 Zwillings-Hinterräder	10 R 22,5 Zwillings-Hinterräder	
5280 (5420) (5700) kg	5650 (5950) (6000) kg	5860 (6150) (6300) kg	
14 000 kg	14 000 kg	14 000 kg	
ca. 8,5 t	ca. 8 t	ca. 7,5 t	
21 600 kg	28 000 kg	32 000 kg	
85 km/h	88 km/h	89 km/h	
1980: ca. 70 000 DM	1980: ca. 76 000 DM	1980: ca. 83 000 DM	
		1412 L: Fahrgestell mit Luftfederung	
		3200, 3600, 4200, 4800, 5200	
1413 K: Kipper	**1417 K: Kipper**	**1419 K: Kipper**	
3200 mm	3200 mm	3200 mm	
4000 × 2300 mm	4000 × 2300 mm	4000 × 2300 mm	
		1419 S: Sattelzugmaschine 1419 LS: Sattelzugmaschine mit Luftfederung	**1424 S: Sattelzugmaschine 1424 LS: Sattelzugmaschine mit Luftfederung**
		3200 oder 3600 mm	3200 oder 3600 mm
		10 R 22,5 Zwillings-Hinterräder	11 R 22,5 Zwillings-Hinterräder
1413 A: Allrad-Fahrgestell	**1417 A: Allrad-Fahrgestell**		
Allrad-Antrieb (4 × 4) 5 Gang + Vorgelege 3600 mm	Allrad-Antrieb (4 × 4) 5 Gang + Vorgelege 3600 mm		
1413 AK: Allrad-Kipper	**1417 AK: Allrad-Kipper**	**1419 AK: Allrad-Kipper 1419 AS: Allrad-Sattelzugmaschine**	
3200 mm	3200 mm	3200 mm	
11 R 22,5 S + G Zwillings-Hinterräder	11 R 22,5 S + G Zwillings-Hinterräder	11 R 22,5 S + G Zwillings-Hinterräder	

Mercedes-Benz 1617 mit Aluminium-Pritsche für Baumaterial-Transport

Mercedes-Benz 1617 mit 7,5 Meter Kofferaufbau
in Aluminium-Segmentbauweise. Aufbau Blumhardt

Mercedes-Benz 1617 Abgleitkipper
für Dautel Schnellwechselsystem

Motor

Zylinderzahl
Bohrung × Hub
Hubraum
Leistung
Getriebe

Fußbremse

Radstand

Pritsche

Reifen

Wagengewicht (mit Fahrer)
Zuläss. Gesamtgewicht
Nutzlast
Zuläss. Lastzuggewicht
Höchstgeschwindigkeit
Preis (ohne MWSteuer)

Radstand

Pritsche

Radstand

Radstand

Antrieb
Getriebe
Radstand
Pritsche
Reifen

Mercedes-Benz 1613 ab 1975	Mercedes-Benz 1617 ab 1975	Mercedes-Benz 1619 1975–1983	Mercedes-Benz 1624 1975–1983
Daimler-Benz OM 352 Direkteinspritz-Dieselmotor	Daimler-Benz OM 352 A Direkteinspritz-Dieselmotor mit Abgas-Turbolader	Daimler-Benz OM 401 Direkteinspritz-Dieselmotor	Daimler-Benz OM 402 Direkteinspritz-Dieselmotor
6 (Reihe)	6 (Reihe)	6 (V-Form)	8 (V-Form)
97 × 128 mm	97 × 128 mm	125 × 130 mm	125 × 130 mm
5765 ccm	5765 ccm	9570 ccm	12 760 ccm
130 PS (96 kW) b. 2800 U/min	168 PS (124 kW) b. 2800 U/min	192 PS (141 kW) b. 2500 U/min	240 PS (177 kW) b. 2300 U/min
5 Gang	8 Gang + Kriechgang	8 Gang + Kriechgang	8 Gang + (auf Wunsch) Vorschaltgruppe
Zweikreis-Hydraulik, Druckluft-Servohilfe, dazu Motorbremse	Zweikreis-Hydraulik, Druckluft-Servohilfe, dazu Motorbremse	Zweikreis-Hydraulik, Druckluft-Servohilfe, dazu Motorbremse	Zweikreis-Hydraulik, Druckluft-Servohilfe, dazu Motorbremse
1613: Pritschenwagen	**1617: Pritschenwagen**	**1619: Pritschenwagen**	**1624: Pritschenwagen**

3900, 4500, 4800, 5200 oder 5500 mm
(Für Sonderaufbauten auch 5800 mm)
5100 (6100) (6100) (7150) (7150) × 2430 mm
(bei Normal-Fahrerhaus)

8 R 22.5 bzw. (ab 1979) 11 R 22.5 Zwillings-Hinterräder	8 R 22,5 bzw. (ab 1979) 11 R 22,5 Zwillings-Hinterräder	10 R 22.5 bzw. (ab 1979) 11 R 22,5 Zwillings-Hinterräder	11 R 22,5 Zwillings-Hinterräder
5500 (5700) (5900) kg	5800 (6000) (6200) kg	6100 (6300) (6500) kg	6600 (6800) (7000) kg
16 000 kg	16 000 kg	16 000 kg	16 000 kg
ca. 10 t	ca. 10 t	ca. 9.5 t	ca. 9 t
21 600 kg	28 000 kg	32 000 kg	32 000 kg
88 km/h	91 km/h	91 km/h	93 km/h
1980: ca. 74 000 DM	1980: ca. 85 000 DM	1980: ca. 89 000 DM	1980: ca. 102 000 DM
1613 L: Fahrgestell mit Luftfederung für Pritschen- oder Sonderaufbauten	**1617 L:** Fahrgestell mit Luftfederung für Pritschen- oder Sonderaufbauten	**1619 L:** Fahrgestell mit Luftfederung für Pritschen- oder Sonderaufbauten	**1624 L:** Fahrgestell mit Luftfederung für Pritschen- oder Sonderaufbauten
1613 K: Kipper 3200 oder 3600 mm (Für Sonderaufbauten wie Kranwagen auch 3900 mm) (4000-4400) × 2300 mm	**1617 K: Kipper** 3200 oder 3600 mm (Für Sonderaufbauten wie Kranwagen auch 3900 mm) (4000-4400) × 2300 mm	**1619 K: Kipper** 3200 oder 3600 mm (Für Sonderaufbauten wie Kranwagen auch 3900 mm) (4000-4400) × 2300 mm	**1624 K: Kipper** 3200 oder 3600 mm (Für Sonderaufbauten wie Kranwagen auch 3900 mm) (4000-4400) × 2300 mm
		1619 S: Sattelzugmaschine 3200 oder 3600 mm	**1624 S: Sattelzugmaschine** 3200 oder 3600 mm
			1624 LS: Sattelzugmaschine mit Luftfederung 3200 mm
	1617 AK: Allrad-Kipper Allrad-Antrieb (4 × 4) 5 Gang + Vorgelege 3200 oder 3600 mm (4000-4400) × 2300 mm 11 R 22,5 S + G Zwillings-Hinterräder	**1619 AK: Allrad-Kipper** Allrad-Antrieb (4 × 4) 8 Gang + Kriechgang + Vorgelege 3200 oder 3600 mm (4000-4400) × 2300 mm 11 R 22,5 S + G Zwillings-Hinterräder	

←

←

Mercedes-Benz 1632 LS mit einem Sattelanhänger der Firma Meyer (Göttingen). Zwecks bestmöglicher Nutzung des Laderaums ist der Kofferaufbau mit einem doppelten Boden ausgestattet, der jeweils 10 t trägt. Ist der obere Boden beladen, so wird er hydraulisch hochgehoben, wodurch nunmehr die gesamte Grundfläche des unteren Bodens beladen werden kann. Das gesamte Ladevolumen beträgt 91 m³, so daß 45 Euro-Paletten oder 74 Rollbehälter Platz finden. Dieser »Jumbo« eignet sich beispielsweise für Transporte vom Herstellerwerk oder Zentrallager zu den Auslieferungsstellen. Vorgestellt wurde das Fahrzeug auf der Internationalen Verkehrs-Ausstellung 1979.

Mercedes-Benz 1719 AK
Dreiseitenkipper
1979–1982

←

Mercedes-Benz 1632 AF
Tanklöschfahrzeug TLF 24/50
der Feuerwehr Stuttgart
Aufbau: Bachert
1980

→

Mercedes-Benz 1626 S mit Silo-Sattelanhänger der Firma Spitzer. Bei 27,6 t Nutzlast kann der selbsttragende Aluminium-Kessel 28,5 m³ rieselfähige Güter wie Kalk oder Zement aufnehmen. Baujahr 1980.

→
→

Mercedes-Benz 1632 S
Sattelzugmaschine mit
Dreiachs-Tank-Sattelanhänger
für 37 200 Liter
Benzin, Heizöl oder Diesel
Anhänger: Blumhardt
1982

Mercedes-Benz 1632
Pritschenwagen mit
Dreiachs-Anhänger
Pritschen aus Aluminium
Aufbau und Anhänger: Wackenhut
1979–1983

Mercedes-Benz 1719 S
Sattelzugmaschine mit
Dreiachs-Muldenkipper-
Sattelanhänger
für Steintransporte
Anhänger: Blumhardt
1980

	Mercedes-Benz 1626 1973–1981	Mercedes-Benz 1632 1973–1983	Mercedes-Benz 1719 1973–1982
Motor	Daimler-Benz OM 402 I Direkteinspritz-Dieselmotor	Daimler-Benz OM 403 Direkteinspritz-Dieselmotor	Daimler-Benz OM 401 Direkteinspritz-Dieselmotor
Zylinderzahl	8 (V-Form)	10 (V-Form)	6 (V-Form)
Bohrung × Hub	125 × 130 mm	125 × 130 mm	125 × 130 mm
Hubraum	12 760 ccm	15 950 ccm	9570 ccm
Leistung	256 PS (188 kW) b. 2500 U/min	320 PS (235 kW) b. 2500 U/min	192 PS (141 kW) b. 2500 U/min
Getriebe	6 Gang	4 × 2 Gang + Kriechgang	6 Gang
Fußbremse	Zweikreis-Druckluft, dazu Motorbremse	Zweikreis-Druckluft, dazu Motorbremse	Zweikreis-Druckluft, dazu Motorbremse
	1626: Pritschenwagen	**1632: Pritschenwagen**	**1719: Pritschenwagen**
Radstand	4500, 4800 oder 5500 mm	4500 oder (für langes Fahrerhaus) 4800 mm	4500 mm
Pritsche	6100 (6100) (7150) × 2430	6100 × 2430 mm	6100 × 2430 mm
Gesamtmaße	6100 mm-Pritsche und Fahrerhaus kurz: 8000 × 2500 × 2800 mm 7150 mm-Pritsche und Fahrerhaus mittellang: 9400 × 2500 × 3000 mm	8000 × 2500 × 2800 mm (mit Fahrerhaus kurz)	8000 × 2500 × 2800 mm (mit Fahrerhaus kurz)
Reifen	12,00 R 20 / 18 PR oder 13 R 22,5 Zwillings-Hinterräder	12.00 R 20 / 18 PR oder 13 R 22,5 Zwillings-Hinterräder	11.00 R 20 / 16 PR oder 12 R 22,5 Zwillings-Hinterräder
Wagengewicht (mit Fahrer)	ca. 7500–8000 kg	ca. 7500 kg	ca. 7000 kg
Zuläss. Gesamtgewicht	16 000 kg	16 000 kg	16 000 kg
Nutzlast	ca. 8–8,5 t	ca. 8,5 t	ca. 9 t
Zuläss. Lastzuggewicht	38 000 kg	38 000 kg	24 000 kg
Höchstgeschwindigkeit	97 km/h	99 km/h	93 km/h
Preis (ohne MWSteuer)	1980: ca. 117 000 DM	1980: ca. 122 000 DM	1980: ca. 94 000 DM
	1626 L: Fahrgestell mit Luftfederung	**1632 L: Fahrgestell mit Luftfederung**	
Radstand	3800, 4500, 4800, 5500 mm	4500 oder 4800 mm	
	1626 K: Kipper	**1632 K: Kipper**	**1719 K: Kipper**
Radstand	3800 mm	3800 mm	3800 mm
Pritsche	4800 × 2300 mm	4800 × 2300 mm	4800 × 2300 mm
	1626 S: Sattelzugmaschine 1626 LS: Sattelzugmaschine mit Luftfederung	**1632 S: Sattelzugmaschine 1632 LS: Sattelzugmaschine mit Luftfederung**	**1719 S: Sattelzugmaschine**
Radstand	3200, 3500 oder 3800 mm	3200, 3500 oder 3800 mm	3200 mm
	1626 AS: Sattelzugmaschine	**1632 AS: Sattelzugmaschine**	
Antrieb	Allrad-Antrieb (4 × 4)	Allrad-Antrieb (4 × 4)	
Getriebe	4 × 2 Gang + Kriechgang	4 × 2 Gang + Kriechgang	
Radstand	3200 oder 3800 mm	3200 oder 3800 mm	
Reifen	13 R 22,5 S + G	13 R 22,5 S + G	
	1626 AK: Kipper	**1632 AK: Kipper**	**1719 AK: Kipper**
Antrieb	Allrad-Antrieb (4 × 4)	Allrad-Antrieb (4 × 4)	Allrad-Antrieb (4 × 4)
Getriebe	8 Gang	8 Gang	6 Gang
Radstand	3800 mm	3800 mm	3800 mm
Pritsche	4800 × 2300 mm	4800 × 2300 mm	4800 × 2300 mm
Reifen	13 R 22,5 S + G Zwillings-Hinterräder	13 R 22,5 S + G Zwillings-Hinterräder	13 R 22,5 S + G Zwillings-Hinterräder

Mercedes-Benz 1626 S
Mercedes-Benz 1926 S
Sattelzugmaschine mit Zweiachs-Pritschen-Anhänger (Wackenhut)
1973–1981

	Mercedes-Benz 1919 1973–1982	Mercedes-Benz 1926 1973–1981	Mercedes-Benz 1932 1973–1982
Motor	Daimler-Benz OM 401 Direkteinspritz-Dieselmotor	Daimler-Benz OM 402 Direkteinspritz-Dieselmotor	Daimler-Benz OM 403 Direkteinspritz-Dieselmotor
Zylinderzahl	6 (V-Form)	8 (V-Form)	10 (V-Form)
Bohrung × Hub	125 × 130 mm	125 × 130 mm	125 × 130 mm
Hubraum	9570 ccm	12 760 ccm	15 950 ccm
Leistung	192 PS (141 kW) b. 2500 U/min	256 PS (188 kW) b. 2500 U/min	320 PS (235 kW) b. 2500 U/min
Getriebe	6 Gang + auf Wunsch Vorschaltgruppe	6 Gang + auf Wunsch Vorschaltgruppe	4 × 2 Gang + Kriechgang
Fußbremse	Zweikreis-Druckluft, dazu Motorbremse	Zweikreis-Druckluft, dazu Motorbremse	Zweikreis-Druckluft, dazu Motorbremse
	1919: Pritschenwagen	**1926: Pritschenwagen**	**1932: Pritschenwagen**
Radstand	4500 oder 4800 mm	4500, 4800 oder 5500 mm	4500 oder 4800 mm
Pritsche	6100 (6100) × 2430 mm	6100 (6100) (7150) × 2430 mm	6100 (6100) × 2430 mm
Reifen	12,00–20 / 18 PR Zwillings-Hinterräder	12,00–20 / 18 PR Zwillings-Hinterräder	12,00–20 / 18 PR Zwillings-Hinterräder
Zuläss. Gesamtgewicht	19 000 kg	19 000 kg	19 000 kg
Zuläss. Lastzuggewicht	32 000 kg	38 000 kg	38 000 kg
Höchstgeschwindigkeit	97 km/h	97 km/h	97 km/h
	1919 K: Kipper	**1926 K: Kipper**	**1932 K: Kipper**
Radstand	3800 mm	3800 mm	3800 mm
	1919 S: Sattelzugmaschine	**1926 S: Sattelzugmaschine**	**1932 S: Sattelzugmaschine**
Radstand	3200 oder 3500 mm	3200 oder 3500 mm	3200 oder 3500 mm
		1926 AS: Sattelzugmaschine	**1932 AS: Sattelzugmaschine**
Antrieb		Allrad-Antrieb (4 × 4)	Allrad-Antrieb (4 × 4)
Getriebe		8 Gang	8 Gang
Radstand		3200 mm	3200 oder 3800 mm
Reifen		12,00 R 20 / 18 PR Zwillings-Hinterräder	12,00 R 20 / 18 PR Zwillings-Hinterräder
		1926 AK: Kipper	**1932 AK: Kipper**
Antrieb		Allrad-Antrieb (4 × 4)	Allrad-Antrieb (4 × 4)
Getriebe		8 Gang	8 Gang
Radstand		3800 mm	3800 mm
Reifen		12,00 R 20 / 18 PR Zwillings-Hinterräder	12,00 R 20 / 18 PR Zwillings-Hinterräder
	Für Export	**Für Export**	**Für Export**

Mercedes-Benz 2224 B (6 × 4)
Transport-Betonmischer
1975–1984

Mercedes-Benz 2224 KO (6 × 4)
Kuka Hausmüllwagen, Inhalt 19 m³
1975–1984

	Mercedes-Benz 2219 (6 × 2) 1976–1983 2219 (6 × 4) 1976–1982	Mercedes-Benz 2224 (6 × 2) 1977–1982 2224 (6 × 4) 1975–1984
Motor	Daimler-Benz OM 401 Direkteinspritz-Dieselmotor	Daimler-Benz OM 402 Direkteinspritz-Dieselmotor
Zylinderzahl	6 (V-Form)	8 (V-Form)
Bohrung × Hub	125 × 130 mm	125 × 130 mm
Hubraum	9570 ccm	12 760 ccm
Leistung	192 PS (141 kW) bei 2500 U/min	240 PS (177 kW) bei 2500 U/min
Getriebe	8 Gang	8 Gang
Antrieb	(6 × 2): Antrieb auf vordere Hinterachse Nachlaufachse auf Wunsch anhebbar (6 × 4): Antrieb auf beide Hinterachsen	(6 × 2): Antrieb auf vordere Hinterachse Nachlaufachse auf Wunsch anhebbar (6 × 4): Antrieb auf beide Hinterachsen
Fußbremse	Zweikreis-Druckluft, dazu Motorbremse	Zweikreis-Druckluft, dazu Motorbremse
	2219 (6 × 2): Fahrgestell für Pritschen- und Sonderaufbauten	**2224 (6 × 2): Fahrgestell für Pritschen- und Sonderaufbauten**
Radstand	3200, 3600, 4200 oder 5200 + 1345 mm	3200, 3600, 4200 oder 5200 + 1345 mm
Aufbaulänge	bis 5300 (5900) (6900) (8600) mm	bis 5400 (6050) (7050) (8750) mm
Reifen	11 R 22,5 Antriebsachse Zwillingsräder Nachlaufachse Einfachräder	11 R 22,5 Antriebsachse Zwillingsräder Nachlaufachse Einfachräder
Fahrgestellgewicht (einschl. Fahrerhaus)	6150–6400 kg	6600–6800 kg
Zuläss. Gesamtgewicht	22 000 kg	22 000 kg
Zuläss. Lastzuggewicht	32 000 kg	32 000 kg
	2219 (6 × 4): Fahrgestell für Pritschen- und Sonderaufbauten	**2224 (6 × 4): Fahrgestell für Pritschen- und Sonderaufbauten**
Radstand	3200, 3600, 4200 oder 4800 + 1350 mm	3600, 4200 oder 4800 + 1350 mm
Aufbaulänge	bis 5650 (6250) (7300) (8300) mm	bis 6400 (7450) (8500) mm
Reifen	11 R 22.5 4 Zwillings-Hinterräder	11 R 22,5 4 Zwillings-Hinterräder
Fahrgestellgewicht (einschl. Fahrerhaus)	6950–7150 kg	7350–7500 kg
Zuläss. Gesamtgewicht	22 000 kg	22 000 kg
Zuläss. Lastzuggewicht	32 000 kg	32 000 kg
		2224 B (6 × 4): Fahrgestell für Transport-Betonmischer
Radstand		2800 oder 3850 + 1350 mm
Getriebe		6 Gang
Fußbremse		Zweikreis-Hydraulik, Druckluft-Servohilfe, dazu Motorbremse
Zuläss. Gesamtgewicht		22 000 oder 26 000 kg

Mercedes-Benz 2224 AF (6 × 4)
Rüstwagen RW 3 – Kran
der Feuerwehr Offenbach (M)
Aufbau: Metz
mit Atlas-Kran
1983

Mercedes-Benz 2232 (6 × 2)
38 t Lastzug mit
16 t Zweiachs-Anhänger
1974–1983

Mercedes-Benz 2232 KO (6 × 4)
mit Wechsel-Container für
Bauschutt, Müll oder Abfälle
etwa 1980

	Mercedes-Benz 2226 (6 × 2) 1974–1982 2226 (6 × 4) 1974–1980	Mercedes-Benz 2232 (6 × 2) 1974–1983 2232 (6 × 4) 1974–1983
Motor	Daimler-Benz OM 402 Direkteinspritz-Dieselmotor	Daimler-Benz OM 403 Direkteinspritz-Dieselmotor
Zylinderzahl	8 (V-Form)	10 (V-Form)
Bohrung × Hub	125 × 130 mm	125 × 130 mm
Hubraum	12 760 ccm	15 950 ccm
Leistung	256 PS (188 kW) bei 2500 U/min	320 PS (235 kW) bei 2500 U/min
Getriebe	4 × 2 Gang + Kriechgang	4 × 2 Gang + Kriechgang
Antrieb	(6 × 2): Antrieb auf vordere Hinterachse Nachlaufachse auf Wunsch anhebbar (6 × 4): Antrieb auf beide Hinterachsen	(6 × 2): Antrieb auf vordere Hinterachse Nachlaufachse auf Wunsch anhebbar (6 × 4): Antrieb auf beide Hinterachsen
Fußbremse	Zweikreis-Druckluft, dazu Motorbremse	Zweikreis-Druckluft, dazu Motorbremse
	2226 (6 × 2): Pritschenwagen	**2232 (6 × 2): Pritschenwagen**
Radstand	4100 + 1350 mm (Für Sonderaufbauten auch 3850, 4500 oder 4800 + 1350)	4100 + 1350 mm (Für Sonderaufbauten auch 3850, 4500 oder 4800 + 1350)
Pritsche	7150 × 2430 mm	7150 × 2430 mm
Gesamtmaße	9075 × 2500 × 2900 mm (mit kurzem Fahrerhaus)	9075 × 2500 × 2900 mm (mit kurzem Fahrerhaus)
Reifen	11,00 R 20 / 16 PR oder 12 R 22.5 Antriebsachse Zwillingsräder Nachlaufachse Einfachräder	11,00 R 20 / 16 PR oder 12 R 22,5 Antriebsachse Zwillingsräder Nachlaufachse Einfachräder
Fahrgestellgewicht (einschl. Fahrerhaus)	7115 kg	7185 kg
Wagengewicht (mit Fahrer)	8240 kg	8310 kg
Zuläss. Gesamtgewicht	22 000 kg	22 000 kg
Nutzlast	ca. 13,5 t	ca. 13,5 t
Zuläss. Lastzuggewicht	38 000 kg	38 000 kg
Höchstgeschwindigkeit	95 km/h	111 km/h
Preis (ohne MWSteuer)	1980: ca. 123 000 DM	1980: ca. 138 000 DM
	2226 (6 × 4): Pritschenwagen	**2232 (6 × 4): Pritschenwagen**
Radstand	4100 + 1350 mm (Für Sonderaufbauten auch 4500 + 1350 mm)	4100 + 1350 mm (Für Sonderaufbauten auch 4500 + 1350 mm)
Pritsche	7150 × 2430 mm	7150 × 2430 mm
Fahrgestellgewicht (einschl. Fahrerhaus)	8105 kg	8355 kg
Wagengewicht (mit Fahrer)	9230 kg	9440 kg
Nutzlast	ca. 12.5 t	ca. 12,5 t
	2226 S (6 × 4): Sattelzugmaschine	**2232 S (6 × 4): Sattelzugmaschine**
Radstand	3000 + 1350 mm	3000 + 1350 mm

Mercedes-Benz 2626 AK (6 × 6)
Mercedes-Benz 2632 AK (6 × 6)
Meiller Dreiseitenkipper
1975–1983

Mercedes-Benz 2632 AF (6 × 6)
Flugplatz-Löschfahrzeug FLF 11 000
Aufbau Metz 1978

	Mercedes-Benz **2626 (6 × 4) 1975–1981** **2626 (6 × 6) 1975–1983**	**Mercedes-Benz** **2632 (6 × 4) 1975–1983** **2632 (6 × 6) 1975–1983**
Motor	Daimler-Benz OM 402 Direkteinspritz-Dieselmotor	Daimler-Benz OM 403 Direkteinspritz-Dieselmotor
Zylinderzahl	8 (V-Form)	10 (V-Form)
Bohrung × Hub	125 × 130 mm	125 × 130 mm
Hubraum	12 760 ccm	15 950 ccm
Leistung	256 PS (188 kW) bei 2500 U/min	320 PS (235 kW) bei 2500 U/min
Getriebe	(6 × 4): 6 Gang (6 × 6): 8 Gang + Kriechgang	(6 × 4): 4 × 2 Gang + Kriechgang (6 × 6): 8 Gang + Kriechgang
Antrieb	(6 × 4): Antrieb auf 4 Hinterräder (6 × 6): Antrieb auf 6 Räder	(6 × 4): Antrieb auf 4 Hinterräder (6 × 6): Antrieb auf 6 Räder
Fußbremse	Zweikreis-Druckluft, dazu Motorbremse	Zweikreis-Druckluft, dazu Motorbremse
	2626 (6 × 4): Fahrgestell für Pritschen- oder Sonderaufbauten	**2632 (6 × 4): Fahrgestell für Pritschen- oder Sonderaufbauten**
Radstand	4100 oder 4500 + 1350 mm	4100 oder 4500 + 1350 mm
Pritsche	7150 × 2430 mm	7150 × 2430 mm
Reifen	11,00–20 / 16 PR oder 12 R 22,5 4 Zwillings-Hinterräder	11,00–20 / 16 PR oder 12 R 22,5 4 Zwillings-Hinterräder
Fahrgestellgewicht (einschl. Fahrerhaus)	8275 (8315) kg	8465 (8510) kg
Zuläss. Gesamtgewicht	22 000 oder 26 000 kg	22 000 oder 26 000 kg
Zuläss. Lastzuggewicht	32 000 oder 38 000 kg	38 000 kg
Höchstgeschwindigkeit	85 km/h	85 km/h
	2626 A (6 × 6): Fahrgestell für Pritschen- oder Sonderaufbauten	**2632 A (6 × 6): Fahrgestell für Pritschen- oder Sonderaufbauten**
Radstand	4100 + 1350 mm	4100 + 1350 mm
Reifen	11,00–20 / 16 PR oder 12 R 22,5 S + G 4 Zwillings-Hinterräder	11,00–20 / 16 PR oder 12 R 22,5 S + G 4 Zwillings-Hinterräder
Fahrgestellgewicht (einschl. Fahrerhaus)	8510 kg	8880 kg
	2626 S (6 × 4): Sattelzugmaschine **2626 AS (6 × 6): Sattelzugmaschine**	**2632 S (6 × 4): Sattelzugmaschine** **2632 AS (6 × 6): Sattelzugmaschine**
Radstand	3200 + 1350 mm	3200 + 1350 mm
	2626 K (6 × 4): Kipper	**2632 K (6 × 4): Kipper**
Radstand	3200 oder 3500 + 1350 mm	3200, 3500 oder 3850 + 1350 mm
Pritsche	4800 (5200) × 2300 mm	4800 (5200) × 2300 mm
Gesamtlänge	7330 (7730) × 2500 × 3000 mm oder Muldenkipper 7600 (8000) × 2500 × 3000 mm (Höhe über Fahrerhaus)	7330 (7730) × 2500 × 3000 mm oder Muldenkipper 7600 (8000) × 2500 × 3000 mm (Höhe über Fahrerhaus)
Fahrgestellgewicht (einschl. Fahrerhaus)	7800 (7900) kg	8400 (8500) kg
Wagengewicht (mit Fahrer)	10 510 kg	11 110 kg
Zuläss. Gesamtgewicht	22 000 oder 26 000 kg	22 000 oder 26 000 kg
	2626 AK (6 × 6): Kipper	**2632 AK (6 × 6): Kipper**
Wagengewicht (mit Fahrer)	11 375 kg	11 830 kg
Preis (ohne MWSteuer)	1980: ca. 156 000 DM	1980: ca. 167 000 DM
	2626 B (6 × 4): Betonmischer-Fahrgestell **2626 AB (6 × 6): Betonmischer-Fahrgestell**	
Radstand	3200 + 1350 mm	

Seit Herbst 1980 steht dem Autofahrer in der Schweiz zwischen Airolo und Göschenen der neue Gotthard-Tunnel zur Verfügung. Gegenüber der Paßfahrt über den St. Gotthard, die ohnehin nur etwa sieben Monate im Jahr möglich war, gewinnt seitdem der Pkw-Fahrer rund eine Stunde und der Lkw-Nahverkehr mehr als zwei Stunden Fahrzeit. Die Belüftung der 16,3 km langen Tunnelröhre erfolgt durch 22 Ventilatoren, deren größter einen Durchmesser von 3,85 Meter aufweist. Für den Transport und die Montage der 16 t bis 28,6 t schweren Riesen mit einer Länge bis zu 6 Meter mußte eine fahrbare Montagebühne konstruiert werden, die aus einem Tieflader-Fahrgestell und einer darauf aufgebauten Hubvorrichtung besteht. Der Anhänger ist mit hydraulischem Achsdruckausgleich und hydraulischer Federung ausgerüstet. Alle acht Achspaare werden ebenfalls hydraulisch gelenkt und ermöglichen das Fahren in beiden Richtungen. Zum Überfahren von Hindernissen oder Unterfahren von Brücken wird der Tieflader angehoben oder gesenkt. Die Entladung der Ventilatoren erfolgte mit Hilfe der Bühne, die auf vier hydraulischen Stützen abgestellt wurde. Die insgesamt 22 Schwertransporte besorgte die Firma Wipfli AG (Seedorf) mit einer Mercedes-Benz 2632 AS 66 × 6-Sattelzugmaschine und einem mit Ballast beladenen Mercedes-Benz 1932, der den Zug auf Steilstrecken oder Paßstraßen schob. Der Konvoi war 38 m lang, 4,3 m breit, 4,4 m hoch, wobei das Gesamtgewicht rund 95 t betrug. Natürlich war die Fahrtstrecke von Eschlikon TG zum Tunnel bei Göschenen sehr sorgfältig ausgewählt worden.

Mercedes-Benz 2032 S (6 × 2 – 4)
Sattelzugmaschine mit 2 Lenkachsen und
Kässbohrer Sattelanhänger für Bitumen-Transport
Inhalt ca. 30 000 Liter, Nutzlast ca. 23,5 t
Zweite Anhängerachse ebenfalls gelenkt
1976

	Mercedes-Benz 2026 (6 × 2–4) 1976–1980	Mercedes-Benz 2032 (6 × 2–4) ab 1975
Motor	Daimler-Benz OM 402 Direkteinspritz-Dieselmotor	Daimler-Benz OM 403 Direkteinspritz-Dieselmotor
Zylinderzahl	8 (V-Form)	10 (V-Form)
Bohrung × Hub	125 × 130 mm	125 × 130 mm
Hubraum	12 760 ccm	15 950 ccm
Leistung	256 PS (188 kW) bei 2500 U/min	320 PS (235 kW) bei 2500 U/min
Getriebe	6 Gang + (auf Wunsch) Vorschaltgruppe	4 × 2 Gang + Kriechgang
Antrieb	Achsen 1 und 2: Lenkachsen Achse 3: Antriebsachse	Achsen 1 und 2: Lenkachsen Achse 3: Antriebsachse
Fußbremse	Zweikreis-Druckluft, dazu Motorbremse	Zweikreis-Druckluft, dazu Motorbremse
	2026 S (6 × 2–4): Sattelzugmaschine	**2032 S (6 × 2–4): Sattelzugmaschine**
Radstand	2400 + 1350 mm	2400 + 1350 mm
Reifen	12 R 22,5 Achse 3: Zwillingsräder	12 R 22,5 Achse 3: Zwillingsräder
Fahrgestellgewicht (einschl. Fahrerhaus)	7200–7450 kg	7500–7700 kg
Zuläss. Gesamtgewicht	19 000, 20 000 oder 22 000 kg	19 000, 20 000 oder 22 000 kg
Zuläss. Lastzuggewicht	38 000 kg	38 000 kg
		2032 LS (6 × 2–4): Sattelzugmaschine
		Achsen 2 und 3 mit Luftfederung

Mercedes-Benz
Mittelschwere Lastwagen
auf der Frankfurter
Automobil-Ausstellung 1983
Neu: Typ 1419 C und
Dachspoiler für
hochragende Aufbauten

Mercedes-Benz 1419 C
Pritschenwagen
1983–1985

Mercedes-Benz 1425 S
Sattelzugmaschine mit
Zweiachs-Kastenauflieger
ab 1982

Mercedes-Benz 1222 AF
Feuerwehrfahrzeug
Rüstwagen RW 2
Aufbau Metz
1984

Mercedes-Benz 1419 CAF
Universallöschfahrzeug
ULF 5000/750
Aufbau Rosenbauer (Linz)
1983

Mercedes-Benz 1222 F
Drehleiter DL 23–12
für Berliner Feuerwehr
1985

	Mercedes-Benz 1222 ab 1982	Mercedes-Benz 1414 ab 1984	Mercedes-Benz 1417 C ab 1884
Motor	Daimler-Benz OM 421 Direkteinspritz-Dieselmotor	Daimler-Benz OM 366 Direkteinspritz-Dieselmotor	Daimler-Benz OM 366 A Direkteinspritz-Dieselmotor mit Abgas-Turbolader
Zylinderzahl	V 6	6 (Reihe)	6 (Reihe)
Bohrung × Hub	128 × 142 mm	97,5 × 133 mm	97,5 × 133 mm
Hubraum	10 960 ccm	5960 ccm	5960 ccm
Leistung	216 PS/159 kW b. 2300 U/min	136 PS/100 kW b. 2800 U/min	170 PS/125 kW b. 2600 U/mir
Getriebe	8 Gang	5 Gang	7 Gang
Fußbremse	Zweikreis-Hydraulik Servohilfe, dazu Motorbremse	Zweikreis-Hydraulik Servohilfe, dazu Motorbremse	Zweikreis-Hydraulik Servohilfe, dazu Motorbremse
	1222: Fahrgestell für Pritschen- u. Sonderaufbauten	**1414: Pritschenwagen**	**1417 C: Pritschenwagen**
Radstand	4200, 4800 oder 5200 mm	3600, 4200, 4800. 5200 mm	4200 oder 4800 mm (Für Sonderaufbauten auch 3600 oder 5200 mm)
Pritsche		5100 (6100) (7150) × 2430 mm bei Normal-Fahrerhaus	6100 (7150) × 2430 mm bei Normal-Fahrerhaus
Reifen	9 R 22,5 Zwillings-Hinterräder	10 R 22,5 Zwillings-Hinterräder	10 R 22,5 Zwillings-Hinterräder
Fahrgestellgewicht (mit Fahrerhaus)	5000 kg	4600 kg	4800 kg
Wagengewicht (mit Fahrer)		5300–5550 kg	5500–6000 kg
Zuläss. Gesamtgewicht	11 800 kg	14 000 kg	14 000 kg
Nutzlast		ca. 8,5 t	ca. 8 t
Zuläss. Lastzuggewicht	20 800 kg	21 600 kg	28 000 kg
Höchstgeschwindigkeit	90 km/h	95 km/h	90 km/h
Preis (ohne MWSteuer)		1985: ca. 87 000 DM	1985: ca. 96 000 DM
Bemerkung	Fahrgestell eignet sich besonders für groß-volumige Sonderaufbauten		
Radstand			
	1222 A: Allrad-Fahrgestell für Pritschen- u. Sonderaufbauten		**1417 CA: Allrad-Fahrgestell für Pritschen- u. Sonderaufbaut**
Radstand	3600 oder 4200 mm		3600 mm
Reifen	10 R 22,5 S + G Zwillings-Hinterräder		11 R 22,5 Zwillings-Hinterräder
Getriebe	8 Gang + Vorgelege		6 Gang + Vorgelege
		1414 K: Kipper	**1417 CK: Kipper**
Radstand		3200 mm	3200 mm
Pritsche		4000 × 2300 mm	4000 × 2300 mm
			1417 CAK: Allrad-Kipper
Radstand			3200 mm
Pritsche			4000 × 2300 mm
	1222 S: Sattelzugmaschine		
Radstand	3600 mm		
Reifen	9 R 22,5 Zwillings-Hinterräder		

Mercedes-Benz 1419 C 1983–1985	**Mercedes-Benz 1420 ab 1985**	**Mercedes-Benz 1422 ab 1982**	**Mercedes-Benz 1425 ab 1982**
Daimler-Benz OM 362 LA Direkteinspritz-Dieselmotor mit Abgas-Turbolader und Ladeluft-Kühlung	Daimler-Benz OM 366 LA Direkteinspritz-Dieselmotor mit Abgas-Turbolader und Ladeluft-Kühlung	Daimler-Benz OM 421 Direkteinspritz-Dieselmotor	Daimler-Benz OM 422 Direkteinspritz-Dieselmotor
6 (Reihe)	6 (Reihe)	V 6	V 8
97 × 128 mm	97,5 × 133 mm	128 × 142 mm	128 × 142 mm
5675 ccm	5960 ccm	10 960 ccm	14 620 ccm
192 PS/141 kW b. 2600 U/min	204 PS/150 kW b. 2600 U/min	216 PS/159 kW b. 2300 U/min	250 PS/184 kW b. 2300 U/min
6 Gang	6 Gang	8 Gang	8 Gang
Zweikreis-Druckluft, dazu Motorbremse	Zweikreis-Druckluft, dazu Motorbremse	Zweikreis-Druckluft, dazu Motorbremse	Zweikreis-Druckluft, dazu Motorbremse
1419 C: Pritschenwagen	**1420: Pritschenwagen**	**1422: Pritschenwagen**	
4200 oder 4800 mm (Für Sonderaufbauten auch 5200 mm)	4200 oder 4800 mm (Für Sonderaufbauten auch 5200 mm)	3600, 4200 oder 4800 mm (Für Sonderaufbauten auch 5200 mm)	
6100 (7150) × 2340 mm bei Normal-Fahrerhaus	6100 (7150) × 2340 mm bei Normal-Fahrerhaus	5100 (6100) (7150) × 2340 bei Normal-Fahrerhaus	
10 R 22,5 Zwillings-Hinterräder	10 R 22,5 Zwillings-Hinterräder	10 R 22,5 Zwillings-Hinterräder	
4950–5050 kg	4950–5050 kg	5150–5300 kg	
5900–6100 kg	5900–6100 kg	6000–6400 kg	
14 000 kg	14 000 kg	14 000 kg	
ca. 8 t	ca. 8 t	ca. 7,5 t	
32 000 kg	32 000 kg	32 000 kg	
100 km/h	100 km/h	95 km/h	
1985: ca. 103 000 DM		1985: ca. 106 000 DM	
1419 CL: Pritschenwagen mit Luftfederung	**1420 L: Pritschenwagen mit Luftfederung**	**1422 L: Pritschenwagen mit Luftfederung**	
4800 mm (Für Sonderaufbauten auch 5200 mm)	4800 mm (Für Sonderaufbauten auch 5200 mm)	4200 oder 4800 mm (Für Sonderaufbauten auch 5200 mm)	
		1422 S: Sattelzugmaschine 1422 LS: Sattelzugmaschine mit Luftfederung	**1425 S: Sattelzugmaschine 1425 LS: Sattelzugmaschine mit Luftfederung**
		3200 oder 3600 mm	3200 oder 3600 mm
		11 R 22,5 Zwillings-Hinterräder	11 R 22,5 Zwillings-Hinterräder

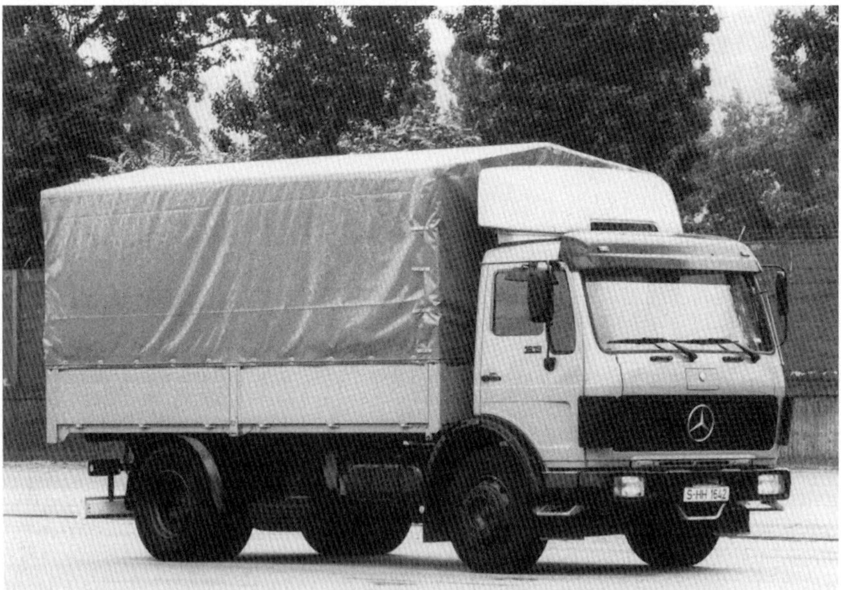

 Mercedes-Benz 1619 C Pritschenwagen 1983–1985

	Mercedes-Benz 1614 ab 1984	Mercedes-Benz 1617 C ab 1984	Mercedes-Benz 1619 C 1983–1985
Motor	Daimler-Benz OM 366 Direkteinspritz-Dieselmotor	Daimler-Benz OM 366 A Direkteinspritz-Dieselmotor mit Abgas-Turbolader	Daimler-Benz OM 362 LA Direkteinspritz-Dieselmotor mit Abgas-Turbolader und Ladeluft-Kühlung
Zylinderzahl	6 (Reihe)	6 (Reihe)	6 (Reihe)
Bohrung × Hub	97,5 × 133 mm	97,5 × 133 mm	97 × 128 mm
Hubraum	5960 ccm	5960 ccm	5675 ccm
Leistung	136 PS/100 kW b. 2800 U/min	170 PS/125 kW b. 2600 U/min	192 PS/141 kW b. 2600 U/min
Getriebe	5 Gang	6 Gang	6 Gang
Fußbremse	Zweikreis-Druckluft, dazu Motorbremse	Zweikreis-Druckluft, dazu Motorbremse	Zweikreis-Druckluft, dazu Motorbremse
	1614: Fahrgestell für Pritschen- u. Sonderaufbauten	**1617 C: Fahrgestell für Pritschen- u. Sonderaufbauten**	**1619 C: Fahrgestell für Pritschen- u. Sonderaufbauten**
Radstand	3900, 4500, 5200, 5900 mm	3900, 4500, 5200, 5900 mm	3900, 4200 oder 4500 mm
Fahrgestellgewicht einschl. Fahrerhaus	4750–5000 kg	4950–5200 kg	5000–5100 kg
Reifen	11 R 22,5 Zwillings-Hinterräder	11 R 22,5 Zwillings-Hinterräder	11 R 22,5 Zwillings-Hinterräder
Zuläss. Gesamtgewicht	16 000 kg	16 000 kg	16 000 kg
Zuläss. Lastzuggewicht	22 600 kg	20 800 kg 1617 CL: Fahrgestell mit Luftfederung	32 000 kg
	1614 K: Kipper	**1617 CK: Kipper**	
Radstand	3600 mm (Für Sonderaufbauten wie Kranwagen auch 3900 mm)	3600 mm (Für Sonderaufbauten wie Kranwagen auch 3900 mm)	
Pritsche	4400 × 2300 mm	4400 × 2300 mm	
		1617 CAK: Allrad-Kipper	
Radstand		3600 mm	
Reifen		11 R 22,5 S + G Zwillings-Hinterräder	

			Mercedes-Benz 1620 ab 1985
Motor			Daimler-Benz OM 366 LA Direkteinspritz-Dieselmotor mit Abgas-Turbolader und Ladeluft-Kühlung
Zylinderzahl			6 (Reihe)
Bohrung × Hub			97,5 × 133 mm
Hubraum			5960 ccm
Leistung			204 PS/150 kW b. 2600 U/min
Getriebe			6 Gang
Fußbremse			Zweikreis-Druckluft, dazu Motorbremse
			1620: Fahrgestell für Pritschen- u. Sonderaufbauten
Radstand			3900, 4200, 4500, 5200, 5500, 5900 mm

Mercedes-Benz 1622 AK
Dreiseitenkipper
ab 1982

Mercedes-Benz 1625
Pritschenwagen
ab 1980

Mercedes-Benz 1625 AK
Dreiseitenkipper
ab 1980

	Mercedes-Benz 1622 ab 1982	Mercedes-Benz 1625 ab 1980	Mercedes-Benz 1628 ab 1979
Motor	Daimler-Benz OM 421 Direkteinspritz-Dieselmotor	Daimler-Benz OM 422 Direkteinspritz-Dieselmotor	Daimler-Benz OM 422 Direkteinspritz-Dieselmotor
Zylinderzahl	V 6	V 8	V 8
Bohrung × Hub	128 × 142 mm	128 × 142 mm	128 × 142 mm
Hubraum	10 960 ccm	14 620 ccm	14 620 ccm
Leistung	216 PS/159 kW b. 2300 U/min	250 PS/184 kW b. 2300 U/min	280 PS/206 kW b. 2300 U/min
Getriebe	8 Gang	6 Gang + (auf Wunsch) Vorschaltgruppe	4 × 2 Gang + Kriechgang
Fußbremse	Zweikreis-Druckluft, dazu Motorbremse	Zweikreis-Druckluft, dazu Motorbremse	Zweikreis-Druckluft, dazu Motorbremse
	1622: Pritschenwagen	**1625: Pritschenwagen**	**1628: Pritschenwagen**
Radstand	3900 oder 5200 mm (Für Sonderaufbauten auch 4200, 4500, 4800, 5500, 5900)	3900, 4500 oder 4800 mm (Für Sonderaufbauten auch 5200 mm)	4500 oder 4800 mm
Pritsche	5100 (7150) × 2430 mm	5100 (6100) × 2430 mm	6100 × 2430 mm
Gesamtmaße			8030 × 2500 × 2800 mm bei Normal-Fahrerhaus
Reifen	11 R 22.5 Zwillings-Hinterräder	12 R 22,5 L Zwillings-Hinterräder	13 R 22,5 L Zwillings-Hinterräder
Wagengewicht (mit Fahrer)	6100–6500 kg	6750–7000 kg	7300 kg
Zuläss. Gesamtgewicht	16 000 kg	16 000 kg	16 000 kg
Nutzlast	ca. 9,5 t	ca. 9 t	ca. 8,5 t
Zuläss. Lastzuggewicht	32 000 kg	38 000 kg	38 000 kg
Höchstgeschwindigkeit	95 km/h	100 km/h	105 km/h
Preis (ohne MWSteuer)	1985: ca. 116 000 DM	1985: ca. 138 000 DM	1985: ca. 150 000 DM
	1622 L: Pritschenwagen mit Luftfederung	**1625 L: Pritschenwagen mit Luftfederung**	**1628 L: Pritschenwagen mit Luftfederung**
Radstand	4800, 5500 oder 5900 mm (Für Sonderaufbauten auch 5200 mm)	4800 oder 5200 mm	4500, 4800 oder 5500 mm
Pritsche	6100 (7150) × 2430 mm	6100 × 2430 mm	6100 × 2430 mm
	1622 S: Sattelzugmaschine	**1625 S: Sattelzugmaschine**	**1628 S: Sattelzugmaschine**
Radstand	3200 oder 3600 mm	3200 oder 3600 mm	3200, 3500 oder 3800 mm
		1625 LS: Sattelzugmaschine mit Luftfederung	**1628 LS: Sattelzugmaschine mit Luftfederung**
Radstand		3600 mm	3500 oder 3800 mm
	1622 K: Kipper	**1625 K: Kipper**	
Radstand	3600 oder 3900 mm	3600 mm	
Pritsche	4400 (4000) × 2330 mm	4400 × 2330 mm	
	1622 AK: Allrad-Kipper	**1625 AK: Allrad-Kipper**	
Radstand	3600 mm	3600 mm	
Pritsche	4400 × 2330 mm	4400 × 2330 mm	
Reifen	12 R 22.5 S + G	12 R 22.5 S + G	
			1628 A: Militär-Lastwagen mit Allrad-Antrieb
Radstand			4500 mm
Pritsche			4500 × 2350 mm
Gesamtmaße			7430 × 2500 × 3080 mm (Höhe über Fahrerhaus)
Reifen			14,00 R 20 XL Einzel-Hinterräder
Wagengewicht (mit Fahrer)			ca. 9000 kg
Zuläss. Gesamtgewicht			16 000 kg

Mercedes-Benz 1625 S
Service-Wagen mit
Ersatzteillager, Werkstatt
und Besprechungsraum
für Porsche-Rennkunden
1983

Mercedes-Benz 1622
Fernseh-Übertragungswagen
Aufbau: Thiele (Bremen)
1984

Mercedes-Benz 1628
Fernverkehrs-Lastzug
mit Aufbau und Anhänger
von Blumhardt (Wuppertal)
1980

Mercedes-Benz 1628 S
Container-Sattelzug
1980

Mercedes-Benz 1633 S
Sattelzugmaschine mit
Doll Dreiachs-
Pritschen-Auflieger
1980–1985

Mercedes-Benz 1638 C
Fernverkehrs-Lastzug
1980–1985

Mercedes-Benz 1638 S
Sattelzugmaschine mit
Doll Dreiachs-
Kastenauflieger
1980–1985

	Mercedes-Benz 1633 1980–1985	**Mercedes-Benz 1638 1980–1985**	**Mercedes-Benz 1636 ab 1984**
Motor	Daimler-Benz OM 422 A Direkteinspritz-Dieselmotor mit Abgas-Turbolader	Daimler-Benz OM 422 LA Direkteinspritz-Dieselmotor mit Abgas-Turbolader und Ladeluft-Kühlung	Daimler-Benz OM 423 Direkteinspritz-Dieselmotor
Zylinderzahl	V 8	V 8	V 10
Bohrung × Hub	128 × 142 mm	128 × 142 mm	128 × 142 mm
Hubraum	14 620 ccm	14 620 ccm	18 270 ccm
Leistung	330 PS/243 kW b. 2300 U/min	375 PS/276 kW b. 2300 U/min	355 PS/261 kW b. 2300 U/min
Getriebe	4 × 2 × 2 Gang	4 × 2 × 2 Gang	4 × 2 × 2 Gang
Fußbremse	Zweikreis-Druckluft, dazu Motorbremse	Zweikreis-Druckluft, dazu Motorbremse	Zweikreis-Druckluft, dazu Motorbremse
	1633: Pritschenwagen	**1638: Pritschenwagen**	**1636: Pritschenwagen**
Radstand	4800 mm	4800 mm	4800 mm
Pritsche	6100 × 2430 mm	6100 × 2430 mm	6100 × 2430 mm
Gesamtmaße	8400 × 2500 × 3200 mm bei Großraum-Fahrerhaus	8400 × 2500 × 3200 mm bei Großraum-Fahrerhaus	8400 × 2500 × 3200 mm bei Großraum-Fahrerhaus
Reifen	13 R 22,5 L Zwillings-Hinterräder	13 R 22,5 L Zwillings-Hinterräder	13 R 22,5 L Zwillings-Hinterräder
Wagengewicht (mit Fahrer)	ca. 8000 kg	ca. 8100 kg	ca. 8100 kg
Zuläss. Gesamtgewicht	16 000 kg	16 000 kg	16 000 kg
Zuläss. Lastzuggewicht	38 000 kg	38 000 kg	38 000 kg
Bemerkung	1633 L: Pritschenwagen mit Luftfederung		
	1633 S: Sattelzugmaschine	**1638 S: Sattelzugmaschine**	**1636 S: Sattelzugmaschine**
Radstand	3500 oder 3800 mm	3500 oder 3800 mm	3500 oder 3800 mm
Bemerkung	1633 LS: Sattelzugmaschine mit Luftfederung	1633 LS: Sattelzugmaschine mit Luftfederung	1633 LS: Sattelzugmaschine mit Luftfederung
Radstand	3800 mm	3800 mm	3800 mm

	Mercedes-Benz 1635 ab 1985	**Mercedes-Benz 1644 ab 1985**	
Motor	Daimler-Benz OM 442 A Direkteinspritz-Dieselmotor mit Abgas-Turbolader	Daimler-Benz OM 442 LA Direkteinspritz-Dieselmotor mit Abgas-Turbolader und Ladeluft-Kühlung	
Zylinderzahl	V 8	V 8	
Bohrung × Hub	128 × 142 mm	128 × 142 mm	
Hubraum	14 620 ccm	14 620 ccm	
Leistung	354 PS/260 kW b. 2100 U/min	435 PS/320 kW b. 2100 U/min	
Getriebe	16 Gang mit elektro-pneumatischer Schaltung	16 Gang mit elektro-pneumatischer Schaltung	
Fußbremse	Zweikreis-Druckluft, dazu Motorbremse	Zweikreis-Druckluft, dazu Motorbremse	
	1635: Pritschenwagen	**1644: Pritschenwagen**	
Radstand	4800 mm	4800 mm	
Pritsche	6100 × 2430 mm	6100 × 2430 mm	
Reifen	12 R 22,5 L Zwillings-Hinterräder	12 R 22,5 L Zwillings-Hinterräder	
Wagengewicht (mit Fahrer)	ca. 7900 kg	ca. 8000 kg	
Zuläss. Gesamtgewicht	16 000 kg	16 000 kg	
Zuläss. Lastzuggewicht	38 000 kg	38 000 kg	
	1635 L: Pritschenwagen mit Luftfederung		
	1635 S: Sattelzugmaschine	**1644 S: Sattelzugmaschine**	
	1635 LS: Sattelzugmaschine mit Luftfederung	1644 LS: Sattelzugmaschine mit Luftfederung	
Radstand	3800 mm	3800 mm	

Mercedes-Benz 1635
Mercedes-Benz 1644
ab 1985

RA-Z 341
1644

RA-Z 341

Mercedes-Benz 1635
Fernverkehrs-Lastzug
ab 1985

←

→

Mercedes-Benz 1928 AK
Dreiseitenkipper
ab 1979

Mercedes-Benz 1928 AF
Großtanklöschfahrzeug GTLF 6000
Aufbau: Rosenbauer (Linz)
1983

→

Mercedes-Benz 1936 K
Dreiseitenkipper
ab 1980

→

←

Mercedes-Benz 1644
Fernverkehrs-Sattelzug
ab 1985

	Mercedes-Benz 1922 ab 1981	**Mercedes-Benz 1928 ab 1979**	**Mercedes-Benz 1933 1981–1985**
Motor	Daimler-Benz OM 421 Direkteinspritz-Dieselmotor	Daimler-Benz OM 422 Direkteinspritz-Dieselmotor	Daimler-Benz OM 422 A Direkteinspritz-Dieselmotor mit Abgas-Turbolader
Zylinderzahl	V 6	V 8	V 8
Bohrung × Hub	128 × 142 mm	128 × 142 mm	128 × 142 mm
Hubraum	10 960 ccm	14 620 ccm	14 620 ccm
Leistung	216 PS/159 kW b. 2300 U/min	280 PS/206 kW b. 2300 U/min	330 PS/242 kW b. 2300 U/min
Getriebe	8 Gang	4 × 2 Gang + Kriechgang	4 × 2 × 2 Gang
Fußbremse	Zweikreis-Druckluft, dazu Motorbremse	Zweikreis-Druckluft, dazu Motorbremse	Zweikreis-Druckluft, dazu Motorbremse
	1922: Fahrgestell für Pritschen- u. Sonderaufbauten	**1928: Fahrgestell für Pritschen- u. Sonderaufbauten**	**1933: Fahrgestell für Pritschen- u. Sonderaufbauten**
Radstand	4500, 4800, 5500, 5900 mm	4500, 4800, 5500 mm	4800 mm
Pritsche		6100 × 2430 mm (bei Großraum-Fahrerhaus und Radstand 4800 mm)	6100 × 2430 mm (bei Großraum-Fahrerhaus)
Reifen	13 R 22.5 Zwillings-Hinterräder	13 R 22,5 L Zwillings-Hinterräder	13 R 22,5 L Zwillings-Hinterräder
Fahrgestellgewicht (einschl. Fahrerhaus)	6100–6300 kg	6600–6750 kg	
Zuläss. Gesamtgewicht	19 000 kg	19 000 kg	19 000 kg
Zuläss. Lastzuggewicht	32 000 kg	38 000 kg	38 000 kg
		1928 A: Fahrgestell mit Allrad-Antrieb für Pritschen- u. Sonderaufbauten	
Radstand		4100 oder 4500 mm	
	1922 K: Kipper	**1928 K: Kipper**	
Radstand	3500 oder 3800 mm	3500 oder 3800 mm	
Pritsche	4400 (4800) × 2330 mm	4400 (4800) × 2330 mm	
Getriebe	8 Gang + Kriechgang	8 Gang + Kriechgang	
	1922 AK: Kipper mit Allrad-Antrieb	**1928 AK: Kipper mit Allrad-Antrieb**	
Radstand	3500 oder 3800 mm	3500 oder 3800 mm	
Pritsche	4400 (4800) × 2330 mm	4400 (4800) × 2330 mm	
Getriebe	8 Gang + Kriechgang	4 × 2 Gang + Geländegang	
Reifen	13 R 22,5	13 R 22,5 S + G	
	1922 S: Sattelzugmaschine	**1928 S: Sattelzugmaschine**	
Radstand	3200 oder 3500 mm	3200, 3500, 3800 mm	
		1928 AS: Sattelzugmaschine mit Allrad-Antrieb	
Radstand		3500 mm	
Getriebe		4 × 2 Gang + Geländegang	

Mercedes-Benz 1935 ab 1985	Mercedes-Benz 1936 ab 1980	Mercedes-Benz 1938 1980–1985	Mercedes-Benz 1944 ab 1985
Daimler-Benz OM 442 A Direkteinspritz-Dieselmotor mit Abgas-Turbolader	Daimler-Benz OM 423 Direkteinspritz-Dieselmotor	Daimler-Benz OM 422 LA Direkteinspritz-Dieselmotor mit Abgas-Turbolader und Ladeluft-Kühlung	Daimler-Benz OM 442 LA Direkteinspritz-Dieselmotor mit Abgas-Turbolader und Ladeluft-Kühlung
V 8 128 × 142 mm 14 620 ccm 354 PS/260 kW b. 2100 U/min 16 Gang mit elektro- pneumatischer Schaltung	V 10 128 × 142 mm 18 270 ccm 355 PS/261 kW b. 2300 U/min 4 × 2 × 2 Gang	V 8 128 × 142 mm 14 620 ccm 375 PS/276 kW b. 2300 U/min 4 × 2 × 2 Gang	V 8 128 × 142 mm 14 620 ccm 435 PS/320 kW b. 2100 U/min 16 Gang mit elektro- pneumatischer Schaltung
Zweikreis-Druckluft, dazu Motorbremse	Zweikreis-Druckluft, dazu Motorbremse	Zweikreis-Druckluft, dazu Motorbremse	Zweikreis-Druckluft, dazu Motorbremse
1935: Fahrgestell für Pritschen- u. Sonderaufbauten	**1936: Fahrgestell für Pritschen- u. Sonderaufbauten**	**1938: Fahrgestell für Pritschen- u. Sonderaufbauten**	**1944: Fahrgestell für Pritschen- u. Sonderaufbauten**
4800 mm 6100 × 2430 mm (bei Großraum-Fahrerhaus)	4800 mm 6100 × 2430 mm (bei Großraum-Fahrerhaus)	4800 mm 6100 × 2430 mm (bei Großraum-Fahrerhaus)	4800 mm 6100 × 2340 mm (bei Großraum-Fahrerhaus)
13 R 22,5 L Zwillings-Hinterräder	13 R 22,5 L Zwillings-Hinterräder	13 R 22,5 L Zwillings-Hinterräder	13 R 22,5 L Zwillings-Hinterräder
19 000 kg 38 000 kg	19 000 kg 38 000 kg	19 000 kg 38 000 kg	19 000 kg 38 000 kg
	1936 K: Kipper 3800 mm 4800 × 2350 mm 8 Gang + Kriechgang		
	1936 AK: Kipper mit Allrad-Antrieb 3800 mm 4800 × 2330 mm 4 × 2 Gang + Geländegang 13 R 22,5 S + G		
1935 S: Sattelzugmaschine 3200, 3500, 3800 mm		**1938 S: Sattelzugmaschine** 3500 mm	**1944 S: Sattelzugmaschine** 3500 mm
	1936 AS: Sattelzugmaschine mit Allrad-Antrieb 3500 mm 4 × 2 Gang + Geländegang	**1938 AS: Sattelzugmaschine mit Allrad-Antrieb** 3500 mm 4 × 2 Gang + Geländegang	**1944 AS: Sattelzugmaschine mit Allrad-Antrieb** 3500 mm 16 Gang + elektro- pneumatischer Schaltung

Mercedes-Benz 2219 C (6 × 2 – 4)
Pritschenwagen mit lenkbarer Vorlaufachse
1983–1985

Mercedes-Benz 2219 CL (6 × 2)
Pritschenwagen mit nicht angetriebener, anhebbarer Schleppachse
und Luftfederung
1983–1985

Mercedes-Benz 2219 CL (6 × 2 – 4)
Pritschenwagen mit lenkbarer Vorlaufachse und Luftfederung
1983–1985

Mercedes-Benz 2219 C (6 × 2)
Fahrgestell für Pritschen- und Sonderaufbauten
mit nicht angetriebener, anhebbarer Schleppachse
1983–1985

	Mercedes-Benz 2219 C (6 × 2) 2219 C (6 × 2–4) 1983–1985	Mercedes-Benz 2220 (6 × 2) 2220 (6 × 2–4) ab 1985	Mercedes-Benz 2222 (6 × 2) 2222 (6 × 2–4) ab 1983
Antrieb	(6 × 2): Achse 1 = Lenkachse, Achse 2 = Antriebsachse, Achse 3 = anhebbare Nachlaufachse (6 × 2–4): Achse 1 = Lenkachse, Achse 2 = mitlenkende Vorlaufachse, Achse 3 = Antriebsachse		
Motor	Daimler-Benz OM 362 LA Direkteinspritz-Dieselmotor mit Abgas-Turbolader und Ladeluft-Kühlung	Daimler-Benz OM 366 LA Direkteinspritz-Dieselmotor mit Abgas-Turbolader und Ladeluft-Kühlung	Daimler-Benz OM 421 Direkteinspritz-Dieselmotor
Zylinderzahl	6 (Reihe)	6 (Reihe)	6 (V-Form)
Bohrung × Hub	97 × 128 mm	97,5 × 133 mm	128 × 142 mm
Hubraum	5675 ccm	5960 ccm	10 960 ccm
Leistung	192 PS (141 kW) b. 2300 U/min	204 PS (150 kW) b. 2600 U/min	216 PS (159 kW) b. 2300 U/min
	2219 C (6 × 2): Fahrgestell für Pritschen- und Sonderaufbauten	**2220 (6 × 2): Fahrgestell für Pritschen- und Sonderaufbauten**	**2222 (6 × 2): Fahrgestell für Pritschen- und Sonderaufbauten**
Radstand	3600, 4200 oder 5200 + 1350	3600, 4200 oder 5200 + 1350	4200 oder 5200 + 1350 mm
Getriebe	6 Gang	6 Gang	6 Gang
Reifen	11 R 22,5 Achse 2: Zwillingsräder Achse 3: Einzelräder	11 R 22,5 Achse 2: Zwillingsräder Achse 3: Einzelräder	11 R 22,5 Achse 2: Zwillingsräder Achse 3: Einzelräder
Fahrgestellgewicht	5950–6100 kg	5950–6100 kg	6350–6450 kg
Zuläss. Gesamtgewicht	22 000 kg	22 000 kg	22 000 kg
	2219 C L (6 × 2):	**2220 L (6 × 2):**	**2222 L (6 × 2):**
	Gleiche Daten, jedoch Achse 2 und 3 mit Luftfederung	Gleiche Daten, jedoch Achse 2 und 3 mit Luftfederung	Gleiche Daten, jedoch Achse 2 und 3 mit Luftfederung
	2219 C (6 × 2–4): Fahrgestell für Pritschen- und Sonderaufbauten	**2220 (6 × 2–4): Fahrgestell für Pritschen- und Sonderaufbauten**	**2222 (6 × 2–4): Fahrgestell für Pritschen- und Sonderaufbauten**
Radstand	3450 oder 3850 + 1350 mm	3450 oder 3850 + 1350 mm	3450 oder 3850 + 1350 mm
Getriebe	6 Gang	6 Gang	6 Gang
Reifen	11 R 22,5 Achse 3: Zwillingsräder	11 R 22,5 Achse 3: Zwillingsräder	11 R 22,5 Achse 3: Zwillingsräder
Fahrgestellgewicht	6500–6550 kg	6500–6550 kg	6850–6900 kg
Zuläss. Gesamtgewicht	22 000 kg	22 000 kg	22 000 kg
Radstand			
Getriebe			
Reifen			
Fahrgestellgewicht			
Zuläss. Gesamtgewicht			
Radstand			
Getriebe			
Reifen			
Fahrgestellgewicht			
Zuläss. Gesamtgewicht			

Mercedes-Benz 2222 (6 × 4) ab 1982	**Mercedes-Benz 2225 (6 × 4) ab 1982**		
(6 × 4): Achse 1 = Lenkachse, 2 + 3 = Antriebsachsen			
Daimler-Benz OM 421 Direkteinspritz-Dieselmotor	Daimler-Benz OM 422 Direkteinspritz-Dieselmotor		
6 (V-Form) 128 × 142 mm 10 960 ccm 216 PS (159 kW) b. 2300 U/min	8 (V-Form) 128 × 142 mm 14 620 ccm 250 PS (184 kW) b. 2300 U/min		
2222: (6 × 4): Fahrgestell für Pritschen- und Sonderaufbauten 3600, 4200 oder 4800 + 1350 8 Gang bzw. (ab 1983) 6 Gang 11 R 22,5 Achse 2 + 3: Zwillingsräder 7200–7350 kg 22 000 kg			
2222 K (6 × 4): Fahrgestell für Kipper 3200 oder 3600 + 1350 mm 8 Gang + Kriechgang bzw. (ab 1983) 7 Gang 11 R 22,5 Achse 2 + 3: Zwillingsräder 7300–7350 kg 22 000 kg			
2222 B (6 × 4): Fahrgestell für Betonmischer 2800 + 1350 mm 8 Gang + Kriechgang 11 R 22,5 Achse 2 + 3: Zwillingsräder 7150 kg 22 000 kg	**2225 B (6 × 4): Fahrgestell für Betonmischer** 2800 + 1350 mm 8 Gang + Kriechgang 11 oder 12 R 22,5 Achse 2 + 3: Zwillingsräder 7360 bzw. 7460 kg 22 000 bzw. 26 000 kg		

Mercedes-Benz 2228 (6 × 2)
Gepanzertes Fahrzeug für
Geld- und Werttransporte
Aufbau: Thiele (Bremen)
1978

←

Mercedes-Benz 2228 (6 × 2)
Getränketransport-Fahrzeug
mit seitlichen Klappwänden
Aufbau: Thiele (Bremen)
1985

←

Mercedes-Benz 2233 (6 × 2)
mit Koffer-Wechselaufbau
mit höhenvariabler
Doppelstockverladung
für Trockenfracht-Frischdienst
Aufbau: Schmitz
1985

←

→
→

Mercedes-Benz 2233 L (6 × 2)
Fahrgestell für Pritschen-
oder Sonderaufbauten
1981–1985

	Mercedes-Benz 2228 (6 × 2) ab 1979 2228 (6 × 4) ab 1980	Mercedes-Benz 2233 (6 × 2) 1981–1985 2233 (6 × 4) 1981–1985	Mercedes-Benz 2235 (6 × 2) ab 1985 2235 (6 × 4) ab 1985
Motor	Daimler-Benz OM 422 Direkteinspritz-Dieselmotor	Daimler-Benz OM 422 A Direkteinspritz-Dieselmotor mit Abgas-Turbolader	Daimler-Benz OM 442 A Direkteinspritz-Dieselmotor mit Abgas-Turbolader
Zylinderzahl	V 8	V 8	V 8
Bohrung × Hub	128 × 142 mm	128 × 142 mm	128 × 142 mm
Hubraum	14 620 ccm	14 620 ccm	14 620 ccm
Leistung	280 PS/206 kW b. 2300 U/min	330 PS/242 kW b. 2300 U/min	354 PS/260 kW b. 2100 U/min
Getriebe	4 × 2 × 2 Gang	4 × 2 × 2 Gang	16 Gang mit elektro- pneumatischer Schaltung
Antrieb	6 × 2: Antrieb auf vordere Hinterachse (Achse 2). Nachlaufachse (Achse 3) anhebbar 6 × 4: Antrieb auf beide Hinterachsen (Achse 2 und 3)		
Fußbremse	Zweikreis-Druckluft, dazu Motorbremse		
	2228 (6 × 2): Pritschenwagen	**2233 (6 × 2): Pritschenwagen**	**2235 (6 × 2): Pritschenwagen**
Radstand	4100 oder 4500 + 1350 mm	4500 + 1350 mm	4500 + 1350 mm
Pritsche	7150 × 2430 mm	7150 × 2430 mm	7150 × 2430 mm
Gesamtmaße	8000 (9200) × 2500 × 3000 (Höhe über Fahrerhaus)	9000 × 2500 × 3000 mm (Höhe über Fahrerhaus)	9000 × 2500 × 3000 mm (Höhe über Fahrerhaus)
Reifen	12 R 22,5 L Achse 2: Zwillingsräder Achse 3: Einzelräder	12 R 22,5 L Achse 2: Zwillingsräder Achse 3: Einzelräder	12 R 22,5 L Achse 2: Zwillingsräder Achse 3: Einzelräder
Fahrgestellgewicht	7150 (7200) kg	7940 kg	7840 kg
Wagengewicht (mit Fahrer)	8350 (8400) kg mit Normal-Fahrerhaus	9150 kg mit Großraum-Fahrerhaus	9050 kg mit Großraum-Fahrerhaus
Zuläss. Gesamtgewicht	22 000 kg	22 000 kg	22 000 kg
Nutzlast	ca. 12,5 t	ca. 12,5 t	ca. 12,5 t
Zuläss. Lastzuggewicht	38 000 kg	38 000 kg	38 000 kg
Höchstgeschwindigkeit	110 km/h	120 km/h	120 km/h
Preis (ohne MWSteuer)	1985: ca. 160 000 DM	1985: ca. 181 000 DM	
	2228 L (6 × 2): Pritschenwagen mit Luftfederung der Hinterachsen	**2233 L (6 × 2): Pritschenwagen mit Luftfederung der Hinterachsen**	**2235 L (6 × 2): Pritschenwagen mit Luftfederung der Hinterachsen**
Radstand	4100 oder 4500 + 1350 mm	4500 + 1350 mm	4500 + 1350 mm
	2228 (6 × 4): Pritschenwagen	**2233 (6 × 4): Pritschenwagen**	**2235 (6 × 4): Pritschenwagen**
Radstand	4100 oder 4500 + 1350 mm	4500 + 1350 mm	4500 + 1350 mm
Pritsche	7150 × 2430 mm	7150 × 2430 mm	7150 × 2430 mm
Gesamtmaße	8960 (9360) × 2500 × 3000 (Höhe über Fahrerhaus)	9360 × 2500 × 3000 mm (Höhe über Fahrerhaus)	9360 × 2500 × 3000 mm (Höhe über Fahrerhaus)
Reifen	12 R 22,5 L 4 Zwillings-Hinterräder	12 R 22,5 L 4 Zwillings-Hinterräder	12 R 22,5 L 4 Zwillings-Hinterräder
Fahrgestellgewicht	8260 (9310) kg	8900 kg	8800 kg
Wagengewicht (mit Fahrer)	9450 (9600) kg	10 100 kg	10 000 kg
Zuläss. Gesamtgewicht	22 000 kg	22 000 kg	22 000 kg
Zuläss. Lastzuggewicht	38 000 kg	38 000 kg	38 000 kg
Höchstgeschwindigkeit	110 km/h	110 km/h	110 km/h
Preis (ohne MWSteuer)	1985: ca. 165 000 DM	1985: ca. 185 000 DM	
	2228 S (6 × 4): Sattelzugmaschine	**2233 S (6 × 4): Sattelzugmaschine**	**2235 S (6 × 4): Sattelzugmaschine**
Radstand	3000 + 1350 mm	3000 + 1350 mm	3000 + 1350 mm

Mercedes-Benz 2238 (6 × 2) 1981–1985 2238 (6 × 4) 1981–1985	Mercedes-Benz 2244 (6 × 2) ab 1985 2244 (6 × 4) ab 1985	Mercedes-Benz 2236 (6 × 2) ab 1982 2236 (6 × 4) ab 1984	
Daimler-Benz OM 422 LA	Daimler-Benz OM 442 LA	Daimler-Benz OM 423	
Direkteinspritz-Dieselmotor	Direkteinspritz-Dieselmotor	Direkteinspritz-Dieselmotor	
mit Abgas-Turbolader	mit Abgas-Turbolader	mit Abgas-Turbolader	
und Ladeluft-Kühlung	und Ladeluft-Kühlung		
V 8	V 8	V 10	
128 × 142 mm	128 × 142 mm	128 × 142 mm	
14 620 ccm	14 620 ccm	18 270 ccm	
375 PS/276 kW b. 2300 U/min	435 PS/320 kW b. 2100 U/min	355 PS/261 kW b. 2300 U/min	
4 × 2 × 2 Gang	16 Gang mit elektro- pneumatischer Schaltung	4 × 2 × 2 Gang	

6 × 2: Antrieb auf vordere Hinterachse (Achse 2), Nachlaufachse (Achse 3) anhebbar
6 × 4: Antrieb auf beide Hinterachsen (Achse 2 und 3)
Zweikreis-Druckluft, dazu Motorbremse

2238 (6 × 2): Pritschenwagen	**2244 (6 × 2): Pritschenwagen**	**2236 (6 × 2): Pritschenwagen**	
4500 + 1350 mm	4500 + 1350 mm	4100 oder 4500 + 1350 mm	
7150 × 2430 mm	7150 × 2430 mm	7150 × 2430 mm	
9000 × 2500 × 3000 mm	9000 × 2500 × 3000 mm	8800 (9200) × 2500 × 3000	
(Höhe über Fahrerhaus)	(Höhe über Fahrerhaus)	(Höhe über Fahrerhaus)	
12 R 22,5 L	12 R 22,5 L	12 R 22,5 L	
Achse 2: Zwillingsräder	Achse 2: Zwillingsräder	Achse 2: Zwillingsräder	
Achse 3: Einzelräder	Achse 3: Einzelräder	Achse 3: Einzelräder	
7970 kg	7870 kg	7850 (7900) kg	
9200 kg	9100 kg	9050 (9100) kg	
mit Großraum-Fahrerhaus	mit Großraum-Fahrerhaus	mit Normal-Fahrerhaus	
22 000 kg	22 000 kg	22 000 kg	
ca. 12,5 t	ca. 12,5 t	ca. 12,5 t	
38 000 kg	38 000 kg	38 000 kg	
120 km/h	120 km/h	120 km/h	
1985: ca. 185 000 DM		1985: ca. 172 000 DM	
2238 L (6 × 2): Pritschenwagen mit Luftfederung der Hinterachsen	**2244 L (6 × 2): Pritschenwagen mit Luftfederung der Hinterachsen**		
4500 + 1350 mm	4500 + 1350 mm		
2238 (6 × 4): Pritschenwagen	**2244 (6 × 4): Pritschenwagen**		
4500 + 1350 mm	4500 + 1350 mm		
7150 × 2430 mm	7150 × 2430 mm		
9360 × 2500 × 3000 mm	9360 × 2500 × 3000 mm		
(Höhe über Fahrerhaus)	(Höhe über Fahrerhaus)		
12 R 22,5 L	12 R 22,5 L		
4 Zwillings-Hinterräder	4 Zwillings-Hinterräder		
8930 kg	8830 kg		
10 400 kg	10 300 kg		
22 000 kg	22 000 kg		
38 000 kg	38 000 kg		
110 km/h	110 km/h		
1985: ca. 189 000 DM			
2238 S (6 × 4): Sattelzugmaschine	**2244 S (6 × 4): Sattelzugmaschine**	**2236 S (6 × 4): Sattelzugmaschine**	
3000 + 1350 mm	3000 + 1350 mm	3000 + 1350 mm	

Mercedes-Benz 2628 A (6 × 6) Militär-Lastwagen für Export, ab 1980

Mercedes-Benz 2628 F (6 × 4) Löschfahrzeug, Aufbau Rosenbauer (Linz) 1984

Mercedes-Benz 2628 AK (6 × 6) Sattelzugmaschine, ab 1980

Motor

Zylinderzahl
Bohrung × Hub
Hubraum
Leistung
Getriebe + Antrieb

Fußbremse

Radstand
Pritsche
Reifen

Fahrgestellgewicht
Zuläss. Gesamtgewicht
Zuläss. Lastzuggewicht

Radstand
Fahrgestellgewicht

Radstand

Radstand

Radstand
Pritsche
Gesamtmaße
Wagengewicht (mit Fahrer)
Zuläss. Gesamtgewicht
Zuläss. Lastzuggewicht

Radstand
Pritsche
Gesamtmaße
Wagengewicht (mit Fahrer)
Zuläss. Gesamtgewicht
Zuläss. Lastzuggewicht

Radstand
Zuläss. Gesamtgewicht

Mercedes-Benz 2628 (6 × 4) und (6 × 6) ab 1980	**Mercedes-Benz 2633 (6 × 4) ab 1981**	**Mercedes-Benz 2636 (6 × 4) und (6 × 6) ab 1981**	**Mercedes-Benz 2638 (6 × 4) ab 1981**
Daimler-Benz OM 422 Direkteinspritz-Dieselmotor	Daimler-Benz OM 422 A Direkteinspritz-Dieselmotor mit Abgas-Turbolader	Daimler-Benz OM 423 Direkteinspritz-Dieselmotor	Daimler-Benz OM 422 LA Direkteinspritz-Dieselmotor mit Abgas-Turbolader und Ladeluft-Kühlung
8 (V-Form)	8 (V-Form)	10 (V-Form)	8 (V-Form)
128 × 142 mm	128 × 142 mm	128 × 142 mm	128 × 142 mm
14 620 ccm	14 620 ccm	18 270 ccm	14 620 ccm
280 PS (206 kW) b. 2300 U/min	330 PS (242 kW) b. 2300 U/min	355 PS (261 kW) b. 2300 U/min	375 PS (276 kW) b. 2300 U/min

(6 × 4): Getriebe 4 × 2 × 2 Gang, Antrieb auf beide Hinterachsen (Achsen 2 und 3)
(6 × 6): Getriebe 6 Gang + Geländegang, Allrad-Antrieb auf Achsen 1, 2 und 3)
Zweikreis-Druckluft, dazu Motorbremse

2628 (6 × 4): Fahrgestell für Pritschen- oder Sonderaufbauten	**2633 (6 × 4): Fahrgestell für Pritschen- oder Sonderaufbauten**	**2636 (6 × 4): Fahrgestell für Pritschen- oder Sonderaufbauten**	**2638 (6 × 4): Fahrgestell für Pritschen- oder Sonderaufbauten**
4100 oder 4500 + 1350 mm	4500 + 1350 mm	4100 oder 4500 + 1350 mm	4500 + 1350 mm
7150 × 2430 mm	7150 × 2430 mm	7150 × 2430 mm	7150 × 2430 mm
12 R 22.5 L	12 R 22,5 L	12 R 22,5 L	12 R 22,5 L
4 Zwillings-Hinterräder	4 Zwillings-Hinterräder	4 Zwillings-Hinterräder	4 Zwillings-Hinterräder
8600–8650 kg	8950 kg	8850 kg	8980 kg
22 000 oder 26 000 kg	26 000 kg	22 000 oder 26 000 kg	26 000 kg
38 000 kg	38 000 kg	38 000 kg	38 000 kg
2628 A (6 × 6): Fahrgestell für Pritschen- oder Sonderaufbauten		**2636 A (6 × 6): Fahrgestell für Pritschen- oder Sonderaufbauten**	
4100 oder 4500 + 1350 mm		4100 oder 4500 + 1350 mm	
8950 kg		9350 kg	
2628 S (6 × 4): Sattelzugmaschine	**2633 S (6 × 4): Sattelzugmaschine**	**2636 S (6 × 4): Sattelzugmaschine**	**2638 S (6 × 4): Sattelzugmaschine**
3200 + 1350 mm	3200 + 1350 mm	3200 + 1350 mm	3200 + 1350 mm
2628 AS (6 × 6): Sattelzugmaschine		**2636 AS (6 × 6): Sattelzugmaschine**	
3500 + 1350 mm		3500 + 1350 mm	
2628 K (6 × 4): Kipper		**2636 K (6 × 4): Kipper**	
3200 oder 3850 + 1350 mm		3200 oder 3850 + 1350 mm	
4800 (5000) × 2300 mm		4800 (5000) × 2300 mm	
6750 (7650) × 2500 × 3000		6750 (7650) × 2500 × 3000	
11 100 (12 600) kg		11 350 (12 850) kg	
22 000 oder 26 000 kg		26 000 kg	
38 000 kg		38 000 kg	
2628 AK (6 × 6): Kipper		**2636 AK (6 × 6): Kipper**	
3500 oder 3850 + 1350 mm		3500 oder 3850 + 1350 mm	
4800 (5000) × 2300 mm		4800 (5000) × 2300 mm	
7150 (7750) × 2500 × 3000		7150 (7750) × 2500 × 3000	
11 700 (13 200) kg		12 200 (13 700) kg	
22 000 oder 26 000 kg		26 000 kg	
38 000 kg		38 000 kg	
2628 B (6 × 4): Betonmischer-Fahrgestell			
3200 + 1350 mm			
22 000 oder 26 000 kg			

Mercedes-Benz 2628 AK (6 × 6)
Radstand 3500 + 1350 mm
Polizei-Wasserwerfer WW 9000
Aufbau: Metz
ab 1981

Mercedes-Benz 2628 A (6 × 6)
Hochdruckspül-
und Saugwagen
Aufbau: Kuka (Augsburg)
1984

←

→

Mercedes-Benz 2638 LS (6 × 4)
Sattelzugmaschine mit
Dreiachs-Tieflader-
Sattelanhänger
1981

Mercedes-Benz 2636 S (6 × 4)
Sattelzugmaschine mit
Zweiachs-Betonmischer-
Sattelanhänger
Inhalt der Trommel 10 m^3
1983

→

←

Mercedes-Benz 2636 AK (6 × 6)
Meiller Dreiseitenkipper
mit Stahlpritsche
1981

Mercedes-Benz 2636 AK
Meiller Muldenkipper
1981

←

→

Mercedes-Benz 2638 LS (6 × 4)
Sattelzugmaschine mit
Dreiachs-Nachläufer für
den Transport überlanger
Beton-Fertigteile
1983

Morschhäuser

Mercedes-Benz 2028 LS (6 × 2 – 4)
Sattelzugmaschine
mit 2 Lenkachsen
und Luftfederung
ab 1980

Mercedes-Benz 2028 LS (6 × 2 – 4)
Sattelzugmaschine
mit 2 Lenkachsen
und Luftfederung
sowie Krone Zweiachs-
Pritschenauflieger
1980

	Mercedes-Benz 2028 L (6 × 2–4) ab 1980	**Mercedes-Benz 2033 L (6 × 2–4) ab 1984**	**Mercedes-Benz 2036 L (6 × 2–4) ab 1984**
Motor	Daimler-Benz OM 422 Direkteinspritz-Dieselmotor	Daimler-Benz OM 422 A Direkteinspritz-Dieselmotor mit Abgas-Turbolader	Daimler-Benz OM 423 Direkteinspritz-Dieselmotor
Zylinderzahl	8 (V-Form)	8 (V-Form)	10 (V-Form)
Bohrung × Hub	128 × 142 mm	128 × 142 mm	128 × 142 mm
Hubraum	14 620 ccm	14 620 ccm	12 840 ccm
Leistung	280 PS (206 kW) b. 2300 U/min	330 PS (243 kW) b. 2300 U/min	355 PS (261 kW) b. 2300 U/min
Getriebe	4 × 2 × 2 Gang	4 × 2 × 2 Gang	4 × 2 × 2 Gang
Antrieb	Achsen 1 + 2: Lenkachsen Achse 3: Antriebsachse	Achsen 1 + 2: Lenkachsen Achse 3: Antriebsachse	Achsen 1 + 2: Lenkachsen Achse 3: Antriebsachse
Federung	Achse 2 + 3: Luftfederung	Achse 2 + 3: Luftfederung	Achse 2 + 3: Luftfederung
	2028 LS (6 × 2–4): Sattelzugmaschine	**2033 LS (6 × 2–4): Sattelzugmaschine**	**2036 LS (6 × 2–4): Sattelzugmaschine**
Radstand	2400 + 1350 mm	2400 + 1350 mm	2400 + 1350 mm
Reifen	12 R 22,5 Achse 2: Einzelräder Achse 3: Zwillingsräder	12 R 22,5 L Achse 2: Einzelräder Achse 3: Zwillingsräder	12 R 22,5 Achse 2: Einzelräder Achse 3: Zwillingsräder
Fahrgestellgewicht (einschl. Fahrerhaus)	7450 kg (Großraum-Fahrerhaus)	8250 kg (Großraum-Fahrerhaus)	7870 kg (Normal-Fahrerhaus)
Zuläss. Gesamtgewicht	19 000, 20 000 oder 22 000 kg	19 000, 20 000 oder 22 000 kg	22 000 kg
Zuläss. Lastzuggewicht	38 000 kg	38 000 kg	38 000 kg
Preis (ohne MWSteuer)	1985: ca. 152 000 DM (mit Normal-Fahrerhaus) ca. 164 000 DM (mit Großraum-Fahrerhaus)	1985: ca. 175 000 DM (mit Großraum-Fahrerhaus)	1985: ca. 164 000 DM (mit Normal-Fahrerhaus)

	Mercedes-Benz 3850 A (6 × 6) ab 1984
Motor	Daimler-Benz OM 423 LA Direkteinspritz-Dieselmotor mit 2 Abgas-Turbolader und Ladeluftkühlung
Zylinderzahl	10 (V-Form)
Bohrung × Hub	128 × 142 mm
Hubraum	18 270 ccm
Leistung	500 PS (368 kW) b. 2300 U/min
Getriebe	4 × 2 × 2 Gang + Wandler-Schaltkupplung
Antrieb	Sechsrad-Antrieb
Fußbremse	Zweikreis-Druckluft, dazu Motorbremse
	3850 AS (6 × 6): Schwerlast-Zugmaschine
Radstand	3800 + 1450 mm
Reifen	12 R 24 4 Zwillings-Hinterräder
Fahrgestellgewicht (einschl. Fahrerhaus)	13 300 kg
Ballastgewicht (einschl. Aufbau)	24 700 kg
Zuläss. Gesamtgewicht	38 000 kg
Zuläss. Lastzuggewicht	110 000 / 220 000 kg
Preis (ohne MWSteuer)	ca. 290 000 DM (mit Großraum-Fahrerhaus)

 Mercedes-Benz 3850 AS (6 × 6) Schwerlast-Zugmaschine, ab 1984

Mercedes-Benz 3328 (8 × 4 – 4) Fahrgestell, ab 1983

Mercedes-Benz 3336 (8 × 4 – 4) Kesselwagen 1985

Mercedes-Benz 3228 (8 × 4 – 4) mit Schlammabsaug-Aufbau 1984

Mercedes-Benz 3328 (8 × 4 – 4) Meiller Dreiseitenkipper 1985

Mercedes-Benz 3336 (8 × 4 – 4) Meiller Dreiseitenkipper 1985

Mercedes-Benz 3025 B (8 × 4 – 4) Transport-Betonmischer 1985

Mercedes-Benz 3336 K (8 × 4 – 4) Muldenkipper 1983

Motor

Zylinderzahl
Bohrung × Hub
Hubraum
Leistung
Getriebe
Lenkung
Antrieb
Fußbremse

Radstand

Wagen-Gesamtlänge
Reifen

Fahrgestellgewicht
(einschl. Fahrerhaus)
Zuläss. Gesamtgewicht

Radstand

Zuläss. Gesamtgewicht

Radstand

Zuläss. Gesamtgewicht

Radstand
Zuläss. Gesamtgewicht

Radstand
Zuläss. Gesamtgewicht

Mercedes-Benz 3025 (8 × 4–4) ab 1983	Mercedes-Benz 3028 (8 × 4–4) 3328 (8 × 4–4) ab 1983	Mercedes-Benz 3033 (8 × 4–4) 3333 (8 × 4–4) ab 1983	Mercedes-Benz 3336 (8 × 4–4) ab 1983
Daimler-Benz OM 422 Direkteinspritz-Dieselmotor	Daimler-Benz OM 422 Direkteinspritz-Dieselmotor	Daimler-Benz OM 422 A Direkteinspritz-Dieselmotor mit Abgas-Turbolader	Daimler-Benz OM 423 Direkteinspritz-Dieselmotor
8 (V-Form)	8 (V-Form)	8 (V-Form)	10 (V-Form)
128 × 142 mm	128 × 142 mm	128 × 142 mm	128 × 142 mm
14 620 ccm	14 620 ccm	14 620 ccm	18 270 ccm
250 PS (184 kW) b. 2300 U/min	280 PS (206 kW) b. 2300 U/min	330 PS (243 kW) b. 2300 U/min	355 PS (261 kW) b. 2300 U/min
4 × 2 × 2 Gang	4 × 2 × 2 Gang	4 × 2 × 2 Gang	4 × 2 × 2 Gang
2 Vorderachsen	2 Vorderachsen	2 Vorderachsen	2 Vorderachsen
2 Hinterachsen	2 Hinterachsen	2 Hinterachsen	2 Hinterachsen
Zweikreis-Druckluft, dazu Motorbremse	Zweikreis-Druckluft, dazu Motorbremse	Zweikreis-Druckluft, dazu Motorbremse	Zweikreis-Druckluft, dazu Motorbremse
	3328 (8 × 4–4): **Fahrgestell für Pritschen- und Sonderaufbauten**	**3333 (8 × 4–4):** **Fahrgestell für Pritschen- und Sonderaufbauten**	**3336 (8 × 4–4):** **Fahrgestell für Pritschen- und Sonderaufbauten**
	1500 + 2600 + 1350 oder 1500 + 3000 + 1350 oder 1500 + 3650 + 1350 oder 1500 + 4000 + 1350 mm	1500 + 2600 + 1350 oder 1500 + 3000 + 1350 oder 1500 + 3650 + 1350 oder 1500 + 4000 + 1350 mm	1500 + 2600 + 1350 oder 1500 + 3000 + 1350 oder 1500 + 3650 + 1350 oder 1500 + 4000 + 1350 mm
	ca. 9 bis 10,5 Meter	ca. 9 bis 10,5 Meter	ca. 9 bis 10,5 Meter
	12 R 22,5	12 R 22,5	12 R 22,5
	4 Zwillings-Hinterräder	4 Zwillings-Hinterräder	4 Zwillings-Hinterräder
	ca. 10 000–11 000 kg	ca. 10 000–11 000 kg	ca. 10 000–11 000 kg
	33 000 kg	33 000 kg	33 000 kg
	3328 K (8 × 4–4): **Fahrgestell für Kipper**	**3333 K (8 × 4–4):** **Fahrgestell für Kipper**	**3336 K (8 × 4–4):** **Fahrgestell für Kipper**
	1500 + 2350 + 1350 oder 1500 + 2600 + 1350 mm	1500 + 2350 + 1350 oder 1500 + 2600 + 1350 mm	1500 + 2350 + 1350 oder 1500 + 2600 + 1350 mm
	33 000 kg	33 000 kg	33 000 kg
	3328 B (8 × 4–4): **Betonmischer-Fahrgestell**		
	1500 + 2350 + 1350 oder 1500 + 2600 + 1350 mm		
	33 000 kg		
3025 K (8 × 4–4): **Fahrgestell für Kipper**	**3028 K (8 × 4–4):** **Fahrgestell für Kipper**		
1600 + 2540 + 1350 mm	1500 + 2600 + 1350 mm		
30 000 kg	30 000 kg		
3025 B (8 × 4–4): **Betonmischer-Fahrgestell**	**3028 B (8 × 4–4):** **Betonmischer-Fahrgestell**		
1600 + 2540 + 1350 mm	1500 + 2600 + 1350 mm		
30 000 kg	30 000 kg		

Der MB-trac und ein Dutzend Varianten des Unimog

Es lag gewiß nicht im Sinne seines Erfinders, daß der Unimog im Laufe der Zeit hauptsächlich zu einem Militärfahrzeug gedieh. Ebensowenig ließ es sich voraussehen, daß sein ziviler Einsatz etwa im Baugewerbe oder im kommunalen Dienst weit größere Bedeutung erlangen sollte als seine Verwendung in der Land- und Forstwirtschaft. Denn für deren Zwecke war doch das Universal-Motorgerät ursprünglich in erster Linie konzipiert worden. Daß es aber gerade hier sehr viel weniger Anklang fand als erwartet, hängt wohl vor allem mit der konservativen Einstellung der meisten Bauern zusammen. Die mögen noch so sehr von den mannigfaltigen Verwendungsmöglichekiten des Unimog und seiner unzähligen Anbaugeräte beeindruckt sein, kaufen tun sie überwiegend am Ende doch wieder einen herkömmlichen Ackerschlepper, einen, wie ihn schon der Vater in zwar viel bescheidenerer Ausführung besaß, und möglichst einen noch stärkeren, wie ihn der Nachbar schon besitzt.

Lange genug und mißvergnügt hatte man bei Daimler-Benz die Zurückhaltung unserer Bauern gegenüber dem Unimog beobachtet, bis man sozusagen die Flucht nach vorn ergriff. Ohne daß ihm diese Herkunft äußerlich auch nur im geringsten anzusehen gewesen wäre, verwandelte man den vereinfachten Unimog zu einem Bauernschlepper mit allem Drum und Dran. Sein Namen »MB-trac« kennzeichnet ihn als handfesten Traktor, und auch sein Erscheinungsbild läßt keinen Zweifel am Verwendungszweck. Eine zeitgemäß hohe Leistung des Dieselmotors, Allrad-Antrieb auf vier gleich große Räder sowie ein markantes, zukunftssicheres Aussehen, andererseits der Verzicht auf Hochgeschwindigkeit und Transportkapazität, sind die wichtigsten Kennzeichen dieses ganz speziell auf die Gegebenheiten der Land- und Forstwirtschaft zugeschnittenen Fahrzeugs.

Als ersten seiner Art präsentierte Daimler-Benz den MB-trac 65/70 (später: MB-trac 700) auf der Hannoverschen DLG im Mai 1972. Im Juni 1973 begann seine Produktion. Zwei Jahre später folgte der MB-trac 800, und heute gibt es den Schlepper in 7 Größen bis hinauf zum MB-trac 1500. Die Produktions- und Verkaufszahlen des Mercedes-Benz Traktors sind wiederum nicht umwerfend, aber beachtlich, sobald man sich vergegenwärtigt, daß hier ein völliger Neuling in einen sowieso schon hart umkämpften Markt fast auf Anhieb einen stattlichen Anteil für sich erringen konnte.

Bei den Zugmaschinen und Gelände-Lastwagen im Unimog-Programm gelang im Lauf der letzten Jahre eine sehr vorteilhafte Modernisierung der Frontverkleidung und des Fahrerhauses. Glatte, harmonisch aufgegliederte Flächen geben den Fahrzeugen ein gefälliges Aussehen. Zu danken haben sie dieses der Bundeswehr. Als deren neue Fahrzeuggeneration heranreifte, brauchte man einen Nachfolger für den zwar bewährten, aber auch betagten Unimog S. Trotz mancherlei Konkurrenz bestand eigentlich nie ein Zweifel darüber, daß nur wieder ein Unimog in Frage käme, wobei man aber erwartete, daß dieser sowohl technisch als auch äußerlich deutliche Fortschritte im Vergleich zum Vorgänger bringen mußte. Die dabei erzielten Errungenschaften kamen natürlich auch den größeren Unimog-Zugmaschinen zugute, soweit sie zur gleichen Typen-Familie gehörten. Die kleineren Schlepper und Zugmaschinen hingegen behielten bis heute ihr herkömmliches, inzwischen freilich ein bißchen antiquiertes Aussehen.

Als erster Unimog neuer Prägung erschien im September 1974 der U 120 (Baumuster 425), dessen Produktion dann aber erst im August 1975 begann, nämlich nur zwei Monate vor dem Baumuster 435, dem neuen Bundeswehr-Unimog. Im Frühjahr 1976 begann die Auslieferung des U 150, der sich nur durch seinen Abgas-Turbolader vom U 125 unterscheidet. Schließlich wurde im Oktober 1976 der U 1000 (Baumuster 424) vorgestellt. Im Dezember 1976 hat man die Typenbezeichnungen des gesamten Unimog-Programms wie folgt geändert:

U 52 (Baumuster 421)	Neue Bezeichnung:	U 600
U 72 (Baumuster 403)	Neue Bezeichnung:	U 800
U 84 (Baumuster 406)	Neue Bezeichnung:	U 900
U 95 (Baumuster 424)	Neue Bezeichnung:	U 1000
U 110 (Baumuster 416)	Neue Bezeichnung:	U 1100
U 120/125 (Baumuster 425)	Neue Bezeichnung:	U 1300
U 150 (Baumuster 425)	Neue Bezeichnung:	U 1500

Produktion

Typ	1973	1974	1975	1976	1977	1978	1979	1980	1981	1982	1983	1984	Gesamtzahl bis einschl. 1984
Unimog (alte Form)													
421	1109	891	677	520	724	688	626	601	1162	716	574	519	**17 312**
403	303	232	189	116	128	118	113	100	67	45	53	32	**4 958**
406	2643	2603	2466	1690	1304	1421	1334	941	608	505	472	331	**36 130**
416	1473	3564	2023	4277	4067	3008	1864	3187	2681	2 035	1670	812	**40 584**
413	177	64	23	25	43	19	62	19	63	7	3	18	**579**
Unimog (neue Form)													
424				16	624	864	1244	1063	931	845	882	1022	**7 491**
425			6	490	355	398	539	259	217	191	142	156	**2 753**
435			7	3	8	753	1609	2020	2088	6 093	3304	3218	**19 103**
in obigen Zahlen enthaltene Lastwagen													
421	208	189	146	59	133	65	54	93	792	490	325	249	**3 533**
413	177	64	23	25	43	19	62	19	63	7	3	18	**579**
406	56	184	164	52	68	8		14	3	2	7	14	**612**
416	1210	3258	1745	4020	3754	2802	1594	2963	2492	1 843	1527	738	**36 095**
424							8	4	16	31	29	101	**189**
425				4	25	29	33	29	32	36	22	18	**228**
435			7	3	8	753	1569	1889	1998	5 981	3209	3145	**18 522**
Unimog S													
404	1090	932	347	334	142	53	758	11					**64 242**
Gesamtzahl Unimog	**7291**	**9044**	**5986**	**7671**	**7395**	**7302**	**8149**	**8201**	**7817**	**10 497**	**7100**	**6108**	
MB-trac													
700 (440)	520	1100	1109	148	71	128	96	270	329	339	388	350	**4 848**
800 (440)			359	1734	1401	1360	1350	1053	997	514	541	422	**9 731**
900 (440)									182	944	941	727	**2 814**
1000 (441)										155	1262	899	**2 316**
1100 (442)				99	105	16	107	21	63	67	13	69	**560**
1300 (443)				112	573	494	448	231	172	194	147	187	**2 558**
1500 (443)								144	370	410	438	428	**1 820**
Gesamtzahl MB-trac	**520**	**1100**	**1468**	**2093**	**2150**	**1998**	**2001**	**1719**	**2113**	**2 703**	**3700**	**3082**	**26 647**

MB-trac 700
(Baumuster 440)
ab 1973

MB-trac 1000
(Baumuster 441)
ab 1982

MB-trac 1300
(Baumuster 443)
ab 1976

Bauart
Motor

Zylinderzahl
Bohrung × Hub
Hubraum
Leistung

Getriebe

Antrieb
Fußbremse

Radstand
Pritsche
Gesamtmaße
Reifen

Fahrzeuggewicht
Zuläss. Gesamtgewicht
Höchstgeschwindigkeit
Preis ohne MWSteuer)

Bemerkungen

Bauart
Motor

Zylinderzahl
Bohrung × Hub
Hubraum
Leistung
Getriebe

Antrieb
Fußbremse

Radstand
Pritsche
Gesamtmaße
Reifen

Fahrzeuggewicht
Zuläss. Gesamtgewicht
Höchstgeschwindigkeit
Preis ohne MWSteuer)

MB-trac 700 (Baumuster 440) ab 1973	MB-trac 800 (Baumuster 440) ab 1975	MB-trac 900 (Baumuster 440) ab 1981	
Allrad-Schlepper	Allrad-Schlepper	Allrad-Schlepper	
Daimler-Benz OM 314	Daimler-Benz OM 314	Daimler-Benz OM 314 A	
Direkteinspritz-Dieselmotor	Direkteinspritz-Dieselmotor	Direkteinspritz-Dieselmotor mit Abgas-Turbolader	
4 (Reihe)	4 (Reihe)	4 (Reihe)	
97 × 128 mm	97 × 128 mm	97 × 128 mm	
3780 ccm	3780 ccm	3780 ccm	
65 PS (48 kW) b. 2400 U/min bzw. MB-trac 700 K: 75 PS (55 kW) b. 2600 U/min	75 PS (55 kW) b. 2600 U/min	85 PS (63 kW) b. 2400 U/min	
14 Vorwärts-, 8 Rückwärtsgänge, dazu (auf Wunsch) Kriechgang + Schneckengang	16 Vorwärts-, 8 Rückwärtsgänge, dazu (auf Wunsch) Kriechgang + Schneckengang	16 Vorwärts-, 8 Rückwärtsgänge, dazu (auf Wunsch) Kriechgang + Schneckengang	
4 × 4 (abschaltbar)	4 × 4 (abschaltbar)	4 × 4 (abschaltbar)	
Hydraulisch, Trommelbremsen, Druckluft-Servohilfe	Hydraulisch, Scheibenbremsen, Druckluft-Servohilfe	Hydraulisch, Scheibenbremsen, Druckluft-Servohilfe	
2400 mm	2400 mm	2400 mm	
Hilfsladefläche 1 m^2	Hilfsladefläche 1 m^2	Hilfsladefläche 1 m^2	
4150 × 2000 × 2780 mm	4150 × 2140 × 2810 mm	4150 × 2140 × 2830 mm	
14,9 R 24 oder (auf Wunsch) 12,4 oder 13,6 R 28 oder 9,5 R 32	14,9 R 24 oder (auf Wunsch) 12,4 oder 13,6 R 28 oder 9,5 R 32	16,9 R 24 oder (auf Wunsch) 12,4 oder 13,6 R 28 oder 9,5 R 32	
3600 kg	4000 kg	4100 kg	
6000 kg	6000 kg	6500 kg	
25 bis 40 km/h	25 bis 40 km/h	25 bis 40 km/h	
1974: ca. 38 000 DM 1983: ca. 67 000 DM	1983: ca. 74 000 DM	1983: ca. 82 000 DM	
Typenbezeichnung 1973–1976: MB-trac 65/70			

<table>
<tr><th>MB-trac 1000
(Baumuster 441)
ab 1982</th><th>MB-trac 1100
(Baumuster 442)
ab 1976</th><th>MB-trac 1300
(Baumuster 443)
ab 1976</th><th>MB-trac 1500
(Baumuster 443)
ab 1980</th></tr>
<tr><td colspan="2">Allrad-Schlepper
Daimler-Benz OM 352
Direkteinspritz-Dieselmotor
6 (Reihe)
97 × 128 mm
5675 ccm</td><td colspan="2">Allrad-Schlepper
Daimler-Benz OM 352 A
Direkteinspritz-Dieselmotor mit Abgas-Turbolader
6 (Reihe)
97 × 128 mm
5675 ccm</td></tr>
<tr><td>95 PS (70 kW) b. 2400 U/min</td><td>110 PS (81 kW) b. 2600 U/min</td><td>125 PS (92 kW) b. 2500 U/min</td><td>150 PS (110 kW) b. 2400 U/min</td></tr>
<tr><td>16 Vorwärts-, 8 Rückwärtsgänge, dazu (auf Wunsch) Kriechgang + Schneckengang</td><td>12 Vorwärts-, 12 Rückwärtsgänge, dazu (auf Wunsch) Kriechgang + Schneckengang</td><td>14 Vorwärts-, 14 Rückwärtsgänge, dazu (auf Wunsch) Kriechgang + Schneckengang</td><td>14 Vorwärts-, 14 Rückwärtsgänge, dazu (auf Wunsch) Kriechgang + Schneckengang</td></tr>
<tr><td>4 × 4 (abschaltbar)</td><td>4 × 4 (abschaltbar)</td><td>4 × 4 (abschaltbar)</td><td>4 × 4 (abschaltbar)</td></tr>
<tr><td>Hydraulisch, Scheibenbremsen Druckluft-Servohilfe</td><td>Druckluft, Trommelbremsen</td><td>Druckluft, Trommelbremsen</td><td>Druckluft, Trommelbremsen</td></tr>
<tr><td>2600 mm</td><td>2650 mm</td><td>2650 mm</td><td>2650 mm</td></tr>
<tr><td>Hilfsladefläche 1 m^2</td><td>Hilfsladefläche 1 m^2</td><td>Hilfsladefläche 1 m^2</td><td>Hilfsladefläche 1 m^2</td></tr>
<tr><td>4450 × 2160 × 2870 mm</td><td>4680 × 2500 × 2900 mm</td><td>4680 × 2500 × 2900 mm</td><td>4680 × 2500 × 2930 mm</td></tr>
<tr><td>16,9 R 26 oder (auf Wunsch) 14,9 R 28 oder 16,9 R 24 oder 9,5 R 36</td><td>18,4 R 30 oder (auf Wunsch) 12,4 R 38</td><td>18,4 R 30 oder (auf Wunsch) 12,4 R 38</td><td>18,4 R 34 oder (auf Wunsch) 12,4 R 38</td></tr>
<tr><td>4500 kg</td><td>5880 kg</td><td>5880 kg</td><td>6200 kg</td></tr>
<tr><td>7000 kg</td><td>9000 kg</td><td>10 000 kg</td><td>10 000 kg</td></tr>
<tr><td>25 bis 40 km/h</td><td>25 bis 30 km/h</td><td>25 bis 40 km/h</td><td>25 bis 40 km/h</td></tr>
<tr><td>1983: ca. 85 000 DM</td><td>1983: ca. 113 000 DM</td><td>1983: ca. 117 000 DM</td><td>1983: ca. 125 000 DM</td></tr>
</table>

Unimog U 84 bzw. U 900 Ackerschlepper

 Unimog U 900 Flugzeugschlepper mit Doppel-Fahrerhaus und Wandler-Schaltkupplung

	Unimog U 600 (Baumuster 421) ab 1977	**Unimog U 800 (Baumuster 403) ab 1978**	
Bauart	Schlepper oder Zugmaschine, Universal-Motorgerät	Schlepper oder Zugmaschine. Universal-Motorgerät	
Motor	Daimler-Benz OM 616 Vorkammer-Dieselmotor	Daimler-Benz OM 314 Direkteinspritz-Dieselmotor	
Zylinderzahl	4 (Reihe)	4 (Reihe)	
Bohrung × Hub	91 × 92,4 mm	97 × 128 mm	
Hubraum	2404 ccm	3780 ccm	
Leistung	52 PS (38 kW) b. 3000 U/min	72 PS (53 kW) – 75 PS (55 kW) bei 2600 U/min	
Getriebe	6 Gang + (auf Wunsch) Vorschaltgetriebe	6 Gang + (auf Wunsch) Vorschaltgetriebe	
Antrieb	4 × 4 (abschaltbar)	4 × 4 (abschaltbar)	
Fußbremse	Einkreis-Hydraulik, Trommelbremsen, Druckluft-Servohilfe	Zweikreis-Hydraulik, Scheibenbremsen, Druckluft-Servohilfe	
Radstand	2250 mm	2380 mm	
Pritsche	1475 oder 1750 × 1500 mm	1475 oder 1950 × 1890 mm	
Gesamtmaße	4020–4310 × 1825 × 2280 mm (Höhe über Fahrerhaus)	4100–4500 × 2040 × 2370 mm (Höhe über Fahrerhaus)	
Reifen	10,5–20 (6 oder 8 PR) 10,5–18 (6 oder 8 PR) 12,5–18 (8 oder 10 PR)	10,5, 12,5, 14,5–20 (10 PR) 9,0 oder 14,5 R 20 22–20 (10 PR)	
Fahrzeuggewicht	2600–2850 kg	3200–3600 kg	
Zuläss. Gesamtgewicht	4100–4200 kg	5800–6000 kg	
Höchstgeschwindigkeit	62 km/h	74 km/h	
Preis (ohne MWSteuer)	1984: ca. 60 000 DM	1984: ca. 83 000 DM	
Bemerkungen	Ursprünglich: Typ U 52 Vorbau und Fahrerhaus alte Form!	Ursprünglich: Typ U 72 Vorbau und Fahrerhaus alte Form!	

	Unimog U 900 (Baumuster 406) ab 1978	**Unimog U 1100 (Baumuster 416) ab 1977**	
Bauart	Schlepper- oder Zugmaschine, Universal-Motorgerät	Zugmaschine, Transporter, Geräteträger	
Motor	Daimler-Benz OM 352 Direkteinspritz-Dieselmotor		
Zylinderzahl	6 (Reihe)		
Bohrung × Hub	97 × 128 mm		
Hubraum	5675 ccm		
Leistung	84 PS (62 kW) b. 2550 U/min	110 PS (81 kW) b. 2800 U/min	
Getriebe	6 Gang + (auf Wunsch) Vorschaltgetriebe		
Antrieb	4 × 4 (abschaltbar)		
Fußbremse	Zweikreis-Hydraulik, Scheibenbremsen, Druckluft-Servohilfe		
Radstand	2380 mm	2900 mm	
Pritsche	1475 oder 1950 × 1890 mm	1475 oder 1950 × 1890 mm	
Gesamtmaße	4100–4500 × 2000 × 2370 mm (Höhe über Fahrerhaus)	4650 × 2040 × 2340 mm (Höhe über Fahrerhaus)	
Reifen	10,5, 12,5, 14,5–20 (10 PR) 9,0 oder 14,5 R 20 22–20 (10 PR)	10,5 oder 12,5–20 (10 PR) 12,5–20 (12 PR) 22–20 (10 PR)	
Fahrzeuggewicht	3300–3700 kg	3300–3400 kg	
Zuläss. Gesamtgewicht	5800–6000 kg	6000–6500 kg	
Höchstgeschwindigkeit	74 km/h	79 km/h	
Preis (ohne MWSteuer)	1984: ca. 93 000 DM		
Bemerkungen	Ursprünglich: Typ U 84 Vorbau und Fahrerhaus alte Form!	Ursprünglich: Typ U 110 Vorbau und Fahrerhaus alte Form!	

Unimog U 1000 Ackerschlepper, ab 1976

Unimog U 1250 Geräteträger, ab 1983

Unimog U 1500 Schlepper oder Zugmaschine, ab 1975

Bauart

Motor

Zylinderzahl
Bohrung × Hub
Hubraum
Leistung
Vorwärtsgänge
Antrieb
Fußbremse
Radstand
Ladefläche
Gesamtmaße

Reifen

Fahrzeuggewicht
Zuläss. Gesamtgewicht
Höchstgeschwindigkeit
Preis (ohne MWSteuer)

Bemerkungen

Bauart

Motor

Zylinderzahl
Bohrung × Hub
Hubraum
Leistung
Vorwärtsgänge
Antrieb
Fußbremse
Radstand
Ladefläche
Gesamtmaße

Reifen

Fahrzeuggewicht
Zuläss. Gesamtgewicht
Höchstgeschwindigkeit

Bemerkungen

<table>
<tr><th>Unimog U 1000
(Baumuster 424)
ab 1976</th><th>Unimog U 1200
(Baumuster 425)
1975–1976</th><th>Unimog U 1200
(Baumuster 424)
ab 1982</th><th>Unimog U 1250
(Baumuster 424)
ab 1983</th></tr>
<tr><td>Schlepper oder Zugmaschine, Geräteträger</td><td>Schlepper oder Zugmaschine, Geräteträger</td><td>Schlepper oder Zugmaschine, Geräteträger</td><td>Zugmaschine, Transporter, Geräteträger</td></tr>
<tr><td colspan="2">Daimler-Benz OM 352</td><td colspan="2">Daimler-Benz OM 352 A</td></tr>
<tr><td colspan="2">Direkteinspritz-Dieselmotor</td><td colspan="2">Direkteinspritz-Dieselmotor mit Abgas-Turbolader</td></tr>
<tr><td colspan="2">6 (Reihe)</td><td colspan="2">6 (Reihe)</td></tr>
<tr><td colspan="2">97 × 128 mm</td><td colspan="2">97 × 128 mm</td></tr>
<tr><td colspan="2">5675 ccm</td><td colspan="2">5675 ccm</td></tr>
<tr><td>95 PS (70 kW) b. 2600 U/min</td><td>120 PS (88 kW) b. 2600 U/min</td><td colspan="2">125 PS (92 kW) b. 2600 U/min</td></tr>
<tr><td colspan="2">8 + 8</td><td colspan="2">8 + 8</td></tr>
<tr><td colspan="2">4 × 4 (abschaltbar)</td><td colspan="2">4 × 4 (abschaltbar)</td></tr>
<tr><td colspan="2">Zweikreis-Hydraulik, Scheibenbremsen, Druckluft-Servohilfe</td><td colspan="2">Zweikreis-Hydraulik, Scheibenbremsen, Druckluft-Servohilfe</td></tr>
<tr><td>2650 mm</td><td>2810 mm</td><td>2650 mm</td><td>3250 mm</td></tr>
<tr><td>1475 oder 1950 × 1890 mm</td><td>1680 oder 2320 × 2140 mm</td><td>1475 oder 1950 × 1890 mm</td><td>2300 oder 2800 × 1950 mm</td></tr>
<tr><td>4470 × 2110 × 2610 mm
(Höhe über Fahrerhaus)</td><td>4750 × 2340 × 2650 mm
(Höhe über Fahrerhaus)</td><td>4470 × 2110 × 2610 mm
(Höhe über Fahrerhaus)</td><td>5070 × 2110 × 2610 mm
(Höhe über Fahrerhaus)</td></tr>
<tr><td>12,5–20 (12 oder 16 PR)
10,5 oder 14,5–20 (10 PR)
9,00–20 (14 PR)
12,5 R 20</td><td>14,5–20 (16 PR)
14,5–24 (14 PR)
12 oder 13 R 22,5</td><td>12,5–20 (12 oder 16 PR)
10,5 oder 14,5–20 (10 PR)
9,00–20 (14 PR)
12,5 R 20</td><td>12,5–20 (12 oder 16 PR)
10,5 oder 14,5–20 (10 PR)
9,00–20 (14 PR)
12,5 oder 14,5 R 20</td></tr>
<tr><td>4160–4510 kg</td><td>4800–5400 kg</td><td>4210–4340 kg</td><td>4600–4650 kg</td></tr>
<tr><td>6800–7500 kg</td><td>9000 kg</td><td>6800–7500 kg</td><td>7500–8000 kg</td></tr>
<tr><td>73 km/h</td><td>80 km/h</td><td>73 km/h</td><td>73 km/h</td></tr>
<tr><td>1984: ca. 103 000 DM</td><td></td><td>1984: ca. 106 000 DM</td><td></td></tr>
<tr><td>Ursprünglich: Typ U 95
Vorbau und Fahrerhaus neue Form!</td><td>Ursprünglich: Typ U 120
Vorbau und Fahrerhaus neue Form!</td><td>Vorbau und Fahrerhaus neue Form!</td><td>Vorbau und Fahrerhaus neue Form!</td></tr>
</table>

<table>
<tr><th>Unimog U 1300
(Baumuster 425)
1977–1979</th><th>Unimog U 1500
(Baumuster 425)
ab 1975</th><th>Unimog U 1550
(Baumuster 419)
ab 1986</th><th>Unimog U 1700
(Baumuster 425)
ab 1981</th></tr>
<tr><td>Schlepper oder Zugmaschine, Geräteträger</td><td>Schlepper oder Zugmaschine, Geräteträger</td><td>Zugmaschine, Transporter, Geräteträger</td><td>Zugmaschine, Transporter, Geräteträger</td></tr>
<tr><td colspan="4">Daimler-Benz OM 352 A</td></tr>
<tr><td colspan="4">Direkteinspritz-Dieselmotor mit Abgas-Turbolader</td></tr>
<tr><td colspan="4">6 (Reihe)</td></tr>
<tr><td colspan="4">97 × 128 mm</td></tr>
<tr><td colspan="4">5675 ccm</td></tr>
<tr><td>125 PS (92 kW) b. 2600 U/min</td><td colspan="2">150 PS (110 kW) b. 2600 U/min</td><td>168 PS (124 kW) b. 2600 U/min</td></tr>
<tr><td colspan="4">8 + 8</td></tr>
<tr><td colspan="4">4 × 4 (abschaltbar)</td></tr>
<tr><td colspan="4">Zweikreis-Hydraulik, Scheibenbremsen, Druckluft-Servohilfe</td></tr>
<tr><td>2810 mm</td><td>2810 mm</td><td>3250 mm</td><td>3250 mm</td></tr>
<tr><td>1680 oder 2320 × 2140 mm</td><td>1680 oder 2320 × 2140 mm</td><td>2300 oder 2800 × 1950 mm</td><td>2550 oder 3000 × 2000 mm</td></tr>
<tr><td>4750 × 2340 × 2690 mm
(Höhe über Fahrerhaus)</td><td>4750 × 2340 × 2720 mm
(Höhe über Fahrerhaus)</td><td>5070 × 2110 × 2610 mm
(Höhe über Fahrerhaus)</td><td>5210 × 2340 × 2720 mm
(Höhe über Fahrerhaus)</td></tr>
<tr><td>16/70–24 (14 PR)
11,0–20 (16 PR)
12,0 oder 14,5–20 (18 PR)
12 oder 13 R 22,5</td><td>12 oder 13 R 22,5
16/70–24 (14 PR)
12,0 oder 14,5–20 (18 PR)
14,5–24 (16 PR)</td><td>14,5 R 20</td><td>12 oder 13 R 22,5
16/70–24 (14 PR)
12,0 oder 14,5–20 (18 PR)
14,5–24 (16 PR)</td></tr>
<tr><td>5100–5700 kg</td><td>5400–5900 kg</td><td>5700 kg</td><td>5650–6000 kg</td></tr>
<tr><td>9000 kg</td><td>9000–10 600 kg</td><td>10 500 kg</td><td>9000–12 500 kg</td></tr>
<tr><td>84 km/h</td><td>84 km/h</td><td></td><td>90 km/h</td></tr>
<tr><td>Ursprünglich: Typ U 125
Vorbau und Fahrerhaus neue Form!</td><td>Ursprünglich: Typ U 150
Vorbau und Fahrerhaus neue Form!</td><td>Vorbau und Fahrerhaus neue Form!</td><td>Vorbau und Fahrerhaus neue Form!</td></tr>
</table>

Unimog U 1300 L Löschgruppenfahrzeug LF 8, Aufbau Metz 1984

 Unimog U 1300 L Bundeswehr-Lastwagen, 2 t Nutzlast, ab 1978

	Unimog 600 L (Baumuster 421) ab 1977	Unimog 800 L (Baumuster 413) ab 1977	Unimog 1100 L (Baumuster 416) ab 1977
Bauart	Gelände-Lastwagen	Gelände-Lastwagen	Gelände-Lastwagen
Motor	Daimler-Benz OM 616 Vorkammer-Dieselmotor	Daimler-Benz OM 314 Direkteinspritz-Dieselmotor	Daimler-Benz OM 352 Direkteinspritz-Dieselmotor
Zylinderzahl	4 (Reihe)	4 (Reihe)	6 (Reihe)
Bohrung × Hub	91 × 92,4 mm	97 × 128 mm	97 × 128 mm
Hubraum	2404 ccm	3780 ccm	5675 ccm
Leistung	60 PS (44 kW) b. 3500 U/min	72 PS (53 kW) bzw. später 75 PS (55 kW) b. 2600 U/min	110 PS (91 kW) oder 125 PS (92 kW) b. 2800 U/min
Getriebe	6 Gang oder 2 × 4 Gang oder 8 + 8 Gang	6 Gang oder 2 × 4 Gang oder 8 + 8 Gang	6 Gang oder 2 × 4 Gang oder 8 + 8 Gang
Antrieb	4 × 4 (abschaltbar)	4 × 4 (abschaltbar)	4 × 4 (abschaltbar)
Fußbremse	Ein- oder Zweikreis-Hydraulik, Trommel- oder Scheibenbremsen, Druckluft-Servohilfe	Ein- oder Zweikreis-Hydraulik, Trommel- oder Scheibenbremsen, Druckluft-Servohilfe	Ein- oder Zweikreis-Hydraulik, Trommel- oder Scheibenbremsen, Druckluft-Servohilfe
Radstand	2605 mm	2900 mm	2900 oder 3400 mm
Pritsche	2500 × 1600 mm	3000 × 2000 mm	3000 (3600) × 2000 mm
Gesamtmaße	5000 × 1825 × 2250 mm (Höhe über Fahrerhaus)	5350 × 2160 × 2350 mm (Höhe über Fahrerhaus)	5350 (5950) × 2160 × 2360 mm (Höhe über Fahrerhaus)
Reifen	10,5–20 (6 oder 8 PR) 10,5–18 (6 oder 8 PR)	10,5–20 (10 PR) 12,5–20 (12 PR) 22–20 (10 PR)	10,5–20 (10 PR) 12,5–20 (10 PR) 22–20 (10 PR)
Fahrzeuggewicht	Fahrgestell 2300 kg	Fahrgestell 2900 kg	Fahrgestell 3000 (3500) kg
Zuläss. Gesamtgewicht	4200 kg	6500 kg	6500–6750 kg
Höchstgeschwindigkeit	bis 77 km/h	bis 79 km/h	bis 97 km/h
Bemerkungen	Vorbau und Fahrerhaus alte Form!	Vorbau und Fahrerhaus alte Form!	Vorbau und Fahrerhaus alte Form!

	Unimog U 1300 L (Baumuster 435) ab 1976	Unimog U 1700 L (Baumuster 435) ab 1976
Bauart	Militär-Gelände-Lastwagen	Militär-Gelände-Lastwagen
Motor	Daimler-Benz OM 352 Direkteinspritz-Dieselmotor	Daimler-Benz OM 352 A Direkteinspritz-Dieselmotor mit Abgas-Turbolader
Zylinderzahl	6 (Reihe)	6 (Reihe)
Bohrung × Hub	97 × 128 mm	97 × 128 mm
Hubraum	5675 ccm	5675 ccm
Leistung	130 PS (96 kW) b. 2800 U/min	168 PS (124 kW) b. 2800 U/min
Getriebe	8 Gang	8 Gang
Antrieb	4 × 4 (abschaltbar)	4 × 4 (abschaltbar)
Fußbremse	Zweikreis-Hydraulik, Scheibenbremsen, Druckluft-Servohilfe	Zweikreis-Hydraulik, Scheibenbremsen, Druckluft-Servohilfe
Radstand	3250 oder 3700 mm	3250 oder 3850 mm
Pritsche	3150 (3900) × 2000–2200 mm	3150 × 2200 bzw. 4050 × 2375 mm
Gesamtmaße	5480 (5850) × 2300 × 2610 mm (Höhe über Fahrerhaus)	5480 (6230) × 2340 (2500) × 2650 mm (Höhe über Fahrerhaus)
Reifen	12,5 R 20 oder auch 14,5–20 (10 oder 18 PR) 18–20 (8 PR) Einzel-Hinterräder	13 R 22,5 oder auch 12,0–20 (18 PR), 12 R 22,5, 13 R 20, 14,5–20 (18 PR), 14,5–24 (16 PR) 16/70–24 (14 PR), 16,5/75–20 R Einzel-Hinterräder
Wagengewicht	4350 (4550) kg	5200 (5500) kg
Zuläss. Gesamtgewicht	7350–7500 kg	9000–12 000 kg
Höchstgeschwindigkeit	80–100 km/h	90–105 km/h
Verbrauch/100 km	24 Liter Diesel	
Bemerkungen	Vorbau und Fahrerhaus neue Form!	Vorbau und Fahrerhaus neue Form!

Die buntgescheckten Container auf Rädern: Moderne Omnibusse (seit 1958)

Zu einer wichtigen Domäne von Daimler-Benz wurden im Lauf der letzten Jahrzehnte mehr und mehr die Großraum-Omnibusse, wodurch die Marke heute vor allem bei den im Stadtverkehr eingesetzten Linienbussen als kaum mehr zu schlagender Marktführer gilt.

Der erste Großraum-Omnibus modernen Zuschnitts erschien 1958 mit dem O 317, einem 12 Meter-Wagen für etwa 120 Fahrgäste. Sein spezielles Merkmal war der horizontal zwischen den Achsen liegende Unterflurmotor. Damit sollte der damalige Hauptkonkurrent Büssing gewissermaßen mit seinen eigenen Waffen bekämpft werden, was in der Tat so erfolgreich gelang, daß Daimler diese Bauart bei keinem späteren Omnibustyp mehr fortzuführen oder zu wiederholen brauchte. Im übrigen wurde beim O 317 die Luftfederung erstmalig in einem deutschen Serienfahrzeug angewendet. Ab 1963 gab es den auf 11,3 Meter verkürzten O 317 K. Schließlich wurde 1966 die Baureihe durch größere Fenster modernisiert und als weiteres Modell ein Überlandomnibus mit Gepäckräumen herausgebracht.

Um aber auch den viel höheren Ansprüchen zu genügen, die in bezug auf Geschwindigkeit, Federungs- und Bedienungskomfort den Reise-Omnibussen abverlangt werden, begann Daimler-Benz im Frühjahr 1965 mit der Produktion des Typs O 302. Das Programm umfaßte drei (später vier) Grundausführungen, jeweils mit hohen oder niedrigen Seitenscheiben sowie mit mehreren Motoren. Erstmals gab es hier die Klimaanlage als serienmäßige Sonderausstattung. Zehn Jahre lang wurde diese Baureihe erfolgreich verkauft.

Weil sich aber Omnibusse moderner Bauart kaum für die meist schlechten Straßen- und schwierigen Verkehrsverhältnisse vieler Länder der zweiten und dritten Welt eignen, gingen diese zunehmend dazu über, Lastwagen-Fahrgestelle mit oft recht primitiven, zuweilen aber auch bereits mit durchaus ansehnlichen Aufbauten zu versehen. Seit 1967 bietet Daimler-Benz nun eine ganze Palette von Einfach-Fahrgestellen an, die für den Aufbau von Omnibussen vorbereitet sind und fast ausschließlich in den Export gehen. Es handelt sich hier um robuste Fahrgestelle mit geradem Hochrahmen, abgeleitet aus dem regulären Programm der mittelschweren Lastwagen. Die wichtigsten Besonderheiten bestehen in der Verstärkung von Rahmen, Achsen, Federn und Reifen sowie in der Vorverlegung des Fahrersitzes oder im Einbau des Motors auf dem Rahmenende. Die wenigen Niederrahmen dieser Baureihe sind für Stadtlinien-Omnibusse bestimmt. Diese Fahrgestelle kommen folgerichtig seit dessen Bestehen aus dem Lastwagenwerk Wörth und neuerdings zum Teil auch von der schweizerischen NAW.

Inzwischen ist bei den Linienbussen für den innerstädtischen Verkehr etwas Interessantes passiert. Der Verband Öffentlicher Verkehrsbetriebe (VÖV) vermochte, nicht zuletzt dank der massiven Nachhilfe durch die Hamburger Hochbahn-AG., die Entwicklung eines standardisierten Linienbusses durchzusetzen, woran sich nach festen Vorgaben die Marken Mercedes-Benz, Büssing, MAN und Magirus beteiligten. Die Fahrzeuge der einzelnen Hersteller unterschieden sich schließlich nur noch durch die Motoren eigener Machart. Daimler-Benz stellte den Prototyp seines Modells, Bezeichnung O 305, auf der Frankfurter Automobil-Ausstellung 1967 vor und begann Anfang 1969 mit der Serienproduktion. Man war damit etwas später dran als die drei Konkurrenten, doch wurden diese stückzahlmäßig einer nach dem anderen bald deutlich überholt. Der O 305 war, wie auch die entsprechenden Ausführungen der anderen Marken, für den Einmannbetrieb eingerichtet, er besaß einen äußerst niedrigen Boden, hohe Seitenscheiben, Zweikreis-Druckluftbremsen, Luftfederung sowie überwiegend auch ein automatisches Getriebe. 1973 kam der vom O 305 abgeleitete Standard-Überland-Linienbus Typ O 307 heraus, und 1977 wurde das Programm durch den Schub-Gelenkbus O 305 G ergänzt.

Die Baureihe O 302 wurde an Umfang und Vielfalt durch den O 303 noch bei weitem übertroffen, der 1974 in die Produktion ging. Hier reicht der Baukasten nun von 9 bis 15 Sitzreihen. Selbstverständlich wurden auch hier wieder zahlreiche konstruktive Änderungen und Verbesserungen vorgenommen, darüber hinaus vor allem aber umfangreiche Maßnahmen zum besseren Korrosions- und Rostschutz eingeführt. Seit Herbst 1985 ist ein in Zusammenarbeit mit Westinghouse entwickeltes Anti-Blockier-System (ABS) erhältlich.

Als neuesten Standard-Linienbus und Nachfolger des O 305 brachte Daimler-Benz 1983 den O 405 heraus, der äußerlich vielleicht gefälliger aussieht als sein Vorgänger, aber auch beträchtlich mehr kostet und deshalb von manchen Verkehrsbetrieben nicht gerade jubelnd begrüßt wurde. Von den einstigen anderen Teilnehmern am Standardbus-Projekt blieb übrigens praktisch nur mehr die MAN übrig! Im übrigen gibt es bei Daimler auch hier bereits die Abwandlung zum Gelenkbus O 405 G und zum Überland-Linienbus O 407. Dazu kommt neuerdings ein wesentlich kleinerer, aber ungefähr gleich aussehender Linienbus O 402, sowie auf dem gleichen Fahrgestell mit seiner merkwürdig umständlichen Kraftübertragung der O 301 als attraktiver Clubbus für individuelle Ausflüge und Reisen kleinerer Personengruppen. Das Fahrgestell dieser beiden neuen Bustypen stammt übrigens von der schweizerischen NAW. Der O 402 wird bei der Firma Markus Göppel (Augsburg) montiert, während der Aufbau für den O 301 zwar als Entwurf von Daimler-Benz kommt, aber von Padane (Modena) realisiert wird. So kann man in Stuttgart gelassen zusehen, wie sich das Geschäft mit diesen beiden Neulingen entwickelt.

Omnibus-Produktion 1945 bis 1984

Typ	Konstruktions-Nummer	Produktions-beginn	Produktions-ende	Fahrgestelle	Komplette Omnibusse	Gesamtzahl
O 317	317	Mai 58	Dez. 77	3 740	3 550	7 290 [2])
O 302	302	März 65	Juni 76	17 329	14 952	32 281
O 305	307	Dez. 68		4 743	11 075	15 818 [1])
O 305 G	307	Sept. 77		696	1 410	2 106 [1])
O 307	307	Jan. 72		268	3 985	4 253 [1])
O 306	306	Juni 70	April 71	–	3	3
ON 1517	306	Jan. 69	Dez. 70	8	–	8
O 303	300/301	Sept. 74		7 836	15 997	23 833 [1])
S 80		1980 (10)	1982 (3)	–	13	13 [5])
O 405	357	Aug. 82		–	31	31 [1])
O 405 G	357					
OF 1113 B	358	Okt. 67		11 239	–	11 239 [1])
OF 1313	352	Dez. 67		1 265	–	1 265 [1])
OF 1317	352	Febr. 68		1 450	–	1 450 [1])
OF 1413	352	Mai 70		1 537	–	1 537 [1])
OF 1417	352	April 69		5 150	–	5 150 [1])
OF 1617	355	Febr. 70		4 924	–	4 924 [1])
OF 1419	397	Aug. 81		254	–	254 [1])
OF 1619	397	Dez. 80		266	–	266 [1])
OF 1621	355	Dez. 78		230	–	230 [1])
OF 1624	397	Dez. 80		907	–	907 [1])
OH 1113 B	352	Okt. 67	Dez. 70	224	–	224
OH 1313	352	Juli 68	Dez. 70	376	–	376
OH 1317	352	Sept. 67	Nov. 70	382	–	382
OH 1517	352	Juni 68	Okt. 70	67	–	67
OH 1417						
OH 1622						
OH 1625		Nov. 84		1	–	1 [1])

Bemerkungen:
[1]) Produktionszahlen bis einschl. 1984
[2]) Komplette Omnibusse nur bis Juli 1972
[3]) Lieferungen bis einschl. 1982
[4]) Lieferungen bis einschl. 1983
[5]) Produktion bei Fa. Falkenried (Hamburg)

Omnibus-Teilesätze

Typ	Konstruktions-Nummer	Lieferungsbeginn	Lieferungsende	Gesamtzahl
Argentinien				
O 341 H	341	1966	1974	2 120
O 140	341	1977		2 630 [3])
OC 1214	341	1980		1 900 [3])
LO 608	310	1979		366 [3])
LO 911	341	1967	1973	6 790
LO 1112	341	1966	1972	4 840
LO 1114	341	1970		22 218 [3])
Indien				
LPO 1210	342	1976	1977	13 300
Iran				
O 302		1976		12 036 [4])
Türkei				
O 302		1973		11 306 [4])
Griechenland				
F 580		1977	1981	151
O 302		1976		1 167 [3])
Jugoslawien				
O 317		1979		106
Finnland				
O 303		1980		75 [4])
O 307		1983		5
Venezuela				
O 302		1977		76
Niederlande				
O 303		1978	1979	59
Belgien				
O 305		1979		32 [4])
Indonesien				
O 302		1980		1

Mercedes-Benz O 317
Großraum-Stadtomnibus
40 Sitz-, 80 Stehplätze
Modell 1958-1961

Mercedes-Benz O 317
Überland-Linienomnibus
»Deutsche Bundespost«
Modell 1958-1961

Mercedes-Benz 0 317
Fahrgestell mit
Unterflur-Motor
1958 - 1972

	Mercedes-Benz O 317 K 1963–1972	**Mercedes-Benz O 317 1958–1972**
Bauart	Frontlenker-Linien- und auch Reise-Omnibus mit Luftfederung und Unterflurmotor (Liegender Reihenmotor rechts unter dem Wagenboden)	
	1963	**1958–1963**
Motor	Daimler-Benz OM 326/h Vorkammer-Dieselmotor 6 Zylinder, 128 × 140 mm, 10 810 ccm	
Leistung	180 oder 200 PS bei 2200 U/min	172 PS bzw. (ab 1961) 200 PS bei 2200 U/min
Getriebe	4 Gang oder 5 Gang oder ZF-Hydromedia oder Voith Diwabus	4 Gang + 2 Gang-Hinterachse oder ZF-Hydromedia oder Voith Diwabus
Fußbremse	Druckluft, 4 Räder, dazu Motorbremse	Druckluft, 4 Räder, dazu Motorbremse
Radstand	5850 mm	5850 oder (ab 1961 auch) 6190 mm
Gesamtmaße	11 200 × 2500 × 3005 mm	11 925 × 2500 × 2955 mm
Reifen	10,00–20 Super Zwillings-Hinterräder	11.00–20 Super oder verst. Zwillings-Hinterräder
Fahrgestellgewicht	ca. 3200 kg	ca. 3200 kg
Wagengewicht	ca. 8000 kg	ca. 8000 kg
Zuläss. Gesamtgewicht	16 000 kg	16 000 kg
Sitzplätze	34 bis 48 + 1, dazu bis 80 Stehplätze	34 bis 48 + 1, dazu bis 80 Stehplätze
Höchstgeschwindigkeit	je nach Übersetzung 65–85 km/h	je nach Übersetzung 70–90 km/h
Verbrauch/100 km	ca. 25 Liter Diesel	ca. 25 Liter Diesel
Preis (ohn MWSteuer)	1963: Linien-Omnibus 73 500 DM	1962: Fahrgestell 44 000 DM Linien-Omnibus 78 000 DM
		1½ Deck-Omnibus
Radstand		5850 + 1300 mm
Gesamtmaße		12 000 × 2500 × 3650 mm
Wagengewicht		ca. 9900 kg
Zuläss. Gesamtgewicht		22 000 kg
Sitzplätze		44 + 1, dazu bis 140 Stehplätze
	1964–1972	
Motor	Daimler-Benz OM 346/h Direkteinspritz-Dieselmotor 6 Zylinder, 128 × 140 mm, 10 810 ccm	
Leistung	180 bzw. (ab 1967) 185 PS oder 210 PS bei 2200 U/min	
Getriebe	4 Gang oder 4 Gang + 2 Gang-Hinterachse oder 5 Gang oder Voith-Diwabus	
Fußbremse	Zweikreis-Druckluft, 4 Räder, dazu Motorbremse	
Radstand	5850 mm	6190 mm
Gesamtmaße	11 270 oder 11 730 × 2500 × 3060 mm	12 000 × 2500 × 3060 mm
Reifen	10,00–20 Super Zwillings-Hinterräder	11,00–20 Super Zwillings-Hinterräder
Fahrgestellgewicht	ca. 3200 kg	ca. 3200 kg
Wagengewicht	ca. 8000 kg	ca. 8000 kg
Zuläss. Gesamtgewicht	16 000 kg	16 000 kg
Sitzplätze	27 bis 37 + 1, dazu 70 bis 85 Stehplätze	40 bis 54 + 1, dazu 50 bis 70 Stehplätze
Höchstgeschwindigkeit	je nach Übersetzung 65–85 km/h	je nach Übersetzung 70–90 km/h
Preis (ohne MWSteuer)	Linien-Omnibus ca. 86 000 DM	Linien-Omnibus ca. 90 000 DM

Der Typ O 317 wurde als kompletter Omnibus von Mai 1958 bis Juli 1972 geliefert. Weiterhin erhältlich war er als Fahrgestell, jedoch nur mit dem Motor OM 407/h der neuen Motorenreihe. Von Anfang 1974 bis Ende 1977 fand die Fertigung dieser Fahrgestelle nicht mehr im Werk Mannheim, sondern als Lohnauftrag bei Steyr-Daimler-Puch in Wien statt, wobei der Vertrieb jedoch weiterhin von der Daimler-Benz AG wahrgenommen wurde.

Mercedes-Benz 0 317 K
Überland-Linienomnibus
»Deutsche Bundespost«
1963

Mercedes-Benz O 317
Gelenkbus der
Stuttgarter Straßenbahn
1958

Mercedes-Benz 0 317 K
Stadtomnibus für
Stuttgarter Straßenbahn
1966

Mercedes-Benz 0 317 Ü
Überland-Reise-Omnibus
1967

Mercedes-Benz 0 317 Luxus-Reise-Omnibus, Aufbau: Vetter (Stuttgart) 1960

Mercedes-Benz 0 317 Hochdecker-Luxus-Reise-Omnibus, Aufbau: Vetter (Stuttgart) 1959

Mercedes-Benz 0 317 Büchereiwagen, Aufbau Vetter (Stuttgart) ca. 1970

Mercedes-Benz O 302 - 11 RÜh
Reise-Omnibus
1965

Mercedes-Benz O 302 - 11 RStw
Stadt-Omnibus
1965

Mercedes-Benz O 302 - 11 RÜh
Reise-Omnibus
in Serienausführung
1965

←

→

Mercedes-Benz O 302 - 13 RÜh
Luxus-Reise-Omnibus mit
Nirosta-Seitenbeplankung
1968

Mercedes-Benz O 302 - 13 RÜh
Reise-Omnibus
1972

→

←

Mercedes-Benz O 302 - 12 RÜh
Reise-Omnibus
1965-1975

Mercedes-Benz O 3032 - 12 R
Kommandowagen der
Berliner Feuerwehr
1972

Mercedes-Benz O 302 - 10 R
Gefangenen-Transportwagen
Aufbau: Vetter (Fellbach)
etwa 1973

O 302

Mercedes-Benz O 302-11 RÜh

Mercedes-Benz 0 302 - 13 R Reise-Omnibus
Aufbau: Vetter (Fellbach) 1970

Mercedes-Benz O 302-13 R Hochdecker »Europullman« 1972
Aufbau: Drögmöller (Heilbronn)

Mercedes-Benz O 302 »Superpullman« 1969–1972
Aufbau: Drögmöller (Heilbronn)

Bauart

Motoren

Getriebe

Fußbremse

Federung

Radstand
Gesamtmaße

Reifen

Zuläss. Gesamtgewicht
Sitzplätze

Höchstgeschwindigkeit
Preise (ohne MWSteuer)

Mercedes-Benz O 302 – 10 R 1965–1975	Mercedes-Benz O 302 – 11 R 1965–1975	Mercedes-Benz O 302 – 12 R 1965–1975	Mercedes-Benz O 302 – 13 R 1967–1975
Frontlenker-Stadt- oder Reise-Omnibus mit längs im Heck eingebautem Reihenmotor			
1965–1969			1967–1969
Daimler-Benz OM 352 Direkteinspritz-Dieselmotor 6 Zylinder 97 × 128 mm, 5675 ccm 126 PS bei 2800 U/min oder wahlweise Daimler-Benz OM 327 Direkteinspritz-Dieselmotor 6 Zylinder 115 × 128 mm, 7980 ccm 150 PS bzw. (ab 1966) 160–170 PS bei 2800 U/min	Daimler-Benz OM 352 Direkteinspritz-Dieselmotor 6 Zylinder 97 × 128 mm, 5675 ccm 126 PS bei 2800 U/min oder wahlweise Daimler-Benz OM 327 Direkteinspritz-Dieselmotor 6 Zylinder 115 × 128 mm, 7980 ccm 150 PS bzw. (ab 1966) 160–170 PS bei 2800 U/min	Daimler-Benz OM 327 Direkteinspritz-Dieselmotor 6 Zylinder 115 × 128 mm, 7980 ccm 150 PS (bzw. ab 1966) 160 PS bei 2800 U/min	Daimler-Benz OM 327 Direkteinspritz-Dieselmotor 6 Zylinder 115 × 128 mm, 7980 ccm 160 PS bei 2800 U/min oder wahlweise Daimler-Benz OM 355 Direkteinspritz-Dieselmotor 6 Zylinder 128 × 150 mm, 11 580 ccm 230 PS bei 2200 U/min
1969–1975			
Daimler-Benz OM 352 Direkteinspritz-Dieselmotor 6 Zylinder 97 × 128 mm, 5675 ccm 130 PS bei 2800 U/min oder wahlweise Daimler-Benz OM 360 Direkteinspritz-Dieselmotor 6 Zylinder 115 × 140 mm, 8720 ccm 170 o. 192 PS bei 2500 U/min	Daimler-Benz OM 352 Direkteinspritz-Dieselmotor 6 Zylinder 97 × 128 mm, 5675 ccm 130 PS bei 2800 U/min oder wahlweise Daimler-Benz OM 360 Direkteinspritz-Dieselmotor 6 Zylinder 115 × 140 mm, 8720 ccm 170 o. 192 PS bei 2500 U/min	Daimler-Benz OM 360 Direkteinspritz-Dieselmotor 6 Zylinder 115 × 140 mm, 8720 ccm 170 o. 192 PS bei 2500 U/min	Daimler-Benz OM 360 Direkteinspritz-Dieselmotor 6 Zylinder 115 × 140 mm, 8720 ccm 170 o. 192 PS bei 2500 U/min oder wahlweise Daimler-Benz OM 355 Direkteinspritz-Dieselmotor 6 Zylinder 128 × 150 mm, 11 580 ccm 240 PS bei 2200 U/min
Mit OM 352: 5 Gang Mit OM 327: 5 Gang oder 8 Gang oder 5 Gang + 2 Gang-Hinterachse Mit OM 360 und OM 355: 5 Gang oder 5 Gang + 2 Gang-Hinterachse			
Zweikreis-Hydraulik, Druckluft-Servohilfe, 4 Räder, dazu Motorbremse O 302-12 R: auf Wunsch Zweikreis-Druckluft, 4 Räder, dazu Motorbremse			Zweikreis-Druckluft, 4 Räder dazu Motorbremse
vorn Schraubenfedern, hinten Halbfedern bzw. (ab Herbst 1969 auf Wunsch und ab 1971 Serie) vorn und hinten Luftfederung	vorn Schraubenfedern, hinten Halbfedern oder (auf Wunsch bzw. ab 1971 Serie) vorn und hinten Luftfederung		vorn und hinten Luftfederung
4685 mm	5050 mm	5850 mm	6055 mm
9620 × 2500 × 3020 bzw. (bei Luftfederung) 2940	10 150–10 800 × 2500 × 3040 bzw. (bei Luftfederung) 2940	10 950–11 600 × 2500 × 3050 bzw. (bei Luftfederung) 2965	11 880 × 2500 × 2980
8,25–20 Super oder 9,00–20 verst. Zwillings-Hinterräder	8,25–20 Super oder 9,00–20 verst. Zwillings-Hinterräder	9,00–20 Super oder 9,00 oder 10,00–20 verst. Zwillings-Hinterräder	10,00–20 Super oder 10,00–20 verst. Zwillings-Hinterräder
11 600–13 400 kg	11 600–14 500 kg	12 000–16 000 kg	13 800–16 000 kg
36 oder 40 + 1, dazu bis 32 Stehplätze	30 oder 44 + 1, dazu bis 60 Stehplätze	34 oder 48 + 1, dazu bis 67 Stehplätze	48 oder 52 + 1, dazu bis 50 Stehplätze
85–90 km/h	85–95 km/h	70–95 km/h	70–85 km/h
1966: ca. 65 000 bis 73 000 DM 1970: ca. 68 000 bis 76 000 DM Fahrgestell 41 000 DM 1974: ca. 97 000 bis 110 000 DM Fahrgestell 58 000 DM	1966: ca. 67 000 bis 80 000 DM 1970: ca. 71 000 bis 82 000 DM Fahrgestell 42 000 DM 1974: ca. 102 000 bis 117 000 DM Fahrgestell 59 000 DM	1966: ca. 75 000 bis 88 000 DM 1970: ca. 79 000 bis 92 000 DM Fahrgestell 50 000 DM 1974: ca. 115 000 bis 135 000 DM Fahrgestell 68 000 DM	1970: ca. 87 000 bis 104 000 DM Fahrgestell 54 000 DM 1974: ca. 124 000 bis 144 000 DM Fahrgestell (mit OM 360) 74 000 DM (mit OM 355) 88 000 DM

Mercedes-Benz OF 315 Omnibus-Fahrgestell (Radstand 5700 mm) 1957

Mercedes-Benz LP 338 mit Einfach-Aufbau für Export, Karosserie Vetter 1961

 Mercedes-Benz LPO 1113 Omnibus-Fahrgestell 1963

	Mercedes-Benz OF 1113 B ab 1967	**Mercedes-Benz OF 1313 ab 1967**	**Mercedes-Benz OF 1413 ab 1970**
Bauart	Frontlenker-Omnibus-Fahrgestell mit vorn eingebautem Motor und geradem Hochrahmen sowie Starrachsen mit Halbfedern vorn und hinten		
Motor	Daimler-Benz OM 352 Direkteinspritz-Dieselmotor 6 Zylinder, 97 × 128 mm, 5675 ccm, 126 PS bzw. (ab 1969) 130 PS bei 2800 U/min		
Getriebe	5 Gang		
Radstand	4130 oder 4470 mm	4470 oder 5170 mm	6050 mm
Reifen	8,25–20 / 14 PR Zwillings-Hinterräder	9,00 R 20 / 14 PR Zwillings-Hinterräder	10,00 R 20 / 16 PR Zwillings-Hinterräder
Fahrgestellgewicht	3770 bzw. 3830 kg	3940 bzw. 4010 kg	4180 kg
Zuläss. Gesamtgewicht	11 000 kg	13 000 kg	14 500 kg

	Mercedes-Benz OF 1317 ab 1968	**Mercedes-Benz OF 1417 ab 1969**	**Mercedes-Benz OF 1617 ab 1970**
Bauart	Frontlenker-Omnibus-Fahrgestell mit vorn eingebautem Motor und geradem Hochrahmen sowie Starrachsen mit Halbfedern vorn und hinten		
Motor	Daimler-Benz OM 327 Direkteinspritz-Dieselmotor 6 Zylinder, 115 × 128 mm, 7980 ccm, 170 PS bei 2800 U/min bzw. (ab Herbst 1969) Daimler-Benz OM 360 Direkteinspritz-Dieselmotor 6 Zylinder, 115 × 140 mm, 8720 ccm, 170 PS bei 2500 U/min		
Getriebe	5 Gang		
Radstand	4470 oder 5170 mm	6050 mm	6050 mm
Reifen	9,00 R 20 / 14 PR Zwillings-Hinterräder	10,00 R 20 / 16 PR Zwillings-Hinterräder	10,00 R 20 / 16 PR Zwillings-Hinterräder
Fahrgestellgewicht	4180 bzw. 4250 kg	4400 kg	4560 kg
Zuläss. Gesamtgewicht	13 000 kg	14 500 kg	16 000 kg

	Mercedes-Benz OF 1419 ab 1981	**Mercedes-Benz OF 1619 ab 1980**	**Mercedes-Benz OF 1719 ab 1974**
Bauart	Frontlenker-Omnibus-Fahrgestell mit vorn eingebautem Motor und geradem Hochrahmen sowie Starrachsen mit Halbfedern vorn und hinten		
Motor	Daimler-Benz OM 360 I Direkteinspritz-Dieselmotor 6 Zylinder, 115 × 140 mm, 8720 ccm, 192 PS bei 2500 U/min		
Getriebe	5 Gang		
Radstand	6050 mm	6050 mm	6050 mm
Reifen	10,00 R 20 / 16 PR Zwillings-Hinterräder	10,00 R 20 / 16 PR Zwillings-Hinterräder	11,00 R 20 / 16 PR Zwillings-Hinterräder
Zuläss. Gesamtgewicht	14 500 kg	16 000 kg	17 000 kg

	Mercedes-Benz OF 1621 ab 1978		
Bauart	Frontlenker-Omnibus-Fahrgestell mit vorn eingebautem Motor und geradem Hochrahmen sowie Starrachsen mit Halbfedern vorn und hinten		
Motor	Daimler-Benz OM 360 A Direkteinspritz-Dieselmotor mit Abgas-Turbolader 6 Zylinder, 115 × 140 mm, 8720 ccm, 210 PS bei 2500 U/min		
Getriebe	6 Gang		
Radstand	6050 mm		
Reifen	10,00 R 20 / 16 PR Zwillings-Hinterräder		
Fahrgestellgewicht	4560 kg		
Zuläss. Gesamtgewicht	16 000 kg		

Mercedes-Benz Omnibus mit Einfach-Aufbau eines afrikanischen Entwicklungslandes

Mercedes-Benz Omnibus mit in Griechenland hergestelltem Aufbau

Mercedes-Benz Omnibus mit in Indien hergestelltem Aufbau

Bauart

Motor

Getriebe
Radstand
Reifen

Fahrgestellgewicht
Zuläss. Gesamtgewicht

Bauart

Motor

Zylinderzahl
Bohrung × Hub
Hubraum
Leistung
Getriebe
Radstand
Reifen

Fahrgestellgewicht
Zuläss. Gesamtgewicht

Mercedes-Benz OH 1113 B 1967–1970	Mercedes-Benz OH 1313 1968–1970	Mercedes-Benz OH 1317 1967–1970	Mercedes-Benz OH 1517 1968–1970
Frontlenker-Omnibus-Fahrgestell mit längs im Heck eingebautem Motor. Hochrahmen sowie Starrachsen mit Halbfedern vorn und hinten			
Daimler-Benz OM 325 Direkteinspritz-Dieselmotor 6 Zylinder, 97 × 128 mm, 5675 ccm, 126 PS bzw. (ab 1969) 130 bei 2800 U/min		Daimler-Benz OM 327 Direkteinspritz-Dieselmotor 6 Zylinder, 115 × 128 mm, 7980 ccm, 170 PS bei 2800 U/min bzw. (ab Herbst 1969) Daimler-Benz OM 360 Direkteinspritz-Dieselmotor 6 Zylinder, 115 × 140 mm, 8720 ccm 170 PS bei 2500 U/min	
5 Gang		5 Gang	
4685 mm	5170 mm	5170 mm	6100 mm
8.25–20 / 14 PR	9.00–20 / 14 PR	9.00–20 / 14 PR	10.00–20 / 16 PR
Zwillings-Hinterräder	Zwillings-Hinterräder	Zwillings-Hinterräder	Zwillings-Hinterräder
3370 kg	3840 kg	4085 kg	4515 kg
11 200 kg	13 200 kg	13 200 kg	14 800 kg

Mercedes-Benz OH 1417 ab 1985	Mercedes-Benz OH 1622 ab 1985	Mercedes-Benz OH 1625 ab 1985	
Frontlenker-Omnibus-Fahrgestell mit längs im Heck eingebautem Motor. Halb-Niederrahmen sowie Starrachsen mit Halbfedern vorn und hinten			
Daimler-Benz OM 366 A Direkteinspritz-Dieselmotor mit Abgas-Turbolader	Daimler-Benz OM 421 Direkteinspritz-Dieselmotor	Daimler-Benz OM 422 Direkteinspritz-Dieselmotor	
6 (Reihe)	6 (90°-V-Form)	8 (90°-V-Form)	
97.5 × 133 mm	128 × 142 mm	128 × 142 mm	
5958 ccm	10 964 ccm	14 618 ccm	
170 PS (125 kW) b. 2600 U/min	216 PS (159 kW) b. 2300 U/min	250 PS (184 kW) b. 2300 U/min	
5 Gang	6 Gang	6 Gang	
5700 mm	5700 oder 6300 mm	5700 oder 6300 mm	
9.00–20	10.00–20	10.00–20	
Zwillings-Hinterräder	Zwillings-Hinterräder	Zwillings-Hinterräder	
4820 kg	5355 bzw. 5410 kg	5705 bzw. 5760 kg	
14 200–15 600 kg	16 000–17 600 kg	16 000–17 600 kg	

Mercedes-Benz 0 305
Standard-
Stadt-Linienbus
Versuchswagen 1967

Mercedes-Benz 0 305
Standard-
Stadt-Linienbus
1973 - 1985

Mercedes-Benz 0 305
Aero 1 1/2 Decker
Aufbau: Ludewig (Essen)
1973

Mercedes-Benz 0 305 G
Schub-Gelenk-Linienbus
1977 - 1985

Mercedes-Benz 0 305 G Obus
Oberleitungs-Gelenk-Linienbus
Versuchswagen 1981

Mercedes-Benz 0 307
Standard-Überland-Linienbus 1973 - 1985

Bauart

Motor

Getriebe

Fußbremse
Radstand
Gesamtmaße

Reifen

Wagengewicht
Zuläss. Gesamtgewicht

Sitzplätze
Höchstgeschwindigkeit
Verbrauch/100 km
Preis (ohne MWSteuer)

Bauart

Motor

Getriebe

Fußbremse
Radstand
Gesamtmaße
Reifen

Wagengewicht
Zuläss. Gesamtgewicht
Sitzplätze
Höchstgeschwindigkeit
Preis (ohne MWSteuer)

Standard-Stadt-Linien-Omnibus, abgeleitet von den Typen O 302 und O 317, entsprechend den Richtlinien des Verbandes Öffentlicher Verkehrsbetriebe (VÖV). Frontlenker mit Luftfederung und längs liegend eingebautem Unterflur-Reihenmotor im Heck.

Mercedes-Benz
O 305
1969–1972

Daimler-Benz OM 360/h
Direkteinspritz-Dieselmotor
6 Zylinder, 115 × 140 mm, 8720 ccm
170 PS bei 2200 U/min oder
192 PS bei 2500 U/min

4 Gang oder 5 Gang oder
Voith-Diwabus oder ZF-Hydromedia

Zweikreis-Druckluft, 4 Räder, dazu Motorbremse
5600 mm
11 110 × 2500 × 2950 mm
Überland-Ausführung: 11 400 × 2500 × 2870 mm
9.00–20 / 14 PR oder 10.00–20 / 16 PR
Zwillings-Hinterräder
ca. 8200 kg
mit 9"-Reifen 13 700 kg
mit 10"-Reifen 16 000 kg
36 bis 50 + 1, dazu 50 bis 78 Stehplätze
70–80 km/h
ca. 35 bis 40 Liter Diesel
1971: 90 000 DM

Mercedes-Benz
O 305
1973–1985

Daimler-Benz OM 407/h
Direkteinspritz-Dieselmotor
6 Zylinder, 125 × 150 mm, 11 045 ccm
180 PS (132 kW) oder 210 PS (154 kW)
bzw. ab Sommer 1977
200 PS (147 kW) oder 240 PS (177 kW)
bei 2200 U/min
4 Gang oder 5 Gang oder
Daimler-Benz 3 Gang-Automatik
mit Wandler- und Überbrückungskupplung
sowie ohne oder mit Retarder
Zweikreis-Druckluft, 4 Räder, dazu Motorbremse
5600 mm
11 110 × 2500 × 2950 mm

10.00–20 / 16 PR oder 10.00 R 20 / 16 PR
Zwillings-Hinterräder
ca. 8200 kg
16 000 kg

36 bis 50 + 1, dazu 50 bis 78 Stehplätze
70–80 km/h
ca. 35 bis 40 Liter Diesel
1975: 140 000 DM
1980: 190 000 DM
1985: 260 000 DM

Mercedes-Benz
O 305 G
1977–1985

Schub-Gelenk-Omnibus, abgeleitet vom Typ O 305. Zweiteiliger Frontlenker mit Luftfederung und längs liegend eingebautem Unterflur-Reihenmotor im Heck.
Daimler-Benz OM 407/h
Direkteinspritz-Dieselmotor
6 Zylinder, 125 × 150 mm, 11 045 ccm
240 PS (177 kW) bei 2200 U/min
oder ab 1979 wahlweise
Daimler-Benz OM 407/hA
Direkteinspritz-Dieselmotor mit Abgas-Turbolader
280 PS (206 kW) bei 2200 U/min
Daimler-Benz 3 Gang- oder 4 Gang-Automatik
mit Wandler- und Überbrückungskupplung
sowie mit Retarder
Zweikreis-Druckluft, 6 Räder, dazu Motorbremse
5600 + 6150 mm
17 260 × 2500 × 2940 mm
11.00 R 22.5
Zwillings-Hinterräder auf Mittel- und Antriebsachse
ca. 12 900 kg
25 300 bis 26 000 kg
48 bis 65 + 1, dazu 100 bis 135 Stehplätze
75–80 km/h
1980: 316 000 DM
1984: 430 000 DM

Mercedes-Benz
O 307
1973–1985

Standard-Überland-Linien-Omnibus (»STÜLB«), abgeleitet vom Typ O 305. Frontlenker mit Luftfederung und längs liegend eingebautem Unterflur-Reihenmotor im Heck.
Daimler-Benz OM 407/h
Direkteinspritz-Dieselmotor
6 Zylinder, 125 × 150 mm, 11 045 ccm
210 PS (154 kW) bzw. ab Sommer 1977
240 PS (177 kW) bei 2200 U/min

5 Gang oder Daimler-Benz 3 Gang-Automatik
mit Wandler- und Überbrückungskupplung
sowie ohne oder mit Retarder
Zweikreis-Druckluft, 4 Räder, dazu Motorbremse
6000 mm
11 700 × 2500 × 2920 mm
10.00–20 / 16 PR
Zwillings-Hinterräder
ca. 9000 kg
16 000 kg
48 oder 52 + 1, dazu 48 Stehplätze
80–90 km/h
1975: 152 000 DM
1980: 204 000 DM
1984: 290 000 DM

Mercedes-Benz O 303-15 RHP
Reise-Omnibus
Serienausführung
1974-1979

Mercedes-Benz 0 303 - 15 R
Reise-Omnibus
Aufbau: Drögmöller
1975

Mercedes-Benz 0 303 - 15 R
Reise-Omnibus
Aufbau: Vetter
1976

Mercedes-Benz O 303-9 RHP
Reise-Omnibus
Serienausführung
1979-1982

Mercedes-Benz 0 303 - 15 RHD
Hochdecker-Reise-Omnibus
Serienausführung
1979 - 1982

Mercedes-Benz 0 303 - 15 RHS
Hochboden-Reise-Omnibus
Serienausführung
1979 - 1982

Reisedienst HORN Lünen

Seythal-Reisen
HI-NT 669
Seythal-Reisen

Mercedes-Benz 0 303 - 15
Luxus-Reise-Omnibus
Aufbau: Padane (Modena)
ab 1982

←

→

Mercedes-Benz 0 303 - 10 RHH
Clubbus
Serienausführung
ab 1982

→

←

Mercedes-Benz 0 303 - 15
Reise-Omnibus
Aufbau: Vetter
1981

Mercedes-Benz O 303-15 HDS
Hochdecker-Reise-Omnibus
»Eurostar«
Aufbau: Ernst Auwärter
etwa 1981

←

→

Mercedes-Benz O 303-15 RHD
Hochdecker-Reise-Omnibus
Serienausführung
ab 1982

	Mercedes-Benz O 303–9 ab 1974	**Mercedes-Benz O 303–10 ab 1974**	**Mercedes-Benz O 303–11 ab 1974**
Bauart	Nachfolger der Typenreihe O 302 Frontlenker-Reise-Omnibus mit Luftfederung und längs stehend eingebautem V-Motor im Heck		
Motoren	**1974–1980** Daimler-Benz OM 401 Direkteinspritz-Dieselmotor 6 Zylinder (90°-V-Form), 125 × 130 mm, 9570 ccm 192 PS (141 kW) bei 2500 U/min		
	Ab Herbst 1979 Daimler-Benz OM 421 Direkteinspritz-Dieselmotor 6 Zylinder (90°-V-Form), 128 × 142 mm, 10 960 ccm 216 PS (159 kW) bei 2300 U/min oder ab Ende 1984 für O 303–10 wahlweise Daimler-Benz OM 422 mit Abgas-Turbolader 250 PS (184 kW) bei 2300 U/min		
Getriebe	5 Gang oder Daimler-Benz 4 Gang-Automatik		
Fußbremse	Zweikreis-Hydraulik, Druckluft-Servohilfe, 4 Räder, dazu Motorbremse		oder Zweikreis-Druckluft, 4 Räder, dazu Motorbremse,
		dazu auf Wunsch: Wirbelstrombremse bei Schaltgetriebe oder hydraulischer Retarder in der Automatik	
Radstand	4150 mm	4521 mm	5083 mm
Gesamtmaße	8680 × 2500 × 3050 mm	9240 × 2500 × 3050 mm	10 000 × 2500 × 3050 mm
Reifen	9 oder 10 R 22,5 Zwillings-Hinterräder	10 R 22,5 Zwillings-Hinterräder	10 R 22,5 Zwillings-Hinterräder
Wagengewicht			
Zuläss. Gesamtgewicht	12 900 kg	13 200 kg	14 200 kg
Sitzplätze	27 bis 36 + 1 (7 bis 9 Sitzreihen)	36 oder 40 + 1 (7 bis 10 Sitzreihen)	31 bis 44 + 1 (8 bis 11 Sitzreihen)
Höchstgeschwindigkeit			
Verbrauch/100 km			
Preis (ohne MWSteuer)			

<table>
<tr><th>Mercedes-Benz
O 303–12
1974–1983</th><th>Mercedes-Benz
O 303–13
ab 1974</th><th>Mercedes-Benz
O 303–14
ab 1974</th><th>Mercedes-Benz
O 303–15
ab 1974</th></tr>
<tr><td colspan="4">Nachfolger der Typenreihe O 302
Frontlenker-Reise-Omnibus mit Luftfederung und längs stehend eingebautem V-Motor im Heck</td></tr>
<tr><td colspan="2">1974–1980

Daimler-Benz OM 401 Direkteinspritz-Dieselmotor
6 Zylinder (90°-V-Form), 125 × 130 mm, 9570 ccm
192 PS (141 kW) bei 2500 U/min

oder wahlweise
Daimler-Benz OM 402 Direkteinspritz-Dieselmotor
8 Zylinder (90°-V-Form), 125 × 130 mm, 12 760 ccm
256 PS (188 kW) bei 2500 U/min</td><td colspan="2">1974–1980

Daimler-Benz OM 401 Direkteinspritz-Dieselmotor
6 Zylinder (90°-V-Form), 125 × 130 mm, 9570 ccm
192 PS (141 kW) bei 2500 U/min

oder wahlweise
Daimler-Benz OM 402 Direkteinspritz-Dieselmotor
8 Zylinder (90°-V-Form), 125 × 130 mm, 12 760 ccm
256 PS (188 kW) bei 2500 U/min
oder wahlweise
Daimler-Benz OM 403 Direkteinspritz-Dieselmotor
10 Zylinder (90°-V-Form), 125 × 130 mm, 15 950 ccm
320 PS (235 kW) bei 2500 U/min</td></tr>
<tr><td colspan="2">1979–1983

Daimler-Benz OM 421 Direkteinspritz-Dieselmotor
6 Zylinder (90°-V-Form), 128 × 142 mm, 10 960 ccm
216 PS (159 kW) bei 2300 U/min

oder wahlweise bzw. bei O 303–13 in Serie ab 1983
Daimler-Benz OM 422 Direkteinspritz-Dieselmotor
8 Zylinder (90°-V-Form), 128 × 142 mm, 14 620 ccm
280 PS (206 kW) bei 2300 U/min</td><td colspan="2">1979–1983

Daimler-Benz OM 421 Direkteinspritz-Dieselmotor
6 Zylinder (90°-V-Form), 128 × 142 mm, 10 960 ccm
216 PS (159 kW) bei 2300 U/min

oder wahlweise bzw. in Serie ab 1983
Daimler-Benz OM 422 Direkteinspritz-Dieselmotor
8 Zylinder (90°-V-Form), 128 × 142 mm, 14 620 ccm
280 PS (206 kW) bei 2300 U/min
oder wahlweise
Daimler-Benz OM 422 A mit Abgas-Turbolader
330 PS (243 kW) bei 2300 U/min</td></tr>
<tr><td colspan="2">Mit OM 401 und OM 421: 5 Gang
Mit OM 402 und OM 422: 6 Gang
oder Daimler-Benz 4 Gang-Automatik</td><td colspan="2">Mit OM 401 und OM 421: 5 Gang
Mit OM 402/OM 403 und OM 422/OM 422 A: 6 Gang
oder Daimler-Benz 4 Gang-Automatik</td></tr>
<tr><td colspan="2">Zweikreis-Druckluft, 4 Räder, dazu Motorbremse
dazu Wirbelstrombremse bei Schaltgetriebe
oder hydraulischer Retarder in der Automatik</td><td colspan="2">Zweikreis-Druckluft, 4 Räder, dazu Motorbremse
dazu Wirbelstrombremse bei Schaltgetriebe
oder hydraulischer Retarder in der Automatik</td></tr>
<tr><td>5083 mm
10 175 × 2500 × 3050 bzw.
(mit 11″-Reifen) 3065 mm</td><td>5381 mm
10 560 × 2500 × 3065 mm</td><td>5623 mm
11 300 × 2500 × 3065 bzw.
(bei Hochdecker ab 1979)
3420 mm</td><td>6330 mm
12 000 × 2500 × 3065 bzw.
(mit 12″-Reifen) 3080 bzw.
(bei Hochdecker ab 1979)
3420 mm</td></tr>
<tr><td>10 oder 11 R 22,5
Zwillings-Hinterräder</td><td>11 R 22,5
Zwillings-Hinterräder</td><td>11 R 22,5
Zwillings-Hinterräder</td><td>11 oder 12 R 22,5
Zwillings-Hinterräder
ca. 11 500 kg</td></tr>
<tr><td>10″-Reifen 15 000 kg
11″-Reifen: 16 000 kg</td><td>16 000 kg</td><td>16 000 kg</td><td>16 000 kg</td></tr>
<tr><td>35 bis 48 + 1
(9 bis 12 Sitzreihen)</td><td>39 bis 52 + 1
(9 bis 13 Sitzreihen)</td><td>42 bis 56 + 1
(10 bis 14 Sitzreihen)</td><td>47 bis 60 + 1
(11 bis 15 Sitzreihen)
bis 120 km/h
ca. 25 bis 30 Liter Diesel</td></tr>
<tr><td>1975:
ca. 142 000 bis 174 000 DM
1980:
ca. 196 000 bis 236 000 DM</td><td>1975:
ca. 146 000 bis 194 000 DM
1980:
ca. 197 000 bis 260 000 DM
1985:
ca. 267 000 bis 331 000 DM
Fahrgestell 161 000 DM</td><td>1975:
ca. 153 000 bis 208 000 DM
1980:
ca. 207 000 bis 286 000 DM
1985:
ca. 270 000 bis 367 000 DM
Fahrgestell 166 000 DM</td><td>1975:
ca. 159 000 bis 218 000 DM
1980:
ca. 215 000 bis 275 000 DM
1985:
ca. 289 000 bis 394 000 DM
Fahrgestell 184 000 DM</td></tr>
</table>

405
MA·MA 195

Links:Mercedes-Benz 0 405
Standard-Linienbus, ab 1984

Rechts:Mercedes-Benz 0 303 - KHP-L
Linienbus, ab 1983

Mercedes-Benz 0 405
Standard-Stadt-
Linien-Omnibus
ab 1984
→

↑ ↓ Mercedes-Benz 0 405 G
Standard-Stadt-Linien-
Schubgelenk-Omnibus
ab 1984

405 Hauptbahnhof
405 Hauptbahnhof
Marienplatz
S-EU 603

405 HAUPTBAHNHOF
405 HAUPTBAHNHOF
MANNHEIM
MA-WS 522

Mercedes-Benz 0 407
Standard-Überland-Linien-Omnibus
ab 1985

Standard-Überland-
Linienomnibus
Standard-Überland-
Linienomnibus

MA-Waldhof / Frankfurt DB →
← DB
Standard-Überland-
Linienomnibus
MA-VP 876

Mercedes-Benz 0 402 Stadtverkehr-Linien-Omnibus
Aufbau: Markus Göppel (Augsburg), ab 1985

Mercedes-Benz 0 301 Ausflugs- und Reise-Omnibus
Aufbau: Padane (Modena/Italien),ab 1985

Mercedes-Benz 0 301 Ausflugs- und Reise-Omnibus
Aufbau: Ernst Auwärter (Steinenbronn), ab 1985

Bauart

Motor

Getriebe

Fußbremse
Radstand
Gesamtmaße
Reifen

Wagengewicht
Zuläss. Gesamtgewicht
Sitzplätze
Preis (ohne MWSteuer)

Bauart

Motor

Zylinderzahl
Bohrung × Hub
Hubraum
Leistung
Getriebe

Fußbremse

Radstand
Gesamtmaße
Reifen

Wagengewicht
Zuläss. Gesamtgewicht
Sitzplätze

Mercedes-Benz O 405 ab 1983	**Mercedes-Benz O 405 G ab 1985**	**Mercedes-Benz O 407 ab 1985**
Standard-Linienbus SL II, Nachfolger des Typs O 305, entsprechend den Richtlinien des Verbandes Öffentlicher Verkehrsbetriebe (VÖV). Frontlenker mit Luftfederung vorn und hinten sowie längs liegend eingebautem Unterflur-Reihenmotor im Heck.	Schub-Gelenk-Omnibus, abgeleitet vom Standard-Linienbus Typ 405. Zweiteiliger Wagen. Frontlenker mit Luftfederung an allen drei Achsen sowie längs liegend eingebautem Unterflur-Reihenmotor im Heck.	Standard-Überland-Linienbus, abgeleitet vom Typ O 405.
Daimler-Benz OM 427 h Direkteinspritz-Dieselmotor 6 Zylinder, 128 × 155 mm, 11 970 ccm 204 PS/150 kW oder 240 PS/177 kW bei 2200 U/min	Daimler-Benz OM 427 h Direkteinspritz-Dieselmotor 6 Zylinder, 128 × 155 mm, 11 970 ccm 240 PS/177 kW bei 2200 U/min oder wahlweise Daimler-Benz OM 427 hA mit Abgas-Turbolader 280 PS/206 kW bei 2200 U/min	Daimler-Benz OM 447 h Direkteinspritz-Dieselmotor 6 Zylinder, 11 700 ccm 240 PS/177 kW bei 2200 U/min oder wahlweise Daimler-Benz OM 447 hA mit Abgas-Turbolader 280 PS/206 kW bei 2200 U/min
Daimler-Benz 3 Gang-Automatik mit oder ohne Retarder bzw. wahlweise 5 oder 6 Gang-Schaltgetriebe	Daimler-Benz 3 Gang-Automatik mit Retarder	Daimler-Benz 3 Gang-Automatik mit Retarder bzw. wahlweise 5 oder 6 Gang-Schaltgetriebe
Zweikreis-Druckluft, dazu Motorbremse	Zweikreis-Druckluft, dazu Motorbremse	Zweikreis-Druckluft, dazu Motorbremse
5875 mm	5625 + 6175 mm	6150 mm
11 475 × 2500 × 3060 mm	17 400 × 2500 × 3060 mm	11 920 × 2500 × 3060 mm
11/70 R 22,5	11/70 R 22,5	11/70 R 22,5
Zwillings-Hinterräder	Zwillingsräder beide Hinterachsen	Zwillings-Hinterräder
ca. 9250 kg	ca. 13 000 kg	ca. 10 000 kg
16 000 kg	26 000 kg	17 300 kg
38 oder 44, dazu bis 65 Stehplätze	60, dazu 100 Stehplätze	51, dazu 49 Stehplätze
1985: ab 335 000,– DM		

Mercedes-Benz O 402 ab 1985		**Mercedes-Benz O 301 ab 1985**	
Mittelgroßer Standard-Linienbus mit Karosserieteilen, Seitenfenstern, Armaturentafel, Scheinwerfern usw. des Typs O 405. Konventionelles Fahrgestell mit Leiterrahmen und stehend im Heck angeordnetem Sechszylinder-Reihenmotor. Frontlenker. Wahlweise Blatt- oder Luftfederung.		Mittelgroßer Ausflugs- und Reise-Omnibus, gleiches Fahrgestell und gleiche technische Konzeption wie Typ O 402.	
Daimler-Benz OM 366 Direkteinspritz-Dieselmotor	Daimler-Benz OM 366 A Direkteinspritz-Dieselmotor mit Abgas-Turbolader	Daimler-Benz OM 366 Direkteinspritz-Dieselmotor	Daimler-Benz OM 366 A Direkteinspritz-Dieselmotor mit Abgas-Turbolader
6 (Reihe)	6 (Reihe)	6 (Reihe)	6 (Reihe)
97,5 × 133 mm	97,5 × 133 mm	97,5 × 133 mm	97,5 × 133 mm
5960 ccm	5960 ccm	5960 ccm	5960 ccm
136 PS/100 kW b. 2800 U/min	170 PS/125 kW b. 2600 U/min	136 PS/100 kW b. 2800 U/min	170 PS/125 kW b. 2600 U/min
5 Gang- oder Automatik-4 Gang	5 Gang	5 Gang- oder Automatik-4 Gang	5 Gang
Zweikreis-Druckluft, dazu Motorbremse	Zweikreis-Druckluft, dazu Motorbremse	Zweikreis-Druckluft, dazu Motorbremse	Zweikreis-Druckluft, dazu Motorbremse
4000 mm		4000 mm	
8000 × 2400 × 3000 mm		8200 × 2400 × 3200 mm	
245/70 R 19,5		245/70 R 19,5	
Zwillings-Hinterräder		Zwillings-Hinterräder	
9800 kg		9800 kg	
26, dazu 24 Stehplätze		29 bis 33	

Find-Liste
aller Mercedes-Benz Nutzfahrzeug-Typen seit der Fusion

Transporter ab 1956

Omnibusse bis 1945

Omnibusse ab 1945

Oberleitungs-Omnibusse

Ackerschlepper und Unimog